"十三五"
国家重点图书

光催化材料
及其在环境净化中的应用

Photocatalysts for
Environmental Decontamination

张彭义　贾瑛　著

化学工业出版社

·北京·

本书对有关光催化材料的资料以及近些年在光催化应用领域的研究成果进行了收集、整理和总结，共分5章，第1章介绍了光催化技术和光催化材料的基本概念、原理以及光催化材料的应用技术，第2章介绍了光催化材料的可控合成及性能评价，第3章介绍了光催化材料在室内环境净化中的应用，第4章介绍了光催化材料在饮用水微量污染物净化中的应用，第5章介绍了光催化材料在国防军事废水处理中的应用。

本书适合从事光催化材料及光催化技术研究与应用的相关领域研究的科技工作者、高等院校师生以及科研院所工作人员阅读。

图书在版编目（CIP）数据

光催化材料及其在环境净化中的应用/张彭义，贾瑛著. 北京：化学工业出版社，2016.7（2021.9 重印）
ISBN 978-7-122-26996-6

Ⅰ.①光… Ⅱ.①张…②贾… Ⅲ.①光催化剂-应用-环境污染-污染防治 Ⅳ.①X5

中国版本图书馆 CIP 数据核字（2016）第 095418 号

责任编辑：左晨燕　　　　　　　　　装帧设计：韩　飞
责任校对：宋　玮

出版发行：化学工业出版社（北京市东城区青年湖南街 13 号　邮政编码 100011）
印　　装：北京七彩京通数码快印有限公司
787mm×1092mm　1/16　印张 19¾　字数 503 千字　2021 年 9 月北京第 1 版第 3 次印刷

购书咨询：010-64518888　　　　　　售后服务：010-64518899
网　　址：http://www.cip.com.cn
凡购买本书，如有缺损质量问题，本社销售中心负责调换。

定　　价：138.00 元

▶ 前言

随着全球工业化进程的发展，环境污染问题日益严重，环境问题已成为 21 世纪影响人类生存与发展的重要问题。光催化技术以其室温深度反应和可直接利用太阳能驱动反应等独特性能，具有低成本、环境友好等特点，因而成为高新技术的新希望，也成为一种理想的环境污染治理技术和洁净能源生产技术。光催化技术是指利用一类在光作用下可以诱发光氧化-还原反应的半导体材料催化反应的进行以达到一定的目的。它是催化化学、光电化学、半导体物理、材料科学和环境科学等多学科交叉的新兴研究领域，被认为是解决环境污染问题的最有应用前景的技术之一，已成为环境科学领域的研究热点。

由于具有化学性质稳定、抗光腐蚀、无毒和低成本等优点，二氧化钛在光电转化、光催化等领域具有广阔的应用前景，以 TiO_2 为载体的光催化技术已成功应用于废水处理、空气净化、自清洁表面、染料敏化太阳能电池以及抗菌等多个领域。自从 1972 年 Fujishima 和 Honda 发现这种优良的光催化材料以来，TiO_2 一直就是光催化技术研究的热点，研究了晶体构型、表面羟基自由基以及氧缺陷对光量子效率的影响机制；采用元素掺杂、复合半导体以及光敏化等手段拓展其光催化活性至可见光响应范围；通过在其表面沉积贵金属纳米颗粒提高电子-空穴对的分离效率，提高其光催化活性等，为光催化技术的推广应用起了积极的作用。

尽管人们对光催化现象的认知与应用取得了长足的进步，然而受认知手段与认知水平的限制，目前对光催化作用机理的研究成果仍不足以指导光催化技术的大规模工业化应用，同时，现有光催化材料的光响应范围窄，量子转换效率低，太阳能利用率低，严重制约光催化技术的广泛应用。这些问题是光催化材料研究者需要解决的首要任务，亟待大力开展光催化基本原理研究工作以促进这一领域的发展。

为了使广大读者了解光催化技术及其在环境净化中的应用，作者不惮浅陋，在收集、整理和总结了光催化材料的资料以及近些年我们在光催化应用领域的研究成果基础上撰写了本书。本书为作者多年的研究成果的总结，其中包含了作者主持的国家 973 计划和 863 计划重点项目的研究成果，内容丰富、实用，语言通俗易懂，比较系统地介绍了多种半导体光催化材料的制备、表征及光催化技术在环境保护领域中的应用经验。希望通过本书与读者交流国内外在光催化技术方面的一些研究成果、动态及作者多年的研究成果，为广大从事光催化材料及其应用研究的科技工作者、院校师生提供实用性强的研究参考与借鉴，进一步提高光催化技术的基础研究和应用水平。

本书共分 5 章，第 1 章介绍了光催化技术和光催化材料的基本概念、原理以及光催化材料的应用技术；第 2 章介绍了系列光催化材料的可控合成、结构表征及性能；第 3 章介绍了不同光催化材料在室内环境空气净化中的应用；第 4 章介绍了不同光催化材料在饮用水微量污染物净化中的应用；第 5 章介绍了不同光催化材料在国防军事领域特种污染物废水净化中的应用。

由于光催化技术跨学科，专业面广，新成果、新应用不断出现，本书所介绍的内容也只是其中的一个小部分，再加上笔者水平有限，书中难免有不妥之处，恳请读者和专家批评指正！

本书的出版得到了国家重点基础研究发展计划项目（973 计划）-光催化材料性能的微结构调控、国家 863 高新技术研究计划项目（863 计划）-室内 VOCs 的真空紫外光催化降解及副产物控制的支持，也得到了众多同事的热情帮助。清华大学环境学院的陈崧哲、韩文亚、傅平丰、李佳、简丽、邵田、李振民、李晓芸、王晓晨、梁夫艳、刘娟等同志，第二炮兵工程大学的梁亮、王锋、刘田田、王幸运、贺亚南、张永勇、侯若梦等研究生完成了一部分实验工作及部分内容的整理，在此一并表示诚挚的感谢！

作者
2015 年 6 月于清华园

➤ 目 录

第3章　光催化材料在室内空气净化中的应用　138

第4章　光催化材料在饮用水微量污染物净化中的应用　190

第5章　光催化材料在国防军事废水处理中的应用　　247

第1章

光催化技术概述

光催化技术是 20 世纪 70 年代兴起的一种高级氧化去除有机污染物的技术，因其极高的反应活性和处理效率及对目标污染物的无选择性而得以迅速发展。光催化技术是一种在能源和环境领域有着重要应用前景的绿色技术，目前在去除空气中的有害物质、降解特殊有机污染物和重金属以及饮用水的深度处理等许多方面都有着广泛的应用。

1.1 光催化技术简介

1.1.1 光催化技术的起源及特点

早在 20 世纪初，人们就发现钛白粉（有效成分为 TiO_2）在光照条件下能使有机染料褪色，使其中的有机高分子黏合剂发生光致分解而粉化。后人发现在 TiO_2 表面涂上惰性氧化物层如氧化硅、氧化铝和氧化锆可大大减缓该颜料的光致褪色和粉化作用[1]。

日本科学家 Fujihima 和 Honda[2]于 1972 年首次发现金红石型 TiO_2 单晶电极能在常温常压下光分解水为氢气和氧气。这一发现引起了很大的轰动，许多国家特别是经济较发达的西方工业国家，开始重视以太阳能的化学转换和储存为主的新能源和新技术的研究开发。学术界将他们的报道界定为光催化技术的开始。但最早以环境污染治理为目的的光催化技术的研究则应追溯到加拿大科学家 John H. Carey 等[3]在 20 世纪 70 年代开展的将 TiO_2 光催化技术应用于剧毒化合物多氯联苯的降解研究。

目前，TiO_2 是应用最为广泛的半导体催化剂之一，它具有以下 4 个优点。

① 合适的半导体禁带宽度（3.0eV 左右）。可以用 385nm 以下的光源激发活化，通过改性有望直接利用太阳能来驱动光催化反应。

② 光催化效率高。导带上的电子和价带上的空穴具有很强的氧化-还原能力，可分解大部分有机污染物。

③ 化学稳定性好。具有很强的抗光腐蚀性。

④ 价格便宜，无毒而且原料易得。

1.1.2 光催化材料的可控合成方法

纳米光催化材料的制备方法可以分为两大类：物理方法和化学方法。化学方法一般采用

"自下而上"的方法，即通过适当的化学反应，从分子、原子出发制备所需的光催化纳米材料。化学方法除具有设备简单、条件缓和的优点外，还可制备出用物理方法无法获得的一些形态复杂的纳米材料。

1.1.2.1 溶胶-凝胶法

溶胶-凝胶法（sol-gel method）是湿化学制备材料中新兴起的一种方法。20 世纪 80 年代以来，sol-gel 技术在玻璃、氧化物涂层、功能陶瓷粉料，尤其是传统方法难以制备的复合氧化物材料、高临界温度氧化物超导材料的合成中均得到成功的应用。现在，sol-gel 法已是无机材料制备中的一种常见方法。

依据分散介质，溶胶-凝胶法可以分为水介质和醇介质制备体系。金属醇盐在水或醇介质中，以溶液、溶胶、凝胶过程的递变形成复合材料。

（1）水-金属盐形成的溶胶-凝胶体系

在这类体系的变化中，第一步是形成的溶液很快溶胶化，伴随着金属离子的水解：

$$M^{n+} + nH_2O \longrightarrow M(OH)_n + nH^+$$

溶胶制备有浓缩法和分散法两种。浓缩法是在高温下，控制胶粒慢速成核和晶体生长；分散法是使金属离子在室温下过量水中迅速水解。

第二步是凝胶化，它包括溶胶的脱水凝胶化和碱性凝胶化两类过程，脱水凝胶过程中，扩散层中的电解质浓度增加，凝胶化能垒逐渐减少。碱性凝胶化过程比较复杂，可用下面的反应式概括其化学变化：

$$x\,M(H_2O)^{n+} + yA^- \Longleftrightarrow M_xO_u(OH)_{y-2u}(H_2O)_n A_a^{(xz-y-a)} + (xn+u-n)H_2O$$

式中，A^- 为凝胶过程中所加入的酸根离子，当 $x=1$ 时，形成聚合物；当 $x>1$ 时，形成缩合聚合物，M^{n+} 可通过 O^{2-}、OH^-、H^+ 或 A^- 与配体桥联。碱性凝胶化的影响因素主要是 pH 值（受 x 和 y 影响），其次还有温度、$M(H_2O)^{n+}$ 浓度及 A^- 的性质。

（2）醇-金属盐形成的体系

金属醇盐的化学通式为 $M(OR)_n$。M^{n+} 是诸如铝、钛、锆等金属离子，也包括硅等。$M(OR)_n$ 可通过醇类、羧基化合物、水等亲核试剂与金属反应获得。

$M(OR)_n$ 的溶胶-凝胶法通常是往金属醇盐-醇体系中加入微量水，促使醇盐体系发生水解，进而产生脱水缩合反应。反应过程如下。

① 醇盐水解反应。钛醇盐在水中水解：

$$M(OR)_n + xH_2O \longrightarrow M(OH)_x(OR)_{n-x} + xH_2O$$

② 醇盐水解物脱水缩合，并析出醇：

$$2M(OH)_x(OR)_{n-x} \longrightarrow (RO)_{n-1}M\text{-}O\text{-}M(OR)_{n-1} + H_2O$$

$$m(OR)_{n-2}M(OH)_2 \longrightarrow -[M(RO)_{n-2}\text{-}O]_m + mH_2O$$

$$m(OR)_{n-3}M(OH)_3 \longrightarrow -[M(RO)_{n-3}\text{-}O]_m + mH_2O + mH^+$$

此外，羟基与烷氧基之间也可以缩合：

$$(OR)_{n-x}(OH)_{x-1}MOH + ROM(OR)_{(n-x-1)}(OH)_x \longrightarrow$$
$$(RO)_{n-x}(OH)MOM(OR)_{n-x-1}(OH)_x + ROH$$

醇盐的水解缩合反应十分复杂，水解和缩合几乎是同时进行，没有明显的溶胶形成过程。在缩合过程中，可以形成线形缩聚物，也可以形成体形缩聚物。

影响醇盐水解的因素很多，也很复杂。在实际工作中，通过选择适当催化剂、螯合剂、温度等参数来控制水解和缩合。例如硅酸盐的水解反应，以酸或碱为催化剂，一般是使用过量的水，才能进行比较彻底的水解。如果在低温下，严格控制好水解，则有可能得到均匀透明、氧含量严格按化学计量的凝胶。对一些水解速度较快的金属醇盐，由于水解反应速度快于缩合反应速度，容易产生沉淀而不出现凝胶。在这种情况下，可通过加入金属离子螯合等一些有效手段，遏制水解反应速度，如锆醇盐的水解与缩合反应，以乙酰丙酮或乙酰乙酸乙酯等二羰基化合物为螯合剂，使锆离子与螯合剂反应，形成金属烷基螯合物，将锆离子的水解与缩合反应逐渐同步化，最后形成凝胶。

（3）影响纳米微粒前驱体水解、缩聚的因素

① 催化剂　溶胶-凝胶过程所产生的无机物网络结构和形态强烈地依赖于催化剂的性质和反应体系的 pH 值，尤其是后者。对普通的硅氧烷，其水解 pH 值较其缩聚时的 pH 值要高一些，酸性催化剂在反应初期很容易形成线性或像长链聚合物的水解产物，从而在反应体系中形成高密度、低维数结构。pH 值较大时，缩聚反应速度较快，易导致产生团簇进而形成胶团粒子化结构，甚至造成粒子的聚沉，在聚合物的网络结构中造成相分离，得到的不再是纳米级复合材料。

从溶胶-凝胶过程的两个步骤的反应机理来看，酸性催化剂的浓度大小，决定了反应初期的反应时间。酸性催化剂浓度大，硅氧烷的水解速度快，反应时间缩短，与末端活性大的聚合物的自缩聚条件相适应，不会造成这种聚合物的相分离，而末端活性小的聚合物却不能适应。硅氧烷快速的水解和自身的缩聚，易造成无机相二氧化硅的相分离，不利于纳米复合材料的形成。酸性催化剂浓度小，对末端活性小的聚合物有利，无机组分的前驱体缓慢水解，能够与聚合物共缩聚均匀形成复合材料。因此，应依据具体的反应体系适当地调整酸性催化剂，并依据反应机理，控制好反应步骤。

② 金属离子的相对活性　溶胶-凝胶体系中，多组分金属烷氧化合物参与的反应，最终产物的结构和形态不仅依赖于体系的 pH 值，而且与金属烷氧化合物各自的化学活性有关。如果活性相差较大，易造成金属化合物相分离。所以合理选择金属烷氧化合物，控制其化学活性的一致性，才能够达到预先设计的无机材料结构的目的。

金属离子的水解能力不仅与其亲和性有关，更重要的是与其饱和度（N-Z）有关，这里的 N 为金属离子形成配合物时的配位数，Z 是金属稳定氧化物的氧化数。

可采取一些措施平衡不同金属离子的化学活性，防止相分离的产生，其中的一种方法是使用化学添加剂，例如乙二醇、有机酸等。这些螯合剂与金属烷氧化合物形成络合物时，金属烷氧化合物不易水解，从而降低金属烷氧化合物水解和缩聚的速度。另外一种方法是控制体系中水的含量，以控制水解和缩聚的速度。

③ 溶胶-凝胶的介质　溶胶-凝胶的介质是为了全面溶解溶质以形成稳定的溶液。常用的介质是水、醇、酰胺类、酮、卤代烃等，它们有的既是溶剂，又是参与反应的组分。溶剂对溶胶-凝胶过程中无机组分的近程有序也会产生影响。

④ 硅烷偶联剂　硅烷偶联剂在溶胶-凝胶体系中有着非常广泛的应用，它可以影响无机相粒子的数量、粒径及其分布、界面状态等，并最终影响纳米复合粒子的力学等性能。

1.1.2.2　水热法

水热法又称高压溶液法，是利用高温高压的水溶液使那些在大气条件下不溶或难溶于水的物质通过溶解或反应生成该物质的溶解产物，并达到一定的过饱和度而进行结晶和生长的方法。它所采用的反应釜结构如图 1-1 所示。

水热法生长过程的特点是：①反应过程是在压力与气氛可以控制的封闭系统中进行的；

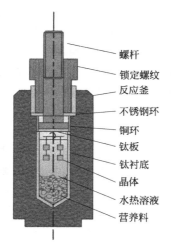

螺杆
锁定螺纹
反应釜
不锈钢环
铜环
钛板
钛衬底
晶体
水热溶液
营养料

图 1-1　水热反应釜的结构图

②生长温度比熔融法和熔盐法低很多；③生长区基本处于恒温和等浓度状态，温度梯度小；④属于稀薄相生长，溶液黏度低。它的优点是：①生长熔点很高、具有包晶反应或非同成分熔化而在常温常压下又不溶解或者溶解后易分解且不能再次结晶的晶体材料；②生长那些熔化前后会分解、熔体蒸气压较大、高温易升华或者只有在特殊气氛才能稳定的晶体；③生成的晶体热应力小、宏观缺陷少、均匀性和纯度高。其缺点是：①理论模拟与分析困难，重现性差；②装置的要求高；③难于实时观察；④参量调节困难。

1.1.2.3　沉淀法

沉淀法是在原料溶液中添加适当的沉淀剂，使得原料溶液中的阳离子形成各种形式的沉淀物（其颗粒大小和形状由反应条件控制），然后经过过滤、洗涤、干燥，有时还需要加热分解等工艺而得到纳米颗粒。沉淀法有直接沉淀法、共沉淀法、均匀沉淀法和水解法。

① 直接沉淀法　直接沉淀法就是使溶液中的某种金属离子发生化学反应而形成沉淀物，但由于这种方法有较大的局限性，目前使用的很少。

② 共沉淀法　如果原料中有多种成分的金属离子，由于它们以均相存在于溶液中，所以经沉淀反应后，就可以得到各种成分均匀的沉淀，这就是共沉淀法。沉淀剂通常是氢氧化物或水合氧化物，也可以是草酸盐、碳酸盐。它是制备含有两种以上金属元素的复合纳米粉粒的重要方法。为了沉淀的均匀性，通常是将含有多种阳离子的盐溶液加到过量的沉淀剂中并进行剧烈的搅拌，使所有沉淀离子的浓度大大超过沉淀的平衡浓度，尽量使各组分按比例同时沉淀出来，从而得到均匀的沉淀物。

③ 均匀沉淀法　一般的沉淀过程是不平衡的，但如果控制溶液中沉淀剂的浓度，使之慢慢地增加，则可以使溶液中的沉淀处于平衡状态。在沉淀法中，为避免直接添加沉淀剂所产生的局部浓度不均匀，可在溶液中加入缓释剂，使之通过溶液中的化学反应，缓慢生成沉淀剂，只要控制好沉淀剂的生成速度，就可以避免浓度的不均匀现象，使过饱和度被控制在适当范围内，从而控制粒子的生长速度，获得凝聚少、纯度高的纳米复合材料，这就是均匀沉淀法。缓释剂的代表是尿素，其水溶液在 70℃ 左右发生分解反应，所产生的氨水起到沉淀剂的作用。

④ 水解法　水解法中一个重要的方法是金属醇盐水解法，它是利用一些有机醇盐能溶解于有机溶剂并可能发生水解，生成氢氧化物或氧化物沉淀的特性，制备纳米复合粒子的方法。

1.1.2.4　微乳液法

微乳液是两种互不相溶的液体形成的热力学稳定的、各向同性的、外观透明或半透明的分散体系，微观结构上是由通过表面活性剂界面稳定的一种或两种液体组成。与乳状液相比，微乳液分散相的粒径更小（小于 100nm）。

微乳技术用于纳米粒子制备时通常包括纳米反应器和微乳聚合两种技术。纳米反应器通常是指 W/O 型微乳液。由于 W/O 型微乳液能提供一个微小的水核，水溶性的物质在水核中反应可以得到所需的纳米粒子。W/O 微乳液由油连续相、水相、表面活性剂与助表面活性剂组成的界面三相构成。微乳液的结构参数包括颗粒大小和表面活性剂平均聚集度等。当微乳体系确定后，纳米微粒的制备是通过混合两种含有不同反应的微乳液实现的。

用反相微乳液法制备的纳米微粒很多，主要是一些功能性强、附加值较高的产品，包括纳米磁性复合材料、半导体纳米材料等。

1.1.2.5　化学气相沉积法

化学气相沉积法（Chemical Vapour Deposition，CVD）是以挥发性金属化合物或有机金属化合物等蒸气为原料，通过化学反应生成所需的物质，在保护气体环境下快速冷凝，从而制备各类物质的纳米颗粒。

化学气相沉积法是在远高于热力学计算得到的临界反应温度条件下，反应产物蒸气形成很高的过饱和蒸气压，使其自动凝聚形成大量的晶核。这些晶核在加热区不断长大，聚集成颗粒并随着气流进入低温区，历经颗粒生长、聚集、结晶等过程，最终在收集室得到纳米复合微粒。该方法可通过选择适当的浓度、流速、温度和组成配比等工艺条件，实现对粉体组成、形状、尺寸、晶相等的控制。化学气相沉积法的原料多采用容易制备、蒸气压高、反应性也比较好的金属氧化物、金属氢氧化物、金属醇盐、烃化物和羰基化合物及其混合物等。加热的方式除了通常的电阻炉外还有化学火焰、等离子体、激光等，尤其是后两种加热方式应用更多。

化学气相沉积法是利用高温裂解原理，采用直流等离子、微波等离子或激光作热源，使前驱体发生分解，反应成核并长大成纳米复合微粒，该方法能获得粒径均匀、尺寸可控以及小于50nm的纳米微粒。

1.1.2.6　模板法

模板法作为一种制备纳米材料的有效方法，其主要特点是不管是在液相中还是气相中发生的化学反应，都是在有效控制的区域内进行的，这也是与普通方法的主要区别。模板法通常用来制备特殊形貌的纳米材料，如纳米线、纳米带、纳米丝、纳米管与片状纳米材料等。可采用模板法制备的纳米材料种类有很多，但最常见的主要是Ⅱ-Ⅵ族、Ⅲ-Ⅴ族纳米材料与部分氧化物纳米材料。

与直接合成相比，模板法合成纳米材料具有诸多优点，主要表现在：①以模板为载体精确控制纳米材料的尺寸、形状、结构和性质；②实现纳米材料合成与组装一体化，同时可以解决纳米材料的分散稳定性问题；③合成过程相对简单，很多方法适合批量生产。

模板法根据模板自身的特点和限域能力的不同又可分为软模板和硬模板两种。二者的共性是都能提供一个有限大小的反应空间，区别在于前者提供的是处于动态平衡的空腔，物质可以透过腔壁扩散进出；而后者提供的是静态的孔道，物质只能从开口处进入孔道内部。软模板常常是由表面活性剂分子聚集而成的，主要包括两亲分子形成的各种有序聚合物，如液晶、囊泡、胶团、微乳液、自组装膜以及生物分子和高分子的自组织结构等。从维系模板的作用力而言，这类模板是通过分子间或分子内的弱相互作用而形成一定空间结构特征的簇集体。这种簇集体具有明显的结构界面，正是通过这种特有的结构界面使无机物的分布呈现特定的趋向，从而获得特异结构的纳米材料。硬模板是指以共价键维系特异形状的模板，主要指一些由共价键维系的刚性模板，如具有不同空间结构的高分子聚合物、阳极氧化铝膜、多孔硅、金属模板天然高分子材料、分子筛、胶态晶体、碳纳米管和限域沉积位的量子阱等。与软模板相比，硬模板具有较高的稳定性和良好的窄间限域作用，能严格地控制纳米材料的大小和形貌。但由于硬模板的结构比较单一，因此用硬模板制备的纳米材料的形貌通常变化也较少。

1.1.3 光催化降解污染物的机理

光催化技术的核心是半导体催化剂，其能带结构与金属不同的是，半导体的价带（VB）和导带（CB）之间存在一个禁带，当光源的辐射能大于半导体的禁带能量时，半导体价带中的电子被激发进入导带，从而在导带（CB）中形成具有还原能力的光生电子和价带（VB）中形成具有氧化能力的光生空穴，如图 1-2 所示。氧化电位在半导体价带位置以上的物质（D，电子给体）可被光生空穴氧化；还原电位在半导体导带以下的物质（A，电子受体）可被光生电子还原。

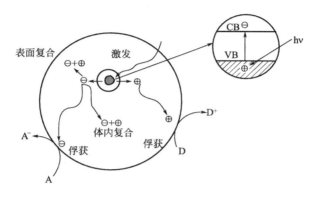

图 1-2　光催化反应机理（⊖为还原性的电子，⊕为氧化性的空穴）

电子和空穴（光生载流子）产生后经历了多个变化途径，存在复合和输运/俘获二个相互竞争的过程。对光催化过程来说，光生载流子被俘获并与电子给体/受体发生作用才是有效的。

TiO_2 光催化降解过程的具体步骤及各步骤的特征时间如表 1-1 所示，由表可见，在 TiO_2 催化剂内部的光致电子和空穴的复合过程是在小于 10^{-9} s 的时间内完成的，因此界面载流子的俘获必须是迅速的。作为俘获剂，最好能在载流子到达之前与催化剂表面预结合。

表 1-1　TiO₂ 光催化反应过程及其特征时间（括号内）

激发:(fs)

$$TiO_2 \xrightarrow{h\nu} e + h^+$$

吸附：

$$O_L^{2-} + Ti^{IV} + H_2O \Longrightarrow O_L H^- + Ti^{IV}\text{-}OH^-$$
$$Ti^{IV} + H_2O \Longrightarrow Ti^{IV}\text{-}H_2O$$
$$site + R_1 \Longrightarrow R_{1,ads}$$
$$HO \cdot + Ti^{IV} \Longrightarrow Ti^{IV} \int HO \cdot$$

复合:(体内复合 fs,表面复合 10~100ns)

$$e + h^+ \longrightarrow heat$$

捕集:(0.1~10ns)

$$Ti^{IV}\text{-}OH^- + h^+ \Longrightarrow Ti^{IV} \int HO \cdot$$
$$Ti^{IV}\text{-}H_2O + h^+ \Longrightarrow Ti^{IV} \int HO \cdot + H^+$$
$$R_{1,ads} + h^+ \Longrightarrow R_{1,ads}^+$$
$$Ti^{IV} + e \Longrightarrow Ti^{III}$$
$$Ti^{III} + O_2 \Longrightarrow O_2^- \cdot$$

羟基攻击：(100~1000ns)	$Ti^{IV} \int HO \cdot + R_{1,ads} \longrightarrow Ti^{IV} + R_{2,ads}$
	$HO \cdot + R_{1,ads} \longrightarrow R_{2,ads}$
	$Ti^{IV} \int HO \cdot + R_1 \longrightarrow Ti^{IV} + R_2$
	$HO \cdot + R_1 \longrightarrow R_2$
其他自由基反应：(100~1000ns)	$Ti^{IV}\text{-}O_2^- \cdot + 2(H^+) \Longleftrightarrow Ti^{IV}(H_2O_2)$
	$Ti^{IV}\text{-}O_2^- \cdot + (H^+) \Longleftrightarrow Ti^{IV}(HO_2 \cdot)$
	$(H_2O_2) + (HO \cdot) \Longleftrightarrow (HO_2 \cdot) + (H_2O_2)$

半导体的光吸收阈值（λ_g）与带隙能（E_g）具有下式的关系：

$$\lambda_g(nm) = \frac{1240}{E_g(eV)}$$

用作光催化剂的半导体大多为金属氧化物和硫化物，一般具有较大的禁带能，如图 1-3 所示，由此可见，常用的宽带隙半导体的吸收波长阈值大都在紫外光区域。以半导体 TiO_2 为例，其光吸收阈值为 387.5nm，只有紫外光波长小于 387.5nm 时，TiO_2 才会被激发产生光生电子和空穴，从而具备光催化氧化和还原的能力。

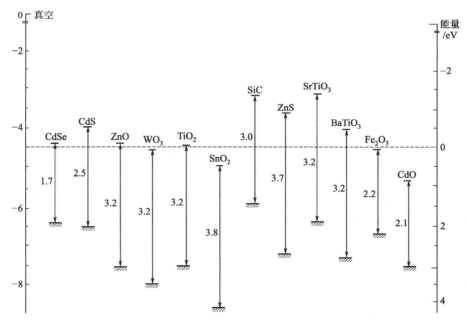

图 1-3 各种半导体在 pH=1 时导带和价带的位置
(ZnS, SrTiO₃, BaTiO₃, Fe₂O₃, CdO 在 pH=7)

通常情况下，一般认为空穴对有机物的氧化作用是通过羟基自由基（HO·）来间接完成的[3-7]，但也存有争议。Sun[8] 提出了双空穴自由基机制，当催化剂表面的主要吸附物为氢氧根或水分子时，它们俘获空穴产生羟基自由基，由该羟基自由基氧化有机物，这是间接氧化过程；当催化剂表面的主要吸附物为有机物时，由空穴直接氧化有机物，这是直接氧化过程，但是空穴和 HO· 对污染物质的氧化具有一定的位置选择性。

光生电子是较强的还原剂，在氧化氛围中，容易被吸附于 TiO_2 表面上的氧分子所俘获，氧分子与光生电子作用生成的 O_2^-·，经过质子化作用能够成为催化剂表面 HO· 的另一个来源。TiO_2 表面的氧既抑制了电子与空穴的复合，同时也是氧化剂，可以氧化已经被羟基化的中间产物。

在有机物光催化氧化过程中，为了使有机物能够被完全氧化，反应体系中往往需要有足够多的溶解氧存在，因此在反应体系中，除了 HO· 外，O_2^-· 等也是重要的自由基。通过电子自旋捕集技术（ESR）可以鉴别这些自由基的存在，并且能定量测定它们的量子产率。

通常在液相条件下，TiO_2 半导体粒子与水充分接触，催化剂表面的羟基自由基密度高达 $5\sim15$HO·$/nm^2$。如果有机物的浓度比较低，被空穴直接氧化的概率较低，氧化机理主要是羟基自由基的间接氧化。

1.1.4 真空紫外光技术

真空紫外光（VUV）催化技术具有反应速率高、催化剂不易失活等优点，是一种新型的半导体催化剂光催化净化技术。相对于其他光氧化和光催化技术，它具有明显的优势，有较大的应用前景。

真空紫外光催化的原理是基于真空紫外光子（VUV）具有较高的能量（如波长为172nm 的真空紫外线的光子能量为 7.21eV，185nm 能量为 6.7eV），可以通过激发或打断化学键激发化学反应。因此，真空紫外光催化过程中主要通过以下三种方式去除有机污染物。

① VUV 直接光解有机污染物。

② VUV 产生羟基自由基、臭氧及活性氧原子均相氧化有机污染物。

$$H_2O \xrightarrow{h\nu} H· + HO· (\lambda < 242nm)$$
$$O_2 + h\nu \longrightarrow 2O· (^1D)(\lambda < 242nm)$$
$$H_2O + O· (^1D) \longrightarrow 2HO·$$
$$O· + O_2 + M \longrightarrow O_3 + M(M = O_2 \text{ 或 } N_2)$$
$$O_3 \xrightarrow{h\nu} O· (^1D) + O_2 (\lambda < 310nm)$$
$$H_2O + O· (^1D) \longrightarrow 2HO·$$

从以上反应式看出，VUV 系统产生羟基自由基的途径有两种，一是直接光解水分子形成，二是光解氧气形成氧原子，氧原子再与水分子反应生成羟基自由基。而另一种产物臭氧则是由氧原子与氧气及第三种物质（氧气、氮气或水分子等）碰撞产生。臭氧分子在波长小于 320nm 的光照下即可光解形成氧原子，继续与水分子反应生成羟基自由基。

③ 臭氧/紫外光催化氧化有机污染物。真空紫外灯能发射 185nm 的紫外线，同时也能发射大量的 254nm 的紫外线。氧气或水蒸气吸收 185nm 的紫外线产生臭氧，可参与由254nm 紫外线所引发的光催化氧化还原过程。臭氧代替氧气作为电子捕获剂，在催化剂表面形成活性物种羟基自由基，从而促进有机物的降解。

臭氧/紫外光催化过程中涉及臭氧分解的反应机理为：

$$TiO_2 \xrightarrow{h\nu} e + h^+$$
$$O_3 + e \longrightarrow O_3^-·$$
$$H^+ + O_3· \longrightarrow HO_3·$$
$$HO_3· \longrightarrow O_2 + HO·$$

由此可见，在真空紫外气相光催化过程中，主要是气相中的自由基氧化（均相反应）及催化剂表面的臭氧/紫外光催化氧化过程（异相反应），这两种氧化过程同时对有机物氧化发挥作用。

真空紫外光催化体系中，生成的 HO· 与有机物反应有两种主要方式：夺电子（或氢原子）和加成到双键。通过这两种方式，羟基自由基与不同结构的有机物进行氧化还原反应。例如对于醛类，HO· 可将其氧化为酰基自由基，酰基自由基能与 O_2 和 NO 结合，同时也存在其他分解模式。醛类物质可通过与水反应形成水化物（二醇）而部分地避免被继续氧化，甲醛对这一反应非常活泼，但更高级的醛活性有所降低。反应过程如下。

$$RCHO + HO \cdot \longrightarrow RCO \cdot + H_2O$$
$$RCO \cdot + O_2 \longrightarrow RCO_3 \cdot \longrightarrow R'O \cdot + CO_2$$
$$RCO_3 \cdot + NO \longrightarrow R'CO_2 \cdot + NO_2$$
$$RCHO + H_2O \longrightarrow RCH(OH)_2$$

目前，真空紫外光催化氧化的研究多集中于降解液相污染物，气相中挥发性有机污染物真空紫外光催化降解研究较少。但已有的研究表明，气相中甲苯的真空紫外光催化去除速率明显高于真空紫外和光催化两种方法，并且随甲苯初始浓度的增加呈线性上升。

需要引起注意的是，真空紫外光催化系统中会产生副产物 O_3。O_3 作为一种强氧化剂，可以直接氧化有机物，也可以参与反应生成羟基自由基，进而在气相中强化有机污染物的分解。但是，O_3 自身也是一种重要的污染物，可引起机体敏感性生理生化指标和人自觉症状变化的 O_3 阈值浓度为 $0.1 \sim 0.14 mg/m^3$，当室内环境 O_3 浓度达到阈值以上时，就会对人体产生危害。所以，在真空紫外光催化过程中，如何改进催化剂的催化性能，强化臭氧在催化剂表面的原位分解，减少反应系统中副产物臭氧的产生量，对于真空紫外光催化技术在室内空气净化中的安全应用具有重要的意义。

1.2 光催化技术研究进展

30 多年来，高效实用光催化剂的研制、新型光催化反应器的研究、污染物的光催化降解过程研究以及半导体光催化技术的实用化是半导体光催化技术研究的焦点。这些研究的目的主要在于提高半导体光催化降解效率，促进光催化技术的应用。光催化剂是光催化技术的核心，光催化剂的活性和固定化程度是光催化技术能否实用的决定性因素。

1.2.1 光催化剂的改性及固定化

（1）光催化剂的改性

影响光催化剂活性的主要因素包括光生载流子的复合概率、光响应性能以及催化剂表面对有机物的吸附性能等。因此，提高光催化剂活性的主要方法有两种。

① 降低光生载流子的复合概率　为了降低光生载流子的复合概率，在半导体表面进行贵金属沉积被认为是一种有效方法，其主要作用机理是通过贵金属捕获光生电子。贵金属的负载方法有浸渍还原法、光还原法等。最常用的沉积贵金属是 Pt，其次是 Pd、Ag、Au、Ru 等[9]。

当半导体表面和金属接触时，载流子会重新分布。电子从费米能级较高的 n-半导体转移到费米能级较低的金属，直到它们的费米能级相同。半导体与金属之间的能级差称为肖特基势垒（schottky barrier），肖特基势垒是俘获激发电子的有效陷阱，光生载流子被分离，从而抑制了电子和空穴的复合[10-13]。

另一种降低光生载流子复合概率的方法是金属离子掺杂。从化学观点看，金属离子掺杂可以在半导体晶格中引入缺陷位置或改变结晶度等，从而影响电子-空穴对的复合，或成为电子或空穴的陷阱而延长载流子的寿命，或成为电子-空穴的复合中心而加快电子-空穴对的复合。一般来说，金属离子掺杂具有一个最佳浓度[14-17]。

还有一种降低光生载流子的复合概率的方法是复合半导体[18]。二元复合半导体光活性的提高可归因于不同能级半导体之间光生载流子的输运与分离。以如图 1-4（a）所示的 TiO_2-CdS 复合体系为例，当用足够激发能量的光照射时，TiO_2 和 CdS 同时发生带间跃迁，光生电子聚集在 TiO_2 的导带，而空穴则聚集在 CdS 的价带，光生载流子得到分离，从而提高了光催化反应的量子效率。但当光量子能较小时，如图 1-4(b) 所示，只有 CdS 发生带间跃迁，CdS 中产生的激发电子输运至 TiO_2 的导带而使得光生载流子分离。对 TiO_2 来说，由于 CdS 的复合，激发波长可延伸至较大范围。

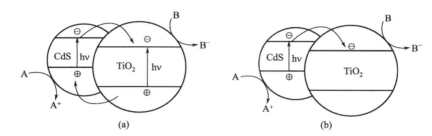

图 1-4 载流子在复合半导体中的转移

② 提高催化剂的光响应性能 常用的宽带隙半导体的吸收阈值一般小于 400nm，当采用太阳光为光源时，TiO_2 催化剂的光能利用率大约只占太阳总能量的 4%。因此如何延伸光催化材料的激发波长，成为光催化材料的一个重要研究内容。为了提高光催化剂的光响应能力，很多研究者对催化剂进行了一系列的改性研究[19-32]。

半导体光催化材料的光敏化是延伸激发波长的途径之一，它是将光活性化合物吸附于半导体的表面。只要光活性化合物激发态的电势比半导体导带电势更负，就有可能使激发电子注入（迁移）到半导体材料的导带，从而扩大半导体激发波长范围，提高太阳光的利用率。半导体中掺杂非金属离子不仅可能加强半导体的光催化作用，还可能使半导体的吸收波长范围扩展至可见光区域。日本丰田中央 R&D 实验室的科技人员[33-35]研究了非金属元素掺杂二氧化钛，采用 C、N、F、P 或 S 原子来取代二氧化钛中的 O 原子，其制备的方法有两种：一种是用 N_2(40%)/Ar 溅射二氧化钛膜；另一种是二氧化钛粉末在 NH_3(67%)/Ar 气氛中 600℃ 焙烧 3h，所制备得到的催化剂具有可见光（<500nm）敏感性，在紫外光照射下的催化活性与未掺杂的相差不大，但在可见光照射下具有更高活性，研究表明 N 原子的掺杂效果最好。

为了提高催化剂表面有机物的浓度，提高光催化反应速率，开发了吸附型光催化剂[36]。研究表明，催化剂存在一个最佳的吸附能力，适当地增强吸附能力，可以提高光催化效率；但是吸附力太强，则会降低光催化作用。吸附型（多孔）催化剂的主要基材有沸石、中孔 MCM-41、活性炭、多孔镍等。例在 TiO_2 溶胶中加入炭黑，焙烧形成的多孔 TiO_2 有较好的光催化降解效果，其原因是多孔 TiO_2 比一般的 TiO_2 膜吸附能力更强，比表面积也较大。

（2）光催化剂的固定化

光催化剂在使用时，主要有两种形式，即悬浮状催化剂和固定膜式催化剂。悬浮状催化剂的比表面积较大，与被光催化氧化物质接触充分，受光照也较充分，因此光解效率一般较高，在实验中得到普遍使用。但催化剂的粉体极为细小，难以回收、容易中毒，而且当溶液中存在高价阳离子时，催化剂容易团聚，因此实际应用较少。固定膜式催化剂的活性与悬浮状催化剂的活性相比虽然稍有降低，但不存在回收困难以及粉体团聚的问题，如果使用合适的负载技术和光化学反应器，也会获得较好的光催化降解效率。因此，光催化剂的负载技术对其实现光催化技术大规模实用化具有重大的实际意义。

自 20 世纪 80 年代末以来，开展了光催化剂粉末固定化以及制备薄膜催化剂的研究。

光催化剂粉末固定化是一种简单的成膜方法，例如用氟树脂和有机钛酸酯偶联剂与二氧化钛混合，直接涂在玻璃上便可。某专利则直接将二氧化钛在接近基材熔点的温度下用滚筒压实在氟树脂上[37]。

采用二氧化钛的前驱体在一定的条件下直接制备薄膜催化剂的方法虽较为复杂，但催化剂的效率高。所采用的方法有溶胶-凝胶法、化学气相沉积法（CVD）、阴极氧化沉积、溶液浸渍法等[38-41]。

金属有机化学气相沉积法（MOCVD）制备二氧化钛膜是一种重要的薄膜制备方法，其原理是载气（H_2 或 Ar）通过前驱物（含金属有机化合物），使气相中前驱物的蒸气压达到一定的恒定值，在高温炉中前驱物分解，沉积在基材上。

阴极氧化沉积法是采用 Ti 粉为原料，用 H_2O_2 和氨溶液将其溶解，在水溶液中实现了二氧化钛在镀铟-锡玻璃上的电沉积。

溶液浸渍法的制备步骤是先制备含有催化剂前驱物的溶液，其前驱物可以是钛醇盐、二氧化钛或钛粉的溶解溶液等；然后将基材在溶液中浸渍后，进行干燥焙烧便可得到薄膜催化剂。也可以利用过氧化氢溶解钛粉或无定型二氧化钛作为浸渍溶液制备二氧化钛膜。溶液浸渍法的不足在于浸渍溶液和所制备得到的薄膜催化剂稳定性较差。

以溶胶-凝胶法为基础的涂层方法是目前研究最多的二氧化钛膜制备方法。该方法不需要特别的设备，而且操作温度较低。基本步骤是先制备得到含有催化剂前驱物的溶胶，然后用浸渍提拉涂覆、旋转涂覆或喷涂法将溶胶施于基材上，溶胶在基材上干燥形成凝胶，最后再将基材进行焙烧，这样就在基材表面形成一层催化剂薄膜。

1.2.2 光催化反应器

光催化反应器是光催化降解进行的场所，光催化反应器的研制对光催化技术的应用有十分关键的作用，需要考虑的主要因素有光源和反应器构型（包括催化剂的存在状态或布置形式）和反应器中流动相的状态（包括各相之间的接触状态、曝气方式等）。

（1）光源的种类

由光催化降解机理可见，可用于光催化技术的光源一般为紫外光源。紫外光是波长为 $100\sim400nm$ 的电磁波，按波长将紫外光分为长波紫外光（UVA，$320\sim400nm$）、中波紫外光（UVB，$275\sim320nm$）、短波紫外光（UVC，$200\sim275nm$）及真空紫外光（$100\sim200nm$）[42]。

光源可以分为两大类，即人工光源和太阳光，由于光源的种类不同，所匹配的反应器结构也会有很大的不同。

光催化反应体系中，尤其是液相光催化反应体系中，使用最为广泛的光源是汞灯。汞灯辐射的光谱波长分布与汞灯的类型有关，所发射的光子波长范围为 $185\sim750nm$。其中，低压汞灯的波长分布较为集中，可以有效地激发半导体光催化剂，因此得到广泛的应用，其光谱分布如图 1-5 所示。

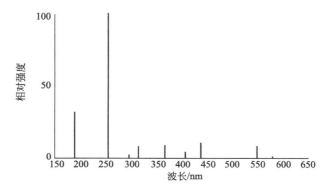

图 1-5　低压汞灯的发光光谱

低压汞灯发射的紫外光主要位于波长为 185nm 和 254nm 处，低压汞灯的光电转化率是很低的，即使是发光最强烈的 254nm 波长的紫外光，其光电转化率也仅为 5%～7%，而 185nm 波长处的转化率仅为 254nm 波长处转化率的 30%。

① 254nm 杀菌灯　254nm 杀菌灯被广泛用于 20 世纪 90 年代兴起的紫外消毒技术中，该技术通过破坏生物的遗传物质以杀灭水中的各种细菌、病毒、寄生虫、藻类等。

② 185nm＋254nm 真空紫外灯　185nm 处的紫外光属于真空紫外光，该光源能光解水生成氢原子和羟基自由基以及其他氧化性物种[43]，因此真空紫外光降解也属于高级氧化工艺。羟基自由基的存在导致一系列复杂的相互关联的自由基反应，而这些反应最终导致有机物的矿化降解。一般来说，真空紫外光降解应用于微污染水源水的净化时，由于水对真空紫外光的吸收很强。因此受到有效辐射的溶液大约只有 70μm 厚，这一层溶液中的溶解氧很快被消耗，如果供氧不足，可能会引起不利于有机物矿化的聚合反应。

（2）光源对光催化降解效果的影响

由于光催化剂在不同波长光作用下的光响应性能不同，因此光源不同，光催化降解的量子效率也会不同，另外一些光源对有机物本身也有一定的直接光降解作用，从而提高了光催化降解速率。

UV 的波长对光催化降解效果也有影响，UV 的波长范围有 $\lambda>200nm$ 和 $\lambda>330nm$ 两种。研究结果表明，光催化降解酚与直接光降解酚有不同的反应途径。当 $\lambda>330nm$ 时几乎不发生光降解，主要为光催化降解，而 $\lambda>200nm$ 时，光降解与光催化降解相当（甚至光降解更好一些），均好于 $\lambda>330nm$ 时的光催化降解过程。光催化降解的 TOC 去除速率在开始阶段高于直接光降解，而反应 2h 后，直接光降解和光催化降解的 TOC 去除速率几乎相等。该现象可能是由光降解过程中产生的聚合物引起的，在前 2h 的光降解反应内，聚合物以较快的速率生成，然后慢慢降解，因此在 $200nm<\lambda<300nm$ 的波长范围内，光降解起到了决定性的作用。

（3）光催化反应器的构造

用于半导体光催化过程的光反应器是一个多相反应器，形式是多种多样的。从反应器中催化剂的存在状态分，有浆式（悬浮）和固定式两类反应器；从利用的辐射源看，可分为人工光源和太阳光源两种。

从研究目的来看，光催化反应器可以分为两大类：一类是以机理研究为目的；另一类是以反应器的实用化为目的。机理研究方面主要是要确定影响光催化氧化效率的各种因素，并进行定量计算或定性说明。用于这方面研究的反应器一般为悬浮式反应器，光源一般为人工光源。

反应器的实用化研究中使用的反应器又可以分为两大类，一类是为了降低光催化技术的成本，充分利用太阳光源的反应器，例如工业用太阳光催化反应器，它一般可分为聚焦式和非聚焦式两种。聚焦式光反应器一般采用抛物槽或抛物面收集器，将太阳光的光辐射聚焦在中心管上。据报道，已经在美国 Albuquerque（Sandia 国家实验室）、加利福尼亚（Lawrence Livermore 实验室）和西班牙 Almeria（Plataforma Solarde Almeria，PSA）等地分别建立了抛物槽反应器[44-49]。聚焦系统只能利用太阳光的直射部分，然而太阳光的漫射部分对催化作用也相当重要，因此，将聚焦式和非聚焦式反应器联合起来的复合式抛物槽反应器得到了更多的关注。

另一类以实用化为目的的光催化反应器采用人工光源，多为催化剂固定式反应器。研究中主要考察催化剂的布置形式、反应体系的传质能力以及光源的辐射利用等对光催化降解效果的影响，这一类光催化反应器形式是多种多样的，包括环管式光反应器、光纤反应器、旋转鼓式反应器，转盘反应器等。

环管式光反应器将光源置于反应室的中央，光利用效率较高。催化剂的布置形式有两种，其一为将催化剂负载于反应器内壁；其二为将催化剂负载于其他载体上，再将载体放入反应器中。此种反应器的优点是构造简单，易于实用化。

光纤光催化反应器中，将催化剂负载于光纤的外表面，然后按一定密集度分散于反应室内，UV 从光纤一端导入，在光纤内发生折射，激发光纤表面的催化剂，进行催化反应。该反应器优点是反应面积大，处理效率相对较高，但是费用也很高。

旋转鼓式反应器和转盘光催化反应器的设计均是利用了一个研究结论，即光催化剂间歇曝光会使效果更好，但是该类反应器动力消耗较高[50,51]。

1.2.3　光催化反应动力学

目前光催化降解反应的动力学模型主要有以下两个。

（1）Langmuir-Hinshelwood（L-H）模型

该模型认为有机物先吸附到催化剂表面，然后再发生一级光催化反应，如下式所示。

$$-\frac{dC}{dt}=\frac{kKC}{1+KC}=K'C$$

$$-\frac{dC}{dt}=k[\mathrm{HO}\cdot]C$$

式中，C 为有机物浓度，mol/L；k 为羟基自由基与有机物的反应速率常数，$\mathrm{mol}^{-1}\cdot\mathrm{s}^{-1}$；$K$ 为有机物在催化剂表面的吸附常数，mol^{-1}；K' 为光催化反应的表观一级降解速率常数。

（2）Eley-Rideal（E-R）模型

该模型认为有机物从溶液体相向催化剂表面活性部位扩散从而发生光催化反应，其中L-H 模型得到了广泛的认可[52-56]。

L-H 动力学模型是在以下的假定条件下推导出来的：①吸附态的表面反应是速率控制步骤；②催化剂的吸附点数目是一定的；③催化剂表面是理想的，并且各吸附点的吸附能一样，不受表面覆盖率的影响；④吸附层仅为单分子层；⑤吸附/脱附平衡不受光照的影响；

⑥在固定条件下（催化剂和溶解氧的浓度、光强度等），催化剂表面的各种氧化性自由基的浓度为定值，不随有机物溶质的浓度变化而变化。

K' 与有机物浓度有关，当其他条件不变时，有机物浓度减小将导致 K' 相应增大，很多试验结果证实了上述结论，该结论也可以采用 L-H 模型来解释。但在低浓度时，则出现了相反的现象，Paris Honglay Chen 等[57]研究微污染有机物在 TiO_2 催化剂上的光催化降解时得出的结论是，K' 随初始浓度下降而下降，但文中没有进一步解释出现这一现象的原因。

1.2.4 光催化剂固定化技术

目前采用的光催化剂固定化技术众多，其中粉末沉积与溶胶-凝胶方法由于工艺简单且制备的催化剂活性较高而成为研究的热点。

（1）粉末沉积

主要是采用已有的粉末 TiO_2（如 Degussa P25 和 Aldrich TiO_2）制成水或醇的悬浆涂覆液，载体经浸涂或喷涂后干化，然后通过高温焙烧增加 TiO_2 与载体的结合强度，即形成粉末 TiO_2 沉积的薄膜光催化剂。该固定方法的主要优点在于保持了原有粉末催化剂的高活性，但通常牢固性很差。在上述过程中，为了进一步增加薄膜的牢固性，可以根据载体材质添加一定量的酸或碱对基材进行腐蚀；为了避免高温焙烧可以添加诸如聚氟树脂和羧甲基纤维素钠等聚合物实现物理黏附。但是根据研究无论是采用酸蚀还是添加聚合物进行物理黏附，最终形成的薄膜都不能满足实际应用的需要，仅能在水流冲击下短时间内维持稳定，一旦轻轻擦拭即会脱落。此外，粉末 TiO_2 在溶液中和热处理过程中都会产生一定的团聚，使其在最终的载体上以较大的团簇形式存在，很不均匀。

（2）溶胶-凝胶法

主要是将含钛有机或无机化合物（如钛酸四丁酯、钛酸异丙酯、四氯化钛等）同醇溶剂、少量水和水解抑制剂（浓酸或配位剂）混合，经过溶液、溶胶、凝胶过程而固定于基材之上，再经过热处理去除水解/配位产生的有机物而获得晶化的 TiO_2 薄膜的工艺。该方法通过液相过程实现薄膜的制备，便于精确控制材料组分达到设计的化学配比，可实现材料组分的均匀性，晶粒尺寸可以达到亚微米级、纳米级甚至分子级水平。同时形成的薄膜非常牢固，是目前最为理想的固定技术。

（3）其他固定技术

① 溶液浸渍 同溶胶-凝胶方法有些类似，通常采用钛醇盐、四氯化钛、钛粉、粉末 TiO_2 等的过氧化氢溶液作为浸渍液，基材涂覆后也要经过干化和焙烧。

② 电泳沉积 将粉末 TiO_2 制成相对稳定的悬浆（在沉积过程中保持悬浮），利用 TiO_2 颗粒在电场中的电泳现象使之沉积在阴极的基材上，通常还要进行高温焙烧以增加薄膜的牢固性。

③ 阴极电沉积 将钛粉或粉末 TiO_2 氧化制成阴极沉积液，通过阴极反应在基材上形成钛的氧化物或氢氧化物凝胶，再经过焙烧即形成 TiO_2 薄膜。

④ 阳极电镀 以金属钛为载体，同时也作为阳极，通过阳极氧化在载体表面形成 TiO_2 薄膜。

⑤ 化学气相沉积 原理是载气（通常用氩气）携带前体蒸气和高纯氧进入高温反应室，前体蒸气在高温下分解氧化，沉积在基材上。

⑥ 离子束群沉积 金属钛首先被气化形成钛束，然后经过电子撞击使其离子化，在加

速电场作用下离子化钛束与氧气分子在基材表面撞击形成 TiO_2 薄膜。

⑦ 磁控溅射　可以分为直流磁控溅射和射频磁控溅射，前者通过正离子轰击靶材产生溅射，而后者通过电子和正离子交替轰击靶材产生溅射，被溅射出来的离子沉积在基材表面形成薄膜。在 TiO_2 薄膜的制备中，使用金属钛作为靶材，并且为了形成氧化物薄膜，O_2 被引入同沉积在载体上的钛原子反应，即反应性溅射。

以上所述固定技术由于工艺复杂和对设备要求较高，实用性较差。但离子束群沉积和磁控溅射两种方法均在低温下实现光催化剂固定，在针对活性炭等多孔载体负载时能够避免微孔烧结和载体氧化，具有很大优势，值得关注。

固化光催化剂的载体种类很多，常见的有以下几种。

① 玻璃类　因玻璃廉价易得，本身对光具有良好的透过性，而且便于设计成各种形状的光反应器，故很多试验室研究工作和开发性工作以玻璃作为载体。具体而言，有玻璃片、玻璃纤维网或布、空心玻璃球、玻璃珠、螺旋形玻璃管、玻璃筒、多孔硼硅酸盐耐热玻璃片、玻璃滤片以及光导纤维等。

② 金属类　金属类一般价格昂贵，而且因金属离子（如 Fe^{3+}、Cr^{3+} 等）在热处理时会进入 TiO_2 层，破坏 TiO_2 晶格，降低催化活性。因此金属类使用较少。而且金属表面如同玻璃表面，一般捕捉性也较差，所以负载也较困难。负载后的光催化活性与普通钠钙玻璃上负载后相近。

③ 吸附剂类　吸附剂类本身为多孔物质，比表面积较大，是常用的催化剂载体。目前已被用作 TiO_2 载体的有硅胶、活性炭、沸石等。使用吸附剂类作为载体的最大优点是可以将有机物吸附到 TiO_2 粒子周围，增加局部浓度以及避免中间产物挥发或游离，加快反应速度。

④ 阳离子交换剂类　阳离子交换剂类往往也是微孔形或笼状物质，目前被研究的有沸石、黏土、全氟磺酸薄膜等，由于交换剂类孔径的限制，所制备的 TiO_2 一般粒径极小，为纳米级或量子级。同时可通过控制孔径大小而控制 TiO_2 粒子尺寸并因孔壁的隔离而阻止 TiO_2 聚合，起稳定作用。但由于 TiO_2 存在于孔内，大分子的有机物不能进入与其充分接触，实际光催化性较差。

⑤ 陶瓷类　未上釉的陶瓷类也是一种多孔性物质，对超细颗粒的 TiO_2 具有良好的附着性，故也被选作载体。如蜂窝状陶瓷柱、Al_2O_3 陶瓷片、硅铝陶瓷空心微球、陶瓷纸等。

⑥ 高分子聚合物　使用高分子聚合物时，或是将 TiO_2 纳米粒子包结，掺杂其中，或是将 TiO_2 涂布表面，如聚乙烯吡咯烷酮、聚乙烯膜、聚丙烯膜等。由于高聚物本身也是有机物，因此，也能被 TiO_2 光催化降解，所以高分子聚合物不是一种理想的材料，但可作短期使用。

1.2.5　光催化技术的环境净化应用

半导体光催化技术从 20 世纪 70 年代被发现以来，一直受到环境、化学和材料等领域研究者的广泛关注，并且在研究过程中不断地取得进展，如人工光源到太阳光的尝试、悬浮反应体系向固定化体系的转变、微弱光下环境自净材料的研究、TiO_2 双亲特性的发现，以及光催化剂激发波长拓展到可见光等。相应的应用研究也涉及诸多领域，如固氮、温室气体 CO_2 的水合固定、浮油净化、分解水产氢、金属回收、有机和无机合成等，尤其在环境净化方面，诸如水的消毒、废水深度处理、地表水和地下水中微污染有机物以及空气中挥发性有机物净化等，具有极大的应用价值和潜力。

① 光催化氧化去除水体环境介质中的有毒有害有机污染物　目前的研究广泛地涉及烃、醇、酚、羧酸、醛、酮、酯、各种卤代物、硝基化合物以及染料、农药、表面活性剂、油类等，并都取得了很好的效果[58]。

② 利用光致电子的还原能力来去除水中金属离子及其他无机物质　但在应用光催化技术还原去除无机物的过程中存在两个主要问题：a. 氧的竞争性反应，脱氧成本极其昂贵是目前这项应用的主要缺陷；b. 往往需要引入诸如甲醇、EDTA 或柠檬酸等有机物才能使还原过程具有更高的效率。

③ 光催化杀菌与消毒　不仅避免了传统氯消毒中氯代有机物的形成，而且具有比紫外消毒更好的效果，在水相与气相中均具有很好的应用前景。目前的研究广泛地涉及细菌、酵母菌、真菌、癌细胞、病毒等多种微生物体，尤其是针对大肠杆菌开展了大量的研究。研究表明[59-66]，采用 TiO_2 光催化技术消毒饮用水，在仿太阳光的照射下，强度为 $80mW/cm^2$，大肠杆菌完全失活只需要 20min，而只用太阳光照射，则需要 70min。TiO_2 杀菌的机理被认为是光催化过程能使细胞膜很快出现空洞，进而变大，并且向细胞质和细胞内部扩展，从而使得细胞失活，达到杀菌的目的。另有研究表明[67-70]，光催化降解能成功杀灭水中大肠杆菌、金黄色葡萄球菌和杀灭肿瘤细胞[71,72]。

④ 室内挥发性有机物光催化降解　半导体光催化技术是 20 世纪 70 年代发现并发展起来的一种新型的高级氧化技术。至今已经对多种挥发性有机物的气相光催化进行了研究，如烷烃、醇、醛、酮、芳香族化合物和卤代物等。研究结果表明，光催化氧化方法可以有效地降解多种挥发性有机物，如表 1-2 所示。

表 1-2　可被光催化氧化的主要 VOCs

类别	化合物	类别	化合物
芳香族	苯、甲苯、二甲苯、苯乙烯	醛	乙醛、甲醛、丁醛、丙醛
酮	丙酮、丁酮	萜烯	蒎烯
含氮环状化合物	嘧啶、甲基吡啶、尼古丁	含硫有机物	甲基噻吩
脂肪烃	乙烯、丙烯、四甲基乙烯、1,3-丁二烯、丁烯、甲烷、乙烷	氯乙烯	二氯乙烯、三氯乙烯、四氯乙烯
醇	甲醇、乙醇、丙醇、异丙醇	乙酰氯化物	二氯乙酰氯、三氯乙酰氯

气相多相光催化反应较液相反应的优点在于[73]：a. 气相传质速率快；b. 羟基自由基清除剂（如碱性物质）的影响较小；c. 光致电子更容易与氧气等电子捕获剂结合；d. 没有溶剂对光子的吸收，光的利用率提高，降解完全。

⑤ 光催化技术在国防环境保护中的应用　国防军事领域存在许多特种污染物，例如液体推进剂废液废气、枪炮废水以及放射性重金属污染等。目前，液体推进剂在军事和航天领域应用还十分广泛，偏二甲肼是其中很重要的一种燃烧剂。偏二甲肼具有较强的毒性，对人体的中枢神经系统、肝脏、肾脏等会造成不同程度的伤害。偏二甲肼能与水混溶，在其生产、运输、贮存、使用等过程中，均会产生大量的废水。如果废水处理不恰当，就可能会影响推进剂使用单位及周边环境，导致环境问题，甚至会导致一些社会问题。因此，偏二甲肼废水所带来的一系列问题引起人们的极大关注，世界上许多国家都在致力于研究偏二甲肼废水的处理方法。目前，关于偏二甲肼废水的处理已经提出多种方法，如物理法、化学处理法、生物处理法等，但每种方法都存在一些缺陷，致使在实际操作使用过程中受到了限制。

要快速、经济、彻底地处理偏二甲肼废水，还需作进一步研究。

硝基氧化剂是液体推进剂双组元推进剂中的氧化剂，是一类易于挥发的酸，具有强氧化性、腐蚀性和毒性[74]。在硝基氧化剂的生产、储存、运输、使用以及报废过程中，经常有"跑、冒、滴、漏"现象的发生，目前处理这类事故的有效方法是用大量水进行稀释，结果就是产生大量的废水。此外，洗消氧化剂槽车、泵车、储罐以及管道时也会产生大量废水。这类废水中含有一定浓度的硝基氧化剂，对操作人员和环境会造成一定的伤害或者污染。如果洗消废水进入到土壤中，会有亚硝酸盐等致癌物质产生，严重污染我们赖以生存的环境[75]。

已有的研究成果表明，利用 TiO_2、ZnO 等光催化净化偏二甲肼、硝基氧化剂均能取得较好的效果，但 TiO_2、ZnO 等存在负载困难的问题。通过多种方法对 TiO_2 进行修饰改性、负载化而制备出的高性能负载型复合光催化剂用于光催化降解偏二甲肼废水和硝基氧化剂废水，可以取得较好的效果。

1.2.6 影响光催化降解效果的主要因素

（1）有机物浓度

有机物浓度的变化对降解效果的影响可以用光催化反应的动力学来说明。一般认为，光催化反应符合 Langmuir-Hinshelwood（L-H）动力学方程，但是，光催化降解低浓度有机物时，有机物的初始浓度对降解效果的影响用 L-H 动力学解释时，遇到了一些矛盾。

在低浓度条件下，有机物初始浓度对光催化降解效果的影响，可采用 Eley-Rideal（E-R）反应动力学来说明。一方面，当有机物的浓度较高时，会吸收辐射光，减弱催化剂表面的光强，从而降低羟基自由基的生成速率，而且较高浓度的有机物对羟基自由基的消耗速率也较高，导致催化剂表面羟基自由基浓度较低，从而光催化反应速率常数较小；另一方面，初始浓度很低时，有机物向催化剂表面的扩散速率也很低，导致光催化降解速率较低。因此，总的来说，溶液浓度对光催化降解效果的影响包括对催化剂表面羟基自由基浓度的影响和有机物的传质能力影响两方面。

另外有研究表明对于高浓度的有机物溶液，由于催化剂表面的有机物不能及时被降解，产生积炭效应，还会导致催化剂失活。

（2）pH 值

催化剂的表面电荷和能带位置都会受到 pH 的影响。表面电荷对污染物吸附性能具有重要的影响作用，进而影响光催化降解污染物的速率；能带位置变化时，会改变催化剂的吸光特性，从而影响其氧化和还原能力。pH 值变化很大的时候，光催化降解速率变化通常不会超过 1 个数量级。pH 值对有机物光催化降解效果的影响规律与不同的实验条件有关。

（3）温度

温度对半导体光催化降解有机物的影响一般很小，这是因为半导体的光激发过程不需要加热。以 TiO_2 光催化剂为例，光催化降解水溶液中有机物的 Arrhenius 活化能一般小于 20kJ/mol。光催化反应的活化能大小与实验条件有关，因此，应慎重选择作为光催化剂的载体。

一般来说，在中等温度（20～80℃）条件下，反应表观活化能往往较小（几千焦每摩尔）。在低温（−40～0℃）条件下，表观活化能会增大。光催化反应的限速步骤是产物的脱附过程，当温度增大到 80～100℃ 时，反应物的热吸附变得不明显并且成为反应的限速步骤。因此光催化反应在室温下进行比较理想，在实际应用中，由于紫外灯的辐射作用，反应体系的温度会略高于室温。

(4) 溶解氧

由半导体光催化的降解机理可知,作为电子捕获剂的 O_2,可夺取半导体上的光生电子形成 $O_2^-\cdot$,减少了半导体上的电子-空穴对的复合概率,生成的 $O_2^-\cdot$ 在水溶液中质子化后,又可生成具有很强氧化能力的 $HO\cdot$。因此提高溶解氧浓度,可加快光催化反应速率。由于催化剂表面 $HO\cdot$ 的量子产率不高,耗氧量不高,在开放的反应器中,自然复氧过程往往就足以补充溶解氧的消耗,但在相对密闭的反应器中,溶解氧的浓度也可能成为影响反应速率的重要因素。

(5) 无机离子

不同无机离子对光催化降解效果的影响机理不同,HCO_3^-、CO_3^{2-} 能将电子转移给羟基自由基,在水源水中,这些离子的浓度相对较高,因而成为羟基自由基的主要清除剂。而硫酸根、磷酸根、硝酸根和氯离子等与羟基自由基的反应速率十分低,它们对羟基自由基的清除效果可以忽略,溴离子、次溴酸和次溴酸根与羟基自由基的反应十分显著,会明显降低光催化降解有机物的效果。

(6) 光强

研究表明,在低光强 $[I<1\times10^{-5}\,mol/(m^2\cdot s)]$ 条件下,酚的降解速率与光强之间存在线性关系,反应速率 r 与辐射通量 φ 成一定比例,说明光催化降解过程是光生载流子的反应机理。当光强大于 $2\times10^{-5}\,mol/(m^2\cdot s)$ 时,酚的降解速率与光强的平方根存在线性关系。因此对光强较大的人工光源或被聚焦的太阳光源来说,光量子效率较差。

1.2.7 半导体光催化技术的潜在优势

20 多年来,围绕光催化原理、光催化剂制备、光反应器、污染物降解等对半导体光催化技术进行了广泛的研究,形成了光催化研究热点。

与生物处理法和其他物化处理法相比,半导体光催化具有以下潜在的优势。

① 利用取之不尽、用之不竭的太阳光作为辐射源,是一种节能技术。

② 具有很强的处理能力,不仅可以分解绝大多数有机物,而且可稳定有毒重金属。

③ 是一种安全的污染物净化处理技术,半导体光催化剂具有稳定性高、耐光腐蚀、无毒的特点。

④ 反应条件温和,对 pH 值、温度等没有特别的要求。

⑤ 处理负荷没有限制,既可以处理高浓度的污染物,也可以处理微量污染物。

1.3 光催化技术的应用研究展望

1.3.1 光催化技术面临的问题

目前尽管存在一些中试规模的光催化处理系统,但其广泛的工业应用受到极大制约,主要原因在于光催化技术还存在几个关键的科学及技术难题。

① 量子效率低。光致电子和空穴的复合是在极短时间内(小于 $10^{-9}\,s$)完成的,光生电荷不能有效分离而大量无效复合是光量子效率低的主要原因。

② 太阳能利用率低(<4%)。由于锐钛型二氧化钛半导体光催化剂的能带结构($E_g=3.2eV$)决定了其只能吸收利用太阳光中波长小于 380nm 的紫外线部分。

③ 维持高效率的光催化剂的负载技术难。粉体催化剂虽具有高催化效率，但其难以继续回收利用且后期处理过程复杂，费用高。为此，催化剂必须固定化，但催化剂的固定化又会导致催化剂比表面积的减小，催化活性降低。

④ 粉末的分散问题。光催化剂活性与粒度有很大关系，粒度越小，比表面积越大，光催化活性越高。但是粒度过小，容易发生二次凝聚。光催化剂的粒度一般在 $10\sim30nm$ 之间，比表面积一般为 $100\sim300m^2/g$。光催化体系是热力学不稳定体系，易发生颗粒团聚现象，使得实用性变差。

⑤ 光催化剂的稳定性差。目前所制备的光催化剂虽然在处理效率上能够达到一定的高效性，但是很多研究表明光催化剂的稳定性不好，经常出现失活现象。

⑥ 快速、准确、原位评价各种半导体光催化剂光催化效率的表征方法和技术缺乏。

其中，③～⑥所涉及的高效率、长期稳定的光催化剂的负载技术以及表征技术——制备高活性的固定化光催化剂以及其活性快速、准确评价是直接关系到光催化技术产业化应用的亟待解决的最关键问题，目前已经得到普遍关注，大量的研究工作正在广泛开展。

1.3.2 光催化技术研究热点

未来的光催化技术的应用研究应该集中在对光催化机理的深刻认识、光响应范围宽和量子效率高的催化剂可控制备以及光催化技术工程化及新型光催化产品开发等方面。

（1）光催化反应机理的研究[76]

长期以来人们一直沿用半导体能带理论来解释光催化过程，虽然这一理论已经被普遍接受，但不是所有的实验结果都能完全用它给出清楚的解释。比如 TiO_2 经金属离子或硫酸根修饰后，有时光催化剂的能带结构、光吸收及其带边并没有发生明显的改变，而光催化活性却有显著的提高；有时光催化剂的吸光度显著降低，其活性反而提高。再如关于杂质掺入量对催化剂活性的影响，掺杂使活性提高时认为杂质是载流子的分离中心，而掺杂使活性降低时认为杂质又是载流子的复合中心，来自能带理论的这种解释并不能告诉人们杂质影响的本质原因。最近有研究表明，沸石分子筛也是一种好的光催化剂，作为绝缘体，其作用机理尚难从半导体的概念上去认识。因此，应该结合当代对多相催化的理解寻求从分子水平上了解光催化的本质，这就要求研究者一方面要加强光催化动力学，特别是反应中间体测定的研究，另一方面要采用先进的物理表征手段原位测定光照下所发生在催化剂表面的微观物理和化学过程，并通过机理的认识来指导高效光催化剂的可控合成。

（2）高效光催化剂的开发[77]

目前公认的真正能实际使用的光催化剂只有 TiO_2。对它的研究已有很多，例如 sol-gel 法、改进的 sol-gel 法、MOCVD 法、磁控溅射法、反向胶束法等制备方法；有机钛酸酯、各种无机钛、金属钛和其他有机钛化物等各种钛源的影响；可使用的沉淀剂；大量的各种掺杂、复合等体相和表面修饰方法等。这些方法都没有获得光催化活性的重大改进效果。如何改进制备工艺以获得高效的光催化剂，使其对小于 $500nm$ 的光波有响应，可在太阳光及室内微光条件下光催化降解有机污染物，并维持较高的亲水性，同时还具有耐酸碱、抗腐蚀的特点，这将会是今后研究的重点。

（3）强化光催化技术[78]

为了提高光催化技术的降解效果，扩大其应用范围，很多学者还研究出了一些强化光催化技术，如通过在反应体系中引入电场，以提高光生电子和空穴的分离能力，或在光催化反应体系中加入氧化剂，如臭氧、过氧化氢等，可以实现光催化降解和氧化剂氧化的协同作用，从而提高光催化降解效果。

中国科学院生态环境研究中心环境水化学国家重点实验室的张西旺和王怡中研究了微波强化光催化氧化的处理效果和机理，并对催化剂投量、光源、溶解氧、温度等相关因素对处理效果的影响进行了详细阐述。

上海交通大学的徐娜等人研究了水射流空化强化 TiO_2 光催化氧化技术处理养鱼污水的效果，同时考察了单独的水射流空化处理、光解处理、光催化氧化处理的效果。

陕西师范大学张宗权等人提出了静电强化纳米光催化空气杀菌净化方法。该方法将静电集成技术与纳米光催化技术相结合，既提高了纳米光催化的量子效率（使光生电子与空穴有效分离），又保证了污染物在纳米材料表面高效富集，同时研究了一种设计合理、结构简单、净化速度快、效率高、无二次污染的光催化杀菌净化装置。

（4）光催化技术的工程化研究和开发光催化剂的新应用

目前已开发的光催化产品效率不高的原因不仅在于催化剂活性偏低，还与光催化技术工程化研究的滞后有关。以空气和污水净化器为例，对催化剂的负载化、光源布局、待净化流体与催化剂接触方式等可以最大限度地提高催化剂的利用率的影响因素还缺乏系统的研究。此外，在环境污染日益严重的今天，既然现有催化剂的效率决定了其难于处理高浓度和量大的污染物，就应该把更多的注意力先放在某些污染处理量不大或者有显著光照的场合，如室内空气、饮用水的灭菌和净化，建筑物的外墙面等方面的研究，同时寻求开发其他的新应用领域，如医疗、新材料光催化合成等。

◆ 参考文献 ◆

[1] Pappas, S. P., Fisher R. M.. Photo-chemistry of pigments. Studies on the mechanism of chalking. Journal of Paint Technology [J]. 1974, 46: 65-72.

[2] FujishimaA., HondaK.. Electrochemical Photolysis of Water at a Semiconductor Electrode. Nature [J], 1972, 238: 37-38.

[3] Carey J. H.. Lawrence J.. Tosine H. M. Photodechlorination of PCB's in the presence of titanium dioxide in aqueous suspensions [J]. Bull Environ Contam Toxicol, 1976, 16: 697-701.

[4] H. Jiang, J. Hu, F. Gu, W. Shao, C. Li. Hydrothermal synthesis of novel In_2O_3 microspheres for gas sensors [M]. Chem. Commun. 2009, 3618-3620.

[5] Cunningham J. et al. Isotope-effect evidence for hydroxyl radical involvement in alcohol photo-oxidation sensitized by TiO_2 in aqueous suspension [J]. Photochem. Photobiol. A: Chem., 1988, 43: 329-335.

[6] Harbour J. R. et al. Photogeneration of hydrogen peroxide in aqueous TiO_2 dispersions [J]. Can. J. Chem. 1985, 63: 204-209.

[7] Sobczynski A., Duczmal L., Zmudzinski W.. Phenol destruction by photocatalysis on TiO_2: an attempt to solve the reaction mechanism [J]. Journal of Molecular Catalysis A: Chemical, 2004, 213 (2): 225-230.

[8] Sun Y. F., Pignatello J. J. Evidence for A Surface Dual Hole-Radical Mechanism in the TiO_2 Photocatalytic Oxidation of 2,4-Dichlorophenaxyacetic Acid [J]. Environmental Science & Technology, 1995, 29 (8): 2065-2072.

[9] Sakthivel S., Shankar M. V., Palanichamy M., et al. Enhancement of photocatalytic activity by metal deposition: characterisation and photonic efficiency of Pt, Au and Pd deposited on TiO_2 catalyst [J]. Water Research, 2004, 38 (13): 3001-3008.

[10] Okamoto K. I. et al. Hetergeneous photocatalytic decomposition of phenol over TiO_2 power [J]. Bull. Chem. Soc. Jpn., 1985, 58: 2015-2022.

[11]　Gerischer H., Heller A.. The role of oxygen in photooxidation of organic molecules on semiconductor particles [J]. J. Phys. Chem. 1991, 95：5261-5270.

[12]　Kinney L. C. et al.. Taft. Research Center Report, Number JWRC-13, Cincinnati OhioFox M., et al. Heterogeneous Photocatalysis [J]. Chem. Rev., 1993, 93：341-357.

[13]　Hiroshi Yoneyama, Tsukasa Torimoto. Titanium dioxide/adsorbent hybrid photocatalysts for photodestruction of organic substances of dilute concentrations [J]. Catalysis Today , 2000, 58：133-140.

[14]　Wang K. H, Hsieh Y. H, Chen L. J. Journal of Hazardous Materials [J], 1998, 59：251-260.

[15]　Grela M. A., Coronel M. E., Colussi A. J. Quantitative spin-trapping studies of weakly illuminated titanium dioxide sols [J]. Implication for the mechanism of photocatalysis, J. Phys. Chem, 1996, 100：16940-16947.

[16]　Sakthivel S., Shankar M. V., Palanichamy M., et al. Enhancement of photocatalytic activity by metal deposition：characterisation and photonic efficiency of Pt, Au and Pd deposited on TiO_2 catalyst [J]. Water Research, 2004, 38 (13)：3001-3008.

[17]　Linsebigler A. L., Lu Guangquan, Yates Jr. J. T, et al. Photocatalysis on TiO_2 surfaces：principles, mechanisms and selected results [J]. Chemical Reviews, 1995, 95 (3)：735-758.

[18]　果玉忱编. 半导体物理学 [M]. 北京：国防工业出版社，1988.

[19]　Yamashita H., Harada M., Misaka J. et. al. Photocatalytic degradation of organic compounds diluted in water using visible light-responsive metal ion-implanted TiO_2 catalysts：Fe ion-implanted TiO_2 [J] . Catalysis Today, 2003, 84 (3-4)：191-196.

[20]　Lu. Anhuai, Liu. Juan, Zhao, Donggao, et al. Photocatalysis of V-bearing rutile on degradation of halohydrocarbons. Catalysis Today [J]. 2004, 90 (3-4)：337-342.

[21]　Choi W., et al. The role of metal ion dopants in quantum-sized TiO_2：Correlation between photoreactivity and charge carrier recombination dynamics [J]. J. Phys. Chem. 1994, 98 (51)：13669-13679.

[22]　Ashokkumar M., Maruthamuthu P.. Preparation and characterization of doped WO_3 photocatalyst powders [J]. Journal of Materials Science, 1989, 24 (6)：2135-2139.

[23]　Gratzel M.. Heterogeneous photochemical electron transfer [M]. Boca Raton, FL：CRC Press, 1989.

[24]　Bedja I., Kamat P. V.. Capped semiconductor colloids. Synthesis and photoelectrochemical behavior of TiO_2-capped SnO_2 nanocrystallites [J]. J. Phys. Chem. 1995, 99 (22)：9182-9188.

[25]　Akira Fujishima, Tata N. Rao, Donald A. Tryk. Titanium dioxide photocatalysis. Journal of Photochemistry and Photobiology [C]. photochemistry Reviews, 2000 (1)：1-21.

[26]　Patrick B., Kamat P. V.. Kinetics of the reactions of the OH radical with hydrazine and methylhydrazine [J]. J. Phys. Chem. 1992, 96：1473-1478.

[27]　Rophael M. W., Khalil L. B., Moawad M. M.. Reduction of aqueous carbonate to methanol, photocatalysed by TiO_2 phthalocyanine [J]. Vacuum, 1990, 41 (1-3)：143-146.

[28]　Majumder S. A, Prairie M. R, Ondrias M. R, et. al. Enhancement of solar photocatalytic detoxification by adsorption of porphyrins onto TiO_2 [J]. ASME-JSES-KSES International Solar Energy Conference. New York：ASME, 1992, 9-14.

[29]　Li. Di, Haneda, Hajime. Enhancement of photocatalytic activity of sprayed nitrogen-containing ZnO powders by coupling with metal oxides during the acetaldehyde decomposition [J] . Chemosphere, 2004, 54 (8)：1099-1110.

[30]　R. Asahi, T. Morkawa, T. ohwaki, K. Aoki, Y. Taga. Visible-light photocatalysis in nitrogen-doped titanium [J]. Science, 2001, 293：269-271.

[31]　Christian Lettmann, Knut Hildenbrand, Horst Kisch, W. Macyk, Wilhelm F. Maier. Visible light photodegradation of 4-chlorophenol with a coke-containing titanium dioxide photocatalyst [J]. Applied Catalysis B：Environmental, 2001, 32：215-227.

[32]　Isao Nakamura, Nobuaki Negishi, Shuzo Kutsuna, Tatsuhiko Ihara, Shinichi Sugihara, Koji Takeuchi. Role of oxygen vacacy in the plasma-treated TiO_2 photocatalyst with visible light activity for NO removal [J]. Journal of Molecular Catalysis A：Chemical, 2000, 161：205-212.

[33]　Hiroshi Yoneyama, Tsukasa Torimoto. Titanium dioxide/adsorbent hybrid photocatalysts for photodestruction of organic substances of dilute concentrations [J]. Catalysis Today , 2000, 58：133-140.

[34]　L. Saadoun, J. A. Ayllon, J. Jimenez-Becerril, J. Peral, X. Domenech, R. Rodriguez-Clemente. Synthesis and photo-

catalytic activity of mesoporous anatase prepared from tetrabutylammonium-titania composites ［J］. Materials Research Bulletin, 2000, 35: 193-202.

［35］ Hiroshi Hirashima, Hiroaki Imai, Vladimir Balek. Preparation of meso-porous TiO₂ gels and their characteriza6tion ［J］. Journal of Non-Crystalline Solids, 2001, 285: 96-100.

［36］ Bhattacharyya A., Kawi S., Ray. M. B.. Photocatalytic degradation of orange II by TiO₂ catalysts supported on adsorbents ［J］. Catalysis Today, 2004, 98 (3): 431-439.

［37］ Sopyan I., Watanabe M., Murasawa S., et al. A film-type photocatalyst incorporating highly active TiO₂ powder and fluroresin binder: photocatalytic activity and long-term stability ［J］. Journal of Electoanalytical Chemistry, 1996, 415: 183-186.

［38］ 钱延龙, 陈新滋主编. 金属有机化学与催化 ［M］. 北京: 化学工业出版社, 1997.

［39］ C. Natarajan, G. Nogami. Cathodic eletrodeposition of nanocrystallyine titanium dioxide thin films ［J］. Journal of the Electrochemical Society, 1996, 143 (5): 1547-1550.

［40］ Akihiko Aoki, Gyoichi Nogami. Fabrication of antase thin film from peroxo-polytitanic acid by spray pyrolysis ［J］. Journal of the Electrochemical Society, 1996, 143 (9): L191-L193.

［41］ 陈中颖. 高活性和高稳定性 TiO₂ 薄膜光催化剂的研制 ［D］. 清华大学博士论文, 清华大学环境科学与工程系, 2002.

［42］ Weeks J. L., Meaburn G. M. and Gordon S.. Absorption coefficients of liquid water and aqueous solutions in the far ultraviolet ［J］. Radiat. Res., 1963, 19: 559-567.

［43］ Stafford U, Gray K. A., Kamat. P. V.. Photocatalytic degradation of 4-chlorophenol: the effects of varying TiO₂ concentration and light wavelength ［J］. Catal 1997; 167: 25-32.

［44］ Hu Chun, Wang Yizhong, Tang Hongxiao. Destruction of phenol aqueous solution by photocatalysis or direct photolysis ［J］. Chemosphere, 2000, 41: 1205-1209.

［45］ Chitose, Norihisa, Ueta, Shinzo, Seino, Satoshi, et al. Radiolysis of aqueous phenol solutions with nanoparticles ［C］: 1. Phenol degradation and TOC removal in solutions containing TiO₂ induced by UV, γ-ray and electron beams. Chemosphere Volume: 50, Issue: 8, March, 2003, pp. 1007-1013.

［46］ Roland Goslich, Ralf Dillert, Detlef Bahnemann. Solar water treatment: principles and reactors ［J］. Water Science and Technology, 1997, 35 (4): 137-148.

［47］ J. Blanco, S. Malato, P. Fernandez, et al. Compound Parabolic Concentrator Technology Development to Commercial Solar Detoxification Applications ［J］. Solar Energy, 1999, 67 (4 – 6): 317-330.

［48］ Sabate J., Anderson MA., Kikkawa Hetal A. Kinetic Study of the Photocatalytic Deradation of 3-Chlorosalicylic Acid over TiO₂ Membrane Supported on glass ［J］. Catal. 1991, 127: 167-177.

［49］ Ajay K. Ray, Antonie A. C. M. Beenackers. Development of a new photocatalytic reactor for water purification ［J］. Catalysis Today, 1998, 40: 73-83.

［50］ Lian Feng Zhang, Tatsuo Kanki, Noriaki Sano, Atsushi Toyoda. Photocatlytic Degradation of organic compounds in Aqueous Solution by a TIO-Coated Rotating-Drum Reactor ［J］. Using Solar Light, Solar Energy, 2001, 70 (4): 331-337.

［51］ Dionysios D. Dionysiou, Ganesh Balasubramanian etc. Rotating Disk Photocatlaytic Reactor: Development, Characterization, and Evaluation for the Destruction of Organic Pollutants in Water ［J］. Water Research, 2000, 34 (11): 2927-2940.

［52］ Alexei V. Emeline, Wladimir Ryabchuk, Nick Serpone. Factors affecting the efficiency of a photocatalyzed process in aqueous metal-oxide dispersions ［J］. Journal of Photobiology A: Chemistry, 2000, 133: 89-97.

［53］ Jian Chen, David F. Ollis, Wim H. Rulkens, et al. Kinetic processes of photocatalytic mineralization of alcohols on metallized titanium dioxide ［J］. Wat. Res., 1999, 33 (5): 1173-1180.

［54］ Yiming Xu, Cooper H. Langford. Variation of Langmuir adsorption constant determined for TiO₂-photocatalyzed degradation of acetophenone under different light intensity ［J］. Journal of Photochemistry and Photobiology A: Chemistry, 2000, 133: 67-71.

［55］ 孟耀斌, 黄霞, 吴盈禧等. 不同光强下光催化降解对氯苯甲酸钠动力学 ［J］. 环境科学, 2001, 22 (4): 56-59.

［56］ Bertelli, Marco, Selli, Elena. Kinetic analysis on the combined use of photocatalysis, H₂O₂ photolysis, and sonolysis in the degradation of methyl tert-butyl ether ［J］. Applied Catalysis B: Environmental, 2004, 52 (3): 205-212.

[57] Paris Honglay Chen and Christina H. Jenq, Kinetics of photocatalytic oxidation of trace organic compounds over titanium dioxide [J]. Environment International, 1998, 24 (8): 871-879.

[58] 王怡中. 不同类型染料化合物太阳光光降解研究 [J]. 太阳能学报, 1998, 2: 117-127.

[59] 周祖飞. 水溶液中萘乙酸的光降解研究 [J]. 环境科学, 1997, 1: 35-40.

[60] 李丽洁. 新型光催化固定膜反应器对 2,4-二硝基苯酚的降解研究 [J]. 水处理技术, 1999, 3: 151-154.

[61] Dionysios D. et al. Continuous-mode photocatalytic degradation of chlorinated phenols and pesticides in water using a bench-scale TiO₂ rotating disk reactor [J]. Applied Catalysis, B: , 2000, 24: 139-155.

[62] Kumara G. R. R. A., Sultanbawa F. M.. Continuous flow photochemical reactor for solar decontamination of water using immobilized TiO₂ [J]. Solar Energy Material & Solar Cells, 1999, 58: 167-171.

[63] Son, Hyun-Seok, Lee, So-Jin, Cho, Il-Hyoung. Kinetics and mechanism of TNT degradation in TiO₂ photocatalysis [J]. Chemosphere, 2004, 57 (4): 309-317.

[64] 魏宏斌, 严煦世, 徐迪民. 二氧化钛膜固定相光催化氧化法深度处理自来水 [J]. 中国给水排水, 1996, 12 (6): 10-17.

[65] 王福平, 孙德智等. 用纤维 TiO₂ 作光催化剂降解饮用水中腐殖质 [J]. 高技术通讯, 1998. 12: 21-24.

[66] A. Vidal a, A. I. D′ýaz b, A. El Hraiki etc. Solar photocatalysis for detoxification and disinfection of contaminated water: pilot plant studies [J]. Catalysis Today, 1999, 54: 283-290.

[67] P. J. Senogles, J. A. Scott, G. Shaw and H.. Stratton, Photocatalytic Degradation of the Cyanotoxin Cylindrospermopsin [J]. Using Titanium Dioxide and UV Irradiation, Wat. Res. , 2001, 35 (5): 1245-1255.

[68] Angela G. Rincón, Cesar Pulgarin, Nevenka Adler, Paul Peringer. Interaction between E. coli inactivation and DBP-precursors-dihydroxybenzene isomers-in the photocatalytic process of drinking-water disinfection with TiO₂ [J]. Journal of Photochemistry and Photobiology A: Chemistry, 2001, 139: 233-241.

[69] Matsunaga T., et al. TiO₂-mediated photochemical disinfection of Escherichia coli using optical fibers [J]. Environ. Sci. Technol., 1995, 29: 501-505.

[70] 刘平等. 掺杂 TiO₂ 光催化材料的制备及其灭菌机理 [J]. 催化学报, 1999, 20: 325-328.

[71] 王浩等. 二氧化钛催化杀灭肿瘤细胞的研究 [J]. 催化学报, 1999, 20: 373-374.

[72] Cai R., et al. Photokilling of malignant Cells with ultrafine TiO₂ powder, Bull [J]. Chem. Soc. Jpn, 1991, 64: 1268-1276.

[73] Low G, McEvoy. S., Matthews R. Formation of Nitrate and Ammonium Ions in Titanium Dioxide Mediated Photocatalytic Degradation of Organic Compounds Containing Nitrogen Atoms [J]. Environ. Sci. Technol., 1991, 25: 460-467.

[74] 李亚裕. 液体推进剂 [M]. 北京: 中国宇航出版社, 2011.

[75] 国防科工委后勤部. 火箭推进剂监测防护与污染治理 [M]. 长沙: 国防科技大学出版社, 1997, 5-23.

[76] 韩文亚. 水中微量有机物的光催化降解特性及反应器数值模拟 [D]. 清华大学博士论文, 2015.

[77] 韩世同, 习海玲等. 半导体光催化研究进展与展望 [J]. 化学物理学报, 2003, 16 (5): 340-346.

[78] 陈彰旭等. 模板法制备纳米材料研究进展 [J]. 化工进展. 2010, 29 (1): 94-97.

第 2 章

光催化材料的可控制备及表征

光催化材料是指在光作用下可以诱发光氧化-还原反应的一类半导体材料。1972 年，日本东京大学 Fujishmia 和 Honda[1]研究发现，利用 TiO_2 单晶进行光催化反应可使水分解成氢和氧。这一开创性的工作标志着光电现象应用于光催化分解水制氢研究的全面启动。在过去 30 多年里，人们在光催化材料开发与应用方面的研究取得了丰硕的成果。以 TiO_2 为载体的光催化技术已成功应用于废水处理、空气净化、自清洁表面、染料敏化太阳电池以及抗菌等多个领域。ZnO、In_2O_3、Ga_2O_3 等半导体光催化剂也被研究者合成并应用于环境介质中污染物的净化。

2.1 纳米 TiO_2 系列催化材料

2.1.1 溶胶-凝胶法制备纳米 TiO_2

应用溶胶-凝胶法（sol-gel method）来制备 TiO_2 光催化剂，最突出的优点是方法简单，反应条件容易控制[2]。此外，应用 sol-gel 法还可制备 TiO_2/聚合物、TiO_2/金属（Pt、Ag、Au 等）、TiO_2/其他氧化物和其他半导体等复合材料；将掺杂剂混入前驱体溶液中，可制备出掺杂的溶胶，进而制备出掺杂的 TiO_2 复合材料。

sol-gel 技术中，最重要的一环就是 sol-gel 原材料的合成。采用 sol-gel 技术制备 TiO_2 的胶体溶液，原料可以采用 $Ti(OBu)_4$（钛酸四丁酯）、$TiCl_4$、$Ti(SO_4)_2$ 等含钛的前驱体。溶剂一般为醇，如异丙醇、丙醇、乙醇等。常用的酸催化剂有 HNO_3、HCl、CH_3COOH，常用的碱催化剂是 $NH_3 \cdot H_2O$。

以钛醇为例，制备 TiO_2 的过程反应如下。

第一步：水解反应。钛醇盐在水中水解，并发生缩聚反应，生成含有氢氧化钛粒子的溶胶液。反应式中 R 代表乙基、异丙基、正丁基等。

$$Ti(OH)(OR)_3 + H_2O \longrightarrow Ti(OH)_2(OR)_2 + ROH$$

$$Ti(OH)_2(OR)_2 + H_2O \longrightarrow Ti(OH)_3(OR) + ROH$$

$$Ti(OH)_3(OR) + H_2O \longrightarrow Ti(OH)_4 + ROH$$

第二步：聚合反应。水解反应生成的 $Ti(OH)_x(OR)_y$ 相互之间可进一步发生聚合反应，形成 Ti—O—Ti 键接的 TiO_2 凝胶。

$$n\,Ti(OH)_4 \longrightarrow n\,TiO_2 + 2n\,H_2O$$

$$n\,Ti(OR)_4 + n\,Ti(OH)_4 \longrightarrow 2n\,TiO_2 + 4n\,ROH$$

在聚合反应中，原钛酸和负一价的原钛酸离子反应，生成钛酸二聚体，此二聚体进一步作用生成三聚体、四聚体等多钛酸。在形成多钛酸时，Ti—O—Ti 键也可以在链的中部形成，这样可得到支链多钛酸，多钛酸进一步聚合形成胶态 TiO_2，这就是通常所说的 TiO_2 溶胶的胶凝过程。

当钛的氧桥聚合物达到一定宏观尺寸时，就形成网状结构，形成凝胶。钛醇盐与水发生的水解反应非常迅速，当直接接触时，会立即生成白色沉淀。一般都要通过加入抑制剂来控制水解速度，抑制沉淀的生成，以形成凝胶。如通过加入乙酰丙酮可以控制钛醇盐的水解速度。加入乙酰丙酮（Acac）后发生如下螯合反应：

$$Ti(OR)_4 + m\,Acac \longrightarrow Ti(OR)_{4-m}Acac_m + m\,ROH$$

乙酰丙酮中与羰基相连的碳原子上的氢具有很高的活性，它易于转移到羰基中与氧原子结合形成烯醇，这种重排氢极易被其他原子取代。因而在反应体系中，乙酰丙酮中的烯醇基比由水产生的 OH^- 更易与钛醇盐发生螯合反应，阻止钛醇盐直接水解，使 $Ti(OR)_4$ 中的烷氧基被水中的 OH^- 取代的水解反应变慢。$Ti(OR)_4$ 水解后进一步缩聚，缓慢形成溶胶，并能在较长时间内保持稳定。

2.1.1.1 纳米 TiO_2 制备

① 取 20mL[●] 乙醇，搅拌条件下滴入 10mL 的钛酸四丁酯（TBT），继续搅拌 30min，使钛酸四丁酯溶解完全。加入 1.5mL 的乙酰丙酮，搅拌 30min。

② 取 3mL 去离子水、5mL 乙醇、0.5mL 硝酸混合均匀，搅拌的同时，将其缓慢滴加到步骤①的溶液中，继续搅拌 60min，即得黄色溶胶。

③ 将制得黄色溶胶置于 70℃ 水浴锅 3h 得湿凝胶，置于 60℃ 干燥箱干燥后得干凝胶。

④ 最后，将干凝胶在一定温度下活化 2h，取出恢复常温后碾磨即制得所需 TiO_2 光催化剂。

2.1.1.2 纳米 TiO_2 表征

（1）电镜扫描

对溶胶-凝胶法制备的纳米 TiO_2 粉体光催化剂进行电镜扫描分析，结果如图 2-1 所示。图 2-1(a) 中为烧结干燥所得 TiO_2 初成品，图 2-1(b) 中为真空干燥所得 TiO_2 颗粒，粉体均匀，颗粒为纳米级。

（2）X 射线能谱分析

X 射线能谱分析主要是检测材料表面物质中所具有的元素，元素周期表中 11 号即钠以后的元素，只要出现在材料的表面，都能被 X 射线能谱仪检测到。所以，通过 X 射线能谱仪扫描，能大体知道材料表面存在哪些元素，从而推断出具体的物质。

对溶胶-凝胶法制备的 TiO_2 粉体进行 X 射线能谱分析，结果如图 2-2 所示。

从图中可以明显看到钛元素的两个峰，这是钛元素 K 层的两个电子激发后被仪器所检测到的，同样，也发现有氧元素存在，根据分析结果中质量百分比和原子百分比可推测，此白色物质为 TiO_2。

● 文中所采用体积可以根据实际需要按比例进行调整，下同。

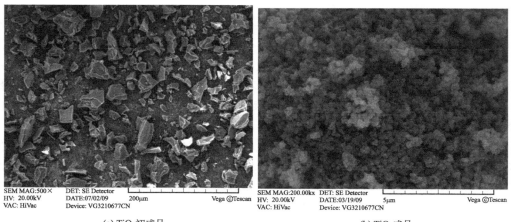

(a) TiO₂初成品　　　　　　　　　　　(b) TiO₂成品

图 2-1　TiO₂ 及 TiO₂/ACF SEM 图

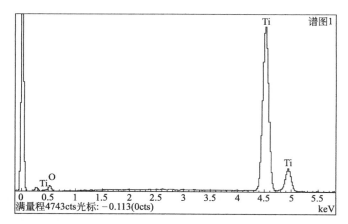

元素	质量 百分比/%	原子 百分比/%
O(K)	18.05	39.74
Ti(K)	81.95	60.26
总量	100.00	100.00

图 2-2　TiO₂ X 射线能谱分析图

（3）X 射线衍射分析

X 射线衍射分析（XRD）是鉴定物质晶相的有效手段。对于简单的晶体结构，根据 X 衍射可确定晶胞的原子位置、晶胞参数以及晶胞中的原子数等。高分辨 XRD 用于晶体结构的研究，可得到比普通 XRD 更可靠的结构信息以及获取有关晶胞内相关物质的元素组成、尺寸、粒子问题与键长等纳米材料的精细结构方面的数据和信息。XRD 实验方法简单，所用测试设备简单，尤其是它们的测试结果的准确性，使 XRD 成为研究晶体材料的一种重要测试方法。XRD 分析技术在 TiO₂ 纳米晶的结构分析，纳米晶的点阵参数、表面氧桥、钛氧键长的测量方面有重要意义。

TiO₂ 有三种晶型，无定形态、锐钛矿型和金红石型，TiO₂ 主要以锐钛矿型和金红石型存在。对 TiO₂ 从室温至 800℃ 之间煅烧，会经历无定形态→锐钛矿型→锐钛矿型与金红石型共存→金红石型的相变。一般来讲，锐钛矿型 TiO₂ 光催化剂比金红石型具有更好的光催化性能。为了验证活化温度与 TiO₂ 晶型的关系，在用 XRD 对样品进行检测时，选择了 450℃、490℃、550℃ 下活化的催化剂作为比较。实验结果如图 2-3 所示。

从图 2-3 可以看出，不同热处理温度的 TiO₂ 微粒晶型相近，其中以 490℃ 的晶粒晶相（主峰值：25.4°、38.0°、48.0°、54.7°、63.1°）较好，随着温度的增高，开始出现金红石

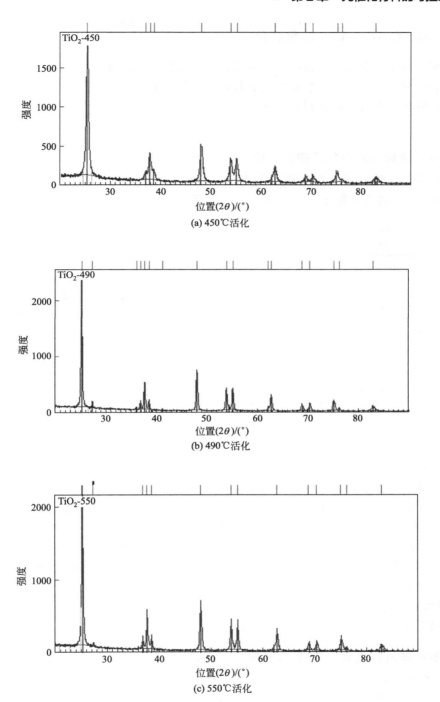

图 2-3 不同温度活化 TiO₂ XRD 图

型，其衍射峰越来越明显，但均以催化活性最好的锐钛矿型为主，由热力学性质可知，锐钛矿型转变为金红石型的过程是放热熵增过程，即转变是不可逆的，单向的，随着温度的进一步升高，晶粒尺寸会迅速长大，光生电子和空穴到达催化剂表面所需的时间延长，复合的概率增大，会有更多的锐钛矿型转变为金红石型，对其光催化活性也是不利的。因此，490℃为 TiO₂ 的最佳活化温度，此时得到的纳米 TiO₂ 晶粒最小，且锐钛矿型所占质量分数最高（82％）。

2.1.2 TiO₂ 的 AC、ACF 的负载化

多孔碳材料是一类具有丰富孔隙结构和巨大比表面积的碳质吸附材料，由于多孔碳材料微孔含量多，对一些细小的颗粒状物质有很好的吸附效果，因而被广泛当作载体使用。利用活性炭、活性炭纤维等多孔碳材料的这一优点，可以用来负载纳米 TiO₂ 制成负载型的复合光催化剂。

2.1.2.1 多孔碳材料负载化产物的制备

将活性炭、活性炭纤维和膨胀石墨等碳材料经过常规预处理后，用溶胶-凝胶法按照图 2-4 所示的流程制备负载化 TiO₂。具体步骤如下。

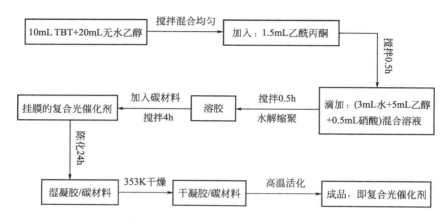

图 2-4　复合光催化剂制备过程流程图

① 取 20mL 乙醇，搅拌条件下滴入 10mL 的钛酸四丁酯（TBT），继续搅拌 30min，使钛酸四丁酯溶解完全。加入 1.5mL 的乙酰丙酮，搅拌 30min。

② 取 3mL 去离子水、5mL 乙醇、0.5mL 硝酸混合均匀，搅拌的同时，将其缓慢滴加到步骤①的溶液中，继续搅拌 30min，即得黄色溶胶。

③ 在搅拌的条件下，向步骤②制备的溶胶中，缓慢加入所需量的干燥后的碳材料 [实验中，加入活性炭 10g，活性炭纤维两片（1g），膨胀石墨 0.5g]，继续搅拌 4h，密封，静置。在室温下陈化 24h，然后在 80℃下干燥 12h。

④ 根据实验需要，干燥后的材料可以按上述步骤进行二次或多次负载。最后，将材料在一定温度下活化 2h 即制得所需负载型 TiO₂ 光催化剂。

2.1.2.2 多孔碳材料负载 TiO₂ 复合光催化剂的表征

（1）SEM 分析

对 TiO₂/AC 及 Ag/TiO₂/AC 复合光催化剂进行扫描电镜分析，结果如图 2-5 所示。

从图 2-5(a) 可以看出，没有负载 TiO₂ 的活性炭表面呈黑色，从直观上基本上看不到活性炭表面有其他物质的附着，图中出现的小白点应该是活性炭上的一些杂质小颗粒，同时也可以看到表面的孔结构。图 2-5(b) 反映的是活性炭进行了一次 TiO₂ 负载的复合光催化剂的扫描电镜图。图中活性炭表面明显可以看到有白色物质附着（用 X 射线能谱仪扫描及 X 射线衍射仪分析可知，该物质为 TiO₂），而且该白色物质已基本上覆盖了活性炭基体的整个表面，同时，该物质颗粒较小，呈粉末状，图中一些大颗粒应该是在材料的制备过程中，

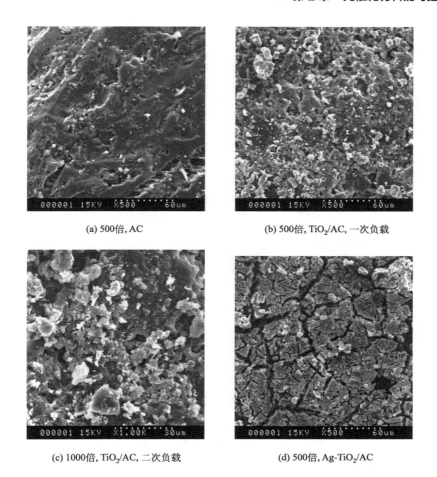

(a) 500倍, AC

(b) 500倍, TiO₂/AC, 一次负载

(c) 1000倍, TiO₂/AC, 二次负载

(d) 500倍, Ag-TiO₂/AC

图 2-5　复合光催化剂 SEM 图

少部分的 TiO₂ 发生了团聚的结果。图 2-5(c) 反映的是活性炭进行了二次 TiO₂ 负载的复合光催化剂的扫描电镜图,从图中可以看出,整个复合光催化剂所呈现的状态与一次负载的差别不大,较明显的区别是 TiO₂ 的数量,二次负载的复合光催化剂,TiO₂ 颗粒明显要比一次负载的多,但同时也产生团聚及堆积现象。图 2-5(d) 反映的是进行了 Ag 掺杂的复合光催化剂的扫描电镜图。图中活性炭表面被一层物质覆盖,已经看不到活性炭原有的表面结构,同时,附着的物质出现了龟裂的情况,这有可能是因为 Ag 掺杂的影响。

对 TiO₂/ACF 复合光催化剂进行扫描电镜分析,结果如图 2-6 所示。

图 2-6(a) 是活性炭纤维的扫描电镜图,图中单根的活性炭纤维呈柱状 (整块的活性炭纤维是网状结构),能清楚看到其表面的孔缝结构,而且可以看出活性炭纤维的表面没有其他物质附着。图 2-6(b) 是活性炭纤维进行了一次 TiO₂ 负载的复合光催化剂的扫描电镜图,在图中可以看到,柱状的活性炭纤维的表面已经有了白色颗粒状物质的附着 (通过 X 射线能谱仪及 X 射线衍射分析仪可知,这种白色颗粒状物质为 TiO₂),该颗粒的直径比较小,通过 XRD 分析,其平均晶粒度 3.9nm,为纳米级,不过,由于颗粒的粒度过小,TiO₂ 颗粒出现团聚现象。图 2-6(c) 是活性炭纤维进行了二次 TiO₂ 负载的复合光催化剂的扫描电镜图,图中所反映的情况与一次负载的情形差别不大,只是二次负载的复合光催化剂上的

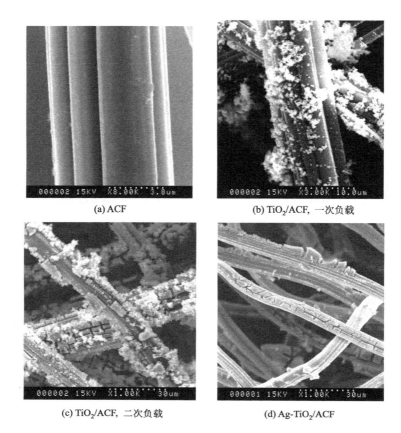

(a) ACF

(b) TiO₂/ACF，一次负载

(c) TiO₂/ACF，二次负载

(d) Ag-TiO₂/ACF

图 2-6　TiO₂/ACF 复合光催化剂 SEM 图

TiO_2 要明显多于一次负载的，由于 TiO_2 团聚过多，附着在活性炭纤维表面的物质出现了龟裂的现象。图 2-6（d）是掺杂银后，复合光催化剂的扫描电镜图，图中反映出来的情况，与图 2-5 中活性炭作载体时，掺杂银的复合光催化剂的情形大致相同，也是 TiO_2 层覆盖了活性炭纤维的柱状表面，出现了一定程度的龟裂，这应该也是由于掺杂银后，材料的性质发生一些改变所引起的。

对 TiO_2/EG 复合光催化剂进行扫描电镜分析，结果如图 2-7 所示。

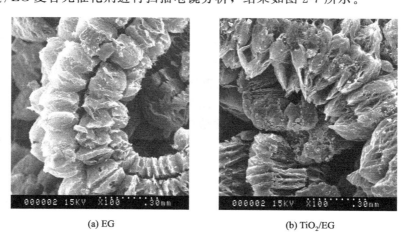

(a) EG

(b) TiO₂/EG

图 2-7　膨胀石墨扫描图

图 2-7(a) 所表示的是膨胀石墨的扫描电镜图，图中单颗的膨胀石墨呈蠕虫状，其表面较粗糙，比表面积较大，因此膨胀石墨是很好的吸附材料，特别是在吸附有机大分子方面。在膨胀石墨凹下去的地方，可以很清楚地看到其中的孔隙结构，这样的结构又有利于其作为载体而发挥优势。图 2-7(b) 所反映的是膨胀石墨进行了 TiO_2 负载的复合光催化剂的扫描电镜图，图中膨胀石墨的外观形态没有发生大的改变，但在其表面可以看到有颗粒状物质的附着（通过 X 射线能谱仪及 X 射线衍射仪分析可知，这些颗粒状的物质是 TiO_2），不过，这种颗粒状的物质在膨胀石墨表面的覆盖不是很均匀，只有较少的部分有 TiO_2 附着，负载量不如活性炭及活性炭纤维多。

（2）复合光催化剂的 X 射线能谱分析

TiO_2/AC 及 $Ag/AC/TiO_2$ 复合光催化剂的 X 射线能谱分析如图 2-8 所示。

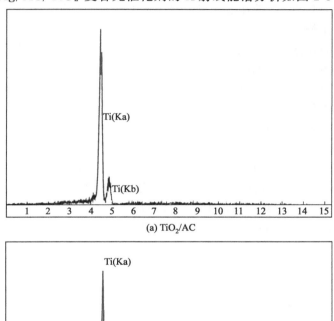

(a) TiO_2/AC

(b) $Ag/AC/TiO_2$

图 2-8　复合催化剂的 X 射线能谱扫描图

在图 2-8(a) 中，Ka、Kb 分别代表钛元素 K 层的两个电子，而图中的两个峰就是这两个电子激发后被仪器所检测到的，这说明，在 TiO_2/AC 复合光催化剂的表面存在钛元素；同理，从图 2-8(b) 中可以得出，在复合光催化剂的表面有银元素的存在。

2.1.3　TiO_2-氧化石墨烯复合光催化材料的合成

采用改进的 Hummers 氧化法[3]制备氧化石墨烯（Graphite Oxide，GO），利用 sol-gel

法制备 TiO_2-氧化石墨烯复合光催化材料，并对制备的 TiO_2-氧化石墨烯复合光催化材料进行表征。

2.1.3.1 TiO_2-氧化石墨烯复合光催化材料的制备

（1）Hummer 氧化法制备 GO

① 将盛有 50mL 浓硫酸的烧杯置于冰水浴中，加入 2g 鳞片石墨，充分搅拌混合，再缓缓加入 10g 高锰酸钾，继续搅拌至混合物成糊状，并将水浴温度控制在 10～15℃反应 4h。

② 将烧杯移入 35℃恒温水浴锅，持续搅拌反应一定时间；然后缓慢加入 160mL 去离子水，并控制溶液温度在 80℃反应 1h。

③ 取出烧杯再缓慢加入 30%的双氧水，直至溶液中无气泡生成。

④ 趁热过滤，并先以 5%的盐酸洗涤后以大量去离子水充分洗涤滤饼直至滤液呈中性。

⑤ 将滤饼置于干燥箱 60℃下干燥 36h，获得氧化石墨样品。

⑥ 取适量氧化石墨放入水或乙醇等溶剂中，超声一定时间剥离，获得 GO。

（2）sol-gel 法制备 TiO_2-GO

① 取一定量的氧化石墨，置于 100mL 蒸馏水中，超声振荡 0.5h，氧化石墨固体全部分散溶解，得到 GO 水溶液。

② 向 40mL 无水乙醇中加入 2mL 冰醋酸，在搅拌条件下缓慢加入 10mL 钛酸丁酯，混合均匀形成前驱物混合液。

③ 将 GO 水溶液置于烧杯中不停搅拌，将前驱物混合液缓缓滴入 GO 水溶液中，当滴加完毕后继续搅拌 30min，停止搅拌，静置 6h 陈化，完成溶胶-凝胶转化，得到灰色凝胶。

④ 将凝胶置于 60℃的电热烘箱内干燥，得到松散灰白色块状干凝胶，再研磨成粉末后于不同温度的马弗炉中保温焙烧一定时间，取出后常温冷却，再次研磨，得到呈灰白色的 TiO_2-GO 样品。

⑤ 纯 TiO_2 制备，直接使用 100mL 蒸馏水，不添加 GO，其余制备步骤与 TiO_2-GO 步骤相同。

（3）TiO_2-GO 的表征

① SEM 与 TEM 表征　图 2-9 为水热法制备 TiO_2-GO 的 SEM 图与 TEM 图。从 SEM 图中可以清晰地看出水热法制备的 TiO_2-GO 样品仍为球形颗粒，并且轮廓分明较为松散。如 TEM 所示，图中有阴影和褶皱的薄纱状物为 GO 片层，在片层上可以清晰地看到分布着许多颗粒物，颗粒的粒径在 10～30nm 之间，颗粒为 TiO_2 且分布较为均匀，边缘和表层的某些部分 TiO_2 较为聚集，是因为 GO 片层边缘和表面的含氧官能团较多，TiO_2 与其作用而聚集。

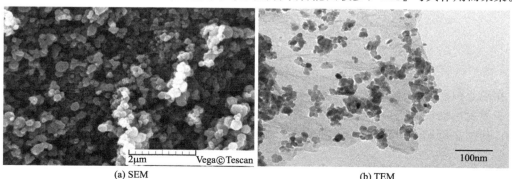

(a) SEM　　　　　　　　　　　　　　(b) TEM

图 2-9　水热法制备 TiO_2-GO 的 SEM 图与 TEM 图

　　图 2-9 说明了水热法制备 TiO_2-GO，不会改变 TiO_2 的形貌，且 TiO_2 在 GO 上的分散性较好，能够将 TiO_2 的团聚分散开来。对水热法制备的 TiO_2-GO 进行长时间超声振荡后，TiO_2 粒子并未从 GO 上脱落，这说明 TiO_2 并不是以简单的机械作用附着于 GO 片层上，很可能是 TiO_2 的表面—OH 与 GO 片层上的含氧官能团产生了相互作用形成 Ti—O—C 键[4]，这种结合更有利于 TiO_2 的光生电子在光催化过程中转移到 GO 片层上。

　　② EDS 表征结果分析　图 2-10 是水热法制备 TiO_2-GO 的 EDS 能谱图。从图中可以看出水热法制备的 TiO_2-GO 仅含有 C、Ti 和 O 元素，说明制备样品纯度高，没有其他杂质。图的右上角标出了各元素的质量百分比和原子百分比，从原子百分比来看，Ti 与 O 的原子个数比约为 1：2，O 的原子要多一些，基本可以确定物质为 TiO_2，而 O 的原子个数较多是因为 GO 上具有大量的含氧官能团，含有大量的 O 原子。从元素的质量百分比来看，C 元素的质量发数为 1.08％，与设计实验时的 GO 理论添加量 1％（质量分数）基本吻合。

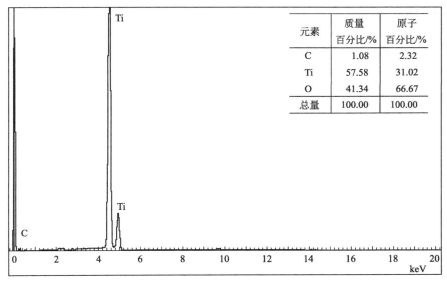

元素	质量 百分比/%	原子 百分比/%
C	1.08	2.32
Ti	57.58	31.02
O	41.34	66.67
总量	100.00	100.00

图 2-10　水热法制备 TiO_2-GO 的 EDS 能谱图

　　③ XRD 表征结果分析　图 2-11 为水热法制备 TiO_2-GO 的 XRD 图。从图中可以看出，

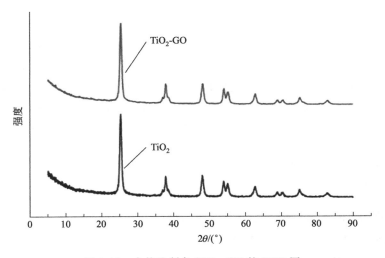

图 2-11　水热法制备 TiO_2-GO 的 XRD 图

TiO₂-GO 与纯 TiO₂ 均为锐钛矿型，图中仅出现锐钛矿衍射峰（PDF65-5714），说明制备样品纯度较高，无其他杂质，与 EDS 分析结果相吻合；将纯 TiO₂ 的 XRD 与 TiO₂-GO 的 XRD 图谱对比，发现 TiO₂-GO 与 TiO₂ 的衍射峰角度没有发生位移，衍射峰的强度变化不大，说明水热法制备 TiO₂-GO 对已制备好的 TiO₂ 晶型和结构没有影响。根据 Scherrer 公式计算 TiO₂-GO 颗粒的平均粒径为 14.2nm，与 TEM 测试的结果相吻合。GO 的衍射峰仍没有出现，可能是由于 GO 添加量过小导致的[4,5]。

④ UV-vis DRS 表征结果分析　将溶胶-凝胶法制备的 TiO₂-GO 记为 a，水热法制备的 TiO₂-GO 记为 b。图 2-12 是分别用溶胶-凝胶法与水热法制备的 TiO₂-GO 原始反射 UV-vis DRS 图。从图中可以看出，水热法制备的 TiO₂-GO 在图中紫外光区（250～400nm）和可见光区中的 400～500nm 部分的反射强度低于溶胶-凝胶法制备的 TiO₂-GO，反射强度大时吸收少，说明与水热法制备的 TiO₂-GO 对紫外光区和可见光区的吸收相比，溶胶-凝胶法制备的 TiO₂-GO 有所增强[6,7]。

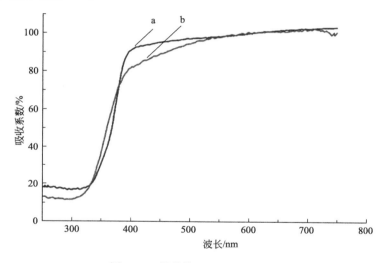

图 2-12　样品的 UV-vis DRS 图

UV-vis DRS 反射数据通过 Kubelka-Munk 公式[8]转换能够计算得出禁带宽度，其简化公式为：

$$E_g = 1240/\lambda_g (eV)$$

式中，E_g 为半导体的禁带宽度；λ_g 为吸收波长阈值，可利用截线法作图得出。

图 2-13 是样品的 UV-vis DRS 转换图。沿着溶胶-凝胶法制备 TiO₂-GO 与水热法制备 TiO₂-GO 的转化吸收曲线作切线外推与横轴相交，得到吸收波长阈值 λ_g。溶胶凝胶法制备 TiO₂-GO 的 $\lambda_g = 406.5nm$，水热法制备 TiO₂-GO 的 $\lambda_g = 404nm$。水热法制备 TiO₂-GO 的吸收波长阈值变化不大，但有蓝移出现，这可能是因为水热法制备的 TiO₂-GO 晶粒粒径变小，产生量子尺寸效应，引起吸收蓝移[9]。

将 λ_g 带入公式中计算得到溶胶-凝胶法制备 TiO₂-GO 禁带宽度为 3.05eV，水热法制备 TiO₂-GO 禁带宽度为 3.07eV。

2.1.3.2　金属掺杂 TiO₂-GO 纳米线制备与掺杂改性

（1）金属掺杂 TiO₂ 纳米线（TiO₂-NW，nano wires）制备

① 取 0.5g 已制备好的金属掺杂 TiO₂ 纳米颗粒，加入到 100mL 浓度为 10mol/L 的

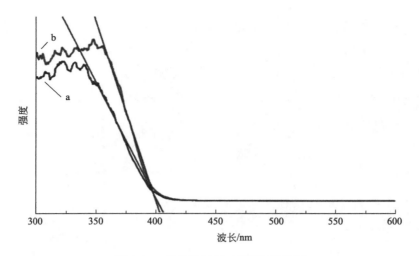

图 2-13 样品的 UV-vis DRS 转换图

KOH 溶液中，搅拌 30min，得到均匀的悬浊液。

② 将悬浊液加入到 100mL 的聚四氟乙烯内胆中，然后放入反应釜中密封，200℃下反应 24h 后自然冷却至室温，将产物用 HCl 溶液、去离子水和甲醇洗至中性。

③ 过滤掉不溶物，将过滤物置于 70℃下真空干燥 6h 得到松散的 TiO₂ 纳米线，记为 X/TiO₂-NW，X 为掺杂的金属元素。

（2）水热法制备金属掺杂 TiO₂-GO 纳米线（TiO₂-GNW，grapheme oxide nano wires）

将利用前述的水热法制备的金属掺杂 TiO₂-GNP（TiO₂-氧化石墨烯纳米颗粒）样品，记为 X/TiO₂-GNW，X 为掺杂的金属元素。

2.1.3.3 Ag 掺杂 TiO₂-类石墨烯系列

（1）SEM 与 TEM 表征结果与讨论

图 2-14 为 Ag 掺杂样品的 SEM 图。图中 Ag/TiO₂-NP（Ag 掺杂 TiO₂ 纳米颗粒）样品为球形颗粒，尺寸均匀，颗粒之间排列紧密，但团聚较为严重，可能是焙烧过程中使得颗粒之间作用紧密；Ag/TiO₂-GNP 形貌不发生变化，可能是 GO 在水热过程中与 Ag/TiO₂-NP 发生相互作用被分散，使得颗粒轮廓明显，团聚减少；Ag/TiO₂-NW 样品基本为线状结构，团聚较为严重；Ag/TiO₂-GNW 为轮廓分明、排列杂乱的纳米线，团聚较少，这可能是因为 GO 将 Ag/TiO₂-NW 包覆使得纳米线分散。

图 2-15 为 Ag 掺杂样品的 TEM 图。从图中可以清晰地看出，Ag/TiO₂-NP 为尺寸均匀的球形颗粒，平均粒径为 10～20nm，但团聚明显；经过水热法与 GO 复合后，GO 片层轮廓及表面褶皱明显，Ag/TiO₂-NP 均匀地分散在 GO 片层上。片层有些部分 Ag/TiO₂-NP 聚集较多，是由于 GO 表面含氧官能团的作用；Ag/TiO₂-NW 样品形貌为纳米线状，轮廓清晰光滑；Ag/TiO₂-GNW 仍为纳米线，轮廓不光滑，这可能是因为 GO 包覆 Ag/TiO₂-NW 使得纳米线表面有附着物，与 Pan[4] 的研究类似。

（2）EDS 结果讨论

图 2-16 为 Ag 掺杂样品的 EDS 能谱图，从图中可以看出 Ag/TiO₂-NP 能谱图中有 C、Ti、O、Ag 四种元素，C 的出现，是因为使用的导电胶带上有 C 元素；Ag/TiO₂-GNP 能

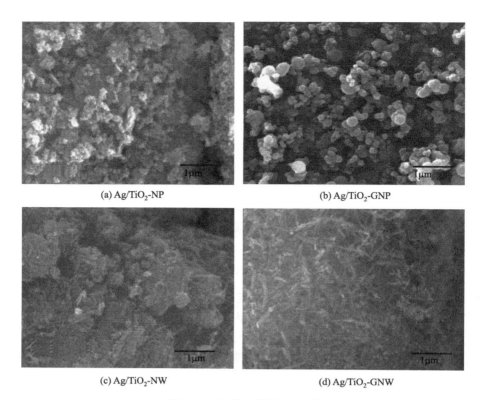

(a) Ag/TiO₂-NP

(b) Ag/TiO₂-GNP

(c) Ag/TiO₂-NW

(d) Ag/TiO₂-GNW

图 2-14　Ag 掺杂样品 SEM 图

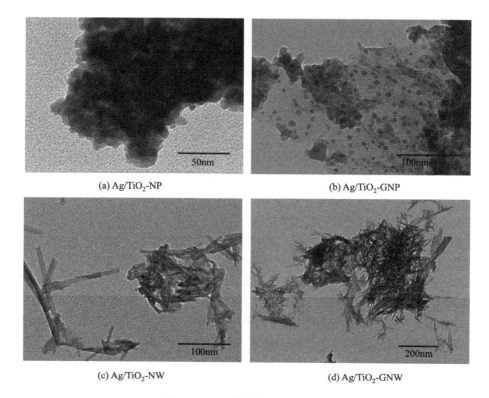

(a) Ag/TiO₂-NP

(b) Ag/TiO₂-GNP

(c) Ag/TiO₂-NW

(d) Ag/TiO₂-GNW

图 2-15　Ag 掺杂样品 TEM 图

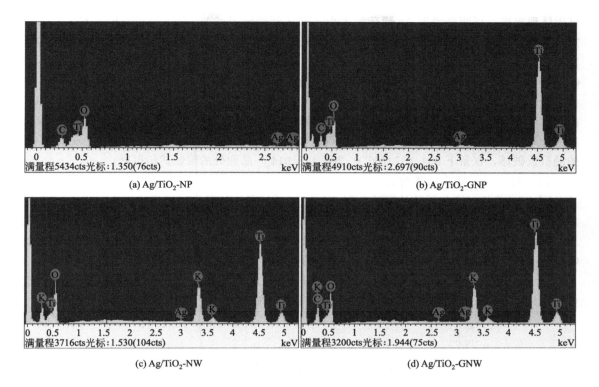

图 2-16　Ag 掺杂样品 EDS 能谱图

谱图中只含有 C、Ti、O、Ag 元素，说明样品纯度高，没有其他杂质；Ag/TiO₂-NW 能谱图中除了含有 Ti、O、Ag 元素还有 K 元素，可能是因为在制备过程中使用的 KOH 作用太强，使得 K 离子渗入 TiO₂ 的晶体结构；Ag/TiO₂-GNW 能谱图中含有 Ti、O、Ag、K、C 元素，同样 K 元素也是制备 Ag/TiO₂-NW 时引入的。

（3）XRD 结果讨论

图 2-17 为 Ag 掺杂样品的 XRD 测试谱图。从图中可以看出 Ag 的掺杂并没有在 XRD 测

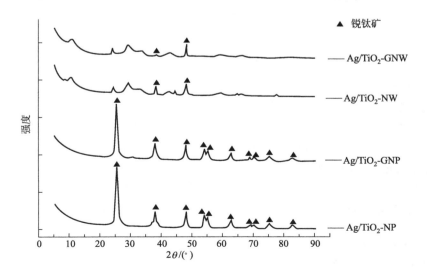

图 2-17　Ag 掺杂样品的 XRD 测试谱图

试中体现出来，可能是因为 Ag 掺杂量太小，未达到检出限；Ag/TiO$_2$-NP 与经过 GO 水热法复合的 Ag/TiO$_2$-GNP 的 XRD 谱图未发生太大变化，均显示其为单一晶型的锐钛矿型晶体。根据 Scherrer 公式计算其平均粒径分别为 11.6nm、9.8nm，小于水热法制备的未掺杂 TiO$_2$-GO 平均粒径（14.2nm），这可能是因为 Ag$^+$ 的离子半径（0.115nm）远大于 Ti^{4+} 的离子半径（0.061nm）[8]，Ag$^+$ 难以进入 TiO$_2$ 的晶格，而 Ag$^+$ 在焙烧过程中从凝胶内部不断扩散到 TiO$_2$ 晶粒的表面，从而阻碍了内部结构重排和晶粒聚集，抑制了晶粒的生长，导致 Ag/TiO$_2$-NP、Ag/TiO$_2$-GNP 平均粒径变小；对比 Ag/TiO$_2$-NW、Ag/TiO$_2$-GNW 的 XRD 谱图，发现 TiO$_2$ 的晶型被破坏，仅留下 004（37.765°）、200（48.014°）晶面处的锐钛矿衍射峰。

（4）UV-vis DRS 结果讨论

图 2-18 是 Ag 掺杂样品的原始反射 UV-vis DRS 图。从图中可以看出，Ag/TiO$_2$-NP 与 Ag/TiO$_2$-GNP 对紫外光区（250～400nm）的反射强度较低，反射强度小时吸收强，说明 Ag/TiO$_2$-NP 与 Ag/TiO$_2$-GNP 对紫外光区吸收较强，其中 Ag/TiO$_2$-GNP 在紫外光区的吸收强于 Ag/TiO$_2$-NP，同时 Ag/TiO$_2$-GNP 的吸收有蓝移趋势。

而 Ag/TiO$_2$-NW 与 Ag/TiO$_2$-GNW 在紫外光区和可见光区反射较强，说明吸收弱，这可能是因为 TiO$_2$ 的晶型结构在制备纳米管过程中被破坏。

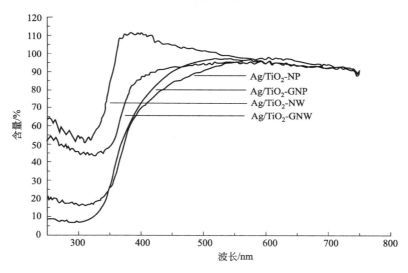

图 2-18　Ag 掺杂样品的 UV-vis DRS 图

UV-vis DRS 反射数据通过 Kubelka-Munk 公式转换能够计算得出禁带宽度，下面仅转换 Ag/TiO$_2$-NP 与 Ag/TiO$_2$-GNP 的反射图。

图 2-19 是掺杂样品的 UV-vis DRS 转换图，沿着转化吸收曲线作切线外推与横轴相交，得到吸收波长阈值 λ_g，Ag/TiO$_2$-NP 的 $\lambda_g=419$nm，Ag/TiO$_2$-GNP 的 $\lambda_g=406$nm，说明吸收区域向可见光区移动。Ag/TiO$_2$-GNP 的吸收蓝移，可能是因为晶粒粒径减小导致量子尺寸效应。利用 Kubelka-Munk 转换通过计算得到 Ag/TiO$_2$-NP 的禁带宽度为 2.95eV，Ag/TiO$_2$-GNP 禁带宽度为 3.05eV，Ag 掺杂降低了 TiO$_2$ 的禁带宽度。

2.1.3.4　Cu 掺杂 TiO$_2$-GO

（1）SEM 与 TEM 结果分析

图 2-20 为 Cu 掺杂样品的 SEM 图。从图中可以看出：Cu/TiO$_2$-NP 为球形纳米颗

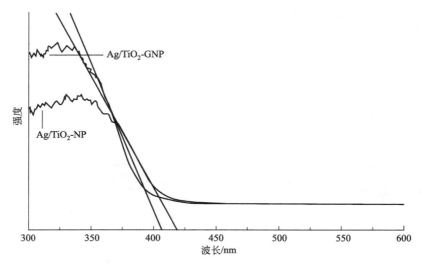

图 2-19 Ag 掺杂样品的 UV-vis DRS 转换图

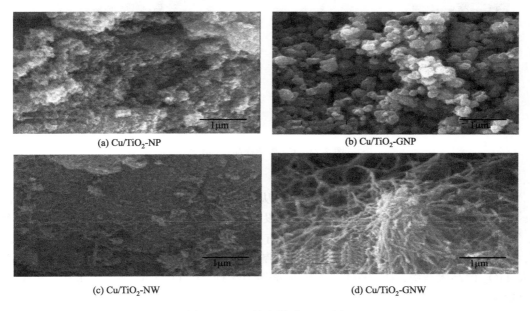

(a) Cu/TiO₂-NP

(b) Cu/TiO₂-GNP

(c) Cu/TiO₂-NW

(d) Cu/TiO₂-GNW

图 2-20 Cu 掺杂样品 SEM 图

粒，说明 Cu 的掺杂不会改变 TiO_2 的形貌，颗粒排列紧密，团聚较多；Cu/TiO_2-GNP 球形颗粒，轮廓清晰，排列松散，可能是因为 GO 在水热过程中与 Cu/TiO_2-NP 发生作用将其分散；Cu/TiO_2-NP 经过强碱水热的作用转变为线棒状，形成 Cu/TiO_2-GNW，说明控制形貌成功，但团聚较为严重；将 Cu/TiO_2-GNW 与 GO 水热反应后，可以明显看到轮廓分明、排列杂乱的纳米线，团聚较少，这可能也是纳米线被 GO 包覆后分散的原因。

图 2-21 为 Cu 掺杂样品的 TEM 图。从图中可以看出：Cu/TiO_2-NP 为球形颗粒，粒径尺寸在 10～20nm，团聚明显；Cu/TiO_2-GNP 中可以清晰地分辨出 GO 片层边界及表面褶皱，Cu/TiO_2-NP 均匀地分散在 GO 片层上，颗粒尺寸不变，GO 片层上有些部分 Cu/TiO_2-NP 聚集较多，是因为 GO 表面含氧官能团作用；Cu/TiO_2-NW 可以看出纳米线的存

在，纳米线轮廓清晰光滑；Cu/TiO₂-GNW 仍为纳米线，尺寸变宽，纳米线轮廓不光滑，这可能是纳米线被 GO 包覆的原因。

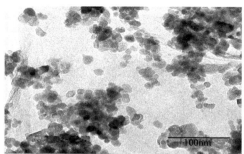

(a) Cu/TiO₂-NP   (b) Cu/TiO₂-GNP

(c) Cu/TiO₂-NW   (d) Cu/TiO₂-GNW

图 2-21　Cu 掺杂样品 TEM 图

（2）EDS 结果分析

图 2-22 为 Cu 掺杂样品的 EDS 能谱图，从图中可以看出 Cu/TiO₂-NP 能谱图中仅含有 Ti、O、Cu 三种元素，说明样品纯度较高，没有其他杂质；Cu/TiO₂-GNP 能谱图中只含有 C、Ti、O、Cu 元素，说明样品纯度高，没有其他杂质；Cu/TiO₂-NW 能谱图中除了含有 Ti、O、Cu 元素还有 K 元素，可能是因为在制备过程中使用 KOH 的作用太强，将 K 离子渗入 TiO₂ 的晶体结构；Cu/TiO₂-GNW 能谱图中含有 Ti、O、Cu、K、C 元素，同样 K 元素是制备过程中引入的。

（3）XRD 结果讨论

图 2-23 为 Cu 掺杂样品的 XRD 测试结果谱图。Cu/TiO₂-NP 与经过 GO 水热法复合的 Cu/TiO₂-GNP 的 XRD 谱图未发生太大变化，均显示其为单一晶型的锐钛矿型晶体，从 XRD 谱图中并没有体现出 Cu 的掺杂，这是由于 Cu 掺杂量较小。同时 Cu^{2+} 的离子半径 （0.073nm）、电负性和 Ti^{4+} 的离子半径 （0.061nm）、电负性相近，Cu^{2+} 主要以取代的方式进行掺杂，并未形成独立的化合物，因而没有影响纳米 TiO₂ 的晶型。经 Scherrer 公式计算 Cu/TiO₂-NP、Cu/TiO₂-GNP 平均粒径分别为 18.5nm 和 15.9nm，可能是由于 Cu^{2+} 取代了晶格中的 Ti^{4+}，Cu^{2+} 的离子半径大于 Ti^{4+} 导致晶格膨胀，从而使得 Cu/TiO₂-NP、Cu/TiO₂-GNP 平均粒径大于水热法制备未掺杂的 TiO₂-GNP 平均粒径 （14.2nm）；对比 Cu/TiO₂-NW、Cu/TiO₂-GNW 的 XRD 谱图，发现 TiO₂ 的晶型与结构被破坏，仅留下 200 （48.014°）晶面处的锐钛矿衍射峰。

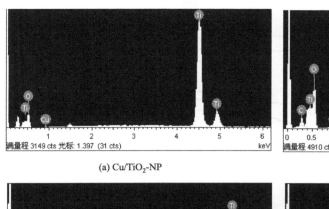

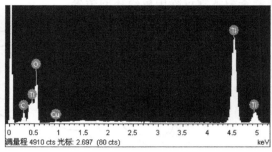

(a) Cu/TiO₂-NP

(b) Cu/TiO₂-GNP

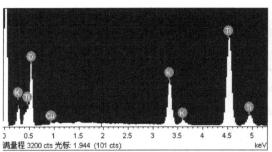

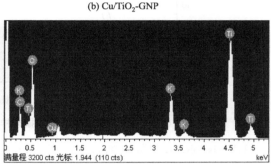

(c) Cu/TiO₂-NW

(d) Cu/TiO₂-GNW

图 2-22　Cu 掺杂样品 EDS 能谱图

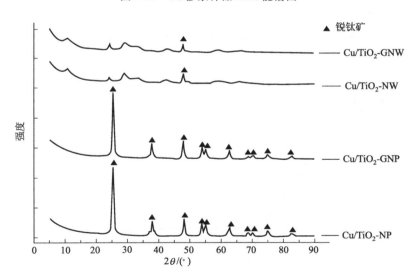

图 2-23　Cu 掺杂样品的 XRD 测试结果谱图

（4）UV-vis DRS 结果讨论

图 2-24 是 Cu 掺杂样品的原始反射 UV-vis DRS 图。从图中可以看出，Cu/TiO₂-NP 与 Cu/TiO₂-GNP 对紫外光区（250～400nm）和可见光区（400～750nm）的反射强度较低，Cu/TiO₂-GNP 的反射强度相对最低，反射强度小时吸收多，说明 Cu/TiO₂-NP 与 Cu/TiO₂-GNP 对紫外光区和可见光区吸收较强，与文献的研究结果一致。而 Cu/TiO₂-NW 与 Cu/TiO₂-GNW 在紫外光区和可见光区反射较强，说明吸收弱，这可能是 TiO₂ 的晶型结构

在制备纳米管过程中被破坏的结果。

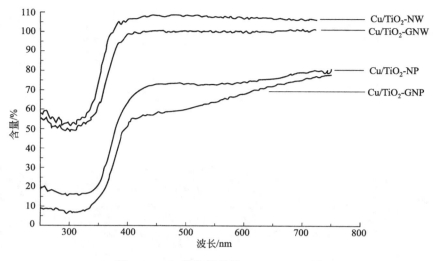

图 2-24　Cu 掺杂样品的 UV-vis DRS 图

UV-vis DRS 反射数据通过 Kubelka-Munk 公式转换计算禁带宽度，因 Cu/TiO$_2$-NW 与 Cu/TiO$_2$-GNW 吸收强度不高，且晶型被破坏，仅转换 Cu/TiO$_2$-NP 与 Cu/TiO$_2$-GNP 的反射图。图 2-25 是样品 UV-vis DRS 转换图，沿着转化吸收曲线作切线外推与横轴相交，得到吸收波长阈值 λ_g，Cu/TiO$_2$-NP 的 $\lambda_g = 414$nm，Cu/TiO$_2$-GNP 的 $\lambda_g = 421$nm，说明吸收区域向可见光区移动。计算得到 Cu/TiO$_2$-NP 的禁带宽度为 2.99eV，Cu/TiO$_2$-GNP 的禁带宽度为 2.94eV，Cu 掺杂改变了 TiO$_2$ 的禁带宽度，可能是因为 Cu 取代的掺杂方式引起的。

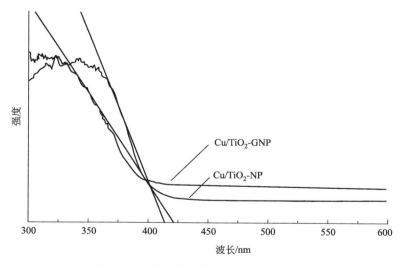

图 2-25　Cu 掺杂样品的 UV-vis DRS 转换图

2.1.4　TiO$_2$/Al 光催化薄膜的制备

2.1.4.1　TiO$_2$ 光催化膜的制备

（1）负载基底材料处理

将厚度为 0.5mm 的片状工业纯铝浸没于 pH＝9 的沸腾洗衣粉溶液中，保持 30min，进行彻底除油处理并取出冲洗干净，然后再浸没于沸腾的1%草酸水溶液中，保持30min，进行活化处理。至基底材料表面金属光泽完全消失，呈现均匀的灰白色，即可取出基底材料，冲洗干净，烘干，即可用作负载 TiO_2 薄膜光催化剂的基底材料。

（2）TiO_2 溶胶涂覆液配置

光催化薄膜前躯体涂覆液由乙酰丙酮、钛酸四丁酯、正丙醇和水按 3 : 10 : 70 : 4 的比例混合均匀，室温下静置 12h 即得到制备薄膜光催化剂的涂覆溶胶。

将上述预处理好的 Al 负载基体置入 TiO_2 溶胶涂覆液中，采用浸渍提拉法制膜（控制提拉速度为 1cm/min）后，在功率为 120W 红外灯下 20min 晾干即可置于马弗炉中，以5℃/min 升至 450℃后保持 1h 进行烧结，随炉冷却至室温后取出，重复以上浸渍—晾干—焙烧过程 4 次即制得 TiO_2 光催化薄膜样品。

2.1.4.2　TiO_2 光催化膜的结构表征

采用 X 射线光电子能谱仪（XPS）对新制备以及长期水相老化试验后的 TiO_2 光催化膜的表面元素种类及其价态进行分析。

2.1.4.3　TiO_2 光催化膜光电响应特性的分析

在常规硼硅酸玻璃三电极系统中通过测试其光生电压大小以及电化学阻抗谱来进行其光电响应性能分析。负载型光催化膜试样片为工作电极（WE，工作面面积为 $2cm^2$，非工作面用环氧密封）；铂电极为辅助电极（CE）；参比电极为饱和甘汞电极（SCE）；0.5mol/L的 NaCl（pH＝7.0，NaOH 调节 pH）为支持电解质，全部溶液均用分析纯化学试剂和高纯水配制。电化学测量前电解质预先用高纯氮除氧。所有测量均在室温下和 CHI660B 电化学工作站上进行。采用 Solartron 公司的电化学处理软件 Z-view 进行等效电路参数的解析，并建立相应的阻抗谱等效电路。

2.1.4.4　薄膜光催化剂活性的稳定性能评价

薄膜光催化剂活性的稳定性能评价测试分以下三部分进行。

① 去离子纯水体系中的长期浸泡老化试验　取若干平行试样分别放入去离子水中进行长期浸泡（每隔两天换一次水），定期取出进行光催化活性评价。

② 间歇 UV_{254nm} 光照下的长期浸泡老化试验　取若干平行试样分别放入去离子水中进行长期浸泡（每隔两天换一次水），采用 15W 的 UV_{254nm} 灯间歇照射催化剂表面，光照和暗态的间隔时间为 12h，定期取出进行光催化活性评价。

③ 持续 UV_{254m} 光照下的长期浸泡老化试验　取若干平行试样分别放入去离子水中进行长期浸泡（每隔两天换一次水），并采用 15W 的 UV_{254nm} 灯持续照射催化剂表面，定期取出进行光催化活性评价。

光催化活性评价均采用如下方法：利用自制的平板式反应器，以苯甲酰胺为模型污染物，根据对其的光催化降解效果评价各 TiO_2 膜的光催化活性。将尺寸为 7.5cm×10cm 的光催化剂样品置于反应器的平板上，苯甲酰胺水溶液（因其几乎不发生紫外光解，2.0×10^{-5} mol/L，200mL）在蠕动泵的驱动下循环流过催化剂表面，流速 250mL/min；光源为20W 低压汞灯（主波长 254nm），灯心线距离催化剂表面 2.5cm。光照一定时间后取样，由高效液相色谱分析苯甲酰胺浓度。

2.1.4.5　TiO_2/Al 薄膜光催化剂的结构表征

图 2-26 为不同状态下观察到的 TiO_2/Al 薄膜光催化剂的 SEM 表面形貌。可以看出，

新制备的 Al 基底上负载的 TiO_2 薄膜光催化剂经过焙烧后，虽出现数量众多的龟裂，但膜层厚度均匀，与负载基底结合牢固。而对于间歇 UV_{254nm} 光照下的试样，经过 30d 水中老化试验后，发现其表面出现了大量疏松的絮状产物，所负载的 TiO_2 光催化薄膜已基本不可见。对于持续 UV_{254nm} 光照下的试样，经过 60d 水中老化试验后，其表面所负载的光催化薄膜仍清晰可见，但许多部位出现 TiO_2 薄膜大量脱落的现象，甚至部分 Al 负载基底已完全裸露，此外也出现少量疏松的絮状产物。

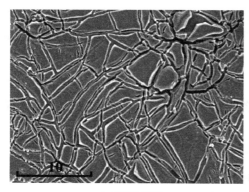

(a) 新制备试样 (b) 水中间歇UV_{254nm}光照下30d后试样

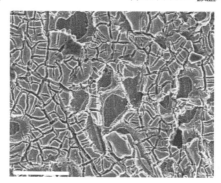

(c) 水中持续UV_{254nm}光照下60d后试样

图 2-26 不同状态下 TiO_2/Al 薄膜光催化剂的 SEM 表面形貌

从图 2-27 所示的 Al 基底上制备的 4 层 TiO_2 光催化膜 XRD 分析结果可知，所制备的 TiO_2 薄膜光催化剂具有很高的晶化度，谱图中并没有非晶峰。通过与 JCPDS 标准卡对照发现，全部为锐钛矿型（$2\theta = 25.3°$）组成。根据 Scherrer 方法计算得到的平均晶粒尺寸均为 22.1nm 左右。

图 2-28 为对新制备的 TiO_2/Al 薄膜光催化剂试样以及经不同条件下老化后试样进行表面元素状态分析得到的结果。

对于新制备的 TiO_2/Al 薄膜光催化剂试样［图 2-28(a)］，其全谱结果显示只含有 Ti、O、C 三种元素，其中 C 元素的可能来源包括 X 光电子能谱仪本身的油污染和焙烧过程中未完全氧化的有机物；但其 O1s 高分辨扫描谱经解析后发现，除了薄膜光催化剂 TiO_2 的晶格氧（电子结合能为 529.9eV）外，还有微量的 Al_2O_3 的晶格氧（电子结合能为 513.7eV）。从其 Al 的 2p 高分辨扫描谱中，发现薄膜光催化剂中确有极微量的 Al_2O_3 存在。

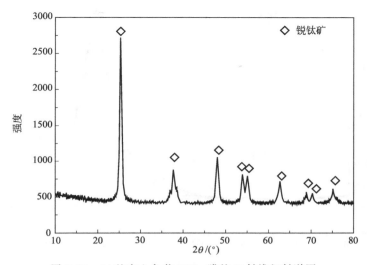

图 2-27　Al 基底上负载 TiO_2 膜的 X 射线衍射谱图

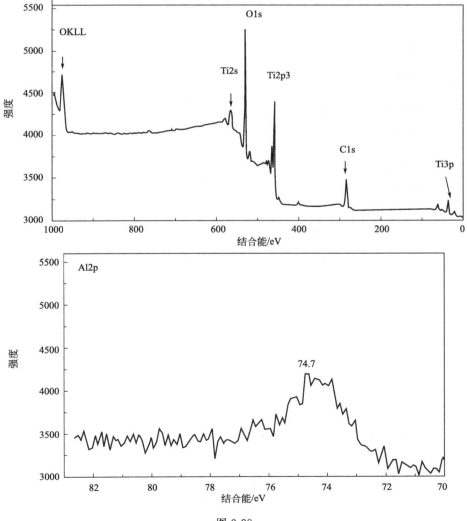

图 2-28

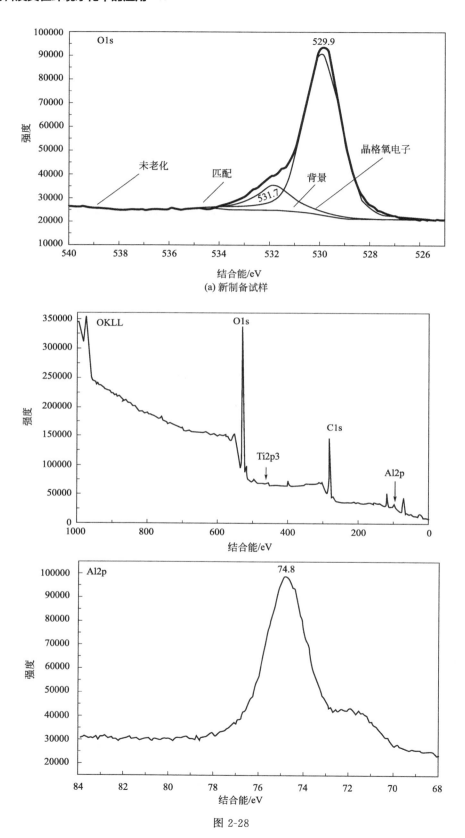

(a) 新制备试样

图 2-28

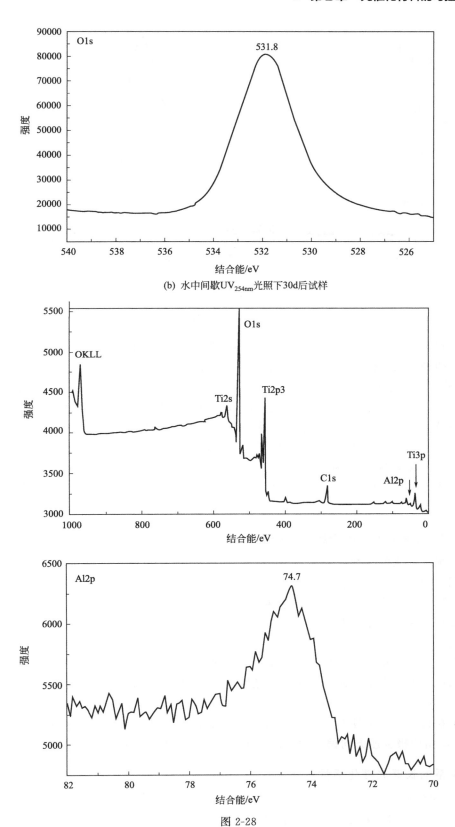

(b) 水中间歇UV$_{254nm}$光照下30d后试样

图 2-28

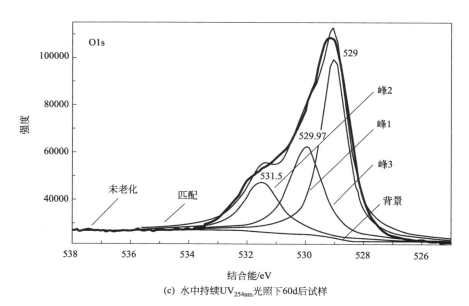

(c) 水中持续UV$_{254nm}$光照下60d后试样

图 2-28　不同状态下 TiO$_2$/Al 薄膜光催化剂的表面 XPS 分析

图 2-28(b) 中，对间歇 UV$_{254nm}$ 光照下水中老化 30d 的试样，其全谱结果显示含有 O、C、Al、Ti 四种元素，但其 O1s 的电子结合能为 513.8eV，应为 α-Al$_2$O$_3$ 的晶格氧，同时，Al2p 的电子结合能为 74.8eV，也对应 α-Al$_2$O$_3$，因此，结合图 2-28(b) 的结果可推知，间歇 UV$_{254nm}$ 光照下水中老化 30d 的试样表面已基本被絮状的 α-Al$_2$O$_3$ 所覆盖。

对于持续 UV$_{254nm}$ 光照下，经过 60d 水中老化试验的试样，图 2-28(c) 中，XPS 全谱表明含有 O、C、Al、Ti 四种元素，但与图 2-28(b) 不同的是，O1s 谱图经解析后发现，TiO$_2$ 晶格氧（电子结合能为 529.97eV）含量远远高于 Al$_2$O$_3$ 晶格氧（电子结合能为 531.5eV），且从 Al2p 的高分辨谱图的峰面积也进一步证实 Al$_2$O$_3$（电子结合能为 74.7eV）含量较少。

2.1.4.6　TiO$_2$ 光催化膜光电响应性能的变化

通常情况下，光催化剂在受到光照激发时，产生的光生电荷和空穴迅速分离，其中光生空穴迁移到半导体光催化剂表面，而电荷在肖特基势垒的作用下，则迁移至金属电极，使得金属电极上瞬间产生阴极偏压，该阴极偏压的大小即对应着光生电压的大小。TiO$_2$/Al 试样在间歇光照和持续光照条件下的水中长期老化过程中，其光生电压变化情况如图 2-29 和图 2-30 所示。

可以看出，对于在间歇光照条件下水中老化的 TiO$_2$/Al 薄膜光催化剂试样，其光生电压在 28d 的测试期间发生了显著变化。其光生电压的方向，在第 4d 即由阴极偏压方向偏转为阳极偏压，而光生电压的数值在 28d 后已基本趋近于零，可推知，其光催化活性基本消失。而对于在持续光照条件下水中老化的 TiO$_2$/Al 试样，其光生电压虽然逐渐减小，但在 28d 后才逐渐由阴极偏压方向偏转为阳极偏压，光生电压的数值在 63d 后为阳极偏压 8mV。

2.1.4.7　体系的长期光催化活性变化

图 2-31 为在不同老化实验条件下，对 TiO$_2$/Al 试样的光催化活性进行长期评价的结果，可以看出，对于间歇光照条件下水中老化的 TiO$_2$/Al 试样，其活性降低最快，28d 后

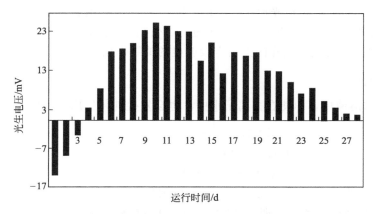

图 2-29 TiO₂/Al 薄膜光催化剂在间歇光照条件下经水中
28d 老化的光生电压变化情况

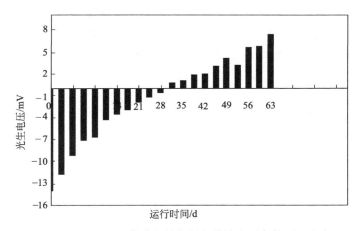

图 2-30 TiO₂/Al 薄膜光催化剂在持续光照条件下经水中
63d 老化的光生电压变化情况

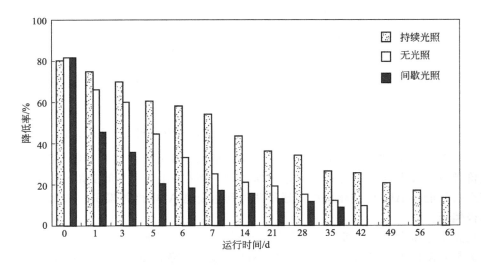

图 2-31 TiO₂/Al 体系在不同测试条件下的光催化活性随浸泡老化时间的变化

已经低于 10%。而对于在持续光照条件下的 TiO_2/Al 试样，其活性随浸泡时间的延长而下降的程度明显减缓，经 63d 老化后，仍可接近 20%。由上述结果可以推知，持续光照条件对于 TiO_2/Al 薄膜光催化剂试样的失活有较明显的抑制作用。

2.1.4.8 结果与讨论

金属 Al 在水溶液中，即使在去离子水中，也会发生钝化作用，反应方程式如下所示：

$$Al + H_2O \xrightarrow{H^+} AlOH + H^+ + e$$
$$AlOH + H_2O \longrightarrow Al(OH)_2 + H^+ + e$$
$$Al(OH)_2 \longrightarrow AlOOH + H^+ + e$$

总的电极反应为：　　　　$$Al + 2H_2O \longrightarrow AlOOH + 3H^+ + 3e$$

上述反应所生成的 AlOOH 即为 $Al_2O_3 \cdot H_2O$ 氧化膜。因此，对于 TiO_2/Al 薄膜光催化剂，在水溶液环境中长期工作时，H_2O 很容易穿过有大量短裂纹的 TiO_2 负载膜层而到达金属 Al 基底，从而不可避免地会有氧化产物 $Al_2O_3 \cdot H_2O$ 生成。通过对水中老化后的 TiO_2/Al 试样进行的 XPS 测试结果也已证实 Al_2O_3 的存在，且生成的 Al_2O_3 膜主要为 $\alpha\text{-}Al_2O_3$；根据有关文献对 $\alpha\text{-}Al_2O_3$ 的导带和价带位置的研究结果，图 2-32 给出了 $\alpha\text{-}Al_2O_3$ 与 TiO_2 光催化剂粒子相互接触时电荷发生转移情况的示意图。

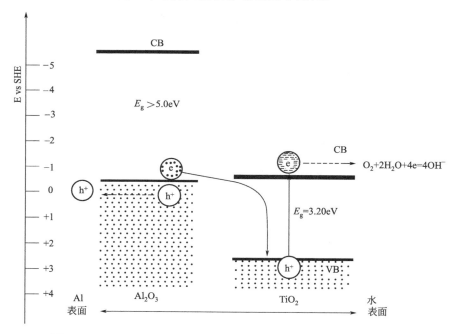

图 2-32　$\alpha\text{-}Al_2O_3$ 和 TiO_2 光催化剂粒子间电荷转移相互作用示意图

由图 2-32 可知，当 $\alpha\text{-}Al_2O_3$ 与 TiO_2 光催化剂粒子相互接触时，TiO_2 受到光激发产生的光生价带空穴被来自 Al_2O_3 的价带电子所中和，而在 Al_2O_3 的价带留下空穴，该 Al_2O_3 的价带空穴只能在 Al_2O_3 钝化膜层内迁移并可到达金属 Al 电极并累积，从而可造成电极上产生阳极偏压。

一旦光生电压发生了阳极偏压，即使产生的阳极偏压很低（通常为几个毫伏），但仍然对铝电极具有阳极极化作用，使得 Al_2O_3 不断生成，最终导致大量 Al_2O_3 生成，逐渐覆盖 TiO_2/Al 光催化剂表面，从而导致 TiO_2/Al 光催化剂发生失活。

根据上述机理，对于间歇光照条件下的试样，由于其暗态周期不能够为 Al 负载基底提供光生电压的阴极保护作用，即不能够抑制 Al_2O_3 氧化膜的生成，因此在其光照周期到来时，生成的 Al_2O_3 氧化膜逐渐造成 Al 负载基底上发生阳极偏压，从而如上述机理中所述，使得 Al_2O_3 不断生成，最终几乎完全覆盖 TiO_2/Al 光催化剂表面，从而导致 TiO_2/Al 光催化剂发生迅速失活。

而持续光照条件下，能够始终为 Al 负载基底提供阴极保护，可在一定程度上抑制 Al_2O_3 氧化膜的生成，从而对于 TiO_2/Al 光催化剂试样的失活有明显抑制作用，使得其长期稳定性能得以提高。但其长期稳定性能仍然不够理想，原因主要在于发生了 TiO_2 薄膜大量脱落的现象，这成为影响其失活的主控因素。

2.1.5 TiO_2 薄膜上纳米贵金属粒子的可控负载

TiO_2 光催化剂上负载纳米贵金属粒子，可以减少光生载流子复合，提高光催化过程的量子效率，进而强化有机污染物的光催化分解效率。但是颗粒状的贵金属修饰光催化剂于实际应用中较为困难，只有将贵金属修饰于负载型光催化剂上，才能在实际应用中体现出贵金属对于光催化氧化的积极意义。

由于载体的形状、组分、大小等限制，负载型光催化剂上均匀负载纳米贵金属粒子存在较大困难。目前，以自组装方法于金属氧化物上负载贵金属纳米粒子，需用有机物先改性金属氧化物表面，因这类有机物含有 CN、SH、NH_2 等能与贵金属强配位的基团，可以通过化学键的作用将溶胶中的贵金属纳米粒子固定于金属氧化物表面。静电自组装法则直接将荷电的贵金属纳米粒吸附到不改性的 TiO_2 薄膜上以避免 TiO_2 表面的催化活性位被有机改性剂覆盖。首先于低温下预先制备出纳米贵金属溶胶，然后通过纳米贵金属粒子与光催化剂之间的静电吸收，将贵金属粒子可控地组装到光催化薄膜表面。具体原理如图 2-33 所示。通过调节贵金属溶胶的 pH 值低于或接近等电点，呈电负性的贵金属纳米粒子会自发地吸附到呈电正性的 TiO_2 表面。贵金属纳米粒子与 TiO_2 薄膜的电性相差越大，则静电吸附越容易实现。贵金属纳米粒子与 TiO_2 薄膜是按强烈的静电吸引方式组装到一起，因此，贵金属纳米粒子一旦被吸附，就难以再回到溶胶中。同时，贵金属纳米粒子因带有同种电荷，存在静电斥力，且包裹的 PVA 具有空间位阻效应，已吸附的贵金属纳米粒子之间难以相互团聚，可控制贵金属纳米粒子在 TiO_2 表面的团聚生长。组装条件如温度、pH 值、组装时间等因素对纳米贵金属粒子负载有影响。

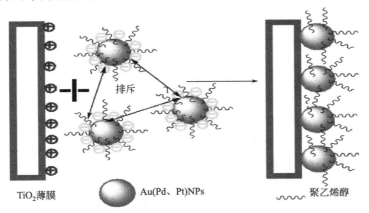

图 2-33 静电自组装法于 TiO_2 薄膜上负载纳米贵金属粒子的原理图

2.1.5.1 贵金属修饰的 TiO_2 薄膜的制备、表征及性能测试

（1）TiO_2 薄膜的制备

将 3.0mL 乙酰丙酮、10.0mL 钛酸四丁酯依次加入 50.0mL 正丙醇中，混合均匀后得到溶液 A；由 4.0mL 去离子水和 20.0mL 正丙醇组成溶液 B，并在搅拌条件下缓慢滴入溶液 A 中，静置 12h 即可用作制备 TiO_2 薄膜的涂覆液。

选用 0.2mm 厚钛片作为光催化膜载体，将其制成 150mm×120mm 方片，试样经 Na_2CO_3 除油清洗后，置入近沸（温度>90℃）的 10%乙二酸水溶液中保持 1h 进行活化预处理，至基底材料表面呈现均匀的暗灰色麻面、金属光泽完全消失时取出，于大量去离子水中彻底清洗干净并晾干后，置入无水酒精中保存，以备作 TiO_2 薄膜催化剂的载体。

将上述经预处理的 Ti 片浸入 TiO_2 溶胶中，用浸渍提拉法制膜（控制提拉速度为 1cm/min）后，在自然晾干后即可置于马弗炉中，以 5℃/min 升至 450℃后保持 1.5h 进行烧结，随炉冷却至室温后取出，并再重复 3 次，为提高 TiO_2 的结晶性能，最后一次焙烧温度为 500℃，即制备得到具有一定厚度的 TiO_2/Ti 催化剂。

（2）TiO_2 薄膜上纳米贵金属的低温静电自组装

将 885mg 聚乙烯醇（PVA）加热溶于 500mL 水中，将一定浓度的 $HAuCl_4$（或 H_2PtCl_6、$PdCl_2$）溶液滴加到含 PVA 的溶液中，配制 $[AuCl_4]^-$（或$[PtCl_4]^-$、Pd^{2+}）浓度为 $3×10^{-4}$mol/L 的氯金酸（或氯铂酸、氯化钯）溶液，并于暗处放置 1h。临时配制浓度为 0.07mol/L 的 $NaBH_4$ 溶液。将上述贵金属溶液置于冰浴中（0℃），并在机械搅拌与超声联合作用下，按 $NaBH_4$ 与 $[AuCl_4]^-$（或$[PtCl_4]^-$、Pd^{2+}）摩尔比为（5～10）:1 的比例，向贵金属溶液中快速倒入 $NaBH_4$ 溶液，此时贵金属溶液的颜色迅速改变，表明贵金属离子已被还原成贵金属纳米粒子，制备出了贵金属（Au、Pt、Pd）纳米溶胶。

将 TiO_2/Ti 片浸泡于上述贵金属溶胶中，调节溶胶的 pH 值到 4～6，继续保持溶胶于 0℃，TiO_2/Ti 片浸渍一定时间后，取出 TiO_2/Ti 片，待其自然干燥后，用热水洗氯 2～3 次，然后在空气中于 350℃下焙烧 1h，即制得 Au（Pd、Pt）/TiO_2/Ti 光催化剂。具体的制备流程如图 2-34 所示。

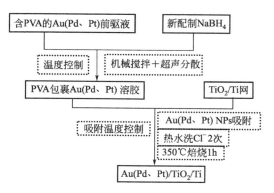

图 2-34 纳米贵金属粒子的低温静电自组装负载

注：贵金属前驱液为 $HAuCl_4$（或 H_2PtCl_6、$PdCl_2$）

（3）贵金属修饰 TiO_2 薄膜的结构表征

用超高分辨率场发射扫描电子显微镜观察催化剂薄膜的形貌，高分辨率透射电镜观察催化剂的微观结构，高功率多晶 X 射线衍射仪表征薄膜的晶体结构，X 射线光电子能谱表征 Au、Pd、Pt 等的化学态，快速比表面和孔径分布测定仪分析剥离的 TiO_2 层的表面孔结构，

zeta电位分析仪测试贵金属溶胶及 TiO_2 薄膜的 zeta 电位，紫外-可见分光光度计分析贵金属溶胶的紫外-可见吸收光谱，电感耦合-等离子体发射光谱分析 TiO_2 薄膜上贵金属粒子的负载量 [分析前，将 150mm×120mm 的 Au（Pd、Pt）/TiO_2/Ti 片溶解于王水中 24h，再分析溶液中的 Au（Pd、Pt）浓度，从而确定 TiO_2 薄膜表面的贵金属负载量]。

（4）Au/TiO_2 薄膜的光电响应特性分析

在常规硼硅酸玻璃三电极系统中通过测试其光生电压、电流及电化学阻抗谱来进行其光电响应性能分析。

（5）光催化分解双酚 A 及液相甲醛的实验

通过对比 Au/TiO_2/Ti 和 TiO_2/Ti 降解双酚 A 和液相甲醛的性能，以考察 TiO_2 负载纳米 Au 对其光催化性能的促进作用。实验采用 120mL 的圆柱形玻璃反应器，尺寸为 150mm×120mm 的光催化剂（Au/TiO_2/Ti 和 TiO_2/Ti）片置于反应器内壁，并将一支 10W 的低压汞灯（λ_{max}＝254nm）固定于反应器的轴线位置。反应液中都需通入纯氧以搅拌反应液，另外，光催化剂片都浸没于反应液中。

对于双酚 A 的光催化降解，600mL 双酚 A 溶液（30mg/L）采用循环泵将其送入反应器中，达到吸附平衡后，打开紫外灯，开始光催化反应。按一定间隔采样 0.5mL 反应液，用高效液相色谱仪分析水样中双酚 A 的含量，降解液的总有机碳采用总有机碳分析仪分析。

对于甲醛的光催化降解，将 100mL 甲醛（10mg/L）置于反应器中，待暗态下吸附达到平衡后，打开紫外灯开始光催化反应。取 5mL 降解液，以酚试剂分光光度法测定其甲醛浓度。

2.1.5.2 TiO_2 薄膜上纳米 Au（Pt、Pd）粒子的可控负载结构及影响因素分析

（1）Au（Pt、Pd）/TiO_2 复合薄膜的形貌

图 2-35 是 TiO_2 薄膜上负载的纳米 Au、Pt 和 Pd 粒子，贵金属（Au、Pt、Pd）纳米粒子以高度分散的形式分布于 TiO_2 薄膜表面，贵金属粒子之间的距离约为 5～20nm，负载的 Au、Pt 和 Pd 纳米粒子的平均尺寸分别为 4.2nm、1.9nm 和 3.9nm，平均每个 TiO_2 颗粒表面负载了约 2～3 个纳米贵金属粒子，纳米贵金属粒子的表面密度达到 $(5～10)×10^{11}$ 个/cm^2，由图可知，采用静电自组装法可实现 TiO_2 薄膜上贵金属纳米粒子的均匀负载。

纳米贵金属粒子均匀地分散于 TiO_2 表面，对于光催化过程而言，具有重要的促进作用。首先，几乎每个 TiO_2 颗粒上都负载有贵金属粒子，光生电子从 TiO_2 转移到纳米贵金属粒子上，将获得最高的转移效率。其次，因绝大部分纳米贵金属粒子直接分布于 TiO_2 表面上，相同的贵金属负载量下，贵金属与 TiO_2 表面的接触面积最大，有利于电子的转移。最后，因贵金属粒子都分布于 TiO_2 表面，在固-液界面，溶解氧去捕获贵金属粒子表面的光生电子变得更为容易。

为了深入研究贵金属修饰 TiO_2 薄膜的微观结构，以 Au/TiO_2 薄膜为例，观察了大面积 TiO_2 薄膜表面纳米 Au 的分布情况，采用 TEM 观察了 Au 粒的微观结构，结果如图 2-36 所示。由图 2-36（a）可见，纳米 Au 粒在大面积 TiO_2 薄膜表面仍然分布非常均匀，没有出现大颗粒 Au 粒，表明负载的 Au 粒在 TiO_2 表面没有团聚生长。由图 2-36（b）可见，纳米 Au 粒基本呈圆形，尺寸大约为 3～5nm，与 FESEM 观察结果一致，纳米 Au 粒子结晶相对完整，Au（111）晶面的晶格条纹清晰可见，晶格间距约为 0.24nm。

（2）Au（Pt、Pd）/TiO_2 复合薄膜的 XRD 分析

为了能用 XRD 分析贵金属修饰的 TiO_2 薄膜中贵金属的晶体结构，采用延长吸附时间以

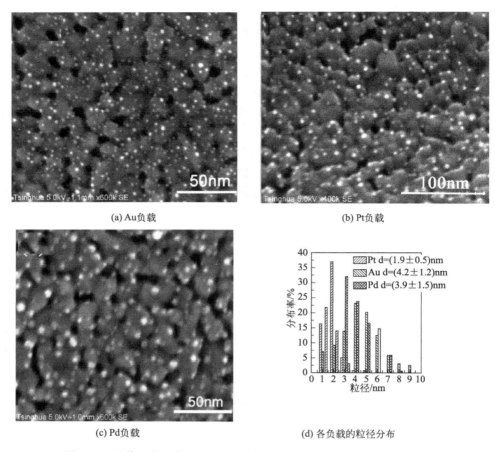

(a) Au负载

(b) Pt负载

(c) Pd负载

(d) 各负载的粒径分布

图 2-35　以静电自组装法于 TiO₂ 薄膜上负载的纳米 Au、Pt 和 Pd 粒子

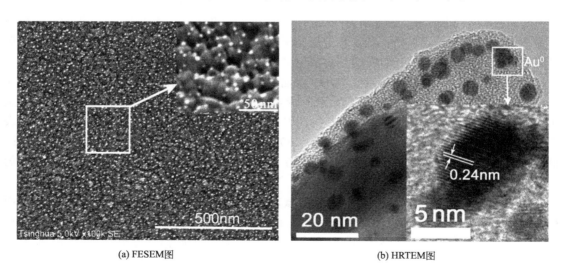

(a) FESEM图

(b) HRTEM图

图 2-36　大面积的 Au/TiO₂ 复合薄膜的 FESEM 照片及 HRTEM 照片

增加 TiO_2 薄膜上贵金属的负载量。基体金属钛的 X 射线衍射峰强度很大，若用 Au（Pt、Pd）/TiO_2/Ti 片直接做 XRD 分析，一般很难找到贵金属的衍射峰，因此，实际分析过程中，将 TiO_2 薄膜和贵金属修饰的 TiO_2 薄膜从 Ti 基体上剥离下来，再去做 XRD 分析。

图 2-37 是 TiO₂ 薄膜及 Au（Pt、Pd）/TiO₂ 薄膜的 XRD 图。

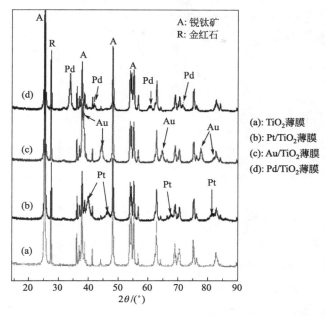

图 2-37　TiO₂ 薄膜及 Au（Pt、Pd）/TiO₂ 薄膜的 XRD 图

从图 2-37 可见，制备的 TiO₂ 薄膜具有混晶结构，其中 62.5％为锐钛矿型，37.5％为金红石型。对于 Pt/TiO₂ 薄膜，2θ 角在 39.9°、46.4°、67.5°和 81.3°的衍射峰分别对应于金属 Pt 的（111）、（200）、（220）和（311）晶面（JCPDS no. 4-0802）。Au/TiO₂ 薄膜中，2θ 角在 38.3°、44.4°、64.7°、77.5°和 81.9°的衍射峰分别对应于金属 Au 的（111）、（200）、（220）、（311）和（222）晶面（JCPDS no. 65-8601）。对于 Pd/TiO₂ 薄膜，2θ 角在 33.9°、41.9°、60.3°、60.9°和 71.5°的衍射峰分别对应于 PdO 的（101）、（110）、（103）、（200）和（202）的晶面（PdO，JCPDS no. 41-1107）。可见，贵金属修饰的 TiO₂ 薄膜在 350℃下于空气中焙烧 1.5h 后，Pt 和 Au 纳米粒子仍然呈金属态，而 Pd 粒子已经被氧化成 PdO。

（3）溶胶 pH 值对 Au（Pt、Pd）负载量的影响

溶胶的 pH 值对纳米贵金属粒子及 TiO₂ 表面的 zeta 电位（ξ）都有显著的影响，是静电自组装过程中影响 Au（Pt、Pd）负载量的重要因素。图 2-38 是不同 pH 值下负载的纳米 Au 的 FESEM 照片，pH 值对 Au 溶胶及 TiO₂ 的 ξ 电位的影响及纳米 Au 粒的结构参数见表 2-1。从图 2-38 及表 2-1 可见，随着溶胶 pH 值的降低，Au 粒的负载量及表面密度增加，但当 pH 值上升到 8.4 时，TiO₂ 表面几乎很难找到 Au 粒［图 2-38（d）］。由表 2-1 可见，TiO₂ 的等电点大约在 5.5，当 pH 值高于 TiO₂ 的等电点时，TiO₂ 表面带负电，并且随着 pH 值的增高，TiO₂ 表面所带负电荷越多，所以，在高 pH 值下，带负电荷的 Au 粒子与同样带负电的 TiO₂ 存在静电斥力，很难将 Au 粒吸附到 TiO₂ 表面。但是，如果溶胶的 pH 值低于或接近于 TiO₂ 的等电点，通过静电吸引，纳米 Au 粒可以自发地吸附到 TiO₂ 表面。在静电自组装过程中，TiO₂ 和纳米 Au 表面的库仑电荷决定了两者结合的牢固程度。纳米 Au 粒的负载过程中，经历了 3 次热水洗氯，但仍然有大量的纳米 Au 粒分布于 TiO₂ 薄膜表面，可见，强烈的水流冲刷不能将 Au 粒冲洗下来，表明 Au 粒与 TiO₂ 表面之间相互结合牢固。

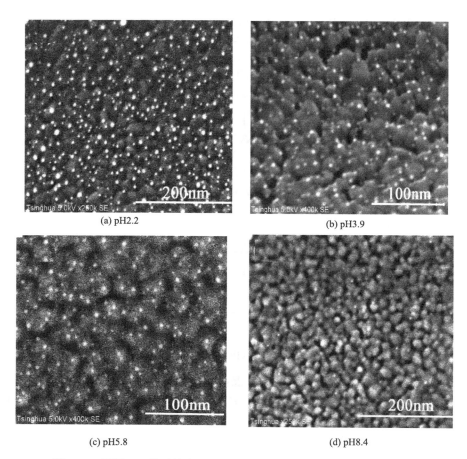

图 2-38　不同 pH 值下纳米 Au 粒组装于 TiO$_2$ 薄膜上的 FESEM 照片

表 2-1　溶胶 pH 值对 Au 溶胶和 TiO$_2$ 的 ξ 电位、Au 的质量百分数、Au 的负载量、Au 粒的平均尺寸及表面密度的影响

pH	ξ 电位/mV		Au 的质量百分数/%	Au 的负载量/(μg/cm^2)	平均尺寸/nm	表面密度/(NPs/cm^2)
	Au 电极	TiO$_2$				
2.2	−0.45	13.94	1.71	3.35	5.8±1.4	2.51×10^{11}
3.9	−0.98	3.75	1.48	3.05	4.3±1.2	5.07×10^{11}
5.8	−1.40	−6.52	1.32	2.83	4.1±0.9	4.94×10^{11}
8.4	−2.50	−19.15	0.82	1.73	3.8±1.1	3.93×10^{10}
9.9	−3.10	−20.88	0.77	1.55	3.9±0.8	1.72×10^{10}

　　从图 2-38 及表 2-1 可见，随着 pH 增加，负载的 Au 粒尺寸减小，表明 Au 的团聚生长减缓。由表 2-1 可见，pH 值增大，Au 粒的 ξ 电位更负，Au 粒之间的静电斥力变得更大，抑制了 Au 粒的团聚生长。

　　溶胶 pH 值对纳米 Pd 的负载也有与 Au 粒负载相近的规律，图 2-39 是 0℃下自组装 60min 后，不同溶胶 pH 值下 TiO$_2$ 薄膜上纳米 Pd 粒子的 FESEM 照片，表 2-2 是溶胶 pH 值对负载的纳米 Pd 粒子的平均粒径、表面密度和负载量的影响。由图 2-39 和表 2-2 可见，当溶胶 pH 值为 2.1 时，Pd 纳米团簇相互团聚生长，形成了较大的纳米 Pd 粒子，但当溶胶 pH 值接近 TiO$_2$ 的等电点（4.3 或 6.8）时，平均粒径为 3~4nm 的 Pd 纳米粒子均匀地分布于 TiO$_2$ 薄膜表面，纳米 Pd 粒子呈物理分散状，相互之间没有团聚发现。当溶胶 pH 值进一步升高到 9.4，TiO_2 表面就很难观察到 Pd 粒子的存在 ［图 2-39(d)］，可见在碱性的溶胶中，Pd 纳米粒子的负载量和表面密度都会大幅降低。溶胶 pH 值对纳米 Pd 粒子的影响规律也与纳米 Au 相似，当溶胶 pH 值低于或接近 TiO_2 的等电点时，溶胶中的纳米 Pd 粒子就容易以静电吸引的形式负载到 TiO_2 薄膜表面。当 pH 为 2.1 时，因溶胶中 Pd 团簇的 ξ 电位低，所荷电荷少，Pd 团簇之间静电斥力较小，易相互团聚，因此，低 pH 值下，TiO_2 薄膜上负载的 Pd 粒子尺寸较大。

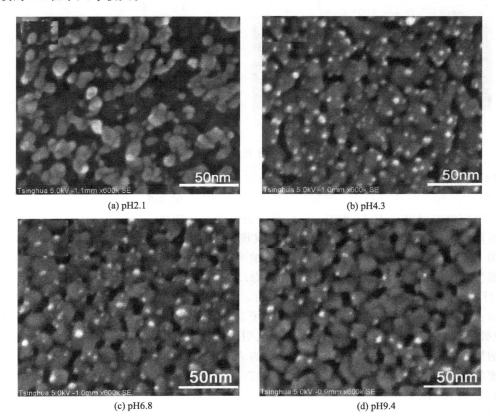

图 2-39　不同溶胶 pH 值下 TiO_2 薄膜上负载的
纳米 Pd 粒子的 FESEM 照片

表 2-2　溶胶 pH 值对负载的纳米 Pd 粒子的平均粒径、
表面密度及负载量的影响

Pd 胶体 pH	Pd 纳米粒子的平均粒径[①]/nm	表面密度[②]/(NPs/cm²)	负载量/(μg/cm²)
2.1	11.32±5.19	7.57×10¹¹	1.31
4.3	3.89±1.52	9.14×10¹¹	0.57
6.8	3.32±1.64	5.67×10¹¹	0.36
9.4	3.11±1.18	1.91×10¹¹	0.19

① Pd 纳米微粒的平均直径及标准偏差是通过计算多于 240 个微粒的直径而得到。
② 面积密度是通过计数 Pd/TiO_2 薄膜的 FESEM 影像中 Pd 的粒子数而得。

同样，溶胶 pH 值对于纳米 Pt 负载的影响也有相同规律。图 2-40 是溶胶 pH 值 3.7 和 7.1 下 TiO_2 薄膜上负载的纳米 Pt 粒子的 FESEM 照片。可见，溶胶 pH 值为 3.7 时，负载的 Pt 纳米颗粒很多，但当 pH 值为 7.1 时，TiO_2 薄膜表面所负载的 Pt 纳米粒子较少，可见，当溶胶 pH 值高于 TiO_2 的等电点后，Pt 纳米粒子也较难以静电吸附的方式组装到 TiO_2 薄膜表面。

(a) pH3.7   (b) pH7.1

图 2-40　不同 pH 下 TiO_2 薄膜上负载的纳米 Pt 粒子的 FESEM 照片

（4）溶胶温度对 Au 粒生长的影响

对于 Au 粒在负载过程中，溶胶温度对于 Au 粒生长的影响，还未见报道，因此，有必要深入研究溶胶温度对于 Au 粒在 TiO_2 薄膜表面的生长规律。

在静电自组装负载纳米 Au 的过程中，发现溶胶温度对于 Au 粒的平均尺寸有很大的影响，图 2-41 是不同温度下 TiO_2 薄膜负载的纳米 Au 粒的 FESEM 照片。由图 2-41 可见，当溶胶温度从 $-5℃$ 升高到 $40℃$，Au 粒的平均尺寸从（3.1 ± 1.3）nm 增大到（10.5 ± 3.1）nm，特别的是，当溶胶温度为 $-5℃$ 或 $0℃$ 时，TiO_2 薄膜上有大量尺寸小于 3nm 的 Au 团簇，以上结果表明，低温可抑制纳米 Au 粒子在负载过程中的生长。如前所述，一旦纳米 Au 粒吸附到 TiO_2 表面，因两者之间的静电引力和 PVA 的空间位阻阻隔，Au 粒在 TiO_2 表面的微观迁移应该很小，也就是说，吸附的 Au 粒子之间很难再团聚起来。所以，由于溶胶温度的上升，纳米 Au 粒子在没有吸附到 TiO_2 载体上以前，在溶胶中就相互团聚生长，形成较大的 Au 粒子。

为了证明以上观点，测试了不同温度下制备的 Au 溶胶的表面等离子态吸附峰位置与保存时间之间的变化规律，结果见图 2-42 所示。由图 2-42 可见，Au 溶胶的最大吸收峰的波长（λ_{max}）在刚开始时都会增大，表明用 $NaBH_4$ 还原的瞬间，极小的 Au 团簇都会快速生长，形成相对较大而稳定的纳米 Au 粒，在实验保存的 3.5h 以内，λ_{max} 变化不大，表明纳米 Au 生长缓慢。但是，若将溶胶温度从 $-5℃$ 升高到 $40℃$，Au 溶胶的 λ_{max} 从 498nm 增加到 515nm，溶胶中纳米 Au 粒子随着温度的上升，尺寸不断增大[9]。而图 2-42 中的插图表明，$-5℃$ 或 $0℃$ 下制备的 Au 溶胶几乎观察不到其表面等离子态吸附峰，但当温度为 $25℃$ 或 $40℃$ 时，表面等离子态吸附峰变得很强，很明显，低温可以抑制溶胶中 Au 粒的生长。所以，对于静电自组装方法，只要将贵金属溶胶于低温下制备与保存，可使超细的纳米贵金属粒子均匀地负载于 TiO_2 表面。

2.1.5.3　$Au/TiO_2/Ti$ 电极的光电化学性质

（1）Au/TiO_2 薄膜的 XPS 和 AES 纵深分析

由结构表征结果可知，溶胶-凝胶法制备的 TiO_2 薄膜表面粗糙，表面留有不规则的孔，孔宽约为 5～10nm，将 TiO_2 薄膜从 Ti 片上剥离下来后，测得其 BET 比表面积为 16.6m^2/g，

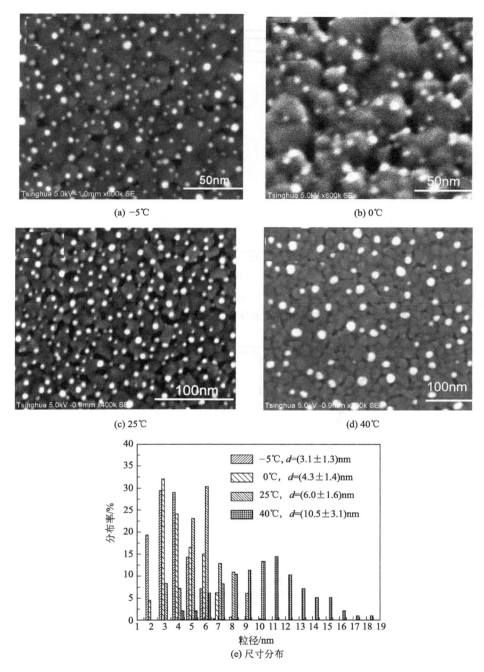

图 2-41 不同温度下负载的纳米 Au 粒子的 FESEM 照片及 Au 粒的尺寸分布图

BJH 孔容为 $0.02cm^3/g$，平均孔径约为 7nm，这些不规则的孔可能是 TiO_2 凝胶在干燥时收缩引起的。

采用 XPS 和 AES 纵深成分分析了纳米 Au 的价态及 Au 在 TiO_2 薄膜里的纵深分布情况，结果如图 2-43 所示。纳米金的 Au 4f 能谱表明，Au $4f_{7/2}$ 的结合能为 83.4eV，与 $Au^{(+)}$ $4f_{7/2}$（84.6 eV）和 $Au^{(3+)}$ $4f_{7/2}$（87.0eV）的结合能相差较远，而与 $Au^{(0)}$ $4f_{7/2}$（84.0eV）相近，与体相 Au 的 Au $4f_{7/2}$ 相差近 0.6eV，表明负载的纳米 Au 呈金属态，且与基体 TiO_2 结合牢固。

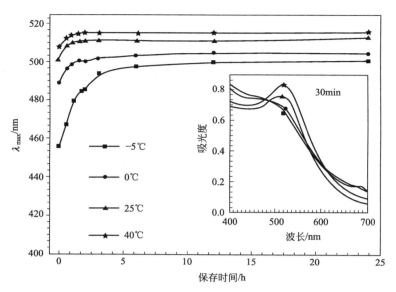

图 2-42　不同温度下 Au 溶胶的表面等离子态
吸收峰位置与溶胶保存时间的变化规律

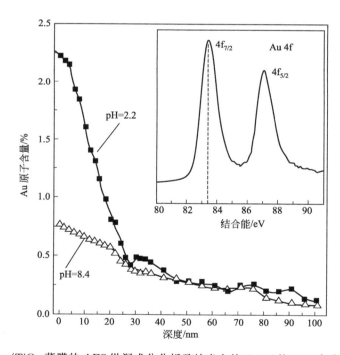

图 2-43　Au/TiO₂ 薄膜的 AES 纵深成分分析及纳米金的 Au 4f 的 XPS 高分辨率能谱图

　　AES 纵深成分分析表明，纳米 Au 主要分布于 TiO₂ 薄膜表面 25nm 深的表层中，但当深度达到 100nm 时，仍有少量的纳米金出现，表明在静电自组装过程中，极小的 Au 团簇会因为强烈的静电引力，通过 TiO₂ 薄膜中的中孔（＞7nm），渗透到 TiO₂ 薄膜内部，虽然这种扩散会因孔道小而产生较大的扩散阻力[10]。对比 pH 值为 2.2 和 8.4 下制备的 Au/TiO₂ 薄膜的 AES 纵深分析结果可见，较高的 pH 下，TiO₂ 表层 Au 含量要低得多，这与图 2-38 和表 2-1 中所列结果相一致。

（2）TiO₂/Ti 与 Au/TiO₂/Ti 电极的光生电流与光生电压特性

UV 辐照下，Au/TiO₂/Ti 和 TiO₂/Ti 电极的光生电流如图 2-44 所示，可见，在脉冲 UV 辐照下，两种电极均可产生稳定的光生电流，但 Au/TiO₂/Ti 电极的光生电流是 TiO₂/Ti 电极的 5 倍左右，很明显，TiO₂/Ti 电极负载纳米 Au 后，其光生空穴与电子的分离效率得到大幅提高。

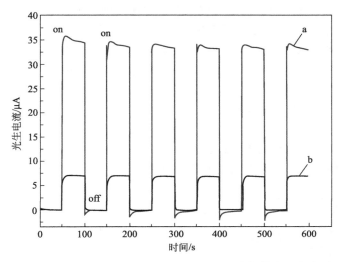

图 2-44　UV 辐照下 Au/TiO₂/Ti 和 TiO₂/Ti 电极的光生电流对比

a—Au/TiO₂/Ti 电极；b—TiO₂/Ti 电极

TiO₂ 电极的开路电位（V_{oc}）代表着 TiO₂ 电极的表观费米能级（apparent Fermi level）与电解质中氧化还原对的还原电位之间的差值。图 2-45 是 UV 辐照下 Au/TiO₂/Ti 和 TiO₂/Ti 电极的开路电位（V_{oc}）与电解质 pH 值的关系，因为随着电解质的 pH 值变大，TiO₂ 的导带位置向负值偏移[11]，因而电极的开路电位也都向负值偏移，大约以 44.5mV/pH 向负偏移。但是，在 pH 值为 2～13 时，Au/TiO₂/Ti 电极的开路电位（V_{oc}）比 TiO₂/Ti

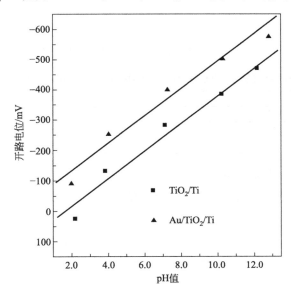

图 2-45　UV 辐照下 Au/TiO₂/Ti 和 TiO₂/Ti 电极的开路电位（V_{oc}）与电解质 pH 值的关系

电极一致地向负偏移了近 115mV，表明负载的纳米 Au 促进了光生空穴向电极表面转移，从而使电极上累积更多的光生电子[12]。负载的纳米 Au 粒呈物理分散状，且于 TiO₂ 薄膜表面分布均匀，有利于光生电子从 TiO₂ 上向纳米 Au 上转移，降低光生载流子的复合。

（3）电解质中氧化还原物种对开路电位的影响

图 2-46 是 4 种 Na₂SO₄ 电解质（充 O₃＋O₂、充 O₂、充 N₂ 和充 N₂＋CH₃OH）中 TiO₂/Ti 和 Au/TiO₂/Ti 电极的开路电位与 UV 辐照时间的关系，表 2-3 是对应的光生电压与电荷分离效率。由图 2-46 可见，当 UV 辐照到电极上时，开路电位快速向负偏移，产生光生电压，不管是何种电解质，Au/TiO₂/Ti 电极的光生电压都要比 TiO₂/Ti 大，表明 Au/TiO₂/Ti 电极上累积了更多的光生电子，这一结果与上文中 Au/TiO₂/Ti 电极的开路电位在 pH 值为 2～13 时都比 TiO₂/Ti 电极向负偏移 115mV 相一致。按照 Kamat 的观点，电极的净电荷分离效率（F）可按下式计算[8]：

$$F = 100 \times [\Delta E(O_2)/\Delta E(N_2)]$$

由表 2-3 可知，电极负载纳米 Au 粒子后，TiO₂ 电极的电荷分离效率从 73.1% 提高到 89.6%，很显然，纳米 Au 可促进光生电荷的分离。

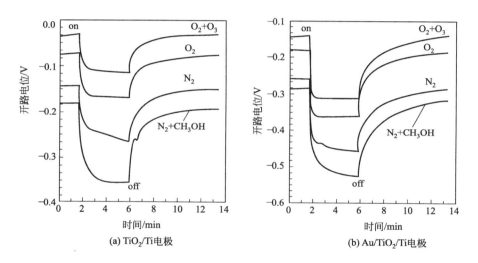

(a) TiO₂/Ti电极　　　　　(b) Au/TiO₂/Ti电极

图 2-46　不同电极开路电位与 UV 辐照时间的关系

表 2-3　4 种不同电解质中 TiO₂/Ti 和 Au/TiO₂/Ti 的光生电压及电荷分离效率（F）

电极	光电压/mV				F/%
	N₂＋CH₃OH	N₂	O₂	O₂＋O₃	
Au/TiO₂/Ti	239	201	180	169	89.6
TiO₂/Ti	173	130	95	86	73.1

电解质中的氧化还原性物种可影响半导体电极上电子的累积。当电解质中充 N₂ 时，电解质中没有溶解氧，UV 辐照的 TiO₂ 电极表面存在以下反应：

$$TiO_2 + h\nu \longrightarrow e_{CB} + h_{VB}^+$$

$$e_{CB} + h_{VB}^+ \longrightarrow heat（重组）$$

$$h_{VB}^+ + OH_{ads}^- \longrightarrow HO_{ads} \cdot$$

$$h_{VB}^+ + H_2O_{ads} \longrightarrow HO_{ads} \cdot + H^+$$

$$e_{CB} + O_{2ads} \longrightarrow O_{2ads}^- \cdot （如果存在）$$

$$e_{CB} + O_{3ads} \longrightarrow O_{3ads}^- \text{（如果存在）}$$
$$h_{VB}^+ + CH_3OH_{ads} \longrightarrow CH_3O_{ads} \cdot + H^+ \text{（如果存在）}$$
$$HO_{ads} \cdot + CH_3OH \longrightarrow CH_3O \cdot + H_2O \text{（如果存在）}$$

此时电极表面的光生电子的累积量与电极上吸附的羟基量有关，而吸附的羟基量由电解质的 pH 值来决定。如果电解质充 O_2，则电极上吸附的氧分子捕获光生电子，减少电极上光生电子的累积量，即降低了电极的光生电压（与充 N_2 的情况比较）。臭氧的电子亲和势为 2.1eV，比 O_2 的电子亲和势（0.44eV）要高，因此，光生电子更易被 O_3 捕获[10]。所以，若电解质中充 $O_3 + O_2$ 的混合气体，则电极表面强化光生电子捕获的反应式就会出现，这会减少电子的累积量，即进一步降低光生电压。因甲醇是一种高效的电子捕获剂，在充 N_2 的电解质中加入甲醇，就会捕获光生空穴并消耗电极表面的羟基自由基，这样大大促进了光生空穴与电子的分离，在充 N_2 并加甲醇的电解质中，电极表面会累积更多的光生电子。

（4）电化学阻抗谱分析

UV 辐照下，通过向电极施加一个很小的交流干扰，研究 TiO_2/Ti 和 $Au/TiO_2/Ti$ 电极的电化学阻抗谱。图 2-47 是 UV 辐照下 TiO_2/Ti 电极和不同 Au 负载量的 $Au-TiO_2/Ti$ 电极在零阳极偏压下的 Nyquist 图，采用图 2-47 插图中的简单等效电路来拟合分析电化学阻抗结果。在 R_s（R_{ct}CPE）的等效电路中，R_s 表示溶液电阻，R_{ct} 表示溶液与电极界面的电荷转移阻抗，CPE 为常相位元素，其中，CPE 是由 CPE-P 和 CPE-T 两部分组成，如果 CPE-P 等于 1，则 CPE-T 就是电极的双层电容（C_{dl}）。并联组合（R_{ct}CPE）反映在 Nyquist 图中，就是一个半圆。表 2-4 是电极的 Au 负载量、降解甲醛的表观一级速率常数（k_{app}）

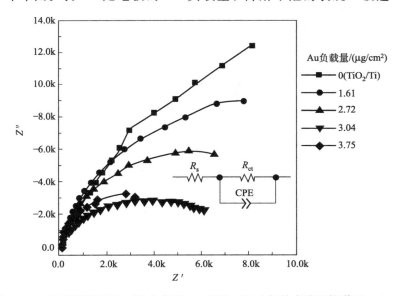

图 2-47　UV 辐照下 TiO_2/Ti 电极及 $Au/TiO_2/Ti$ 电极的交流阻抗谱 Nyquist 图

表 2-4　电极的 Au 负载量、降解甲醛的表观一级速率常数（k_{app}）及拟合的等效电路参数之间的关系

电极	Au 负载量 /(μg/cm^2)	k_{app} /min^{-1}	R_s/Ω		R_{ct}/Ω		CPE-T		CPE-P	
			表观	拟合/%	表观	拟合/%	表观	拟合/%	表观	拟合/%
TiO_2/Ti	0	0.0567	81.9	1.79	37118	2.29	0.016	2.74	0.89	0.66
$Au/TiO_2/Ti$	1.61	0.0872	50.5	2.43	18396	2.73	0.15	1.58	0.92	0.69
	2.72	0.103	66.4	1.75	12387	4.15	0.19	2.53	0.90	0.95
	3.04	0.128	53.2	0.73	7212	1.61	0.27	1.16	0.89	0.45
	3.75	0.139	75.4	1.26	5893	2.63	0.22	2.40	0.94	0.86

及拟合的等效电路参数之间的关系，拟合的相对误差＜5％，表明选用的等效电路是合理的。从表 2-4 中可见，拟合的 CPE-P 值为 $0.89 \sim 0.94$，接近于 1，表明得到的 CPE-T 值接近于电极双层电容（C_{dl}）。所以，CPE-T 值可以成为表示电极的电化学活性位的量。

Nyquist 图中，弧线半径表明电极的电荷转移阻抗及电极反应速率大小。由图 2-47 可知，随着 Au 负载量的提高，$Au/TiO_2/Ti$ 电极的弧线半径减小，表明电荷转移阻抗 R_{ct} 减小，当 Au 负载量达到 $3.75\mu g/cm^2$ 时，$Au/TiO_2/Ti$ 电极的 R_{ct} 降到 TiO_2/Ti 电极的 16%，电荷转移阻抗的降低，表明电极与电解质界面之间的法拉第电流（Faradic current）增加，而法拉第电流主要是光生电子，这表明随着 Au 负载量的提高，电极上的光生电子量增加，光生空穴与电子对得到有效分离，促进电极与电解质界面之间的电荷转移。增加的 CPE-T 值也表明，随着电极上 Au 负载量的提高，电极表面的电化学活性位数量也增加。

（5）Au/TiO_2 薄膜的光催化活性与电荷转移阻抗的关系

光催化降解液相甲醛符合准一级反应动力学规律，图 2-48 是光催化降解液相甲醛的 $\ln(C/C_0)$ 与光照时间的关系，得到的表观速率常数（k_{app}）见表 2-4。当 Au 负载量达到 $3 \sim 4\mu g/cm^2$ 时，$Au/TiO_2/Ti$ 的 k_{app} 是 TiO_2/Ti 电极的 2.5 倍，光催化活性的提高表明，高度分散的纳米 Au 粒子促进了光生空穴与电子的分离，有更多的空穴与羟基自由基（HO·）氧化吸附的甲醛。有趣的是，反应速率常数 k_{app} 增加，而对应催化剂的 R_{ct} 不断减小，因 R_{ct} 减小表示光生载流子分离效率提高，与光催化活性的提高是相一致的。因此光催化剂的电荷转移阻抗 R_{ct} 可用来表示其光催化反应活性。

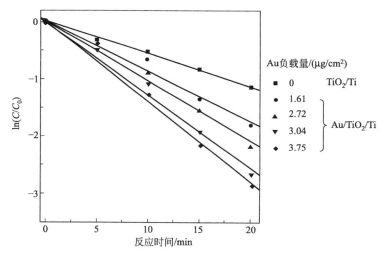

图 2-48　光催化降解液相甲醛的 $\ln(C/C_0)$ 与光照时间的关系

（6）**高度分散的超细纳米 Au 粒子对电荷分离的促进作用**

图 2-49 是 UV 辐照下 Au/TiO_2 电极上电荷分离界面氧化还原反应原理，因为纳米 Au 可降低 TiO_2 电极的过电位，促进 TiO_2 介带上的空穴转移到溶液与电极的界面处，被给电子物种（OH^-、H_2O 或 CH_3OH）捕获，提高光生载流子的分离效率。

纳米 Au 促进电荷分离的效率与 Au 粒尺寸及负载形式（如是连续膜则与分散的颗粒）有关。体相 Au 的费米能级（Fermi level）大约在 0.05V vs. NHE（标准氢电极电势），如果大颗粒的 Au 粒或连续的 Au 膜负载于 TiO_2 上，Au/TiO_2 复合物的平带电位会偏移到正电位。当 Au 粒子尺寸减小，纳米 Au 粒的费米能级就会向负偏移，若负载的纳米 Au 粒尺

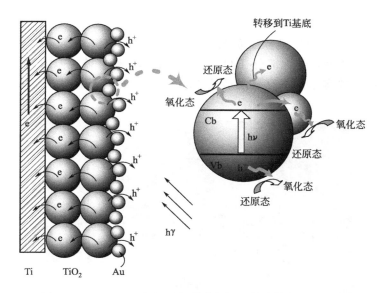

图 2-49　Au/TiO$_2$ 电极上电荷分离界面氧化还原反应原理

寸变小, 则 Au/TiO$_2$ 复合物的准费米能级 (E') 会偏得更负。若 Au/TiO$_2$ 复合物的 E' 变得更负, 表明小尺寸的纳米 Au 促进光生载流子分离效率提高。Au/TiO$_2$ 复合电极中, 光生电压的提高是由于 E' 偏得更负。将超细纳米 Pt 粒子高度分散于半导体电极表面, 观察到了极高的光生电压。原位测试的光生电流和光生电压表明, 金属与半导体界面间的 Schottky 能垒高与纳米金属的尺寸有关, 减小纳米金属的尺寸, 可降低 Schottky 能垒高度, 进而有利于电荷转移。因负载的纳米 Au 呈超细、高分散和高表面密度存在, 将有利于光生载流子的分离效率达到最大化。

2.1.6　浸渍涂覆法制备 MnO$_x$/TiO$_2$ 膜材料

臭氧的热催化分解中, 锰氧化物是一种具有高催化活性的过渡金属氧化物, 应用于不同环境臭氧的催化净化。另外, 对于挥发性有机污染物的催化分解, 以锰氧化物等为催化剂的臭氧催化氧化也是一种重要的方法。因为在真空紫外光分解体系中, 存在大量副产物臭氧, 所以, 若以锰氧化物为催化剂的活性组分, 在真空紫外光辐照下以臭氧催化分解有机污染物和副产物臭氧, 或许是一条有效途径。为此以 Ti 网上负载的 TiO$_2$ 薄膜为基体, 制备出 MnO$_x$/TiO$_2$/Ti 催化剂, 应用于真空紫外光体系中作为催化剂, 研究其在真空紫外光下催化分解甲醛和副产物臭氧的能力, 并探讨真空紫外光下, 甲醛和副产物臭氧在 MnO$_x$/TiO$_2$ 上的分解机理。

2.1.6.1　MnO$_x$/TiO$_2$ 催化剂的制备与表征

以金属钛网 ($\phi=10$cm, 40 目) 为载体, 经草酸刻蚀钛网后, 先用溶胶-凝胶法于钛网上负载 TiO$_2$ 薄膜, 再用乙酸锰作为前驱物, 以浸渍涂覆法于 TiO$_2$/Ti 网上涂覆 MnO$_x$ 层, 具体步骤为: 将 TiO$_2$/Ti 网浸渍于 33.3% 的乙酸锰溶液中, 提拉干燥后, 于 400℃ 空气中焙烧 2h, 即得 MnO$_x$/TiO$_2$ 复合催化剂。

用超高分辨率场发射扫描电子显微镜观察催化剂薄膜的形貌, 高功率多晶 X 射线衍射仪表征薄膜的晶体结构。

2.1.6.2 MnOₓ/TiO₂ 的结构形貌

图 2-50 是浸渍法于 TiO_2 薄膜上负载的 MnO_x 层的 FESEM 照片,由图可知,MnO_x 层覆盖于 TiO_2 层的表面,绝大部分 TiO_2 被 MnO_x 薄膜所覆盖,但因 MnO_x 薄膜不连续,基体中部分 TiO_2 呈裸露态,没有被浸渍的 MnO_x 层所覆盖。负载的 MnO_x 层结构致密,表面平坦。

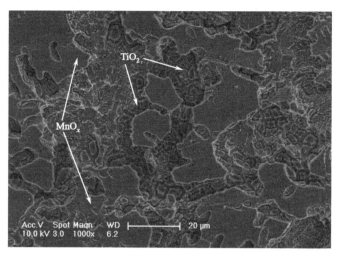

图 2-50 MnOₓ/TiO₂ 复合薄膜的 FESEM 照片

2.1.6.3 低温静电吸附法制备的纳米 Mn 负载 TiO₂ 薄膜

对采用低温静电吸附法制备的纳米 MnO_x/TiO_2、$MnO_x/Pd/TiO_2$ 及纳米 $MnO_2/Pd/TiO_2$ 薄膜进行表征。

（1）Pd/TiO₂ 复合薄膜表征

图 2-51 为 Pd/TiO₂ 复合薄膜的高倍 SEM 照片,图中白色圆点为 Pd 颗粒,灰色部分为 TiO_2 薄膜。图 2-52 为 Pd/TiO₂ 复合薄膜的 TEM 照片,图中黑色圆点为 Pd 颗粒。从图中可见,Pd 颗粒基本呈圆形,在 TiO_2 薄膜上均匀分布,表面粒密度达 1.79×10^{12} 个/cm^2,Pd 颗粒平均粒径为（2.6 ± 1.3）nm,基本呈单分散状,无团聚,主要分布于 TiO_2 薄膜的表面及孔道口。

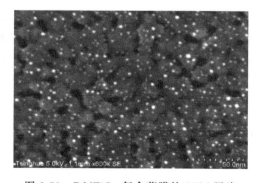

图 2-51 Pd/TiO₂ 复合薄膜的 SEM 照片

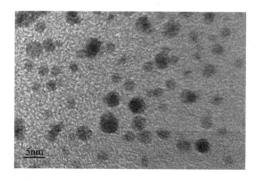

图 2-52 Pd/TiO₂ 复合薄膜的 TEM 照片

XRD 测试结果如图 2-53 所示,其中（a）为 Pd/TiO₂ 复合薄膜,（b）为 TiO_2 薄膜。TiO_2 薄膜主要为锐钛矿型,占 62.5%,其余为金红石型。负载纳米 Pd 后,TiO_2 结晶性质没有明显改变，同时在 2θ 为 33.92°，41.99°，60.55°和 71.45°附近出现了 4 个 PdO 的衍射峰，分别是（101）、（110）、（103）和（202），说明在催化剂煅烧过程中，表面负载的 Pd 已经被空气中的 O_2 氧化。根据 Scherrer 公式 $D=K\lambda/(\beta\cos\theta)$ 和图 2-53 中 PdO（101）面最强衍射峰计算得到 PdO 晶粒的平均粒径约为 0.22nm。

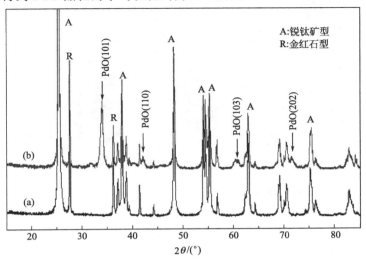

图 2-53　Pd/TiO_2 复合薄膜与 TiO_2 薄膜 XRD 图
（a）—Pd/TiO_2 复合薄膜；（b）—TiO_2 薄膜

（2）Mn 负载 TiO_2 薄膜表征

图 2-54 为 TiO_2 和 MnO_x/TiO_2 复合薄膜的 SEM 照片。从图中看到，MnO_x 比较致密地覆盖于 TiO_2 膜上，盖住了大部分 TiO_2 膜表面，这可能与负载醋酸锰后催化剂的焙烧温度有关，提高焙烧温度可能使 MnO_x 变得疏松。

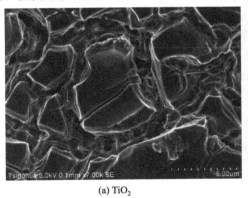
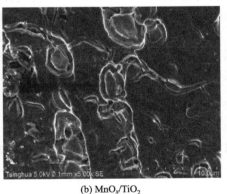

(a) TiO_2　　　　　　　　　　(b) MnO_x/TiO_2

图 2-54　TiO_2 和 MnO_x/TiO_2 复合薄膜的 SEM 照片

图 2-55 为纳米 MnO_2/Pd/TiO_2 复合薄膜的 SEM 照片。从图中看到，MnO_2 呈纳米棒状，直径大约 100nm。据文献报道，水热反应时间对纳米 MnO_2 的形貌和晶型有很大影响。如果缩短水热反应时间，或许可以减小纳米棒的直径，进而合成纳米线 MnO_2。

2.1.7　反应磁控溅射制备氮掺杂 TiO_2 光催化膜材料

固定化光催化剂中 TiO_2 膜由于活性较高，抗光腐蚀性强以及本身无毒等优点，得到了

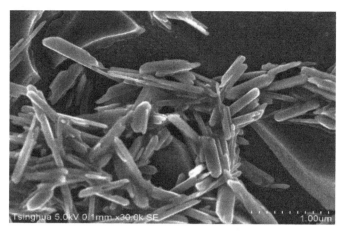

图 2-55　纳米 $MnO_2/Pd/TiO_2$ 复合薄膜的 SEM 照片

广泛的研究。人们已采用浸渍提拉、粉末喷涂、气相沉积、阳极电镀等方法在玻璃、硅片、不锈钢、钛、Al_2O_3 微孔滤膜[13]等多种基材上制备了 TiO_2 光催化膜。为了进一步提高光催化剂的活性，可以对 TiO_2 膜进行离子掺杂。近期碳[14]、氮[15]掺杂 TiO_2 的报道使得阴离子掺杂技术受到了瞩目，氮掺杂 TiO_2 膜能够在可见光下表现出光催化活性，而在紫外光照射下的活性与纯 TiO_2 膜相近。

2.1.7.1　TiO_2 光催化膜的制备

镀膜过程在真空镀膜机上进行。选用 0.2mm 厚铝片作为载体，将其裁成 75mm×75mm 片状，用丙酮和去离子水在超声波下清洗后备用。采用 20kHz 中频交流磁控溅射电源，输出功率为 3kW；靶材为 99.99% 的纯钛，实验所用氧、氮和氩均为 99.99% 高纯度；极限本底真空度为 $2.0×10^{-3}$Pa；反应气体流量由质量流量计控制，工作气体压力由压强自动控制仪控制；制备薄膜的溅射参数为：本底真空度 $3×10^{-3}$Pa，工作气压 1.0Pa，电压 400V，电流 1.0A，反应气体 O_2 和 N_2 总流量 50mL/min，其中 N_2 占反应气体（N_2+O_2）的体积百分比在 0~95% 之间变化，溅射过程中基体铝片的温度为 300℃。由扫描俄歇电子能谱实验测得所有样品的厚度都近似为 400nm。

2.1.7.2　光催化膜表征

（1）晶相组成（XRD）

利用 X 射线衍射仪分析晶相组成。薄膜光催化剂中锐钛矿型和金红石型的质量比通过下式进行计算[16]：

$$\omega(R)\% = \frac{100I_R}{I_R + 0.79I_A}$$

式中，$\omega(R)$ 为金红石型的质量百分含量；I_A、I_R 分别为锐钛矿 101 面和金红石 110 面的衍射峰强度。

（2）表面形貌

表面形貌由原子力显微镜（AFM）观测，以非接触模式（tapping 模式）测试膜样品表面。

（3）VU-vis 漫反射谱（DRS）

VU-vis 漫反射光谱利用紫外-可见光分光光度计测定，以 $BaSO_4$ 为参比，中速扫描，波长范围 240~800nm。吸收带边位置由漫反射谱的一阶导数谱确定。

（4）表面元素组成与化学状态

采用 X 射线光电子能谱（XPS）仪分析表面元素组成与化学状态。采用位置灵敏度检测器（PSD），以 AlKα 为 X 射线源，分析室真空度 2.9×10^{-7} Pa，分辨率 0.8eV，灵敏度 80kCPS。全谱与高分辨扫描谱的通过能分别为 89.45eV 和 35.75eV，高分辨扫描时扫描次数为 10 次，采用污染碳 C1s（$E_b = 284.6$ eV）作能量校正，并用相对灵敏度因子法对元素组成进行了定量计算，所用的灵敏度因子为 2.077（Ti2p）、0.499（N1s）、0.314（C1s）和 0.733（O1s）。

2.1.7.3 光催化活性评价

利用自制的平板式反应器（图 2-56），以苯甲酰胺的光催化降解效果评价样品的光催化活性。实验时，将光催化膜置于反应器的平板上，苯甲酰胺水溶液（2.0×10^{-5} mol/L，200mL）在蠕动泵的驱动下循环流过催化剂表面，流速 250mL/min；光源为 20W 低压汞灯（主波长 254nm），轴心线距离催化剂表面 2.5cm。每隔一定时间取样，由高效液相色谱法分析苯甲酰胺浓度。

图 2-56　光催化反应装置示意图

1—容器；2—阀；3—护罩；4—UV 灯；5—光催化剂薄膜；6—平板；7—泵

2.1.7.4 结果与讨论

（1）光催化膜的晶相组成

图 2-57 列出了若干膜样品的 XRD 分析结果，表明所制备的样品均主要由锐钛矿型 TiO_2［100%峰位于 2θ 约为 25.3°，图中以 A（101）标出］和金红石型 TiO_2［100%峰位于 2θ 约为 27.3°，图中以 R（110）标出］组成，而未出现 TiN 和 Ti 的 XRD 衍射峰，这说明在氧气存在条件下，溅射出的钛原子非常容易与氧反应生成 TiO_2 并沉积下来，而不是沉积为 Ti 金属相或由 Ti 原子与 N_2 反应而沉积为 TiN 相。通过公式 $\omega(A) = 1/(1 + 1.265 I_R / I_A)$ 计算了各膜样品中锐钛矿型 TiO_2 占 TiO_2 总量的百分含量 $\omega(A)$，结果由图 2-58 描述，即锐钛矿型 TiO_2 所占比例首先随 X 的增长而减小，$X = 60\%$ 时达到最低点［$\omega(A) = 35.8\%$］后又开始回升，至 $X = 90\%$ 和 95% 时，膜样品中的锐钛矿型 TiO_2 百分数已经超过了 $X = 0$ 条件下生成的纯 TiO_2 膜。

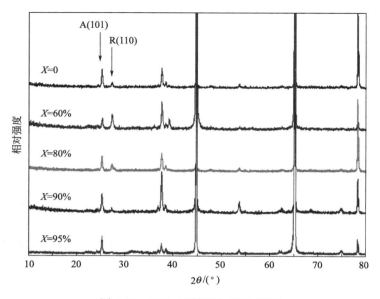

图 2-57　TiO₂ 溅射膜的 XRD 谱图

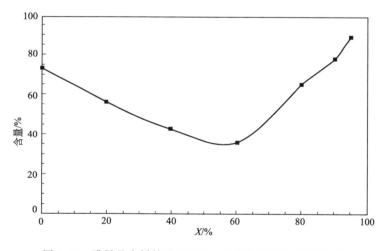

图 2-58　膜样品中锐钛矿型 TiO₂ 百分含量随 X 值的变化

（2）光催化膜的表面形貌

图 2-59 和图 2-60 为 $X=0$、60％、80％ 和 90％ 条件下所得膜样品的 AFM 图像，由俯视图 2-59(a) 可看到纯 TiO₂ 膜为三角形（正投影）的颗粒堆积而成，这明显区别于溶胶-凝胶法制备出的浸渍提拉 TiO₂ 膜，后者一般由球形粒子组成。当 X 值升高到 80％ 和 90％ 时，粒子形状未发生明显变化，但颗粒似乎没有纯 TiO₂ 膜"成熟"，边缘较"粗糙"，棱角也较为圆滑，结合 3D 模式则可看出，此时的粒子大小分布较为均匀，而 $X=60$％ 时粒子堆积显得最为规则。当 $X=90$％ 时，膜形貌发生了较大的变化，其颗粒的投影为不规则的多边形，且面积明显增大。可以认为反应气体中 N₂ 浓度对表面形貌的影响可归结于对 TiO₂ 晶体成核与生长两方面的作用，$X=0$ 即反应气体为纯 O₂ 时，溅射体系内成核较多，因此表面的颗粒数量较大，同时由于成核后生长速度很快，各自沉积时生成的颗粒不易控制，难以均匀分布；引入一定浓度的 N₂ 后，在稀释的 O₂ 氛围中，Ti 原子与 O₂ 的碰撞概率减小，

成核数量较少且生长速度减缓，可得到数量较少但尺寸相近的颗粒；而 $X=90\%$ 时，反应气体中 O_2 浓度过低，对 TiO_2 的生成和沉积过程产生了较大的影响：成核少、颗粒生长过于缓慢，所得 TiO_2 颗粒在基材或基材上的既成薄膜上相互黏附、包裹，进而形成了较大的不规则颗粒。

(a) $X=0$　　(b) $X=60\%$

(c) $X=80\%$　　(d) $X=90\%$

图 2-59　溅射 TiO_2 膜的 AFM 图像（俯视图）

（3）溅射膜中氮的存在形式

通过 XPS 实验对膜样品中氮的化学态进行了分析，如图 2-61 所示。采用相对灵敏度因子法对元素组成进行了定量计算，并对交叠峰形进行了分峰拟合。定量计算结果显示表面仅有很少量的氮原子存在，即使在 $X=90\%$ 时，氮的原子百分比也仅有 4.81％，这说明实验体系中氧能够迅速与溅射出的钛原子发生反应，大多数的钛被捕获而生成 TiO_2，而不是单独沉积生成 Ti 金属相或与氮反应生成 TiN 相，这同时也解释了前面的 XRD 实验无法检测到 TiN 或 Ti 相的现象。

根据图 2-61 所示，随着反应气体中 N_2 加入量的增加，膜样品上氮的化学态种类增多。所有的膜样品（即使 $X=0$ 时）上都存在分子吸附氮，当 $X\leqslant60\%$ 时，仅有对应于结合能 E_b 约为 400eV 的吸附氮可被检出，当 X 值为 80％ 和 90％ 时，溅射膜上出现了对应于 E_b

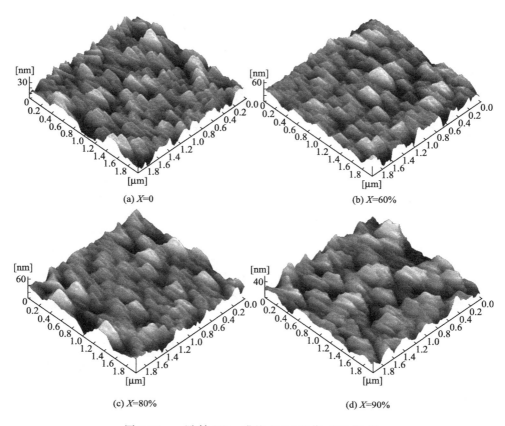

(a) $X=0$

(b) $X=60\%$

(c) $X=80\%$

(d) $X=90\%$

图 2-60　　溅射 TiO_2 膜的 AFM 图像（3D 模式）

约为 400eV 和 402eV 的两种吸附氮，Saha 等人将这两种化学态都归属于化学吸附的 γ-N_2 态[17]。反应气体中有 N_2 存在即 $X>0$ 时，所制备的膜样品均可在 E_b 约为 397eV 处检测到掺杂氮 N^{3-}[18] 的存在，这表明溅射过程中确有少量钛原子同氮发生了反应。

（4）UV-vis 实验结果

图 2-62 为 $X=0$、90% 和 95% 条件下所得膜样品的 UV-vis 测试结果。可以看出实验所获得的氮掺杂 TiO_2 膜并未对可见光发生响应。在紫外光波段各催化膜都有较强的吸收，并有明显的吸收带边，呈现出典型的半导体光学特性。各样品的吸收带边位置随着反应气体中 N_2 的增加（或 N 掺杂量的增加）发生了小幅度的红移。由于禁带宽度 E_g 的差异，纯锐钛矿型 TiO_2（$E_g=3.2eV$）金红石型 TiO_2（$E_g=3.0eV$）的吸收带边分别位于 387nm 和 413nm 处，因此两种晶型共存时，金红石型 TiO_2 含量的增多在表观上会造成材料吸收带边的红移，而根据 XRD 结果，$X=90\%$ 和 95% 的膜样品中金红石型 TiO_2 含量均低于 $X=0$ 者，因此可判断上述红移不是由于膜样品中金红石型 TiO_2 的贡献引起的，而应归因于氮掺杂对 TiO_2 能带结构的影响。

（5）光催化活性测试结果

图 2-63 为膜样品对苯甲酰胺的光催化降解实验结果。苯甲酰胺在无光催化剂存在时，能够在 UV 照射下发生慢速的光降解，60min 后降解率 8.0%；而引入光催化膜后，其降解速率明显增大，因此 TiO_2 膜存在时苯甲酰胺主要发生的是光催化降解反应。图 2-63 表明光催化膜的活性随 X 值的变化而明显不同，在一定范围内，X 值的升高可显著提高光催化活

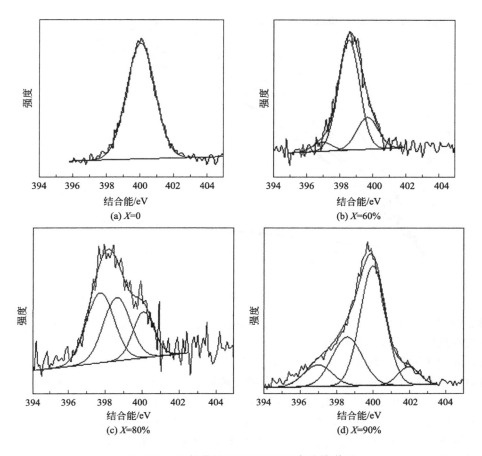

图 2-61　溅射膜样品的 N1sXPS 高分辨谱图

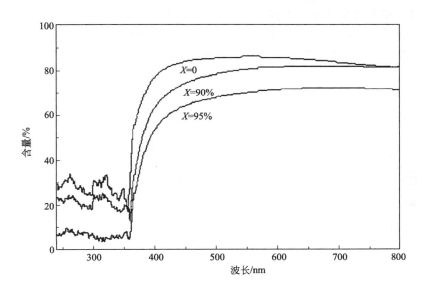

图 2-62　UV-vis 漫反射实验结果

性，$X=80\%$时所得膜的活性最高，而 $X=95\%$时，所制备薄膜的活性又回落至纯 TiO_2 膜（$X=0$）的水平。

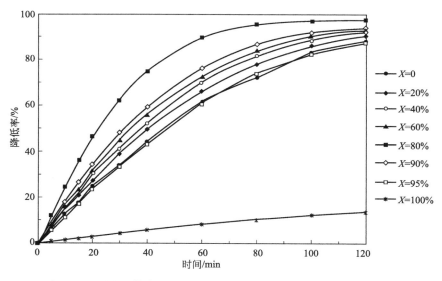

图 2-63　不同 X 值条件下所得膜样品对苯甲酰胺的光催化降解曲线

图 2-64 中同时绘出了膜样品活性和 N^{3-} 掺杂量随 X 值的变化曲线，其中光催化活性用苯甲酰胺在反应 60min 后的降解率来表示。与活性变化曲线相结合，可看出随 N^{3-} 掺杂量的增加，膜的光催化活性得以提高，并在掺杂量为 0.594at.%（原子数百分含量）时达到了最高活性（对应于 $X=80\%$），此时苯甲酰胺的降解率为 89.9%，约为纯 TiO_2 膜（$X=0$）的 1.5 倍。光催化活性的提升应归因于掺杂的 N^{3-} 所起到的载流子捕获作用，它有效地抑制了光生电子和空穴的复合，有利于光催化的进行。X 值低于 60% 时，仅有少量的 N^{3-} 被引入，因此活性提高的幅度较小，而一旦 X 设定为 80%，掺杂量获得了较大的提高，而光催化活性也就明显上升。$X=90\%$ 时，由于 N^{3-} 掺杂量的进一步提高，单个 TiO_2 颗粒中的捕获位增加，相互间距减小，不同类型的载流子被同一捕获位捕获而发生湮灭的概率增加，造成光催化活性开始下滑，当 $X=95\%$ 时，活性已经降低至纯 TiO_2 膜的水平。此外需要指出的是，$X=95\%$ 时样品的粒子尺寸明显较大，不仅造成样品比表面积的缩小，而且光激

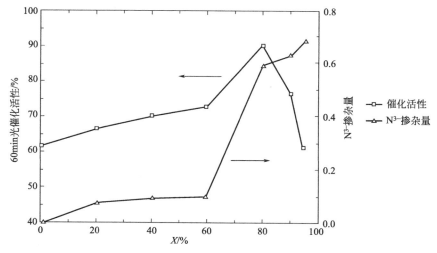

图 2-64　光催化活性以及 N^{3-} 掺杂量随 X 值的变化

发所产生的载流子也难以快速迁移至表面，这同样是其活性较低的原因。一般认为锐钛矿型 TiO_2 的光催化活性要高于金红石型，但结合其 XRD 结果，研究中 $\omega(A)$ 和活性随 X 值发生变化的模式明显不同，即具备最高或最低 $\omega(A)$ 值的样品并不具有最高或最低的光催化活性，因此推断锐钛矿型 TiO_2 的百分含量并不是影响膜样品光催化活性变化趋势的决定性因素。

反应溅射方法直接生成 N 掺杂 TiO_2 而发生沉积，检测到的掺杂 N 位于 397eV 处，其掺杂并未赋予 TiO_2 可见光响应的特性，但在紫外辐照下，N 掺杂剂量对活性的影响非常显著。

2.2　纳米 ZnO 系列催化材料

2.2.1　水热法制备纳米 ZnO

水热法又称热液法，属液相化学法的范畴，是指在密封的压力容器中，水为溶剂，在高温高压的条件下进行的化学反应。

作为 Ⅱ-Ⅵ 族化合物半导体材料中最重要的成员之一，ZnO 以其独特的光学、电学和光化学性质引起人们的广泛关注。ZnO 作为一种重要的宽禁带半导体功能材料，具有良好的导电导热性、紫外吸收性和化学稳定性[19]，在光电子器件中具有广泛的应用前景，同时也是最有潜力的半导体光催化剂[20]。

2.2.1.1　ZnO 的制备

采用水热合成法，以无水乙醇作为辅助溶剂，不添加任何表面活性剂，制备出不同形貌的 ZnO 纳米粒子以及 TiO_2。

① 分别配制不同体积比（无水乙醇与蒸馏水的体积比分别为 1:19、1:3、1:1）的醇水溶液各 40mL，加入三个不同的 Teflon 衬胆中，记为 A、B、C。准确称取 0.005mol $Zn(Ac)_2 \cdot 2H_2O$ 三份，分别加入溶液 A、B、C 中，将 Teflon 衬胆放在磁力搅拌器上搅拌 10min 至 $Zn(Ac)_2 \cdot 2H_2O$ 完全溶解。随后再称取 0.05mol NaOH 三份，分别加入上述溶液中，继续搅拌 10min 至 NaOH 溶解。

② 准确称取 0.005mol 的 $Zn(Ac)_2 \cdot 2H_2O$，加入装有 40mL 蒸馏水的烧杯中，置于磁力搅拌器上搅拌 10min，直到 $Zn(Ac)_2 \cdot 2H_2O$ 完全溶解。称取 0.025mol 的 $NaBH_4$，逐量加入溶液中（边加边用玻璃棒搅拌，防止泡沫溢出）。约 10min 后，待溶液中气泡很少时，将溶液移至 Teflon 衬胆中，记为溶液 D。

③ 将四个 Teflon 衬胆密封在高压不锈钢反应釜内，旋紧，将反应釜放入恒温干燥箱中，在 160℃下反应 12h。

④ 待反应釜冷却至室温后，将所得白色沉淀用蒸馏水和无水乙醇洗数次。最后将离心后所得样品置于干燥箱中，60℃下干燥 8h。最终产物分别记为 a、b、c、d。

2.2.1.2　ZnO 的结构表征

（1）X 射线衍射（XRD）分析

图 2-65 是 ZnO 的 X 射线衍射图，从上到下依次是样品 a、b、c、d 的 XRD 图。所有的衍射峰与标准图谱（JCPDF：89-0510）能很好地吻合，没有其他杂质峰的出现，四种样品均属于六方纤锌矿结构 [空间晶群属于 P63mc（186）]。尖锐的衍射峰表明样品的结晶度

很高，晶型较好，点晶格常数 $a=b=0.3249$nm，$c=0.5205$nm，根据下列 Debye-Scherrer 公式计算晶粒尺寸 D：

$$D=\frac{K\lambda}{\beta\cos\theta}$$

式中，K 为与宽化度有关的常数（若 β 取衍射峰的半高宽，K 为 0.89；若 β 取衍射峰的积分宽度，则 K 为 1）；λ 为 X 射线波长，$\lambda=0.154178$nm；β 为衍射峰的半高宽；θ 为布拉格衍射角。

结合 XRD 图谱分析，根据公式计算出样品 a、b、c、d 的晶粒平均尺寸分别为 45.21nm、43.93nm、43.32nm、25.30nm，属于纳米级微粒。

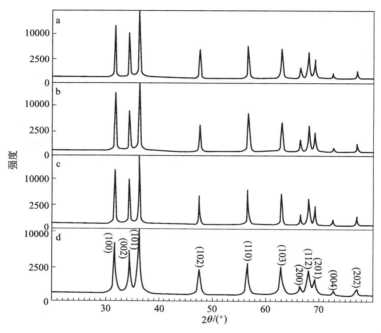

图 2-65　不同 ZnO 样品的 XRD 图

（2）扫描电镜（SEM）分析

图 2-66 是实验制备的不同形貌 ZnO 的扫描电镜图，样品 a、b、c、d 分别为颗粒状、棒状、花状、球状。比较图（a）、（b）、（c），可以看出，随着醇水体积比的增大，ZnO 由花状变成棒状，再变成颗粒状，尺寸逐渐减小。其中样品 a 中花状 ZnO 的直径在 2～5μm 之间，由很多直径约 300nm、长度 2μm 左右的六棱柱状 ZnO 聚集而成；样品 b 中出现了六棱柱状 ZnO，直径在 100～400nm 之间，长度约 2μm；样品 c 中颗粒状 ZnO 的直径在 100～200nm 之间。图（a）、（b）中左上角为样品的局部放大图，可以清晰地看到棒状 ZnO 为六棱柱状结构。样品 d 中球状 ZnO 的直径约 500～1000nm，每个小球都是由很多微小的 ZnO 纳米颗粒聚集组成的。

（3）X 射线能谱（EDS）分析

图 2-67 为不同形貌 ZnO 的 X 射线能谱图，从图中可以看出，所有的样品都只检测出 Zn、O 两种元素，没有其他杂质元素出现。

表 2-5 是样品 a 的元素成分表，其他三种样品的元素成分表与样品 a 的完全相同。由表 2-5 可知，样品中的 Zn、O 原子个数比为 1:1，表面制备的 ZnO 纯度较高。

(a) 样品a

(b) 样品b

(c) 样品c

(d) 样品d

图 2-66　不同 ZnO 样品的 SEM 图

（4）紫外-可见漫反射光谱（UV-vis）分析

图 2-68 为所制备 ZnO 的紫外-可见漫反射吸收光谱图，由上至下依次为样品 c、b、a、d 的吸收谱线，四种不同形貌的 ZnO 对 190～400nm 波段的紫外光均有良好的吸收作用，其中颗粒状的纳米 ZnO（样品 c）对紫外光的吸收效果最好。样品 a、b、c、d 的最大吸收峰分别为 349nm、353nm、358nm、362nm，与体相 ZnO 的激子吸收峰（373nm）相比有明显蓝移，可能是因为粒径的减小而使晶格常数变小所致。半导体纳米微粒的吸收带隙主要受三个因素的影响：电子-空穴量子限域性、电子-库仑相互作用能和介电效应引起的表面极化能。样品的紫外吸收光谱蓝移说明量子尺寸效应和表面效应占主导作用，当纳米颗粒的尺寸减小，较大的表面张力引起晶格畸变，使晶格常数变小、键长缩短，导致纳米颗粒的键本征振动频率增大，从而使吸收带移向了高波数，产生蓝移。

从图 2-68 中可以观察到，随着 ZnO 尺寸的减小，它对紫外光的吸收边发生红移，且吸收强度也明显增大（样品 d 除外）。对于纳米材料，产生光吸收红移的原因主要有三个方面：①粒子半径的减小使电子波函数重叠；②纳米粒子中存在的氧空位、杂质离子使原子间距增大，导致晶增强度减弱，能级间距变小；③原有能级中存在缺陷能级，使电子跃迁时的能级间距减小。可以推测样品的紫外吸收红移可能是由于粒子半径减小使电子波函数重叠造成的。球状 ZnO 相比其他三种形貌的 ZnO，对紫外波段光谱的吸收强度明显减弱，这主要是 ZnO 的形貌引起的，不同形貌的纳米 ZnO 颗粒对紫外光的吸收性能不同。颗粒状、棒状、

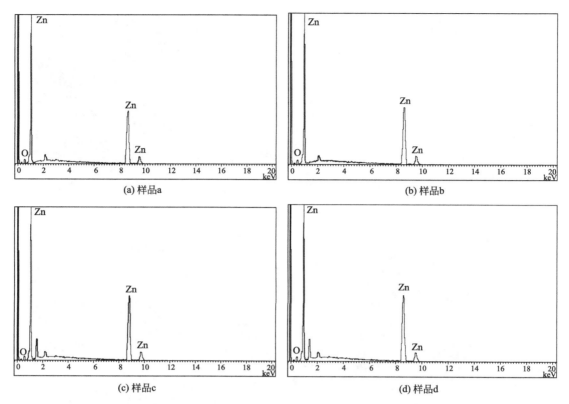

图 2-67　不同样品的 EDS 图

表 2-5　元素成分表

元素	质量百分比/%	原子百分比/%	化合物百分比/%	化学式
Zn	80.34	50.00		
O	19.66	50.00	100.00	ZnO
总量	100.00	100.00		

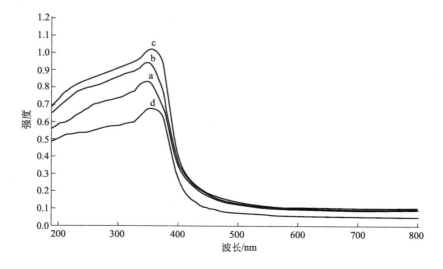

图 2-68　不同样品的 UV-vis 图

花状的 ZnO 均具有类似于针状的结构，相比球状结构，它们的光吸收截面要更大，因此球状纳米 ZnO 对紫外光的吸收强度要明显弱于其他三种。

2.2.1.3　不同形貌 ZnO 生长机理分析

在醇水体系中，主要发生了以下反应：

$$2NaOH + Zn(Ac)_2 \longrightarrow 2Na^+ + 2Ac^- + Zn(OH)_2 \downarrow$$

$$Zn(OH)_2 + 2NaOH \longrightarrow Zn(OH)_4^{2-} + 2Na^+$$

$$Zn(OH)_4^{2-} \longrightarrow ZnO \downarrow + H_2O + 2OH^-$$

实验中 NaOH 与 Zn(Ac)$_2$ 的物质的量之比为 10∶1，过量的 OH$^-$ 使 Zn(OH)$_2$ 沉淀溶解，生成 [Zn(OH)$_4$]$^{2-}$ 前驱体，在反应釜内的高温高压下，[Zn(OH)$_4$]$^{2-}$ 最终脱水生成 ZnO。

溶液中的乙醇在 ZnO 生长过程中起了关键的作用，从 SEM 图中可以看出，随着乙醇用量增加，ZnO 由棒状逐渐变成了颗粒状，说明溶液中的乙醇可以抑制 ZnO 在某一方向的生长。同时乙醇的增多降低了溶液的表面张力，使纳米颗粒之间的相互作用势能即静电斥力增大，不易发生团聚。乙醇用量的增加相应地使溶液中的 OH$^-$ 浓度增大，而且随着碱度的增加，晶粒的长径比逐渐减小。

ZnO 的晶体结构如图 2-69(a)，每个 Zn 原子周围有 4 个 O 原子，形成 Zn—O 配位四面体结构，其中四面体的上底面平行于正极面 c(0001)，下顶角垂直指向负极面—c(000-1)。根据 Bravais 法则，正、负极面的原子密度相等且属于相同的界面类型，生长速率应该相同，但是事实上 ZnO 的正极面通常会消失，负极面明显显露。水热条件下，ZnO 在反应介质中会以一定形式的络阴离子存在，碱性条件下以 [Zn(OH)$_4$]$^{2-}$ 四面体联结成大维度的生长基元为主。

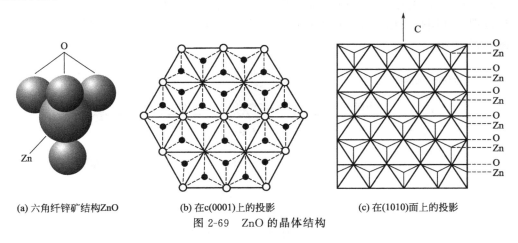

(a) 六角纤锌矿结构 ZnO　　　(b) 在 c(0001) 上的投影　　　(c) 在 (1010) 面上的投影

图 2-69　ZnO 的晶体结构

纳米物质的形态主要由两个因素决定：晶核和晶体生长方向。随着乙醇用量的增多，水溶液中 OH$^-$ 的浓度增大，形成大量的 [Zn(OH)$_4$]$^{2-}$ 生长基元，这种生长基元稳定性高，有正、负极面特征。强碱性环境中，正、负极面的生长速率差异很小，晶粒呈粒状。在弱碱性环境中，正极面生长速度快，负极面生长速度慢。ZnO 在溶液中溶解形成四配体结构 [Zn(OH)$_4$]$^{2-}$，当溶液达到饱和后，[Zn(OH)$_4$]$^{2-}$ 相互联结形成稳定的生长基元，这类基元属于极性分子，所以在晶粒正、负极面上的叠合概率差不多，晶粒沿 c 轴方向的生长速率快，晶体呈长柱状；随着溶液碱度的增大，OH$^-$ 含量增多，OH$^-$ 容易在正极面 c(0001) 上浓集，同时也会在生长基元的表面上聚集，所以此时生长基元往正极面（0001）和负极面（000-1）上叠合就比较困难。c轴方向晶体的生长速率减慢，故晶体呈粒状或柱状，与相关文献的报道一致。图2-70为醇水体系中ZnO可能的生长机理图。

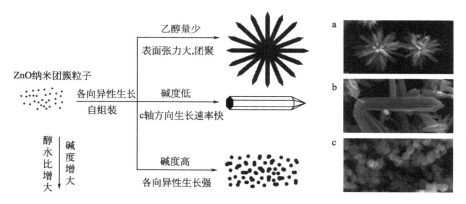

图2-70　醇水体系中ZnO生长机理图

球状纳米ZnO在制备的过程中主要发生了以下反应：

$$NaBH_4 + H_2O \longrightarrow NaH_2BO_3 + 4H_2 \uparrow$$

$$NaH_2BO_3 + H_2O \longrightarrow H_3BO_3 + Na^+ + OH^-$$

$$2NaH_2BO_3 + H_2O + Zn(Ac)_2 \longrightarrow 2Na^+ + 2Ac^- + 2H_3BO_3 + Zn(OH)_2 \downarrow$$

$$Zn(OH)_2 \longrightarrow ZnO + H_2O$$

首先，硼氢化钠（$NaBH_4$）与水反应放出氢气，生成强碱弱酸盐硼酸二氢钠（NaH_2BO_3）。NaH_2BO_3在水中缓慢水解产生OH^-，OH^-与溶液中的Zn^{2+}生成$Zn(OH)_2$沉淀。$Zn(OH)_2$沉淀在反应釜内高温高压条件下，最终脱水生成ZnO。为了探讨球状ZnO的生长机理，利用扫描电镜对不同反应时间制备的ZnO进行形貌观察，提出可能的生长机理如图2-71所示。

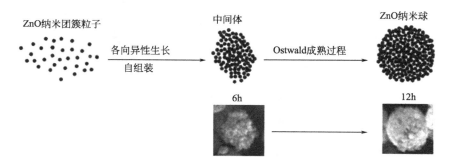

图2-71　球状ZnO生长机理图

首先，$Zn(OH)_2$沉淀在脱水后生成的ZnO微粒在分子间作用力下形成ZnO纳米团簇粒子，为了减小粒子的表面能，这些团簇粒子经过各向异性生长和自组装，形成不规则的橄榄状，当反应时间延长至12h，经过Ostwald成熟过程，最终生长成完美的球状结构。

2.2.2　两步法制备 ZnO/TiO₂ 和 ZnO/SnO₂ 复合粉体

随着纳米材料技术的发展，单一组成的纳米材料逐渐不足以应对工程技术领域的苛刻要求。同时，科学家开始将两种或两种以上的纳米粒子有机结合，以期得到性能更好的新型纳米材料，于是大量性质优良的纳米复合材料被开发出来，纳米复合材料以其良好的单分散性、结构稳定性、自组装性、可调控性等独特性能，以及在光、电、磁、催化、化学、生物等各领域的特殊性质，受到了材料科学工作者的青睐。

ZnO 是一种性能优越的多功能半导体材料，应用前景十分广泛。拥有良好的热电及电磁吸收性能，属于直接带隙半导体材料。与 ZnO 相比，TiO_2 是一种具有更宽带隙的半导体材料，具有较高的载流子迁移率，属于间接带隙半导体，这决定了二者在光学性能上具有很大差别，但二者带隙宽度十分接近，通过化学制备纳米 ZnO/TiO_2 复合粒子，会大大提升其电磁、光催化等各方面性能。

目前，科学家在 ZnO/TiO_2 复合粒子的制备工艺和性能研究方面进行了很多探索。目前常见的制备工艺有共沉淀法、均匀沉淀法、水热法、溶胶-凝胶法、包覆法、喷雾热解法等[21,22]。

2.2.2.1　醇辅助水热法制备 ZnO 复合样品

（1）ZnO/TiO_2 复合粉体的制备

① 在三个 Teflon 衬胆中分别加入 30mL 无水乙醇和 10mL 蒸馏水（醇水比 3∶1），加入一定量的 $Zn(Ac)_2 \cdot 2H_2O$ 和钛酸四丁酯（$C_{16}H_{36}O_4Ti$），Zn 和 Ti 的总物质的量为 0.005mol，三个 Teflon 衬胆中 Ti 和 Zn 的物质的量之比分别为 1∶7、1∶3、1∶1。将衬胆放置在磁力搅拌器上搅拌 10min 使 $Zn(Ac)_2 \cdot 2H_2O$ 完全溶解，随后各加入 0.05mol NaOH，继续搅拌 10min 至 NaOH 溶解。

② 将三个 Teflon 衬胆密封在高压不锈钢反应釜内，旋紧，将反应釜放入恒温干燥箱中，在 160℃下反应 12h。

③ 待反应釜冷却至室温后，将所得白色沉淀用蒸馏水和无水乙醇洗数次。最后将离心后所得样品置于干燥箱中，在 60℃下干燥 8h。最终产物分别记为 a1、a2、a3。

（2）ZnO/SnO_2 复合粉体的制备

ZnO/SnO_2 的制备过程与 ZnO/TiO_2 相同，醇水溶液中 Zn 和 Sn 的总物质的量为 0.005mol，三个 Teflon 衬胆中 Sn 和 Zn 的物质的量之比分别为 1∶7、1∶3、1∶1。最终产物分别记为 b1、b2、b3。

（3）结构表征

① X 射线衍射（XRD）分析　图 2-72 和图 2-73 分别为 ZnO/TiO_2 和 ZnO/SnO_2 的 X 射线衍射图，图 2-72 中由上至下依次是样品 a1、a2、a3 的 XRD 图谱，从图谱中可以看出，ZnO/TiO_2 复合材料中不仅有 ZnO 和 TiO_2，还有复合产物 $Zn(ZnTi)O_4$。其中 ZnO 的衍射峰与标准图谱（JCPDF：89-0510）能很好的吻合，属于六方纤锌矿结构［空间晶群属于 P63mc（186）］，点晶格常数 $a=b=0.3249$nm，$c=0.5205$nm；TiO_2 的衍射峰与标准图谱（JCPDF：74-1940）吻合，空间晶群属于 C2/m（12），点晶格常数 $a=12.179$nm，$b=3.741$nm，$c=6.525$nm；$Zn(ZnTi)O_4$ 的衍射峰与标准图谱（JCPDF：86-0156）吻合，属于尖晶石结构［空间晶群属于 Fd-3m（227）］，点晶格常数 $a=b=c=8.461$nm。样品 a1、a2 的衍射峰都很尖锐，表面复合材料的结晶度很高，样品 a3 中 TiO_2 的含量较多，出现了馒头峰，特征峰都很弱，属于非晶态结构，说明晶体发育不好。由 Debye-Scherrer 公式计算出 a1、a2 的晶粒尺寸分别为 44.96nm、47.54nm。

图 2-73 中由上至下依次是样品 b1、b2、b3 的 XRD 图谱，ZnO/SnO_2 复合材料中含有

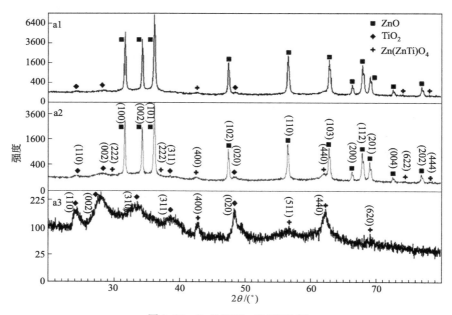

图 2-72 ZnO/TiO$_2$ 的 XRD 图

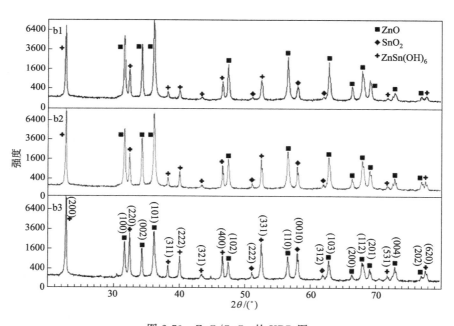

图 2-73 ZnO/SnO$_2$ 的 XRD 图

ZnO、SnO$_2$ 以及 ZnSn(OH)$_6$。ZnO 的衍射峰与 ZnO/TiO$_2$ 中 ZnO 的衍射峰相同；SnO$_2$ 的衍射峰与标准图谱（JCPDF：78-1063）相符，空间晶群属于 Pbcn（60），点晶格常数 $a=$ 4.737nm，$b=$5.708nm，$c=$15.865nm。ZnSn(OH)$_6$ 的衍射峰与标准图谱（JCPDF：74-1825），属于钛金红石结构［空间晶群属于 Pn-3（201）］，点晶格常数 $a=b=c=$7.800nm。样品 b1、b2、b3 的衍射峰均很尖锐，表面复合材料的结晶度很高，晶型较好。计算出它们的晶粒尺寸分别为 64.83nm、64.13nm、61.70nm。

② 扫描电镜（SEM）分析 图 2-74 是 ZnO/TiO$_2$ 和 ZnO/SnO$_2$ 的扫描电镜图，从图中

可以看到 ZnO/TiO_2 复合材料没有规则的形状，随着 Ti 含量的增加，出现了越来越多的团聚的块状，且越来越大；而 ZnO/SnO_2 中，有很多 100nm 左右的小颗粒，随着 Sn 含量的增加，出现了很多直径在 $1\sim2\mu m$ 的球状颗粒。

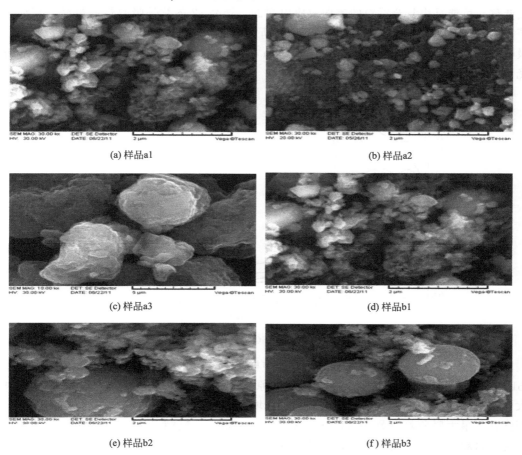

(a) 样品a1

(b) 样品a2

(c) 样品a3

(d) 样品b1

(e) 样品b2

(f) 样品b3

图 2-74 ZnO/TiO_2 和 ZnO/SnO_2 的 SEM 图

③ X 射线能谱（EDS）分析 图 2-75 为样品 a2 和 b2 的 X 射线能谱图，可以看出，样品 a2 中只含有 Zn、Ti、O 三种元素，b2 中只含有 Zn、Sn、O 三种元素。表明制备的复合材料没有其他杂质。

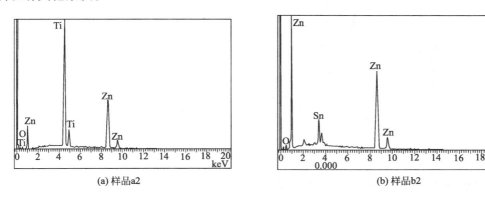

(a) 样品a2

(b) 样品b2

图 2-75 样品的 EDS 图

④ 紫外-可见漫反射光谱（UV-vis）分析　图 2-76 是 ZnO/TiO$_2$ 的 UV-vis 图，其中 c 是样品 c（颗粒状 ZnO）的 UV-vis 图。可以看到，除了样品 a2，其他两个样品的紫外光区域吸收边均发生蓝移，最大吸收峰分别为 348nm、356nm、306nm，较样品 c（358nm）均发生蓝移，可能是由复合材料的表面效应引起的。样品 a2 的紫外吸收性能最好，较纯 ZnO 有了很大的提高，样品 a1 在吸收强度上也有所增强，样品 a3 在 200～400nm 波段的紫外光区吸收效果比纯 ZnO 差，但是在 400～550nm 的可见光区域却有微弱的吸收，对于紫外吸收光谱的拓展有一定的参考价值。

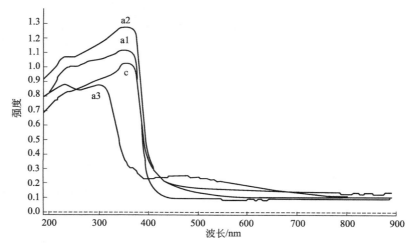

图 2-76　ZnO/TiO$_2$ 的 UV-vis 图

图 2-77 是 ZnO/SnO$_2$ 的 UV-vis 图，其中样品 b1 的紫外吸收最好。与样品 c 相比，样品 b1、b2、b3 的吸收边均发生红移，可能的原因是量子尺寸效应，复合氧化物的晶粒半径增大，使表面张力变小，晶格常数变大，键长增加，使复合材料的键本征振动频率减小，吸收带红移。最大吸收峰分别为 334nm、338nm、332nm，较纯 ZnO 发生蓝移。同时可以看到，复合材料在可见光波段也逐渐有较弱的吸收，且随着波长的增大，吸收强度越来越大。

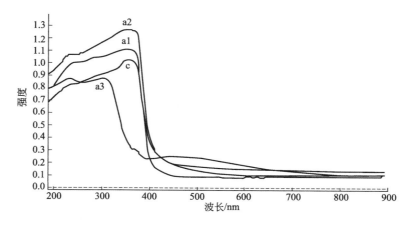

图 2-77　ZnO/SnO$_2$ 的 UV-vis 图

2.2.2.2　两步法制备 ZnO/TiO$_2$ 纳米复合粒子

以尿素为沉淀剂，Zn(NO$_3$)$_2$ 为原料，采用均匀沉淀法制备纳米氧化锌。再分别以

Ti(SO$_4$)$_2$、氨水、浓硝酸为原料，通过胶溶法制得金红石型纳米 TiO$_2$ 粉体，以 Ti(SO$_4$)$_2$ 为原料，采用直接水热水解法，合成了锐钛矿型纳米 TiO$_2$ 粉体。最后将已经制备好的纳米 TiO$_2$ 粉体加入到均匀沉淀法制备的纳米 ZnO 的反应体系中，制得了两种不同晶型的纳米 TiO$_2$ 与 ZnO 的复合粉体，并对反应条件进行了优化选择。

（1）均匀沉淀法制备纳米 ZnO 工艺

配制浓度分别为 0.5mol/L、0.8mol/L、1.0mol/L、1.2mol/L、1.5mol/L 的 Zn(NO$_3$)$_2$ 溶液，各自量取 100mL 置于烧杯中，按尿素与硝酸锌物质的量的比为 3∶1 称取适量的尿素加入到 Zn(NO$_3$)$_2$ 溶液中，搅拌均匀，转移到圆底烧瓶中，固定在（96±2）℃ 的水浴加热锅中，使用电动搅拌器进行恒温搅拌反应，持续 3.5h，反应完毕后，取出烧瓶，冷却，将反应液抽滤、洗涤，滤饼在干燥箱中于 75℃ 左右进行烘干，通过干燥粉体的称量首先对产物回收率进行研究，选择最佳 Zn(NO$_3$)$_2$ 初始浓度的干燥粉体取少量进行热分析，剩余干燥粉体根据热分析结果在高温电阻炉中于不同温度下煅烧 1h 后密封保存留作透镜及 X 射线衍射用。

（2）产物表征与性能分析

① X 射线衍射（XRD）　图 2-78 为均匀沉淀法所得 ZnO 纳米粉体的 X 射线衍射图，从图中可以看出，其衍射峰形与六方纤锌矿结构图谱有很好的吻合，结构良好，峰形尖锐，属于六方纤锌矿结构。有少量杂峰，说明有少量其他晶型 ZnO 存在，空间晶群属于 P63mc（186），点晶格常数 $a=b=3.249$nm，$c=5.207$nm。

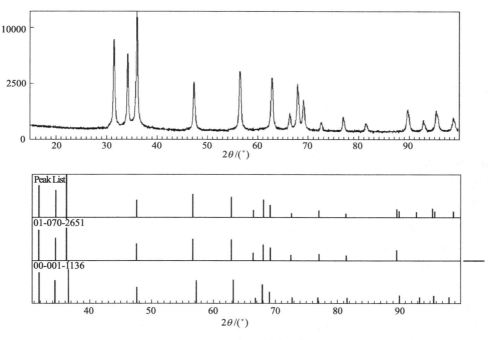

图 2-78　ZnO 的 X 射线衍射图

② 扫描电子显微镜（SEM）　图 2-79 为均匀沉淀法所得纳米 ZnO 粉体的扫描电镜图。其中（a）、（b）两图分别是热处理前后形貌图，由图可知，热处理前，复合粉体呈片状结构，热处理之后，逐渐转变成米粒状颗粒，其中粒径宽度在 60nm 左右。

③ X 射线能谱（EDS）　从图 2-80 可以看出，粉体中只含有 Zn、O 两种元素，且物质的量之比为 1∶1，说明没有其他杂质元素存在，为纯净的 ZnO 化合物。

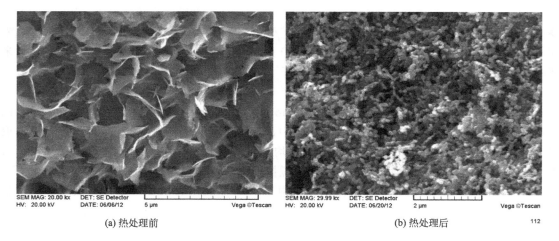

(a) 热处理前 　　　　　　　　　　　(b) 热处理后　　

图 2-79　纳米 ZnO 粉体的 SEM 图

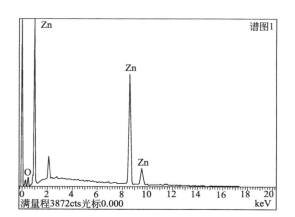

元素	质量 百分比/%	原子 百分比/%	化合物 百分比/%	化学式
ZnK	80.34	50.00	100.00	ZnO
O	19.66	50.00		
总量	100.00			

图 2-80　纳米 ZnO 粉体的 EDS 能谱图

2.2.2.3　两步法制备锐钛矿型纳米 TiO₂/ZnO 复合粉体

（1）锐钛矿型纳米 TiO_2 粉体的制备

配制 1.0mol/L 的 $Ti(SO_4)_2$ 溶液 100mL，取其中 80mL 置于带 100mL 四氟乙烯内衬的高压反应釜中，密封后放于恒温干燥箱内，在 220℃ 温度下恒温加热 15h。取出冷却后用蒸馏水多次洗涤，离心分离后，置于真空干燥箱中，75℃ 之下放置 12h，即得到颗粒在 10～50nm 的 TiO_2 粉体。

（2）纳米 ZnO/TiO_2 复合颗粒的合成

配制 1mol/L 的硝酸锌溶液 100mL 置于 500mL 圆底烧瓶中，并向其中依次加入一定量的尿素和上一步制备的 TiO_2 粉体，在 95℃ 水浴条件下，恒温搅拌反应 3h，冷却后经抽滤、洗涤，70℃ 下恒温干燥即制得纳米 ZnO/TiO_2 复合颗粒。

（3）产物表征与性能分析

① X 射线衍射（XRD）　图 2-81 和图 2-82 是锐钛矿型 TiO_2 和两步法制备的锐钛矿型纳米 TiO_2 与 ZnO 的复合粉体衍射图。从特征峰比对情况可知，复合粉体衍射图中，既有锐钛矿特征峰形，也包括六方纤锌矿特征峰，除此之外几无其他杂峰存在，说明在生成锐钛矿型 TiO_2/ZnO 复合粉体过程中，并无其他晶体生成，纯度较高。

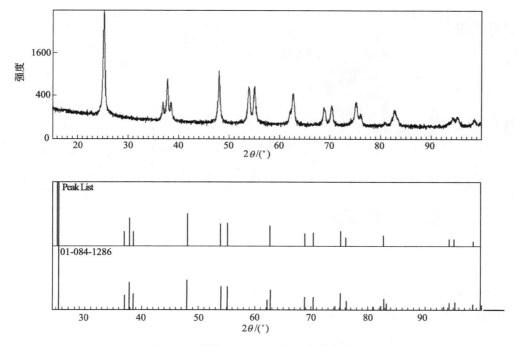

图 2-81 锐钛矿型 TiO₂ 的 X 射线衍射图

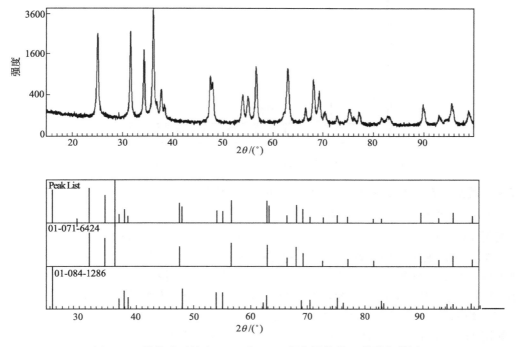

图 2-82 锐钛矿型纳米 TiO₂ 与 ZnO 复合粉体的 X 射线衍射图

② 透射电镜图（TEM）与扫描电镜图（SEM） 图 2-83 中（a）、（b）分别是水解水热法所得锐钛矿型纳米 TiO₂ 的 TEM 图及复合粉体的 SEM 图。其中（a）图中 TiO₂ 颗粒均匀，粒径在 20nm 左右，（b）图中复合粒子在扫描电镜下显示模糊，但包覆作用明显，粒径在 60～80nm。

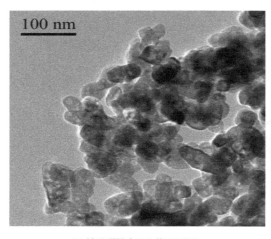

(a) 钛矿型纳米TiO₂的TEM图　　　　　(b) TiO₂与ZnO复合粉体的SEM图

图 2-83　锐钛矿型 TiO₂ 与 ZnO 复合粉体的电镜图

③ X 射线能谱（EDS）　从图 2-84 可以看出，复合粉体中只含有 Zn、Ti、O 三种元素，没有杂质元素出现，锌钛比与反应物比例相符。

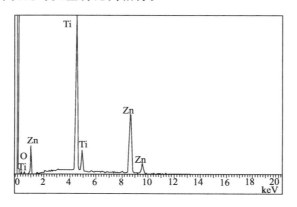

图 2-84　锐钛矿型 TiO₂ 与 ZnO 复合粉体的 EDS 能谱图

2.2.2.4　两步法制备金红石型纳米 TiO₂/ZnO 复合粉体

（1）金红石型纳米 TiO₂ 粉体的制备

配制 4mol/L 氨水 50mL 于三颈瓶中，80℃水浴条件下将 0.1mol/L 的 $Ti(SO_4)_2$ 溶液 200mL 以一定滴速加入到三颈瓶中，不断搅拌 30min，反应所得沉淀经多次离心洗涤之后，分散于盛有 60mL 浓度为 2mol/L 的硝酸中，整个硝酸胶溶过程保持在 60℃的水浴之中。胶溶 3h 之后，经冷却、离心、干燥，制得粒径为 20nm 的金红石型纳米 TiO₂ 颗粒。

（2）纳米 ZnO/TiO₂ 复合颗粒的合成

配制 1mol/L 的硝酸锌溶液 100mL 置于 500mL 圆底烧瓶中，并向其中依次加入一定量的尿素和上一步制备的 TiO₂ 粉体，在 95℃水浴条件下，恒温搅拌反应 3h，冷却后经抽滤、洗涤，70℃下恒温干燥即制得纳米 ZnO/TiO₂ 复合颗粒。

（3）产物表征与性能分析

① X 射线衍射（XRD）　从图 2-85 可以看出，所制得的 TiO₂ 粉体在 $2\theta = 27°$、36°、41°、54°处有尖锐的衍射峰，且 d 值与金红石型 TiO₂ 标准图（JCPDS21-1276）的 d 值相

符，峰形尖锐，基本上没有杂质峰，结晶良好，说明所制备的 TiO$_2$ 为晶型良好的金红石型纳米粉体。图 2-86 为复合粉体的 XRD 图谱，由衍射峰对比可以看出，复合粉体中含有金红石型 TiO$_2$ 的全部标准峰，同时也含有六方纤锌矿结构峰形，说明其中有纳米 ZnO 的存在，但同时，也发现了强度较小的 ZnTiO$_3$ 的衍射标准峰，说明在两步法制备复合粒子的过程中，有钛酸盐杂质生成。

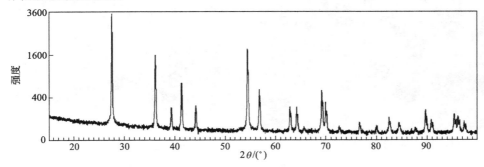

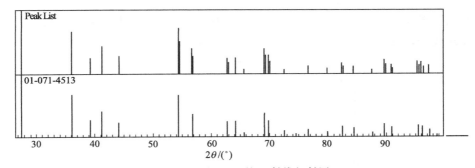

图 2-85　金红石型 TiO$_2$ 的 X 射线衍射图

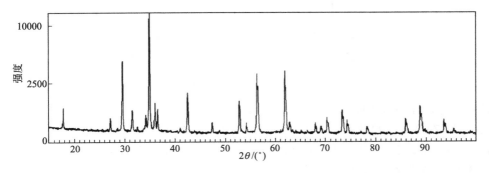

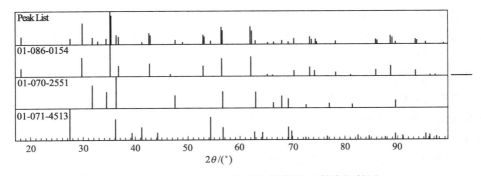

图 2-86　金红石型 TiO$_2$ 与 ZnO 复合粉体的 X 射线衍射图

② 透射电镜图（TEM）与扫描电镜图（SEM）　图 2-87 中（a）、（b）分别是胶溶法所得金红石型纳米 TiO_2 的 TEM 图及复合粉体的 SEM 图。其中（a）图中 TiO_2 颗粒均匀，粒径在 25nm 左右，（b）图中复合粒子呈米粒状结构，由于包覆作用粒径较大，达到 120nm。

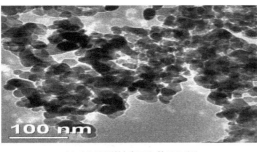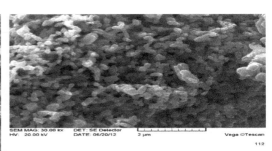

(a) 金红石型纳米 TiO_2 的 TEM 图　　　　　(b) TiO_2 与 ZnO 复合粉体的 SEM 图

图 2-87　金红石型 TiO_2 与 ZnO 复合粉体的电镜图

③ X 射线能谱（EDS）　从图 2-88 中可以看出，所制得的复合粉体中只含有 Zn、Ti、O 三种元素成分，没有杂质出现，Zn、Ti 含量比与反应物相符。

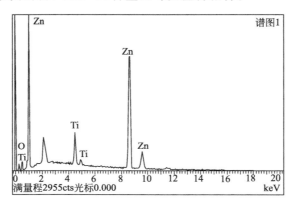

图 2-88　金红石型 TiO_2 与 ZnO 复合粉体的 EDS 能谱图

④ 紫外可见、红外吸收性能　图 2-89(a)为钛锌比为 1:1、1:2、1:3、1:4 时，锐钛矿型 TiO_2 与 ZnO 复合粉体的紫外光谱图。从图中可以看出，所制得的锐钛矿型 TiO_2 纳米粉体在 200～380nm 波段均有强烈吸收，随着钛含量的增加，吸收强度有所增强。图 2-89(b)为复合粉体与纳米 ZnO 紫外吸收对比图，由图可见，275～320nm 的紫外中波段，复合粉体与纳米 ZnO 吸收性能差别不大，但在 320～420nm 的紫外长波段，复合粉体与纳米 ZnO 在吸收性能上差距明显，这与纳米 ZnO 宽带隙性质相符，锐钛矿型纳米 TiO_2 更多表现在光催化活性上，在紫外光区吸收性能上较 ZnO 弱一些。

图 2-90 是两步法制得的锐钛矿型纳米 TiO_2 与 ZnO 的红外吸收谱。其中 B 是纳米 ZnO 粉体的吸收谱，C、D、E 分别是 ZnO 与 TiO_2 物质的量比为 1:1、1:2、1:3 的复合粉体红外吸收谱。在 ZnO 特征峰 $500cm^{-1}$ 附近，复合粉体的吸收峰宽大大增加，这与锐钛矿型 TiO_2 在 $500～750cm^{-1}$ 附近 Ti—O—Ti 振动吸收峰的叠加有关。另外，复合粉体在 $1300cm^{-1}$ 和 $1600cm^{-1}$ 附近也有较小峰形出现，分别是 Ti—OH 的弯曲振动峰和吸附水的吸收峰。接近 $3500cm^{-1}$ 附近的微弱吸收，仍然是由少量含羟基的杂质的伸缩振动产生。通

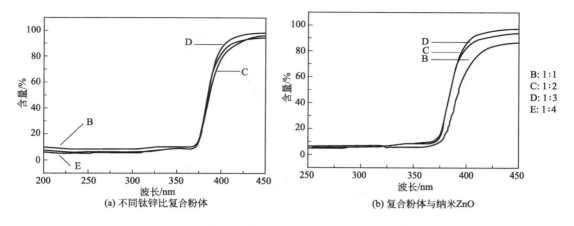

(a) 不同钛锌比复合粉体　　　　　(b) 复合粉体与纳米ZnO

图 2-89　锐钛矿型 TiO₂ 与 ZnO 复合粉体的紫外光谱图

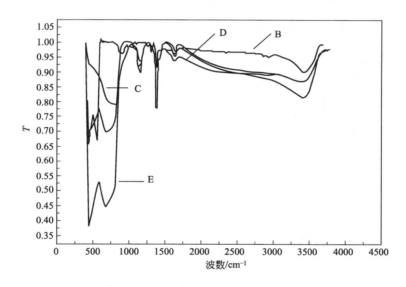

图 2-90　锐钛矿型纳米 TiO₂ 与 ZnO 复合粉体的红外光谱图

过复合，纳米粉体在近红外区的吸收能力大为增强，并得到了拓展。

⑤ 金红石型 TiO₂ 与 ZnO 复合颗粒的紫外可见、红外吸收性能　在图 2-91 中，B 是金红石型 TiO₂ 与 ZnO 复合粉体的紫外光谱，C、D 分别为纳米 ZnO、TiO₂ 的吸收光谱。由图中可以看出，金红石型纳米 TiO₂ 在紫外中波段和短波段的吸收能力略强于纳米 ZnO，但在 320～380nm 的紫外长波段，金红石型纳米 TiO₂ 的吸收能力快速减弱，而在此区间纳米 ZnO 依然保持了较高的吸收性能，直到接近 400nm 波段，吸收能力都高于金红石型 TiO₂。而制得的复合粉体，虽然紫外光区中段的吸收能力不如单纯的纳米 ZnO、TiO₂ 颗粒，但依然保持了较高的吸收率，同时在 350～380nm 波段，吸收能力强于纯的金红石型纳米颗粒，这就使得其紫外波段吸收带宽较金红石型 TiO₂ 颗粒大为拓展，实现了紫外广谱屏蔽的效果。

⑥ 红外光谱　图 2-92 中，B 为均匀沉淀法所制得的纳米氧化锌红外吸收谱，C、D 分别为锐钛矿型纳米 TiO₂ 与 ZnO 复合粉体、金红石型 TiO₂ 与 ZnO 复合粉体的吸收光谱。从图中可见，330～500cm⁻¹ 波段纳米 ZnO 特征吸收峰清晰可见，同时 600～750cm⁻¹ 的

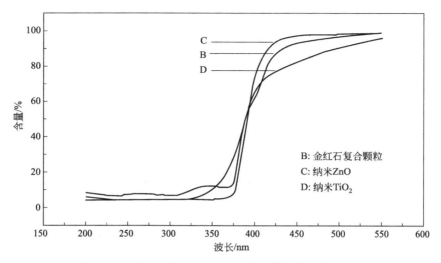

图 2-91　金红石型 TiO_2 与 ZnO 复合粉体的紫外光谱图

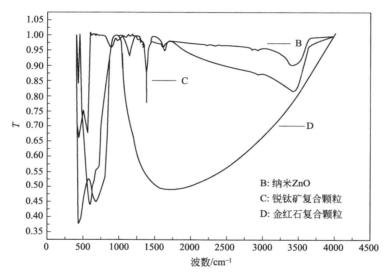

图 2-92　金红石型 TiO_2 与 ZnO 复合粉体的红外光谱图

锐钛矿特征吸收也十分明显。纯金红石型 TiO_2 在 $620cm^{-1}$ 附近有明显特征吸收，在金红石型复合粉体吸收谱中可以发现，这与文献相符，同时我们发现，ZnO 特征峰发生了红移，与金红石型 TiO_2 特征峰发生了叠加，形成了 Zn—O—Ti 吸收峰。在图 D 的吸收谱中，$1400\sim1700cm^{-1}$ 区段有很大吸收，这是金红石型 TiO_2 吸附水的羟基伸缩振动峰、Ti—OH 弯曲振动峰和水的吸收峰。

2.2.3　一步法制备稀土掺杂 ZnO 纳米材料

提高光催化性能最根本的是要解决电子-空穴的复合问题，稀土元素具有特殊的外层电子结构，其原子外层电子排布为 $4f^{0-14}5s^25p^65d^{0-1}6s^2$，4f 轨道上逐一填充电子，一般为 +3 价，基于这种转移产生激发态 $5d^16s^2$ 或 $5d^26s^1$，其余的 f 电子基本上不构成化学键。5d 空轨道为电子提供了转移轨道，使稀土离子成为电子俘获剂，降低了空穴-电子的复合概率，提高了半导体的光催化性能。同时稀土离子 f 轨道上的电子吸收部分可见光也能从基态跃迁到激发态，有利于光催化降解有机物的反应。稀土离子的半径要大于 Zn^{2+} 的半径，如果它能进入 ZnO 晶格，会引起 ZnO 晶格的畸变，这种畸变能够成为光生空穴-电子对的捕获中心；如果稀土元素形成氧化物，则外层 d 和 s 轨道电子的空态形成导带[23]，与半导体类似。这样一来稀土掺杂对提高半导体光催化活性具有很重要的作用。

选用 La、Ce、Y 作为掺杂元素，在水热环境中合成 ZnO/La^{3+}、ZnO/Ce^{3+} 和 ZnO/Y^{3+} 纳米颗粒。与以前的制备方法相比，直接一步水热法即可得到掺杂 ZnO，反应条件温和，制备工艺简单。对掺杂的 ZnO 进行表征，最后用于光催化降解偏二甲肼废水的实验。

2.2.3.1 ZnO/La^{3+}、ZnO/Ce^{3+} 和 ZnO/Y^{3+} 的制备

（1）制备 ZnO/La^{3+}

① 准确称取 0.2mmol 的 $La(NO_3)_3 \cdot nH_2O$ 加入 20mL 的容量瓶中，用蒸馏水稀释至刻度，得到 0.01mol/L 的 $La(NO_3)_3$ 溶液。

② 在三个 Teflon 衬胆中各加入 30mL 无水乙醇，再分别加入：a.2.5mL 0.01mol/L 的 $La(NO_3)_3$ 溶液和 7.5mL 蒸馏水；b.5mL 0.01mol/L 的 $La(NO_3)_3$ 溶液和 5mL 蒸馏水；c.10mL 0.01mol/L 的 $La(NO_3)_3$ 溶液。再各称取 0.005mol 的 $Zn(Ac)_2 \cdot 2H_2O$ 加入三个反应釜中，此时溶液中 Zn^{2+} 和 La^{3+} 的物质的量之比分别为 100:0.5、100:1、100:2。将衬胆放置在磁力搅拌器上搅拌 10min 使 $Zn(Ac)_2 \cdot 2H_2O$ 完全溶解，随后各加入 0.05molNaOH，继续搅拌 10min 至 NaOH 溶解。

③ 将三个 Teflon 衬胆密封在高压不锈钢反应釜内，旋紧，放入恒温干燥箱中，在 160℃下反应 12h。

④ 待反应釜冷却至室温后，将所得白色沉淀用蒸馏水和无水乙醇洗数次。最后将离心后所得样品置于干燥箱中，在 60℃下干燥 8h，得到 ZnO/La^{3+} 样品，最终产物分别记为 a1、a2、a3。

（2）制备 ZnO/Ce^{3+}

ZnO/Ce^{3+} 的制备方法同 ZnO/La^{3+}，反应釜中 $Zn(Ac)_2 \cdot 2H_2O$ 和 $Ce(NO_3)_3 \cdot 6H_2O$ 的物质的量之比分别为 100:0.5、100:1、100:2。最终产物记为 b1、b2、b3。

（3）制备 ZnO/Y^{3+}

ZnO/Y^{3+} 的制备方法同 ZnO/La^{3+}，反应釜中 $Zn(Ac)_2 \cdot 2H_2O$ 和 $Y(NO_3)_3 \cdot 6H_2O$ 的物质的量之比分别为 100:0.5、100:1、100:2。最终产物记为 c1、c2、c3。

2.2.3.2 稀土掺杂 ZnO 纳米材料的表征

（1）X 射线衍射（XRD）分析

图 2-93~图 2-95 分别为样品 ZnO/La^{3+}、ZnO/Ce^{3+}、ZnO/Y^{3+} 的 X 射线衍射图谱。所有 ZnO 的衍射峰都与标准图谱（JCPDF：89-0510）吻合，属于六方纤锌矿结构［空间晶群属于 P63mc（186）］，点晶格常数 $a=b=0.3249nm$，$c=0.5205nm$。图 2-93 中从上到下依次为样品 a1、a2、a3 的 XRD 图谱，从图中可以看出，所有样品中只含有 ZnO 和 $La(OH)_3$ 两种晶体。尖锐的衍射峰表面掺杂后的样品结晶度很高，随着掺 La 量的增加，$La(OH)_3$ 的衍射峰也逐渐变强。$La(OH)_3$ 的衍射峰与标准图谱（JCPDF：83-2034）相吻合，空间晶群属于 P63/m（176），点晶格常数 $a=b=6.547nm$，$c=3.854nm$。计算出 a1、a2、a3 的晶粒尺寸分别为 42.21nm、41.87nm、40.33nm。

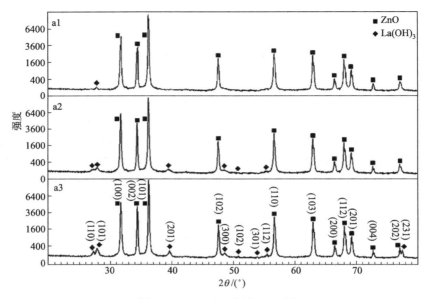

图 2-93　ZnO/La³⁺ 的 XRD 图

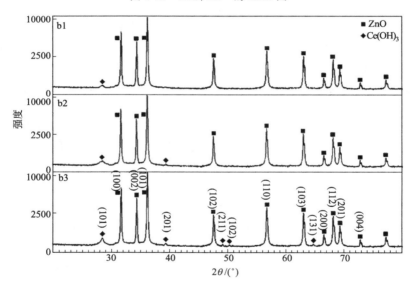

图 2-94　ZnO/Ce³⁺ 的 XRD 图

图 2-94 中从上到下依次为样品 b1、b2、b3 的 XRD 图谱，所有样品只含有 ZnO 和 Ce(OH)₃两种晶体。随着 Ce 含量的增加，Ce(OH)₃的特征峰也越来越明显，尖锐的衍射峰表明制备的样品结晶度很高。Ce(OH)₃的衍射峰与标准图谱（JCPDF：74-0665）相吻合，空间晶群属于 P63/m（176），点晶格常数 $a=b=6.489$nm，$c=3.806$nm。b1、b2、b3 晶粒尺寸分别为 43.57nm、43.14nm、42.16nm。

图 2-95 中由上至下依次为样品 c1、c2、c3 的 XRD 图谱，样品中只含有 ZnO 和 Y(OH)₃两种晶体，样品的结晶度很高，生长良好。Y(OH)₃的衍射峰与标准图谱（JCPDF：83-2042）相吻合，空间晶群属于 P63/m（176），点晶格常数 $a=b=6.261$nm，$c=3.544$nm。样品 c1、c2、c3 的晶粒尺寸分别为 39.23nm、38.30nm、37.49nm。

从结果可以看出，随着掺杂量的增加，掺杂后的 ZnO 晶粒逐渐变小。因此可以判断，

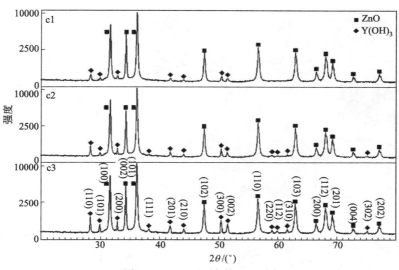

图 2-95　ZnO/Y³⁺ 的 XRD 图

稀土离子掺杂能够抑制 ZnO 晶粒的长大，与相关文献的报道一致。

（2）扫描电镜（SEM）分析

图 2-96 是掺杂样品的扫描电镜图，由于制备的工艺流程与颗粒状 ZnO 相同，制备的掺

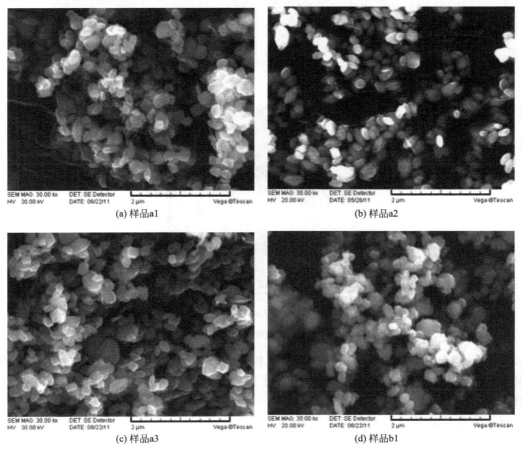

(a) 样品a1　　　　　　　　　　　　　　　(b) 样品a2

(c) 样品a3　　　　　　　　　　　　　　　(d) 样品b1

图 2-96

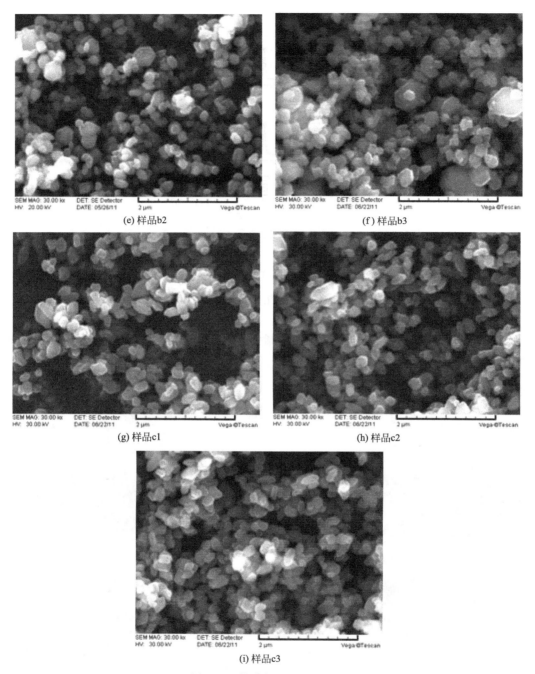

(e) 样品b2

(f) 样品b3

(g) 样品c1

(h) 样品c2

(i) 样品c3

图 2-96　掺杂样品的 SEM 图

杂 ZnO 在形貌上基本没有太大差别，都是比较规则的颗粒状（除了 b3 中出现了稍大的块状颗粒），尺寸在 $100\sim200$nm 之间。说明了醇水体系对 ZnO 晶体的生长有着决定性的影响。

（3）X 射线能谱（EDS）分析

图 2-97 是样品 a2、b2、c2 的 X 射线能谱图，从图中可以看出，除了 Zn、O 元素外，样品 a2、b2、c2 均只含有各自掺杂的稀土元素，表明制备的掺杂 ZnO 纯度较高。

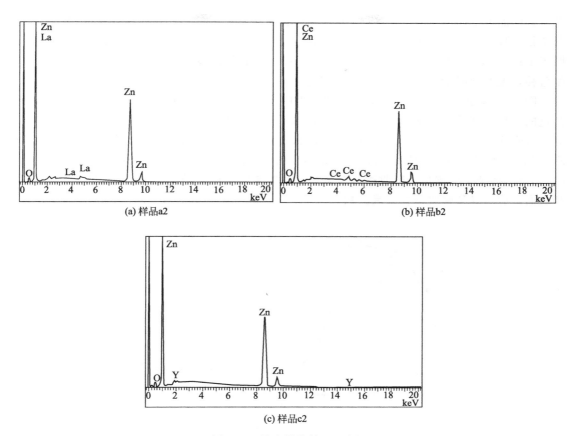

图 2-97　掺杂样品的 EDS 图

（4）紫外-可见漫反射光谱（UV-vis）分析

图 2-98 是 ZnO/La^{3+} 的紫外-可见漫反射吸收光谱图，可以观察到，随着 La^{3+} 掺杂量的增加，a1、a2、a3 对 200～400nm 波段的紫外光吸收强度急剧减弱，其中样品 a3 对紫外光的吸收效果还不如颗粒状的 ZnO。根据相关文献报道，随着稀土掺杂量的增加，掺杂的稀土粒子容易吸附在 ZnO 颗粒表面，掩盖了它的紫外吸收。最大吸收波长分别为 341nm、336nm、332nm，较纯 ZnO（358nm）有明显蓝移。其原因可能是粒径变小引起量子尺寸效应，加上 La^{3+} 可能进入 ZnO 晶格引起晶格畸变，使晶格常数变小，最后导致吸收带移向高

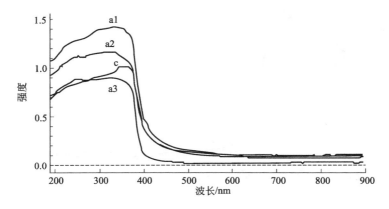

图 2-98　ZnO/La^{3+} 的 UV-vis 图

波数。样品 a1、a2 的吸收边发生红移，可能是因为 La^{3+} 的掺入产生了氧空位和晶格缺陷使晶增强度减弱，或者产生缺陷能级，使能级间距变小，吸收边红移。a1 的红移最明显，说明当 La^{3+} 与 Zn^{2+} 的摩尔比为 0.5∶100 时，掺杂样品晶体表面的缺陷较多。a3 的吸收边发生蓝移，说明此时量子尺寸效应占主导因素。

图 2-99 是 ZnO/Ce^{3+} 的紫外-可见漫反射吸收光谱图，与 ZnO/La^{3+} 类似，随着 Ce^{3+} 掺杂量的增加，样品 b1、b2、b3 对紫外光的吸收逐渐减弱，但均比颗粒状 ZnO 的吸收效果好，且吸收边红移，最大吸收波长分别为 350nm、328nm、346nm。吸收边红移的原因与 ZnO/La^{3+} 类似，Ce^{3+} 的掺入引起晶格缺陷和氧空位，以及缺陷能级，使吸收边红移。同时随着 Ce^{3+} 掺杂量的增加，吸收边逐渐蓝移，主要原因可能是粒径减小引起的量子尺寸效应和表面效应，导致吸收带移向高波数。

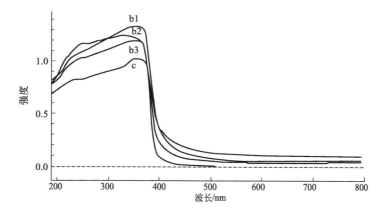

图 2-99　ZnO/Ce^{3+} 的 UV-vis 图

图 2-100 是 ZnO/Y^{3+} 的紫外-可见漫反射吸收光谱图，与前面两种掺杂不一样的是，随着 Y^{3+} 掺杂量的增加，样品 c1、c2、c3 的紫外吸收性能先增强后减弱，均优于颗粒状 ZnO，且 c2 的吸收效果最好。最大吸收波长分别是 332nm、348nm、340nm，比颗粒状 ZnO 蓝移。相比前两种掺杂 ZnO 吸收边普遍红移的现象，ZnO/Y^{3+} 的吸收边反而出现少许蓝移，c1 的蓝移较明显。由前面的分析知道，ZnO/Y^{3+} 的晶粒尺寸比 ZnO/La^{3+} 和 ZnO/Ce^{3+} 要小 1～6nm，ZnO/Y^{3+} 吸收边的蓝移很可能是由于晶粒尺寸的减小使晶体的表面张力增大，引起晶格畸变，最终导致蓝移。

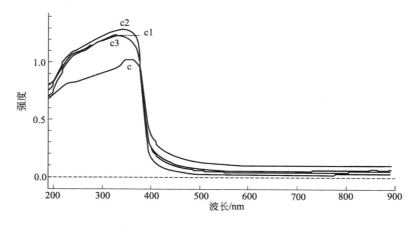

图 2-100　　ZnO/Y^{3+} 的 UV-vis 图

2.2.4　醇辅助水热法制备贵金属掺杂 ZnO 纳米材料

利用贵金属修饰半导体光催化剂可以有效地捕获激发电子，提高其光催化活性。贵金属在半导体表面沉积一般形成纳米级的原子簇，沉积的贵金属与半导体接触，有利于载流子重新分布，电子从费米能级较高的半导体转移到费米能级较低的金属，直到两者的费米能级相同，形成肖特基能垒（Schottky Barrier）。Schottky 能垒是俘获光生电子的有效陷阱，使光生载流子分离，从而有效抑制了空穴和电子的复合，提高了光催化剂的催化活性。其中最常用的沉积贵金属有 Ag、Au、Pd、Pt、Ru 等。使用醇辅助水热法，选用 Ag 和 Pd 修饰 ZnO，制备出 ZnO/Ag 和 ZnO/Pd 纳米颗粒，实验过程简化，原料简单。

2.2.4.1　ZnO/Ag 和 ZnO/Pd 的制备

（1）制备 ZnO/Ag

① 准确称取 0.2mmol 的 $AgNO_3$ 装入 20mL 的容量瓶中，用蒸馏水稀释至刻度，即得到 0.01mol/L 的 $AgNO_3$ 溶液。

② 在三个 Teflon 衬胆中各加入 30mL 无水乙醇，再分别加入：a. 2.5mL 0.01mol/L 的 $AgNO_3$ 溶液和 7.5mL 蒸馏水；b. 5mL 0.01mol/L 的 $AgNO_3$ 溶液和 5mL 蒸馏水；c. 10mL 0.01mol/L 的 $AgNO_3$ 溶液。各称取 0.005mol 的 $Zn(Ac)_2 \cdot 2H_2O$ 加入每个衬胆中，使溶液中 Zn^{2+} 和 Ag^+ 的摩尔比分别为 100∶0.5、100∶1、100∶2。将衬胆置于磁力搅拌器上搅拌 10min 使 $Zn(Ac)_2 \cdot 2H_2O$ 完全溶解，再分别加入 0.05mol NaOH，继续搅拌 10min。

③ 将 Teflon 衬胆密封在高压反应釜内，置于恒温干燥箱中，160℃下反应 12h。

④ 待反应釜冷却至室温后，将所得白色沉淀用蒸馏水和无水乙醇洗数次。最后将离心后所得样品置于干燥箱中，在 60℃下干燥 8h，得到 ZnO/Ag 样品，最终产物分别记为 a1、a2、a3。

（2）制备 ZnO/Pd

由于 $PdCl_2$ 不溶于水，实验为了制备 0.01mol/L 的 $PdCl_2$ 溶液，采用氨水络合法，使 $PdCl_2$ 与氨水形成 $Pd(NH)_2Cl_2$ 络合物，在水浴环境中形成浅黄色溶液。

① 称取 0.2mmol 的 $PbCl_2$ 加入 20mL 的容量瓶中，加入 0.3mL 氨水，用蒸馏水稀释至刻度。放在 70℃的水浴锅中 10min 至 $PdCl_2$ 溶解，得到 0.01mol/L 的 $PdCl_2$ 溶液。

②～④ 步骤与 ZnO/Ag 的制备过程相同，最终产物记为 b1、b2、b3。

2.2.4.2　贵金属掺杂纳米 ZnO 材料的表征

（1）X 射线衍射（XRD）分析

图 2-101 和图 2-102 分别为样品 ZnO/Ag 和 ZnO/Pd 的 X 射线衍射图谱。图 2-101 中所有的 XRD 图谱均显示出 ZnO/Ag 只含有 ZnO 和 Ag，ZnO 的衍射峰与前面所有的 ZnO 一样，与标准图谱（JCPDF：89-0510）吻合，属于六方纤锌矿结构 [空间晶群属于 P63mc (186)]，点晶格常数 $a=b=0.3249$nm，$c=0.5205$nm；Ag 的衍射峰与标准图谱（JCPDF：87-0717）吻合，空间晶群属于 Fm-3m（225），点晶格常数 $a=b=c=4.086$nm。随着 Ag 掺杂量的增加，其特征峰越来越多，强度也越来越强。所有的衍射峰都很尖锐，表面制备出的样品结晶度高，晶体发育较好。由 Debye-Scherrer 公式计算出 a1、a2、a3 的晶粒尺寸分别为 45.31nm、45.71nm、45.96nm。

图 2-102 中的 XRD 图谱中也只有两种物质的峰：ZnO 和 Pd，其中 ZnO 的衍射峰与前

面的完全一致。Pd 的衍射峰与标准图谱（JCPDF：88-2335）吻合，空间晶群属于 Fm-3m（225），点晶格常数 $a=b=c=3.900$nm。b1 的衍射峰中没有 Pd，可能是因为 Pd 含量太低或者分散很均匀而没有检测出来。随着 Pd 掺杂量的增大，Pd 的特征峰逐渐增多，强度也逐渐增大。最后计算出 b1、b2、b3 的晶粒尺寸分别为 44.23nm、43.77nm、41.57nm。

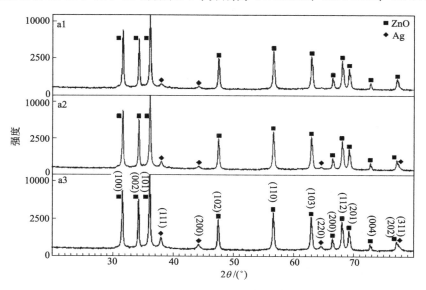

图 2-101　ZnO/Ag 的 XRD 图

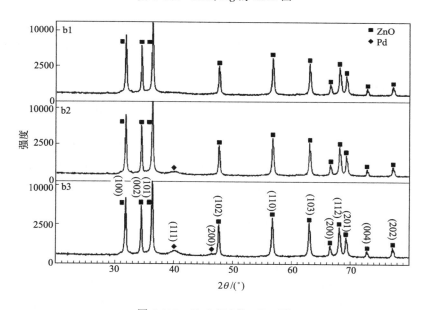

图 2-102　ZnO/Pd 的 XRD 图

从样品的晶粒尺寸可以看出，Ag 对 ZnO 晶粒的生长没有抑制作用，随着 Ag 掺杂量的增多，晶粒尺寸逐渐变大。而 Pd 对 ZnO 晶粒的生长却有一定的抑制作用，随着 Pd 掺杂量的增多，ZnO 的晶粒尺寸越来越小。

与前面的稀土掺杂不同，利用 Ag 和 Pd 修饰 ZnO 最后得到的都是贵金属单质，Ag^+ 和 Pd^{2+} 都被还原了。从整个实验的反应过程推测反应机理，可能发生了如下反应。

① 首先在强碱性的醇水溶液中，过量的 OH^- 使 Zn^{2+} 和 Ag^+ 形成各自的前驱体：

$$Zn^{2+} + 4OH^- \longrightarrow Zn(OH)_4^{2-}$$

$$Ag^+ + 2OH^- \longrightarrow Ag(OH)_2^-$$

② 在高温高压的水热环境中，$Zn(OH)_4^{2-}$ 和 $Ag(OH)_2^-$ 发生分子间脱水作用，通过 Zn—O—Ag 分子键作用力形成 ZnO/Ag_2O 晶核，在强碱性的环境中，逐渐生长成纳米颗粒，与相关文献报道一致。

$$Zn(OH)_4^{2-} + 2Ag(OH)_2^- \longrightarrow ZnO/Ag_2O + 2H_2O + 4OH^-$$

③ 最后在高温高压的水热环境中，C_2H_5OH 将 Ag_2O 还原成 Ag 单质，形成以 Zn—O⋯Ag 键结合的 ZnO/Ag 纳米颗粒。

$$ZnO/Ag_2O + C_2H_5OH \longrightarrow ZnO/Ag$$

ZnO/Pd 的形成机理与 ZnO/Ag 基本相同，区别在于溶液中的 Pd^{2+} 可能被两种还原性的物质还原，即水热环境中的乙醇或 NH_3。

（2）扫描电镜（SEM）分析

图 2-103 是样品的扫描电镜图，可以看出，所有的样品在形貌上没有太大区别，都是颗粒状，除了部分样品中有比较大的颗粒外，大部分纳米颗粒的直径都在 50～200nm 之间，分散性很好，没有出现明显的团聚。同前面制备的稀土掺杂样品相比，贵金属修饰的 ZnO 纳米颗粒直径在宏观上看起来更小，说明贵金属在一定程度上能够抑制纳米晶粒的团聚。

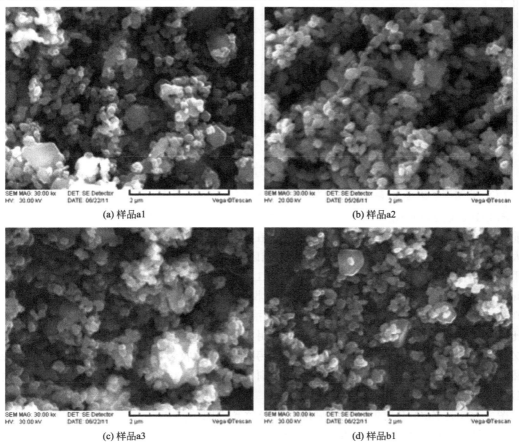

(a) 样品a1

(b) 样品a2

(c) 样品a3

(d) 样品b1

图 2-103

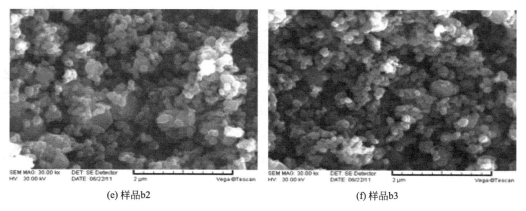

(e) 样品b2　　　　　　　　　　　　　　(f) 样品b3

图 2-103　样品的 SEM 图

（3）X 射线能谱（EDS）分析

图 2-104 是样品 a2 和 b2 的 X 射线能谱图，从图中可以看出，样品 a2 中只含有 Zn、O、Ag 三种元素，样品 b2 中只含有 Zn、O、Pd 三种元素，除了修饰用的元素外，没有其他杂质，纯度较高。

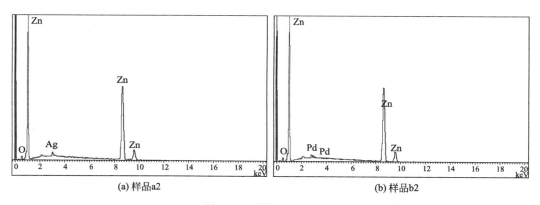

(a) 样品a2　　　　　　　　　　　　　　(b) 样品b2

图 2-104　样品的 EDS 图

（4）紫外-可见漫反射光谱（UV-vis）分析

图 2-105 是 ZnO/Ag 的紫外-可见漫反射吸收光谱图，从图中可以明显地看到，ZnO/Ag 与前面所有纳米 ZnO 材料相比，最大的区别在于，ZnO/Ag 的紫外-可见吸收光谱的波段得到大幅的拓展，在 400～800nm 波段的可见光区域也有较强的吸收，这一现象表明该材料可以用太阳光作为激发光源进行光催化实验。a1、a2、a3 在可见光区域的最大吸收峰分别为 468nm、468nm、472nm，在可见光波段的吸收强度随着 Ag 掺杂量的增加而增大，因此可以判断，ZnO/Ag 在可见光波段的吸收是 Ag 掺杂引起的。在 200～400nm 波段的紫外光区，相比纯 ZnO，掺杂 Ag 后 ZnO 的吸收边出现明显红移，可能是由于 Ag 的原子半径比 Zn 大，使 ZnO 晶格的原子间距变大，能级间距减小引起的；吸收强度随着 Ag 掺杂量的增加先增大然后减小，a1、a2、a3 的最大吸收峰分别为 336nm、332nm、340nm，与颗粒状纳米 ZnO（358nm）相比，有明显蓝移。

图 2-106 是 ZnO/Pd 的紫外-可见漫反射吸收光谱图，与 ZnO/Ag 类似，ZnO/Pd 与前面的 ZnO 材料相比，最大的区别在于吸收光谱的波段在可见光区域得到大幅拓展，在 400～900nm 的波段，随着波长的增加，吸收强度越来越大。在 200～400nm 的紫外光区，除了

b1 的吸收边蓝移外，b2 和 b3 的吸收边均发生红移，可能是 Pd 的掺入引起 ZnO 的缺陷能级造成。b1、b2、b3 的最大吸收波长分别为 330nm、336nm、344nm，与纯 ZnO 相比有明显蓝移。

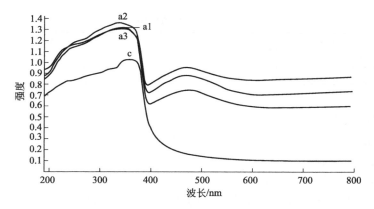

图 2-105 　ZnO/Ag 的 UV-vis 图

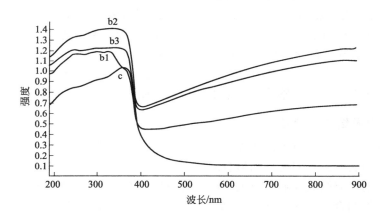

图 2-106 　ZnO/Pd 的 UV-vis 图

　　ZnO/Ag 和 ZnO/Pd 在可见光区域都有很强的吸收，需要指出的一点是，制备的 ZnO/Ag 呈黄褐色，ZnO/Pd 呈灰色，随着 Ag 和 Pd 掺杂量的增大，颜色逐渐加深，推测它们在可见光区域的吸收与自身颜色有关。吸收光谱向可见光区域的拓展，实质上是吸收光谱的红移，Ag 和 ZnO 之间强烈的晶面电子耦合是引起吸收波段红移的根本因素。在可见光区域的吸收属于表面等离子吸收，贵金属的掺入，使电子从费米能级高的半导体（ZnO）转移到费米能级低的贵金属（Ag、Pd），半导体表面的电子缺乏使表面等离子吸收波段红移，随着 Ag 掺杂量的增加，吸收强度越来越大。ZnO/Pd 的紫外-可见吸收与 ZnO/Ag 类似，也是由晶面电子耦合引起的。

2.3　纳米 In_2O_3 系列催化材料

2.3.1　纳米 In_2O_3 光催化剂的可控合成

　　In_2O_3 是一种 n 型半导体，其直接的禁带宽度为 3.6eV，间接的禁带宽度为 2.6eV。In_2O_3 具有两种晶相，即立方相（C-In_2O_3）和六角相（H-In_2O_3）。在一般条件下，In_2O_3

容易结晶形成立方方锰矿的晶体结构（空间群为 Ia3，晶格包含 16 个单元），其结构参数见表 2-6。H-In₂O₃ 是刚玉性结构（空间群为 R‾3c，晶格包含 6 个规则的单元），是一种高压变型的 In₂O₃。

表 2-6　In-O 晶相的结构参数

相态	空间群	Z	晶格参数/Å	D(In-O)/Å	d/(g/cm³)
C-In₂O₃	Ia3	16	$a=10.12$	2.13,2.19,2.23,2.18	7.1
H-In₂O₃	R‾3c	6	$a=5.49,c=14.52$	2.27,2.077.3	

注：1Å=0.1nm。

C-In₂O₃ 可以认为是具有氧缺陷的萤石结构，在晶胞边数上是萤石晶胞的两倍并且有 1/4 的阴离子在正常方式上缺失。C-In₂O₃ 中的 In^{3+} 有两种形式：①金属原子不是正常排列在有八个邻位的立方体顶点上，而是有两个阴离子缺失；②有 1/4 的 In 原子在体对角线的末端（$In_{xIn,bd}$），剩余的在面对角线的末端（$In_{xIn,fd}$）。这两种结合的基团可以认为是扭曲的八面体。H-In₂O₃ 的阳离子在一个非常规则的八面体位。在 H-In₂O₃ 中 In^{3+} 以一种非常有序的方式分布在超过 2/3 的八面体位，而该八面体位是由氧原子六方密堆积组成。在这两种结构中，In—O 距离几乎相同，密度相近。两种结构的不同来源于 H-In₂O₃ 中阴离子层的更好的排列。在 C-In₂O₃ 和 H-In₂O₃ 的晶体结构中 In^{3+} 阳离子是六配位的，氧阴离子是四配位的。

In₂O₃ 由于具有显著的化学性质、高的电子导电性和光透明度以及具有较大的禁带宽度，近年来引起了广泛的关注。In₂O₃ 已经应用于太阳能电池、场发射显示器、锂离子电池、纳米生物传感器、气体传感器、光电子器件和光催化。

2.3.1.1　In₂O₃ 纳米结构的制备

纳米材料具有不同于体材料的物理和化学性能，这些物理化学性能不仅取决于材料的尺寸，而且还与其形貌有关，同时不同形貌的纳米结构也是构建纳米器件的基本模块。所以不同形貌纳米结构的研究受到人们的极大关注，成为当前纳米科学与技术的前沿领域。到目前为止，人们已经控制合成了多种形貌和微结构的 In₂O₃，包括纳米颗粒、纳米线、纳米带、空心球、微球以及莲藕状和花状 In₂O₃。

利用不同的制备方法可以合成不同形貌的 In₂O₃ 纳米结构[24-28]，比如利用气相化学沉积法通过调节加热和沉积温度等参数合成 In₂O₃ 纳米方块，溶剂热法合成尺寸可控的 In₂O₃ 纳米颗粒，利用一步溶剂热法合成具有高比表面积的 In₂O₃ 纳米晶的团簇和纳米棒束，水热过程合成球状多级结构。得到的产物 In₂O₃ 微球由直径在 30～60nm 的纳米棒组成，而纳米棒则是由大量纳米颗粒通过有序沉积聚集而成的，In₂O₃ 微球的直径可控可调。

2.3.1.2　In₂O₃ 在光催化中的应用

In₂O₃ 已经单独作为光催化剂或者作为一种组分修饰其他光催化剂应用在光催化反应中。此外 In₂O₃ 还与其他半导体复合用于光解水制氢。

Li. Chen 等[28]利用海胆状的 H-In₂O₃ 纳米结构降解罗丹明 B（RhB），实验结果表明，海胆状的 H-In₂O₃ 能够有效地降解 RhB，并且其光催化效率比 In₂O₃ 纳米方块高。海胆状的 H-In₂O₃ 高的光催化效率是由于高的表面氧空位、特殊的形貌以及高的比表面积。

B. Li 等[29]利用 In₂O₃ 的空心球降解 RhB，并与 In₂O₃ 纳米方块进行比较。In₂O₃ 空心球表现出更加有效的光催化效率，这可能是由于空心球具有大的比表面积，能够提供充足的空间和活性反应位。

C. Shifu 等[30]利用程序热处理 In(OH)$_3$ 得到了异质结构的 In$_2$O$_3$/In(OH)$_3$ 光催化剂，并用于光催化降解 RhB。结果显示异质结构的 In$_2$O$_3$/In(OH)$_3$ 光催化活性均高于单相的 In$_2$O$_3$ 或 In(OH)$_3$。提高的光催化活性可能是由于在 In$_2$O$_3$ 和 In(OH)$_3$ 之间形成异质结构，这样抑制了光生电子-空穴的复合。

J. Lv 等[31]通过改进的共沉淀方法利用 In$_2$O$_3$ 纳米颗粒修饰棒状的 NaNbO$_3$，发现该组分化合物能够在可见光下改善光催化甲醇溶液 H$_2$ 产生效率，并提高紫外光下光解水的效率。表征结果证明，光催化活性的提高是由于形成组分化合物能够促进光生空穴的传递，因而抑制了电子-空穴对的复合。

N. Arai 等[32]利用 In$_2$O$_3$ 和 Y$_2$O$_3$ 形成固溶体 Y$_x$In$_{2-x}$O$_3$ 并负载 RuO$_2$ 用于光解水制氢。固溶体中 x 的变化范围在 0.9~1.5，并且光催化活性随 x 的变化而变化。当 $x=1.3$ 时，达到最高的光催化活性，其活性为 $x=1.0$ 时的 2.6 倍。固溶体活性的增加是因为 InO$_6$/YO$_6$ 八面体单元的变形和导带水平的向上移动。

2.3.1.3　In$_2$O$_3$ 纳米材料的合成制备

（1）样品制备

将 1.77mmol In(NO$_3$)·4.5H$_2$O 溶于 34mL 无水乙醇中。然后边搅拌边将 34mL 乙二胺滴加到上述溶液中。持续搅拌 15min 后，得到的白色浆状物质转移到 100mL 的高压反应釜（聚四氟乙烯内衬）中。然后将高压反应釜密封后在 180℃的烘箱中保温 16h。反应完后，取出高压釜后自然冷却到室温，通过离心分离悬浮液得到白色沉淀，然后用去离子水和无水乙醇各洗涤三遍。将该白色沉淀在 60℃干燥后，在马弗炉中以 5℃/min 升温至 500℃并保持 2h，最终得到 In$_2$O$_3$NPNSs（纳米孔结构的纳米球）。

（2）光催化性能评价

全氟辛酸（PFOA）光催化降解反应在环管式玻璃光反应器中进行（400mL）。23W 主波长为 254nm 的低压汞灯为光源，置于光反应器的中间，通过石英套管与反应溶液分离。反应过程中气体由反应器底部进气口经过筛板均匀分配后进入到反应溶液，并通过整个反应体系从反应器上部的排气孔中排出，流量保持为 60mL/min。反应器外部为双层水套，夹层通入冷凝水，以控制反应在室温下进行。

每次实验前，配置 30mg/L PFOA 水溶液 100mL，再加入 0.05g 光催化剂粉末（0.5g/L），继续搅拌 1h 以达到吸附-脱附平衡，之后将悬浊液移入光反应器中。反应开始后，以一定时间间隔进行取样，并用 0.22μm 超滤膜进行过滤以除去催化剂粉末，处理后的样品保存在冰箱（4℃）中以待分析。

2.3.1.4　结果与讨论

（1）In$_2$O$_3$ 前驱体晶相和形貌随时间的变化

In$_2$O$_3$ 前驱体采用乙二胺和乙醇（体积比为 1:1）作为溶剂的醇热方法合成。为了弄清 In$_2$O$_3$ 前驱体的形成过程和获得合适的形貌，开展了晶相和形貌随醇热反应时间变化的研究。当反应进行 1h 时，产物由尺寸在 5~10nm 的纳米片组成［如图 2-107(a) 所示］。产物的晶相为纯的 In(OH)$_3$（JCPDS，No.01-073-1592）。当反应时间延长到 3h 时，可以观察到一些有规则的纯的 In(OH)$_3$ 介孔结构［图 2-107(b) 和图 2-108 中的（b）］。通过仔细观察图 2-107(b)，发现这些孔的尺寸在 6nm 左右，是由初始的纳米片相互连接而成。当反应时间延长到 6h 时，可以观察到网状结构形成［图 2-107(c)］，同时有更多的孔生成。从

图 2-108中(c) 的 XRD 图谱上可以看到，产物的相没有明显的变化。当反应时间增加到 16h，得到的产物是有规则纳米孔的纳米球 [图 2-107(d)]。得到的 NPNSs 前驱体进一步利用 FESEM 观察。图 2-109(a) 给出了合成的前驱体低倍数 FESEM 图。从该图可以看出合成的产品由大量均匀分散的球状纳米颗粒组成，颗粒的尺寸在 100nm 左右。图 2-109(b) 给出的是高放大倍数的图片。从该图可以看出，纳米球由大量的纳米片组成，并且这些纳米片相互连接，这样就形成了具有纳米孔的纳米结构。每一个纳米片的边长在 8～15nm，厚度在 2nm。从图 2-108 中(d) 的 XRD 图谱可以看出，生成的前驱体为 In(OH)$_3$

图 2-107　不同反应时间产物的 TEM 图

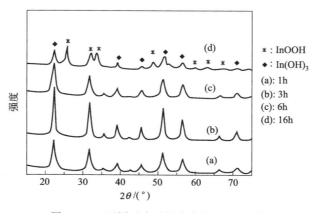

图 2-108　不同反应时间产物的 XRD 图谱

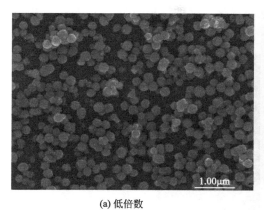

(a) 低倍数

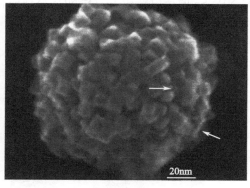

(b) 高倍数

图 2-109　NPNSs 前驱体的 FESEM 图

(JCPDS，No. 01-073-1592) 和 InOOH（JCPDS，No. 01-076-1552）的混合物。XRD 图谱中宽的衍射峰进一步证明了构成 NPNSs 的纳米片具有小的尺寸。

根据以上的结果，可以认为前驱体 NPNSs 的生成过程是一个自组装的过程（如图 2-110 所示）。在乙二胺-水的系统中，水的含量决定了 $InCl_3$ 水解产物的晶相。当系统中水的含量较高时，形成 $In(OH)_3$；当水的含量降低时，$In(OH)_3$ 脱水形成 InOOH。在研究中采用乙醇-乙二胺的体系，由于少量水的存在，In^{3+} 首先水解形成 $In(OH)_3$。体系中的少量水主要来源于原料 $In(NO_3)$ ·$4.5H_2O$ 中的结晶水。随着反应的进行，生成的 $In(OH)_3$ 部分脱水生成 InOOH。关于形貌的演化过程，已经有文献报道，$In(OH)_3$ 可以由 $In(OH)_3$ 的纳米方块通过诱导的各向异性生长过程合成，在这个过程中 PVP 被用作导向剂。类似地，乙二胺作为一种络合剂具有两个—NH_2 官能团，可以与 $In(OH)_3$ 纳米晶临近的表面相结合，这样就导致了优势生长或者沿着特定方向进行自组装。在醇热合成体系中，过量的乙二胺可以完全覆盖在 $In(OH)_3$ 纳米片上，这样就导致纳米片之间均匀的相互作用，从而有利于纳米片的堆积。最终，为了减少表面能，具有纳米孔的 $In(OH)_3$-InOOH 纳米球生成了。

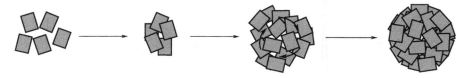

图 2-110　NPNSs 的生成机理图示

（2）In_2O_3 NPNSs 的表征

In_2O_3 NPNSs 通过在空气气氛中 500℃下热处理前驱体 2h 得到。图 2-111(a) 的 TEM 图和图 2-111(b) 的 FESEM 图表明产物基本上保持了前驱体的形貌和结构。然而，它们的尺寸有轻微的收缩，这是由于在热处理过程中前驱体脱水造成的。此外，环状的 SAED 图谱表明获得的 In_2O_3 NPNSs 具有多晶的结构；而且，清晰的衍射斑点表明产物具有好的结晶性。图 2-111(c) 中 HRTEM 照片显示，In_2O_3 NPNSs 是由超薄的纳米片相互连接并堆积构成，而单个纳米片具有单晶结构。图 2-111(c) 同时也表明单个的片状纳米颗粒具有不规则的多边形结构，其尺寸在 5～12nm。商品 In_2O_3 纳米晶（NCs）的 FESEM 图在图 2-111(d) 给出。如图 2-111(d) 所示，In_2O_3 NCs 的直径范围在 40～90nm。图 2-111(e) 的 XRD 图谱显示，In_2O_3 NPNSs 和 In_2O_3 NCs 都为纯的立方相（JCPDS，No. 06-0416）。

In₂O₃ NPNSs 的衍射峰较 In₂O₃ NCs 呈现弱化和宽化，这进一步证明了 NPNSs 结构单元尺寸较小。

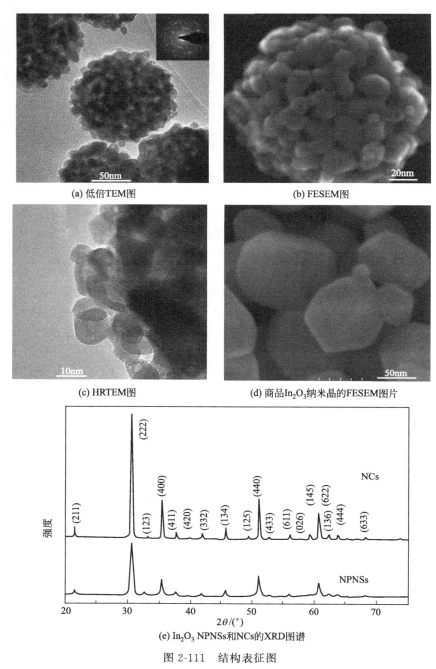

(a) 低倍TEM图

(b) FESEM图

(c) HRTEM图

(d) 商品In₂O₃纳米晶的FESEM图片

(e) In₂O₃ NPNSs和NCs的XRD图谱

图 2-111　结构表征图

In₂O₃ NPNSs 多孔的质地通过气体吸附仪进行测量。图 2-112 显示了 In₂O₃ NPNSs 的氮气等温吸附/脱附平衡曲线以及孔分布（图 2-112 的内嵌部分）。等温平衡曲线可以认为是类型 IV，该类型是介孔材料的特征。从等温平衡线得到的孔尺寸分布表明存在大量的 6nm 左右的孔，这些孔可能是来源于纳米片的相互连接与堆积。尺寸 16nm 左右的较大孔来源于不同的 In₂O₃ NPNSs 之间的空隙。样品的比表面积采用 Barret-Joyner-Halenda（BJH）方法计算。In_2O_3 NPNSs 比表面积高达 $39.0m^2/g$，而 In_2O_3 NCs 的比表面积仅为 $12.7m^2/g$。TiO_2（P25）的比表面积为 $50m^2/g$。In_2O_3 NPNSs 与 In_2O_3 NCs 之间比表面积的不同可归结为前者具有纳米孔的结构。

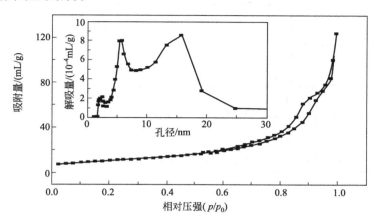

图 2-112　In_2O_3 NPNSs 的 N_2 吸附-脱附平衡曲线

In_2O_3 NPNSs、In_2O_3 NCs（P25）的紫外-可见吸收光谱在图 2-113 中给出。从图中可以看出：与 In_2O_3 NCs 相比，In_2O_3 NPNSs 的吸收呈现出轻微的蓝移。In_2O_3 具有小的波尔激发半径，该值大约为 2.14nm。合成的 In_2O_3 NPNSs 是由厚度为 2nm 的纳米片组成，该值略小于波尔激发半径的 2.14nm。所以 In_2O_3 NPNSs 轻微的蓝移可能归因于量子限域效应。

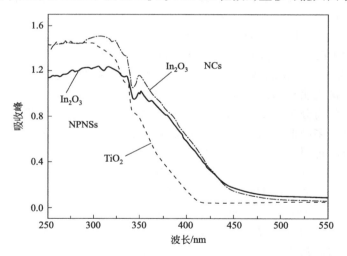

图 2-113　In_2O_3 NCs、In_2O_3 NPNSs 和 TiO_2 的紫外-可见吸收光谱

（3）In_2O_3 及其前驱体 $In(OH)_3$ 形貌与结构表征

① 前驱体 $In(OH)_3$ 的形貌和结构　通过改变溶剂热法中混合溶剂的组成可以获得多种高级纳米结构。以乙醇和 1,2-丙二胺为混合溶剂得到多孔微球，以 H_2O 和 1,3-丙二胺为混合溶剂则得到纳米片，以 H_2O 和 1,2-丙二胺为混合溶剂获得纳米方块。用 X 射线衍射仪来测定未高温焙烧的溶剂热法合成的白色粉末晶体结构和相的纯度。多孔微球、纳米片、纳米方块的 XRD 图谱分别为图 2-114 中的（a）、（b）、（c）。所有的衍射峰可以确认为 $In(OH)_3$ 的体心立方（bcc）结构（JCPDS No.01-073-1810），并且没有检测到其他杂质如 InOOH 等。

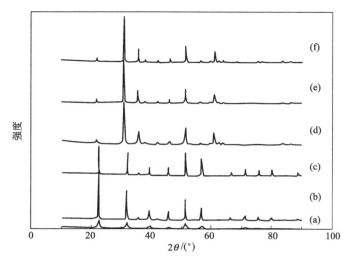

图 2-114　不同产品的 XRD 图谱

(a): In(OH)₃多孔微球
(b): In(OH)₃纳米片
(c): In(OH)₃纳米方块
(d): In₂O₃多孔微球
(e): In₂O₃纳米片
(f): In₂O₃纳米方块

得到的 $In(OH)_3$ 前驱体的形貌和结构通过 FESEM 和 TEM 表征。图 2-115（a）为利用乙醇和 1,2-丙二胺为混合溶剂合成的 $In(OH)_3$ 前驱体的 FESEM 图片。从图 2-115（a）可以看出，得到的 $In(OH)_3$ 前驱体具有球状的多级结构。$In(OH)_3$ 的多孔微球是由大量直径在 2～6nm 的纳米颗粒堆积而形成的多孔球状结构，这使得其表面看起来非常粗糙。图 2-115（b）清楚地表明 $In(OH)_3$ 的多孔微球直径在 220～240nm，并且单个微球上出现的大量具有明显衬度的点也进一步证明了多孔的结构。

利用 H_2O-1,3-丙二胺为混合溶剂制备了 $In(OH)_3$ 纳米片。图 2-115（c）显示的为 $In(OH)_3$ 纳米片的 FESEM 电镜照片。从图 2-115（c）可以看出 $In(OH)_3$ 纳米片的长度为 30～70nm，宽度为 15～30nm。图 2-115（d）的 TEM 照片显示每个单独的纳米片有很多具有明显衬度的点，这表明样品由有大量更小尺寸的纳米晶组成的。图 2-115（d）的内嵌部分给出了单个纳米片的高分辨电镜（HRTEM）和傅里叶转换分析（FFT）。环状的 FFT 形式表明单个纳米片具有多晶的结构，这进一步表明了纳米片是由许多更小的纳米晶组成的。单个纳米片的高分辨电镜照片显示出晶格间距为 0.283nm，这对应着 $In(OH)_3$ 的（220）晶面的距离。高分辨电镜（白色圆圈所示）分析同时也显示纳米片中纳米晶的尺寸为 6nm。

图 2-115（e）表示的是以 H_2O-1,2-丙二胺为混合溶剂制备的 $In(HO)_3$ 纳米方块的 FESEM 照片。从图 2-115（e）可以看出：$In(HO)_3$ 纳米方块是由大量边长为 10～40nm、厚度为 2.4～8.2nm 的纳米片有序组成的新型多级结构。图 2-115（f）透射电镜清楚地表明 $In(HO)_3$ 纳米方块的边长为 50～180nm，并且具有明显衬度的格线进一步表明了多级结构是由纳米片通过有序自组装而成的。

② 前驱体 $In(OH)_3$ 的形成机理　溶剂辅助的自组装机理可以用来解释这些多级纳米结构的形成过程。产物形成过程中采用的溶剂起到关键的作用。1,2-丙二胺和 1,3-丙二胺具有 $-NH_2$ 官能团，这可以作为络合剂吸附在 $In(OH)_3$ 纳米晶的晶面上，这样有利于晶体的优势生长或者沿着特定的方向自组装。所以，有机胺在初始纳米晶组装成特定纳米结构的过程中起到重要作用。1,2-丙二胺或者 1,3-丙二胺同时也为 In^{3+} 提供了碱源，这有利于 $In(OH)_3$ 初始纳米晶的水解。以 1,2-丙二胺为例，反应过程可以如下表示：

$$H_2NCH_2CH(NH_2)CH_3 + H_2O \longrightarrow H_3^+NCH_2CH(NH_2)CH_3 + OH^-$$
$$In^{3+} + OH^- \longrightarrow In(OH)_3$$

(a) 纳米颗粒FESEM　　　　　　　(b) 纳米颗粒TEM图

(c) In(OH)₃纳米片FESEM　　　　　(d) In(OH)₃纳米片TEM图

(e) In(OH)₃纳米方块FESEM　　　　(f) In(OH)₃纳米方块TEM图

图 2-115　不同 $In(OH)_3$ 结构的结构表征图

　　当利用乙醇和 1,2-丙二胺为混合溶剂时，过量的 1,2-丙二胺完全覆盖在 $In(OH)_3$ 纳米晶上，这导致纳米晶之间的均匀反应。这样有利于纳米晶进行致密堆积形成多孔的 $In(OH)_3$ 微球以减少表面能 [图 2-116(a)]。

　　当利用水替代乙醇时，有机胺与水反应从而减少了有机胺在混合溶剂中的比例，这样就降低了有机胺分子在 $In(OH)_3$ 纳米晶表面上的覆盖度。有机胺在 $In(OH)_3$ 纳米晶表面上的不完全覆盖导致了某些高表面能的晶面存在。这种条件下有利于初始纳米晶有序的连接 [图 2-116(b)]。已有文献报道氧化铁纳米颗粒通过有序连接的方法制备一维或者二维自组装的纳米结构。1,2-丙二胺和 1,3-丙二胺具有不同的分子结构和静电阻力，可能对颗粒组装的方向具有不同限制。所以，利用 1,2-丙二胺和 1,3-丙二胺可以分别制备 $In(OH)_3$ 的纳米片

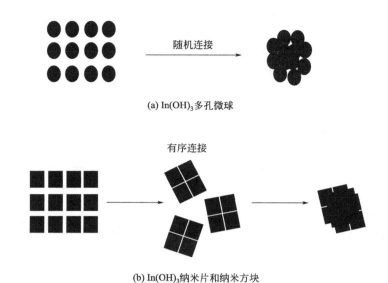

(a) In(OH)₃多孔微球

(b) In(OH)₃纳米片和纳米方块

图 2-116　不同 In(OH)₃ 纳米结构的可能的形成机理

和纳米方块。

③ In_2O_3 的形貌和结构　In(OH)₃ 前驱体在 500℃ 热处理 2h 后脱水得到 In_2O_3。热处理后，所有的 XRD 衍射峰可以标记为纯的立方相的 In_2O_3（JCPDS，No. 06-0416）。制备得到的样品的形貌利用 FESEM 和 TEM 进行表征（图 2-117）。图 2-117(a) 给出了 In_2O_3 多孔微球的 FESEM 图片。从图 2-117(a) 可以看出 In_2O_3 多孔微球是由大量直径在 5～15nm 的纳米颗粒组成。图 2-117(b) 的 TEM 照片表明得到的纳米结构直径在 180nm，并且大量具有明显衬度的点进一步证明了多孔的结构。图 2-117(c) 中的高分辨电镜照片显示出 In_2O_3 多孔微球中纳米晶的晶格间距为 0.253nm 和 0.292nm，分别对应立方相的 In_2O_3 的（400）和（222）晶面间距。

图 2-117(d)、(e) 给出的是 In_2O_3 纳米片的 FESEM 和 TEM 照片。从图中可以看出纳米片的长度为 30～70nm，宽度为 15～30nm。图 2-117(f) 中的高分辨电镜照片显示相邻晶面间的距离为 0.292nm，这与立方相的 In_2O_3 的（222）晶面间距相一致。

In_2O_3 纳米方块的 FESEM 和 TEM 在图 2-117(g)、(h) 中给出。从图中可以看出这些纳米方块的大小为 40～150nm，并且大部分的纳米方块都已经塌陷。纳米方块结构的破坏可能是由于热处理过程中脱水造成的。因此，In(OH)₃ 前驱体的微结构和形貌对于 In(OH)₃ 热处理过程中形貌的保持具有重要作用。图 2-117(i) 为产物的高分辨电镜照片。从该照片中可以看出纳米方块的晶格间距为 0.253nm 和 0.413nm，这与立方相 In_2O_3 的（400）和（211）晶面间距相一致。

得到的 3 种 In_2O_3 颗粒的紫外-可见吸收光谱在图 2-118 中给出。如图所示：In_2O_3 多孔微球、纳米片以及纳米方块的禁带宽度分别是 2.68eV、2.72eV、2.76eV。与 In_2O_3 纳米方块的吸收光谱相比较，In_2O_3 多孔微球和纳米片的吸收光谱表现出轻微的红移现象。这种吸收光谱小的不同可能是由于三种纳米结构材料中的氧空位的含量不同引起的。红移现象可以认为是由电子-光子耦合引发的界面极化效应。红移现象有利于自俘获激发的形成，这可以归因于禁带中富氧缺陷的共存。

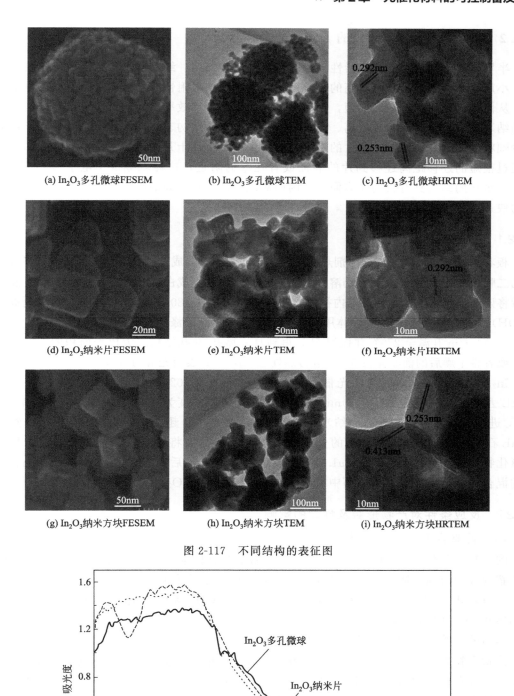

(a) In$_2$O$_3$多孔微球FESEM

(b) In$_2$O$_3$多孔微球TEM

(c) In$_2$O$_3$多孔微球HRTEM

(d) In$_2$O$_3$纳米片FESEM

(e) In$_2$O$_3$纳米片TEM

(f) In$_2$O$_3$纳米片HRTEM

(g) In$_2$O$_3$纳米方块FESEM

(h) In$_2$O$_3$纳米方块TEM

(i) In$_2$O$_3$纳米方块HRTEM

图 2-117　不同结构的表征图

图 2-118　不同结构 In$_2$O$_3$ 的紫外-可见光谱

2.3.2 具有微孔-介孔结构的 In_2O_3 纳米片合成

半导体光催化剂的光催化活性一般与材料的晶体结构、结晶性、比表面积、分散性等有关。小尺寸的纳米晶由于具有高的比表面积而具有高的吸附性，同时由于载流子（电子、空穴）从体相到表面的扩散距离短，因而具有高的电荷分离效率及高的光催化活性。但是小尺寸的纳米晶容易团聚，并且分离、回收困难。具有多孔结构、尺寸在几十纳米的纳米片可以减少颗粒的团聚。同时，纳米片的厚度可以减少到几个到十几纳米的范围内。电子和空穴可以通过很短的迁移距离迁移到片的表面或者孔壁的附近，这样就减少了电子-空穴的复合。此外，多孔的结构具有大的比表面积，因而对反应产物具有高的吸附能力，有利于光催化反应的快速进行。

2.3.2.1 样品制备

板状纳米 In_2O_3 采用混合溶剂热辅助的两步法合成。合成过程如下：在搅拌下，将 7.5mL 的乙二胺滴加到 7.5mL 的硝酸铟溶液（0.5mol/L）中，生成白色的浆液，并继续搅拌 20min。然后将该浆液转移到聚四氟乙烯内衬的水热反应釜中，在 180℃下水热反应 16h，得到板状的 $In(OH)_3$ 前驱体；然后将该前驱体用去离子水和无水乙醇洗涤 3 遍，在 100℃干燥后，在管式炉中，5℃/min 升温至 270℃并保温 2h，得到具有微孔-介孔结构、大比表面积的 In_2O_3 纳米片。或者将干燥后的前驱体在 500℃进行热处理 2h，得到表面光滑的 In_2O_3 纳米片。

In_2O_3 纳米片-石墨烯复合光催化剂的制备：称取 0.025g 的石墨氧化物（GO）放入 50mL 去离子水中，然后超声 30min，得到均匀分散的浓度为 0.05% 的悬浮液。称量 1g 在 500℃进行热处理得到的 In_2O_3 纳米片分散于 50mL 水中，超声得到均匀的分散液。然后将 50mL 石墨烯的分散液和 In_2O_3 的分散液混合，超声 4h。将得到的含有 In_2O_3 纳米片和石墨氧化物的悬浮液加入氨水 350μL、水合肼溶液 44μL，然后在 95℃水浴锅中反应 1h。反应后的混合物离心洗涤，在干燥箱中 100℃干燥 12h 得到 In_2O_3 纳米片-石墨烯复合光催化剂。

2.3.2.2 反应条件对产物形貌及性能的影响

（1）前驱体 $In(OH)_3$ 结构表征

图 2-119 为不同乙二胺/H_2O 的体积比下制备的前驱体的 XRD 图谱。该图为利用 H_2O-乙二胺为混合溶剂，通过溶剂热过程得到的 $In(OH)_3$ 前驱体的 XRD 图谱。从图 2-119 中的（b）可以看出，得到的产物为结晶性很好的纯的立方晶系的 $In(OH)_3$（$a = 0.979nm$，JCPDS 01-073-1810），没有观察到其他杂质存在。

样品的形貌及结构利用场发射扫描电镜来观察（图 2-120）。如图 2-120(a) 所示，有大量的片状颗粒生成，这些片状颗粒分散性比较好，呈单分散状态。从该图也可以看出该片状颗粒尺寸分布比较均匀，大部分边长在 40~100nm，厚度在 10~30nm。图 2-120(b) 为高倍数的场发射扫描电镜照片，从中可以看出该片状颗粒是由大量更小的纳米片有规则地堆积在一起构成的，并且具有多孔的结构。

$In(OH)_3$ 前驱体的形貌及结构通过透射电镜（TEM）及高分辨透射电镜（HRTEM）进一步表征。图 2-120(c) 为低倍数的透射电镜照片，可以看到片状产物生成，这与扫描电镜的表征相一致。图 2-120(d) 为产物的高分辨透射电镜照片，从中可以看到片状纳米颗粒清晰的晶格间距为 0.283nm，该数值对应 $In(OH)_3$ 的（220）晶面的 d 值。从高分辨电镜照片 [图 2-120(d)] 可以看出该片状纳米颗粒不是单晶，而是由更小的纳米晶组装而成。

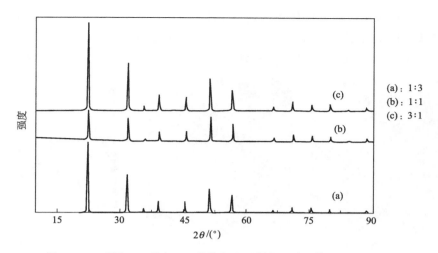

图 2-119 不同乙二胺/H_2O 的体积比下制备的前驱体的 XRD 图谱

图 2-120 前驱体 $In(OH)_3$ 的结构谱图

Z. Zhang 等也报道了 $In(OH)_3$ 纳晶的这种类似现象。在晶体的生长过程中，大量的晶核首先生成，然后生长成初始的纳米颗粒。这些纳米颗粒具有高的表面能，它们会有序地自组装成大的晶粒。这种由多晶组装而成并且具有多孔的结构也叫做介晶，这种介晶可以产生具有复杂结构的物质。与单晶物质相比，多孔的介晶具有较大的比表面积，因此可以提高如催化、气敏等性质。

（2）乙二胺用量对 $In(OH)_3$ 形貌的影响

乙二胺的存在及其用量影响 $In(OH)_3$ 前驱体的形貌。如图 2-121 所示，当利用 NaOH

代替乙二胺提供碱源从而使反应体系的初始 pH 在 11.95 时，得到的产物为破损的块状产物；当乙二胺：H_2O 的体积比在 1∶3 时得到的是尺寸为 20～100nm、不均匀的片状颗粒；当乙二胺：H_2O 的体积比在 3∶1 时，得到是边长为 15～50nm 的 $In(OH)_3$ 纳米方块。

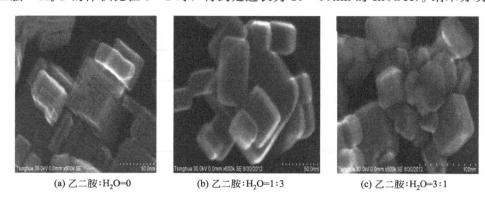

(a) 乙二胺：$H_2O=0$　　　　(b) 乙二胺：$H_2O=1∶3$　　　　(c) 乙二胺：$H_2O=3∶1$

图 2-121　乙二胺用量对 $In(OH)_3$ 前驱体形貌的影响

乙二胺：H_2O 的体积比为 1∶3 和 3∶1 时产物的 XRD 图谱在图 2-121(a) 和(c) 中给出。从图中可以看出得到的产物都为结晶性很好的纯的立方晶系的 $In(OH)_3$（$a=0.979$nm，JCPDS 01-073-1810），没有其他杂质被发现。

（3）热处理温度对 In_2O_3 样品形貌的影响

$In(OH)_3$ 前驱体的热分解行为通过热重-扫描量热法（TG-DSC）进行研究（图 2-122）。在如图所示的 DSC 曲线上，在 238℃ 左右有一个弱的吸热峰，而在 268.5℃ 左右有一个强的吸热峰。相对应的在 TG 曲线上，显示出两步的失重过程。第一步失重量为 0.843%，可以认为是脱去吸附水以及有机物如乙二胺、乙醇等。第二步失重量为 15.2%，可以认为是从 $In(OH)_3$ 到 In_2O_3 的转化。第二步的失重值与从 $In(OH)_3$ 转化成 In_2O_3 的理论失重量（16.28%）大致相同，这说明当加热温度大于 268.5℃ 时，$In(OH)_3$ 可以脱去羟基转化成 In_2O_3。

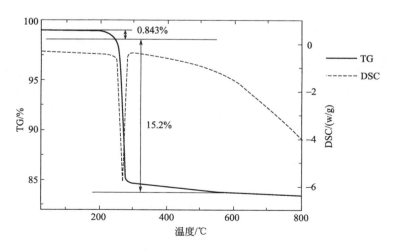

图 2-122　利用 H_2O-乙二胺为混合溶剂制备的前驱体 $In(OH)_3$ 的 TG-DSC 曲线

热处理温度影响产物的结晶度。图 2-123 中的(a) 和（b）分别为在 270℃ 和 500℃ 热处理后得到的产品的 XRD 图谱。从图中可知，得到的产物都为纯的立方晶系的 In_2O_3（$a=$

1.0117nm，JCPDS 01-088-2160），没有其他杂质被发现。但对比分析（a）和（b），可以看出 500℃时的产物其衍射峰明显强于 270℃，说明温度升高产品的结晶性增强。

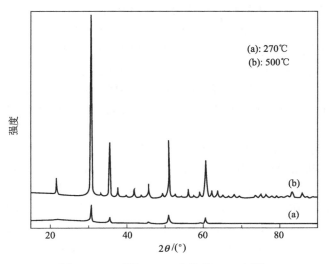

图 2-123 不同 In_2O_3 产物的 XRD 图谱

$In(OH)_3$ 前驱体具有介晶结构，因此热处理温度可能影响产品的形貌和结构。产品的形貌通过场发射扫描电镜（FESEM）和透射电镜（TEM）来表征。270℃热处理得到的产物的形貌表征见图 2-124。从图 2-124(a) 中可以看出，270℃下进行的热处理产品中包含大

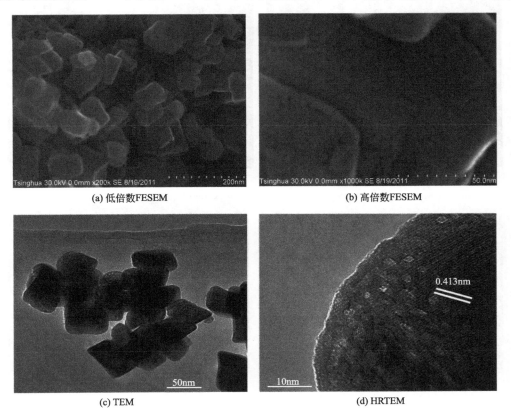

(a) 低倍数FESEM

(b) 高倍数FESEM

(c) TEM

(d) HRTEM

图 2-124 270℃热处理得到的产物的形貌表征

量片状产物，并较好地保持了 In(OH)₃ 片状形貌。这些片状产物的边长在 40～100nm，厚度在 10nm 左右。非常有趣的是，从图 2-124(b) 中可以看出，在 In₂O₃ 片状产物上分布着大量的孔。从 In(OH)₃ 前驱体的高分辨透射电镜照片可知，合成的 In(OH)₃ 前驱体为大量小的纳米晶组成的介晶结构，因此可以推测在 270℃ 进行热处理过程中大量小的纳米晶受热收缩连接并进行相转化而形成了大量的孔。利用 TEM 和 HRTEM 进一步确认产物的结构。图 2-124(c) 的 TEM 图显示得到的每个片状产物具有很多小的点，这些点具有明显的衬度。这进一步说明得到的片状产物具有多孔的结构。图 2-124(d) 中 HRTEM 显示得到的产物为单晶结构，并且多孔片状颗粒清晰的晶格间距为 0.413nm，该数值对应立方相 In₂O₃ 的 (211) 晶面。

500℃ 热处理得到的产物的形貌表征见图 2-125。图 2-125(a) 为 500℃ 热处理产物的低倍数 FESEM 图片，从图中可以看到有大量的片状产物生成，并且这些片状产物分散比较均匀。从高倍率的扫描电镜照片图 2-125(b) 中可以看出，制备得到的片状纳米 In₂O₃ 表面光滑，并且其边长大部分在 50～100nm，厚度在 6～12nm 之间。片状纳米 In₂O₃ 的形貌及结构也通过透射电镜（TEM）及高分辨透射电镜（HRTEM）进一步证实。由图 2-125(c) 所示，得到的 In₂O₃ 为片状产物，并且分散性较好，其边长在 50～100nm。这些结果与 FESEM 的分析结果相一致。图 2-125(d) 给出了单个片状颗粒的高分辨透射电镜（HRTEM）照片，从图中可以看出片状颗粒表面清晰的晶格条纹，片状颗粒的晶面间距为 0.293nm，对应 In₂O₃ 的 (222) 晶面间距。

(a) 低倍数FESEM

(b) 高倍数FESEM

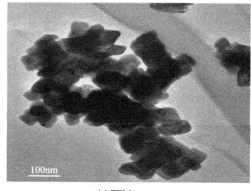

(c) TEM

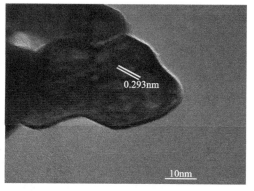

(d) HRTEM

图 2-125　500℃热处理得到的产物的形貌表征

通过气体吸附来研究产品的比表面积和孔结构。图 2-126 给出了样品 E270（270℃产物）的 N_2 吸附-脱附等温曲线，图中左上角的插图反映了样品的孔径分布情况。样品 E270 的 N_2 吸附-脱附等温曲线可以认为是类型 IV 平衡。从孔尺寸分布曲线可以看出 E270 具有微孔-介孔的结构。样品 E270 的孔尺寸主要有两个峰，分别在 1.7nm 和 7.8nm。样品 E500（500℃产物）没有测到孔的存在。利用 Brunauer-Emmett-Teller（BET）法计算得到不同样品的比表面积。E270、E500 的比表面积分别为 156.9m²/g、14.8m²/g。E500 的比表面积小，进一步说明了 E500 没有孔存在。

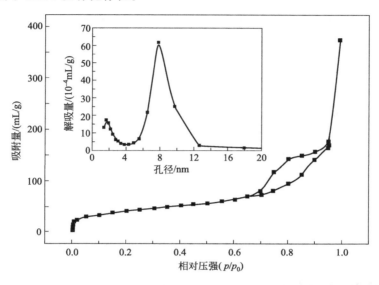

图 2-126 E270 的 N_2 吸附-脱附等温曲线和 Barrett-Joyner-Halenda（BJH）孔分布曲线

（4）石墨烯-In_2O_3 纳米片复合催化剂

为了对比研究 In_2O_3 纳米片表面对光催化降解 PFOA 的影响，E500 表面利用石墨烯进行包覆（样品为 E500-G）。图 2-127 是包覆产品 E500-G 的 SEM 和 HRTEM 图片。从图 2-127(a) 可以看出，In_2O_3 纳米片在利用石墨烯修饰后，颗粒的表面明显覆盖了一层膜状的石墨烯，并且石墨烯将多个颗粒包裹在一起。从图 2-127(b) 中可以看出，石墨烯紧密地覆盖在 In_2O_3 纳米片的表面，这说明石墨烯和 In_2O_3 纳米颗粒形成了较好的复合。

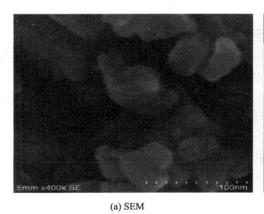

(a) SEM

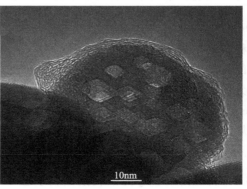

(b) HRTEM

图 2-127 E500-G 的 SEM 和 HRTEM 图

（5）样品 UV-vis 漫反射光谱

图 2-128 为不同热处理温度下制备的光催化剂的 UV-vis 漫反射光谱。由图中可以看出，对于 E270、E500、E500-G 的光吸收边依次为 445.7nm、450.7nm、516.3nm。样品 E270 相对于 E500 有轻微的蓝移，说明热处理温度影响产物的光吸收特性。从图 2-128 中可以发现，E270 中存在大量尺寸在 2nm 左右的孔壁，该值略小于波尔激发半径的 2.14nm。所以 E270 轻微的蓝移可能归因于量子限域效应。而石墨烯在 In_2O_3 纳米片表面的致密包覆则使 E500 的光吸收边发生红移。

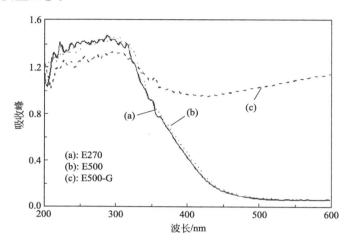

图 2-128　不同样品的紫外-可见光谱

2.3.3　石墨烯-In_2O_3 光催化剂制备及性能研究

石墨烯（Grephene，G）是由单层碳原子构成二维蜂窝状晶格结构的一种碳质新材料，其结构类似于未卷曲的碳纳米管。由于其独特的结构特征和非同寻常的性能，近年来引起了研究者的广泛关注，是构成新材料的非常有前景的基本结构单元。通过石墨烯分子，光催化剂通过表面化学键的作用复合产生协同催化。催化剂在紫外光照射下产生的光生电子能被迅速转移到石墨烯分子上，促进光生电子和空穴的分离，增加了光生空穴量，从而大幅度提高了其光催化活性。研究认为，石墨烯与半导体材料复合所产生的性能提高主要来自于其特有的 π-电子共轭体系与半导体材料的相互作用以及电子迁移过程。

2.3.3.1　石墨烯-In_2O_3（In_2O_3-G）光催化剂制备

称取 0.025g 的石墨氧化物（GO）放入 50mL 去离子水中，然后超声 30min，得到均匀分散的、浓度为 0.05% 的悬浮液。称量 1g 商品 In_2O_3 分散于 50mL 水中，然后超声得到均匀的分散液。然后将 50mL 石墨烯的分散液和 In_2O_3 的分散液混合，超声 4h。将得到的含有 In_2O_3-GO 的悬浮液加入氨水 350μL、水合肼溶液 44μL，然后在 95℃ 水浴锅中反应 1h，反应后的混合物离心洗涤，在干燥箱中 100℃ 干燥 12h 得到 In_2O_3-G 复合光催化剂（NP-G）。将得到的 NP-G 在氮气气氛下，于不同的温度进行热处理。

2.3.3.2　石墨烯-In_2O_3 光催化剂结构表征

（1）In_2O_3 纳米颗粒（NP）与石墨烯复合产物（NP-G）结构表征

从图 2-129 所示的 In_2O_3 纳米颗粒 XRD 图可以看出，In_2O_3 纳米颗粒为结晶性很好的

纯的立方晶系的 In_2O_3 （$a=1.0117nm$，JCPDS 01-088-2160），没有其他杂质被发现。

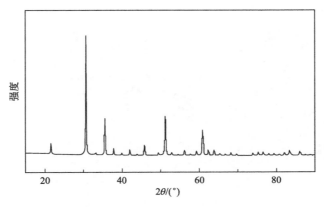

图 2-129　In_2O_3 纳米颗粒（NP）的 XRD 图谱

In_2O_3 纳米颗粒、石墨烯修饰 In_2O_3 纳米颗粒的复合材料在 100℃ 干燥后产物（NP-G）的形貌采用场发射扫描电镜来观察。从图 2-130(a) 中可以看出 In_2O_3 纳米颗粒分散均匀，呈单分散状态，分散性比较好，其直径在 30～120nm。图 2-130(b) 为 NP-G 的 FESEM 图片。从该图可以看出，In_2O_3 纳米颗粒在利用石墨烯修饰后，颗粒的表面明显覆盖了一层膜状的石墨烯，并且石墨烯将多个颗粒包裹在一起。这说明石墨烯和 In_2O_3 纳米颗粒形成了较好的复合。

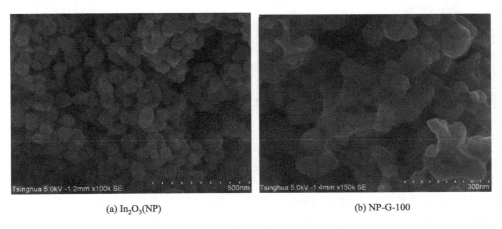

(a) In_2O_3(NP)　　　　　　　　　　　　　(b) NP-G-100

图 2-130　不同复合物的 FESEM 图

利用高分辨电镜（HRTEM）表征了热处理温度对石墨修饰 In_2O_3 纳米颗粒形成复合材料的结构影响。图 2-131(a) 所示为 In_2O_3 纳米颗粒的 HRTEM。从该图可以看出，In_2O_3 纳米颗粒为单晶结构并且表面比较光滑。图 2-131(b) 所示为石墨修饰 In_2O_3 纳米颗粒形成复合材料 NP-G 的 HRTEM。从图中可以发现，In_2O_3 纳米颗粒外面紧密地包覆了一层薄且透明的带褶皱的膜状物。该层膜状物即为石墨烯，并且这些透明的石墨烯明显比石墨氧化物稳定，即使在电子束的作用下也没有发生变化。从图中也能够看到清晰的石墨晶格条纹，这些条纹的间距（0.34nm）与石墨晶体的层间距对应，层的多少分布也不太均匀，有的是 2～3 层，有的地方则对应更多层。当石墨烯修饰的 In_2O_3 纳米颗粒在 350℃ 进行热处理时，产物（NP-G-350）的 HRTEM 照片见图 2-131(c)。可以发现：In_2O_3 纳米颗粒表面包覆的膜状石墨烯已经破裂并收缩，颗粒的表面有部分裸露出来。热处理温度在 400℃ 时得到的产物（NP-G-400）见图 2-131(d)，石墨烯收缩并附着在 In_2O_3 纳米颗粒表面，并且颗粒的表面大部分都裸露出来。因此热处理温度影响 In_2O_3 纳米颗粒表面石墨烯的覆盖程度。

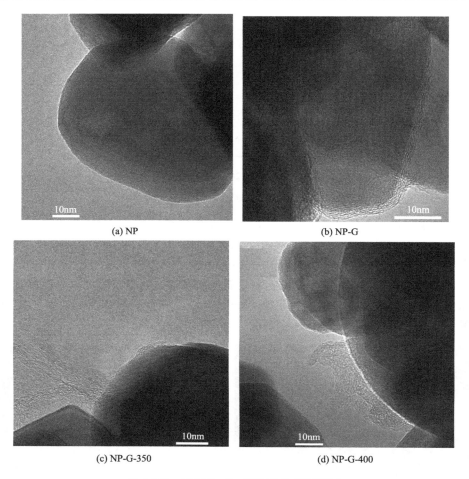

(a) NP (b) NP-G

(c) NP-G-350 (d) NP-G-400

图 2-131　不同 In_2O_3 催化剂的 HRTEM

（2）In_2O_3 纳米颗粒与石墨烯复合产物（NP-G）的 UV-vis 分析

图 2-132 为不同热处理温度下制备的光催化剂的 UV-vis 漫反射光谱。由图中可以看出，对于 NP、NP-G、NP-G-350、NP-G-400 的光吸收边依次为 456.0nm、530.9nm、480.8nm、463.3nm。因此热处理温度影响产物的光吸收特性。由高分辨透射电镜可知，样品 NP-G、NP-G-350、NP-G-400 表面石墨烯的覆盖程度依次降低。石墨烯对 In_2O_3 纳米颗粒的致密包覆有利于增强可见光区的光学吸收。

2.3.3.3　In_2O_3 光催活性

分别采用共沉淀法和水热合成方法，制备两种 In_2O_3 催化剂，用于光催化降解 PFOA（Perfluorooctanoic acid，全氟辛酸）实验。具体的制备方法如下。

① 共沉淀方法　称取一定量的 $In(NO_3)_3 \cdot 4.5H_2O$，溶解于 45mL 水中。室温下，缓慢滴加氨水，并不断搅拌，直至 pH=9，继续搅拌 0.5h 后，静置陈化 12h 并过滤洗涤。样品在 60℃下烘干过夜，500℃下焙烧 2h。

② 水热方法　将 1mmol 的 $In(NO_3)_3 \cdot 4.5H_2O$ 和 10mmol 的尿素溶解于 50mL 水中，

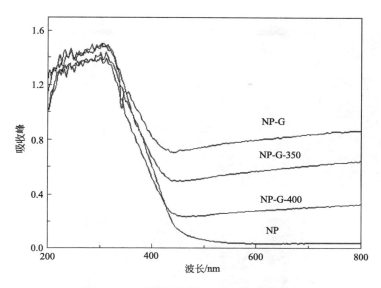

图 2-132　不同样品的 UV-vis 漫反射光谱

混合均匀后转入带有聚四氟乙烯内衬的不锈钢反应釜中并封闭，在 140℃下保持 12h。所得样品进行离心分离，60℃下烘干，500℃下焙烧 2h。

（1）物化性质

几种样品分别进行了 BET、XRD 和 SEM 表征。BET 结果显示，自制的催化剂比表面积均高于商品的 In_2O_3，水热法制备的 In_2O_3 为 $28.5m^2/g$，共沉淀法制备的 In_2O_3 为 $37.4m^2/g$。不同催化剂样品的 XRD 谱图如图 2-133 所示，从图中可见，三种样品的晶型结构一致，均为纯立方相晶型（JCPDS No. 71-2194），但三种样品衍射峰的强度不同，表明三种样品的结晶程度以及粒子大小是不一样的。结合 BET 和 SEM 表征结果（见图 2-134）可知，共沉淀法制备的样品粒子最小，形貌呈球形，大小均匀，水热法制备的样品粒子结晶程度高，形貌呈薄片形，商品 In_2O_3 样品形貌为不规则多边形，大小不均匀，存在直径较大的粒子。

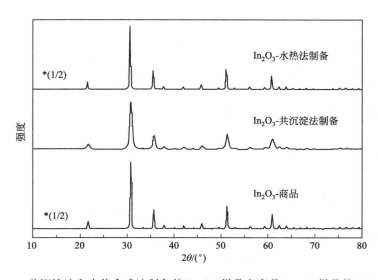

图 2-133　共沉淀法和水热合成法制备的 In_2O_3 样品和商品 In_2O_3 样品的 XRD 谱图

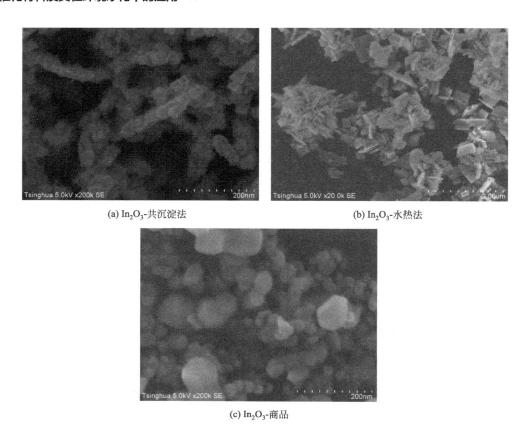

(a) In$_2$O$_3$-共沉淀法　　　　　　　　　　　　(b) In$_2$O$_3$-水热法

(c) In$_2$O$_3$-商品

图 2-134　不同方法制备的 In$_2$O$_3$ 样品的扫描电镜图

（2）光催化活性评价

不同方法制备的 In$_2$O$_3$ 催化剂在 PFOA 降解反应中表现的活性不同。如图 2-135 所示，商品 In$_2$O$_3$ 在反应 4h 后 PFOA 降解率约为 80%，水热方法合成的 In$_2$O$_3$ 反应 4h 后 PFOA 降解率可达到 98%，活性最高的是共沉淀法制备的 In$_2$O$_3$ 材料，反应 3h 后可完全去除溶液中的 PFOA。

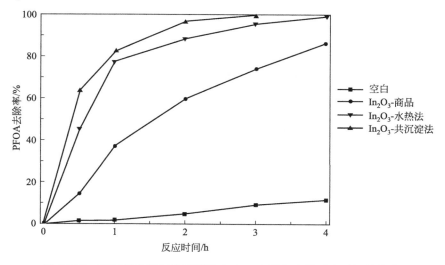

图 2-135　不同催化剂条件下溶液中 PFOA 降解率随反应时间的变化

实验过程中，发现三种催化剂的 PFOA 吸附性能不同。如图 2-136 所示，三种 In_2O_3 材料都表现出较好的 PFOA 吸附性能，这主要与溶液的 pH 值和 In_2O_3 材料的本质特性有关。In_2O_3 的等电点 $pH_{zpc}=8.7$，在反应中表面带正电荷（$pH<pH_{zpc}$），容易与 PFOA 电离后形成的羧基阴离子发生相互作用，或者是与路易斯酸碱作用，形成具有强相互作用的表面络合物。自制的 In_2O_3 材料具有比表面积高、形貌均匀等特点，因此吸附性能远远高于商品 In_2O_3 材料，使得自制光催化剂在反应初始的 1h 内活性远远高于吸附量较低的商品催化剂。

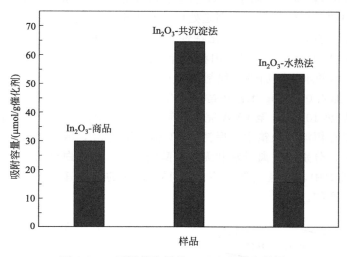

图 2-136　不同催化剂的 PFOA 吸附容量图

（3）可见光照射下 PFOA 在 In_2O_3 上的降解反应

In_2O_3 半导体的带隙是 2.8eV，可计算出带边波长为 442.8nm，表明 In_2O_3 可吸收可见光范围内的能量发生跃迁。通过自制的可见光反应装置考察可见光下 PFOA 在 In_2O_3 上的降解反应。所用光源为 300W 氙灯，总输出功率 50W，配一个可见透射滤光片（VISREF，波长输出为 400~780nm）。可见光以外照方式，经由一石英冷阱投射到反应器的溶液中。石英冷阱的主要作用是滤除大部分红外热量并起到一定的冷却作用。反应的溶液体积为 130mL，加入 65mg 催化

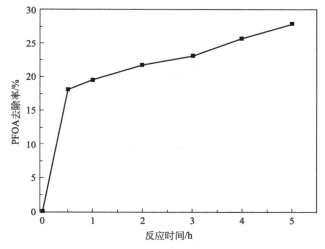

图 2-137　In_2O_3 催化剂在可见光照射下 PFOA 降解率随反应时间的变化

剂，通过磁子搅拌混合均匀。PFOA 降解率随反应时间的变化如图 2-137 所示。反应起始的 0.5h，转化率较高，达到约 18%，之后缓慢上升，大约每小时转化率为 2%。这主要是因为起始阶段，约 12% 的 PFOA 已化学吸附于 In_2O_3 表面，有利于电子的直接转移。与 254nm 紫外光下的反应结果相比，可知可见光下的反应在初始的 0.5h 内转化率与紫外光下的相当，但之后转化率上升较慢，主要还是因为可见光下 In_2O_3 半导体的量子效率偏低，影响了降解反应速率。

2.4 纳米 Ga₂O₃ 催化材料

β-Ga₂O₃ 是一种性能优良的发光材料，具有宽的禁带（4.8eV），广泛应用于气敏传感器、紫外探测器、透明导电电极等领域。但是将 β-Ga₂O₃ 作为光催化剂应用于环境治理领域的报道并不多，这是因为 β-Ga₂O₃ 是一种深紫外光区域的半导体材料，没有可见光响应，而且价格要高于 TiO₂，所以限制了 β-Ga₂O₃ 在环境治理中的应用。TiO₂ 是一种广泛地被应用于环境治理中的半导体材料，特别是处理废水和室内空气。但是在 TiO₂ 不能处理的环境中，β-Ga₂O₃ 能发挥出优异的光催化特性。如在干燥环境中，TiO₂ 并不能光催化降解苯，然而 β-Ga₂O₃ 却可以在较短时间内将其降解掉。

按图 2-138 所示的水热法加热流程制备 β-Ga₂O₃：取 2g(5mmol) 硝酸镓水合物溶解在 20mL 水中，然后加入 0.1173g 聚乙烯醇（PVA，MW＝22000），用 NaOH 调节 pH，将溶液在 90℃下水浴加热 10min，至 PVA 完全溶解。将以上溶液转移到 25mL 聚四氟乙烯水热釜中，密封后放置在恒温干燥箱中，保持 200℃恒定温度 8h，取出水热釜，冷却至室温，将釜内产物离心分离，分别用去离子水和无水乙醇洗 3 次，所得白色固体在室温下干燥，干燥后的粉末置于管式炉中，在氮气气氛下，以 1℃/min 的升温速率升至 700℃，并保持 2h，最后自然冷却得到产物。

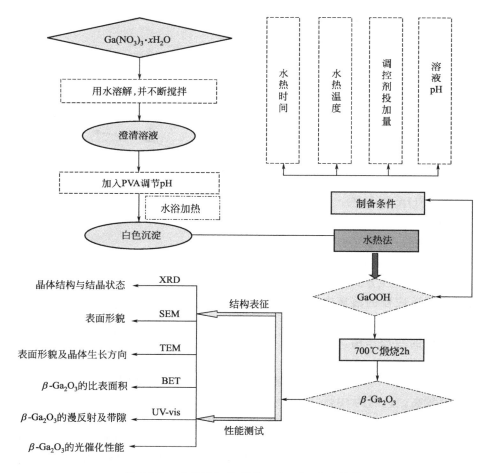

图 2-138　水热法加热制备 β-Ga₂O₃ 实验流程

2.4.1　制备条件对氧化镓前驱体形貌的影响

（1）PVA 投加量的影响

实验中作为对比的催化剂商品（Ga$_2$O$_3$，99.99%）购买自中国国药集团。用扫描电子显微镜（SEM）观察商品 Ga$_2$O$_3$ 的形貌，图 2-139 是商品氧化镓的 SEM 图，如图所示，商品氧化镓无均一形貌，多为类似柱状的形貌，尺度为微米级，长 4～6μm，直径 2～4μm。

图 2-139　商品氧化镓的 SEM 图

(a) 0mmol

(b) 1mmol

(c) 2mmol

(d) 3mmol

图 2-140　PVA 用量对 GaOOH 前驱体形貌的影响

以聚乙烯醇（PVA）辅助的水热方法合成 Ga_2O_3 前驱体，经 XRD 表征，水热后产物为 GaOOH。水热反应中，PVA 作为形貌调控剂，其存在与否及其用量多少影响水热的形貌。如图 2-140 所示，当其他条件不变（不调节水热溶液 pH，水热溶液的 pH＝1.8，水热反应 8h），不在水热体系中添加 PVA 时，合成的 GaOOH 为微米尺度的形貌和尺寸不均一的柱状，形貌类似商品 Ga_2O_3。在水热体系中添加 1mmol PVA 后，水热后的产物中有大小不一的片状物和片与片之间未分开的束状物；当水热体系中 PVA 量增加到 2mmol 时，生成的产物为完整均一的具有纳米结构的束状物，片与片之间中间紧贴，两端分散开，长 4～5μm，每片宽 100～300nm；而 PVA 量为 3mmol 时，束状物的每一片的尺度增大，长为 5～10μm，宽达 1μm。PVA 对于形貌调控的机理，可能为在晶体成核、生长过程中，吸附在特定的晶面上，通过控制不同晶面的生长速度，使得晶体定向生长，生成具有特定形貌的材料。

综上，随着 PVA 添加量的增大，合成的 GaOOH 形貌从柱状往束状逐渐转变，在 PVA 添加量为 2mmol 时，能制备出形貌最完整、具有纳米结构的束状 GaOOH，在此基础上增加 PVA 的添加量，会使合成的 GaOOH 尺度增大。

（2）水热时间的影响

为了进一步了解 GaOOH 的形成过程，对不同水热反应时间获得的 GaOOH 通过 SEM 表征。图 2-141 分别是水热反应 1h、3h、6h、8h 后获得的产物的 SEM 图。如图可见，当反

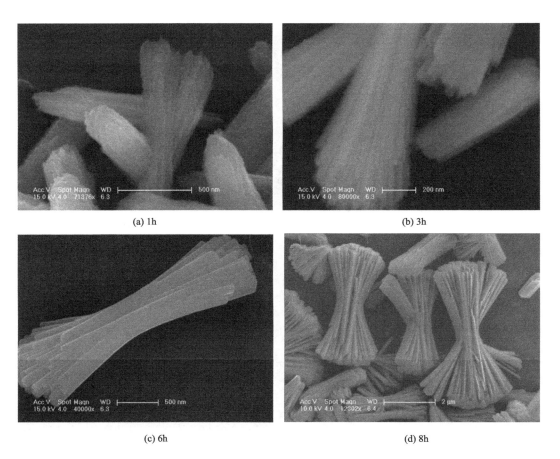

(a) 1h　　　　　　　　　　　　　　　(b) 3h

(c) 6h　　　　　　　　　　　　　　　(d) 8h

图 2-141　不同反应时间的 GaOOH 产物 SEM 图

应进行 1h 时，产物为聚集的胶状物，无固定形貌，表面十分粗糙，平均长度为 700～900nm［图 2-141(a)］。当反应时间延长到 3h 时，可观察到束状形貌的雏形，但每束的片与片连在一起，边缘以外部分尚未分开［图 2-141(b)］。当反应时间延长到 6h 时，束状结构中的片与片之间大体分开，边缘更加光滑，但每一片的长短不均，束状物的平均长度延伸到 2～3μm［图 2-141(c)］。反应时间为 8h 时，产物具有均一的束状形貌，束状的两端分散开，组成束的纳米片长短均一，平均长度增长到 4～6μm［图 2-141(d)］。

以上结果表明，随着水热时间的延长，以水热溶液中的 Ga^{3+} 为原料，GaOOH 的生长经历一个长度逐渐延长，宽度逐渐加宽，片状两端逐渐分离，形貌逐渐完整的变化过程。

（3）溶液 pH 的影响

水热溶液的 pH 值作为一个重要的反应条件，也会对材料的形貌产生重要的影响，由于 $Ga(NO_3)_3$ 在酸性下保存，在未调节时 $Ga(NO_3)_3$ 水热溶液 pH＝1.8，以 NaOH 溶液调节水热溶液的 pH 值，研究 pH 值对形貌的影响。图 2-142 为 PVA 添加量 2mmol，水热反应 8h 后获得的水热产物电镜照片。pH＝1.8 的条件下水热产物为完整束状物，长 4～5μm；pH＝2.2 的条件下，束状物尺度变大（7～9μm）并趋于解体破碎，部分束状结构解体为片状结构；pH＝3.4 时，水热产物为短而粗的棒状，长 1～3μm，直径 200～500nm；pH＝

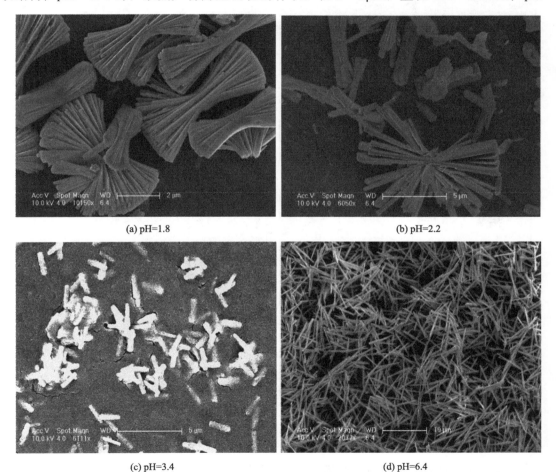

(a) pH=1.8　　　　　　　　　　　(b) pH=2.2

(c) pH=3.4　　　　　　　　　　　(d) pH=6.4

图 2-142　pH 值对 GaOOH 前驱体形貌的影响

6.4时，产物为两端略细的针状物，这些针状产物尺寸分布均匀，分散性较好，宽100～200nm，长3～6μm。

pH对形貌的影响可归因于对其晶体的生长速度的影响。为了解pH＝6.4时晶体的生长情况，在溶液pH＝6.4时，对不同反应时间获得的GaOOH通过SEM表征，如图2-143所示，可见当反应进行1h时，产物为纳米粒子的聚集体，呈团絮状，无固定的形貌［图2-143(a)］。当反应时间延长到3h时，可以观察到一些长3～5μm，宽200～400nm，边缘较为粗糙的针状结构［图2-143(b)］。当反应时间延长到6h时，针状结构长度延长为5～8μm，宽度变窄为100～200nm［图2-143(c)］。当反应时间延长到8h时，生成的纳米针结构边缘较前面的反应时间光滑，但仍有纳米粒子和絮状物的存在，说明晶体还在生长的过程中［图2-143(d)］。与pH＝1.8条件下相比，可知晶体的生长速度在pH＝6.4条件下比pH＝1.8条件下慢。在pH＝1.8条件下，晶体的生长速度较快，产物易为聚集形貌，而当水热溶液的pH较高时，晶体的生长速度变慢，因此产物易为棒状、针状等分散形貌。

(a) 1h

(b) 3h

(c) 6h

(d) 8h

图2-143　不同反应时间的GaOOH产物SEM图溶液

综上，未对pH进行调节时，水热溶液为强酸性，合成的GaOOH前驱体为束状，随着pH的增大，前驱体的形貌按束状-片状-短棒状-针状转变。

2.4.2 Ga₂O₃ 催化剂的表征

（1）Ga₂O₃ 的晶相

图 2-144(a) 为溶液 pH＝1.8，PVA＝2mmol，反应 8h 后得到水热产物的 XRD 图。从图中可以看到，水热后产物为纯的 GaOOH（a＝5.409Å，b＝9.757Å，c＝2.975Å，JCP-DS41-6180），峰形尖锐，说明结晶良好，没有发现其他杂质的存在。图 2-144(b) 为将水热后产物在 700℃下加热 2h 后得到的产物的 XRD 图。可以看出得到的最终产物为单斜晶系的 Ga₂O₃（a＝12.227Å，b＝3.039Å，c＝5.808Å，JCPDS41-1103），结晶性很好，没有发现其他杂质的存在。当水热溶液 pH＝6.4，PVA＝2mmol，反应 8h 后获得的水热产物和煅烧后产物的 XRD 图结果与之相同，也为结晶性良好的 GaOOH 和 Ga₂O₃。

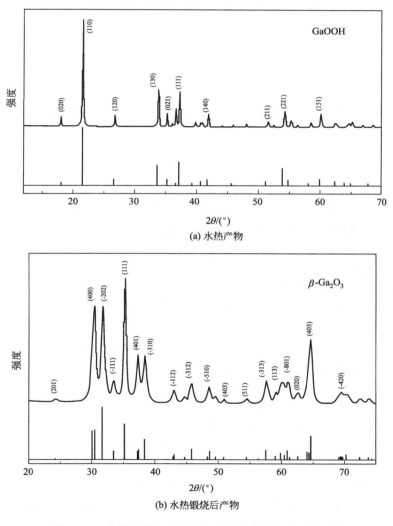

(a) 水热产物

(b) 水热煅烧后产物

图 2-144　水热产物和水热煅烧后所得产物的 XRD 图谱

Ga₂O₃ 前驱体的热分解行为通过热重-扫描量热法（TG-DSC）进行研究（图 2-145），如图所示的 DSC 曲线上，在 224℃左右有一个弱的吸热峰，对应在 TG 曲线上，300℃以下失重 0.91%，这一步主要是脱去吸附的水和 PVA；在 DSC 曲线上，388℃有一个强的吸热峰，对应在 TG 曲线上失重 8.69％，可以认为是从 GaOOH 到 Ga₂O₃ 的转化。第二步的失重值与从 GaOOH 转化成 Ga₂O₃ 的理论失重量（8.76％）大致相同（GaOOH＝1/2Ga₂O₃＋1/2H₂O），这说明当加热温度大于 388℃时，GaOOH 可以转化成 Ga₂O₃。在 DSC 曲线上700℃有一个弱放热峰，对应 TG 曲线几乎无质量损失，说明在这个温度下不同晶型 Ga₂O₃的转变。

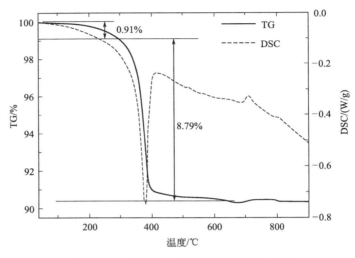

图 2-145   前驱体 GaOOH 的 TG-DSC 曲线

（2） Ga₂O₃ 的形貌

图 2-146(a)、（b） 和 （c） 为溶液 pH＝1.8，PVA＝2mmol，反应 8h 后获得的水热产物 GaOOH 的扫描电镜照片，可见水热产物有比较特殊的形貌，像一束片状的晶体捆在一起，中间紧密连接，两头散开，因此称之为束状 Ga₂O₃。除了整束结构外，还观察到 V 形的半束结构。束与束之间物理分散，紧密堆叠，无团聚，通过高倍数的 SEM 图片可观察到，束状结构长 2～3μm，直径 0.5～1μm，束状结构的每一片晶体平均宽 100nm，厚10nm。图 2-146(d) 为 700℃煅烧 2h 后的产物，如图所示，产物 Ga₂O₃ 保持了前驱体的形貌，但表面由于煅烧中脱水变得粗糙。

图 2-147 为束状 Ga₂O₃ 的 TEM 图片和 HRTEM 图片，图 2-147(a) 进一步证明所得产物为由纳米片中部紧密连接两端分散而成的束状结构。此外，点状的 SAED 图谱表明获得的 Ga₂O₃ 具有单晶的结构；而且，清晰的衍射斑点表明产物具有良好的结晶性。图 2-147(b) 给出了单根纳米棒尖端的高分辨透射电镜 HRTEM 照片，可以看出纳米棒表面清晰的晶格条纹。垂直于纳米针生长方向的晶面的间距为 0.296nm，对应着 Ga₂O₃ 的 （100） 晶面。所以制备的 Ga₂O₃ 纳米针长轴方向与（100）方向相平行，因此（100）方向为 Ga₂O₃纳米针的择优生长方向。

图 2-148(a) 和 （b） 为溶液 pH＝6.4，PVA＝2mmol，反应 8h，700℃煅烧 2h 后获得的 Ga₂O₃ 的扫描电镜照片，产物为两端略细的针状物，因此称之为针状 Ga₂O₃，这些针状 Ga₂O₃ 尺寸分布均匀，分散性较好，宽 100～200nm，长 3～6μm，样品表面比较粗糙。

图 2-148(b) 高倍 SEM 和图 2-149(a) TEM 照片都证实所得 β-Ga₂O₃ 颗粒分散性较好，没有明显的团聚，宽 100～200nm，为两端略细的针状结构。此外，点状的选区电子衍射（SAED） 照片表明获得的 Ga₂O₃ 具有单晶的结构 ［图 2-149(b)］，清晰的衍射斑点表明产

物具有良好的结晶性。图 2-149（b）左下图给出了单根纳米棒尖端的高分辨透射电镜（HRTEM）照片，从图中可以看到纳米针表面清晰的晶格条纹，垂直于纳米针生长方向的晶面间距为 0.152nm，对应 β-Ga_2O_3 的（020）晶面，所以制备的 β-Ga_2O_3 纳米针长轴方向与（020）方向平行，（020）方向为 β-Ga_2O_3 纳米针的优势生长方向。

(a)   (b)

(c)   (d)

图 2-146 束状氧化镓的扫描电子显微镜照片

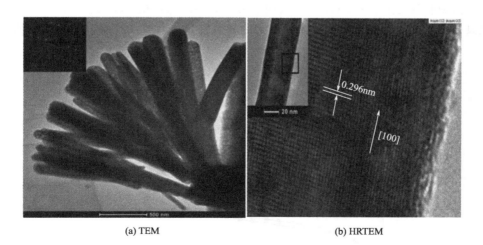

(a) TEM   (b) HRTEM

图 2-147 束状氧化镓的透射电子显微镜照片

（3）Ga_2O_3 的比表面积

束状 Ga_2O_3 的多孔质地通过 Brunauer-Emmett-Teller（BET）气体吸附仪进行测量。

(a) 低倍   (b) 高倍

图 2-148　针状氧化镓 SEM 图

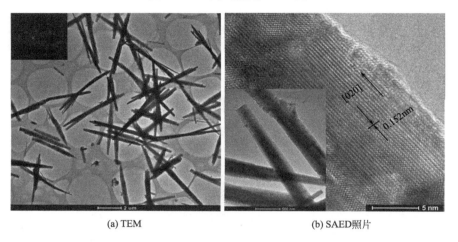

(a) TEM   (b) SAED照片

图 2-149　针状氧化镓的 TEM 和 SAED 照片

图 2-150 给出了束状 Ga_2O_3 的 N_2 吸附-脱附等温曲线。利用 Brunauer-Emmett-Teller（BET）法，计算得到制备的束状 Ga_2O_3 的比表面积为 $36.14m^2/g$，相比较而言，商品 Ga_2O_3 的比表面积只有 $11.50m^2/g$。吸附等温线可以认为是类型 IV，该类型是介孔材料的特征。

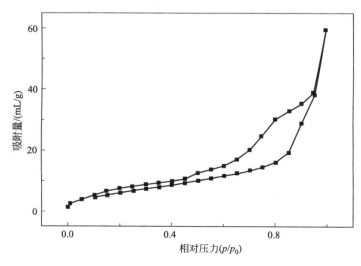

图 2-150　束状氧化镓的 N_2 吸附-脱附等温曲线

　　图 2-151 给出了束状 Ga_2O_3 的孔径分布情况，孔径分布表明存在大量的 2～4nm 的孔，这些孔可能是由于热处理过程中，纳米 Ga_2O_3 脱去水分及吸附在表面的 PVA 而引起的，还存在大量 5～13nm 的较大孔，来源于束状 Ga_2O_3 堆叠而产生的空隙。这些孔的存在增大了产物的比表面积。

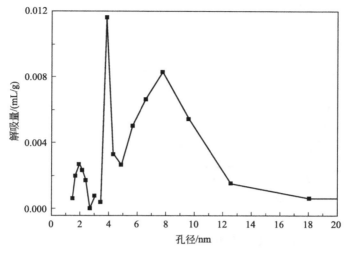

图 2-151　束状氧化镓的 BJH 脱附孔尺寸分布

　　图 2-152 为针状 Ga_2O_3 的 N_2 吸附-脱附等温曲线和孔径分布。利用 Brunauer-Emmett-Teller（BET）法，计算得到制备的针状 Ga_2O_3 的比表面积为 $25.95m^2/g$，吸附等温线显示为类型 IV，说明合成得到的针状 Ga_2O_3 为介孔材料。从吸附等温线得到的孔尺寸分布呈现双峰模式，除少量 4nm 左右的孔外，存在较多的 6～25nm 的孔，这些孔可能是由于热处理过程中 Ga_2O_3 前躯物脱水和催化剂堆积形成的。

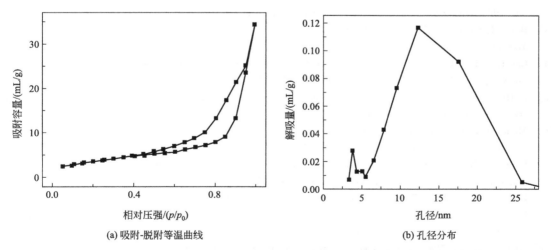

(a) 吸附-脱附等温曲线　　　　　　　　　　(b) 孔径分布

图 2-152　针状氧化镓的 N_2 吸附-脱附等温曲线及孔分布图

（4）Ga_2O_3 的紫外可见光谱

　　束状 Ga_2O_3、针状 Ga_2O_3 和商品 Ga_2O_3 的紫外-可见吸收光谱在图 2-153 中给出。由该图可以看出，β-Ga_2O_3 在紫外光区域内有明显的吸收，吸收范围在 200～380nm 之间，与商品 Ga_2O_3 相比，束状 Ga_2O_3 和针状 Ga_2O_3 的吸收均呈现出轻微的蓝移，这是因为催化剂尺寸减小表现出量子尺寸效应所致。由 $h\nu$-$(ah\nu)^2$ 关系可知，束状 Ga_2O_3 和针状 Ga_2O_3 的带能分别为 4.65eV 和 4.68eV，商品 Ga_2O_3 的带能为 4.57eV[33]。

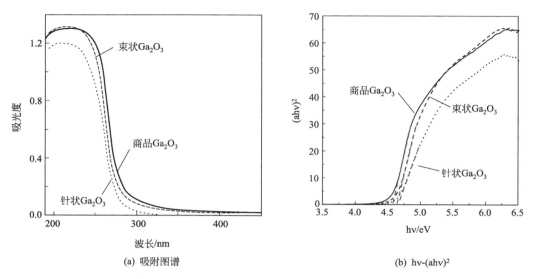

(a) 吸附图谱　　　　　　　　　　　(b) hν-(ahν)²

图 2-153　束状 Ga_2O_3、针状 Ga_2O_3 和商品 Ga_2O_3 的紫外-可见吸收光谱

◆ 参考文献 ◆

[1] Fujishima A., Honda K.. Electrochemical Photolysis of Water at a Semiconductor Electrode [M]. Nature, 1972, 238, 37-38.

[2] Mehrdad K., Madjid M., Tom T.. Development of novel TiO₂ sol-gel-derived composite and its photocatalytic activities for trichloroethylene oxidation [J]. Applied Catalysis B: Environmental, 2004, 53: 209-219.

[3] 向蓉, 黄菊, 刘晔, 等. 纳米 ZnO 光催化降解溴化乙锭（EB）的初步研究 [J]. 环境化学, 2007, 26（4）: 516-518.

[4] Chakrabarti S., Dutta BK.. Photocatalytic degradation of model texile dyes in wastewater using ZnO as semiconductor catalyst [J]. J Hazardous Mater B, 2004, 112 (3): 269-278.

[5] Li Hui, Zhang Yu, Liu Hongfei, et al. Large ZnO mesocrystals of hexagonal columnar morphology derived from liquid crystal templates [J]. J Am Ceram Soc, 2011, 94: 3267-3275.

[6] Matin SM., Aidin L., Simchi A.. Effect of morphology on the solar photocatalytic behavior of ZnO nanostructures [J]. Journal of Alloys and Compounds, 2009, 485: 616-620.

[7] Li Qiuyu, Wang Enbo, Li Siheng, et al. Template-free polyoxometalate-assisted synthesis for ZnO hollow spheres [J]. Journal of Solid State Chemistry, 2009, 182: 1149-1155.

[8] 赵秀丽. TiO₂ 光催化剂及 TiO₂/ZnO 复合光催化剂的制备和性能研究 [D]. 秦皇岛: 燕山大学, 2012, 39-40.

[9] Lee. JS, You. KH, Park. CB, Highly Photoactive, Low Bandgap TiO₂ Nanoparticles Wrapped by Graphene [J]. Advanced Materials, 2012, 24: 1084-1088.

[10] Pan Xuan, Zhao Yong, Liu Shu, et al. Comparing Graphene-TiO₂ Nanowire and Graphene-TiO₂ Nanoparticle Composite Photocatalysts [J]. Applied Materials & Interfaces, 2012, 4: 3944-3950.

[11] Du Jiang, Yang Nailiang, Zhai Jin, et al. Hierarchically Ordered Macro-Mesoporous TiO₂ Graphene CompositeFilms: Improved Mass Transfer, Reduced Charge Recombination, and Their Enhanced Photocatalytic Activities [J]. ACS Nano, 2011, 5 (1): 590-596.

[12] CaiDongyu and SongMo. Preparation of fully exfoliated graphite oxide nanoplatelets in organic solvents [J]. Journal of Material Chemistry, 2007, 17 (35): 3678-3680.

[13] XuChao, WangXin, ZhuJunwu. Graphene-metal particle nanocomposites [J]. The Journal of Physical Chemistry, 2008, 112 (50): 19841-19845.

[14] CaiDongyu and SongMo. Preparation of fully exfoliated graphite oxide nanoplatelets in organic solvents [J]. Journal of Material Chemistry, 2007, 17 (35): 3678-3680.

[15] JiangBaojiang, Tian Chungui, ZhouWei, et al. In Situ Growth of TiO_2 in Interlayers of expanded graphite for the fabrication of TiO_2-graphene with enhanced photocatalytic activity [J]. Chemistry-A European Journal, 2011, 17 (30): 8379-8387.

[16] Karakitsou KE., Verykios XE.. Effects of Altervalent Cation Doping of TiO_2 on Its Performance as a Photocatalyst for Water Cleavage [J]. Journal of Physical Chemistry, 1993, 97 (6): 1184-1189.

[17] Littera ML., Naviob JA.. Photocatalytic properties of iron-doped titania semiconductors [J]. Journal of Photochemistry and Photobiology A: Chemistry, 1996, 98 (3): 171-181.

[18] Chen DA., Seutter SM., McCarty KF., et al. Small, uniform, and thermally stable sliver particles on TiO_2 (110) - (1×1) [J]. Surface Science, 2000, 464 (1): 708-714.

[19] 张浩, 刘秀玉, 朱庆明, 等. Cu 掺杂 TiO_2 光催化降解室内甲醛气体的实验研究 [J]. 过程工程学报, 2012, 12 (4): 696-701.

[20] 郑先君, 赵建波, 黄娟, 等. 铜掺杂 TiO_2 的制备、表征及光催化产氢性能 [J]. 桂林理工大学学报, 2012, 32 (4): 576-579.

[21] Pingfeng Fu, Pengyi Zhang. Enhanced photoelectrochemical properties and photocatalytic activity of porous TiO_2 films with highly dispersed small Au nanoparticles [J]. Thin Solid Films, 2011, 519: 3480-3486.

[22] Pingfeng Fu, Pengyi Zhang, Jia Li. Photocatalytic degradation of low concentration formaldehyde and simultaneous elimination of ozone by-product using palladium modified TiO_2 films under UV254+185nm irradiation [M]. Applied Catalysis B Environmental, 2011, 105, 220-228.

[23] Pingfeng Fu, Pengyi Zhang. Uniform dispersion of Au nanoparticles on TiO_2 films via electrostatic self-assembly for photocatalytic degradation of bisphenol A [M]. Applied Catalysis B Environmental, 2010, 96, 176-184.

[24] 李佳, 傅平丰, 张彭义. 纳米 Au/TiO_2 薄膜真空紫外光催化降解甲醛 [J]. 中国环境科学 2010, 30 (11): 1441-1445.

[25] 傅平丰, 张彭义. 低温吸附制备 Au-TiO_2 复合薄膜及其光电化学性质 [J], 无机化学学报, 2009, 25 (11): 2026-2030.

[26] C. Wang, D. Chen, X. Jiao. Flower-like In_2O_3 nanostructures derived from novel precursor: synthesis, characterization, and formation mechanism [J]. J. Phys. Chem. C 113 (2009) 7714-7718.

[27] C. Wang, D. Chen, X. Jiao, C. Chen. Lotus-root-like In_2O_3 nanostructures: fabrication, characterization, and photoluminescence properties [J]. J. Phys. Chem. C 111 (2007) 13398-13403.

[28] P. Zhao, T. Huang, K. Huang. Fabrication of indium sulfide hollow spheres and their conversion to indium oxide hollow spheres consisting of multipore nanoflakes [J]. J. Phys. Chem. C 111 (2007) 12890-12897.

[29] T. Siciliano, A. Tepore, G. Micocci, A. Genga, M. Siciliano, E. Filippo. Formation of In_2O_3 microrods in thermal treated InSe single crystal, Cryst [J]. Growth Des. 11 (2011) 1924-1929.

[30] L. Chen, Y. Liang, Z. Zhang, Corundum-type In_2O_3 urchin-like nanostructures: synthesis derived from orthorhombic InOOH and application in photocatalysis, Eur [J]. J. Inorg. Chem. 2009: 903-909.

[31] B. Li, Y. Xie, M. Jing, G. Rong, Ye. Tang, G. Zhang. In_2O_3 hollow microspheres: synthesis from designed In(OH)$_3$ precursors and applications in gas sensors and photocatalysis, Langmuir 22 (2006) 9380-9385.

[32] S. Chen, X. Yu, H. Zhang, W. Liu. Preparation, characterization and activity evaluation of heterostructure In_2O_3/In(OH)$_3$ photocatalyst [J]. J. Hazard. Mater. 180 (2010) 735-740.

[33] J. Lv, T. Kako, Z. Li, Z. Zou, J. Ye. Synthesis and photocatalytic activities of $NaNbO_3$ rods modified by In_2O_3 nanoparticles [J]. J. Phys. Chem. C 114 (2010) 6157-6162.

第3章

光催化材料在室内空气净化中的应用

　　随着现代工业的发展，室内空气中污染物质的品种和数量不断增加，挥发性有机化合物（Volatile Organic Compounds，VOCs）就是属于气态污染物的一类化合物。挥发性有机化合物通常是指在常温下饱和蒸气压大于70.91Pa或沸点在260℃以下的有机化合物，如芳香烃、脂肪烃、卤代烃及含氧烃等，这些有机物大多是一个分子中碳原子数少于12的化合物[1,2]。从环境监测角度来讲，挥发性有机物指以氢火焰离子检测器测出的非甲烷类检出物的总称，包括烃类、含氧烃类、含卤烃类、氮烃及含硫烃等[3-6]。室内VOCs除了来自于室外污染源外，还有一些室内污染源。由于现代城市建筑物中空调的广泛使用，减少了室内空气与外界大气的交换，室内空气中VOCs的污染问题比室外要复杂和严重得多。室内挥发性有机物的控制策略主要有两个方面：一是进行源头控制，二是通过各种净化技术去除挥发性有机物[3-13]。光催化氧化法是一种新型的除去VOCs的方法，它利用半导体光催化剂在紫外光的照射下产生的强氧化性羟基自由基和负氧离子，以破坏空气中的各种污染物，从而达到净化目的[14-17]。

3.1　室内空气中挥发性有机污染物研究进展

　　室内空气中污染物种类繁多，污染源分布广。室内装修装饰材料、家具、人体本身以及各类办公、生活设备等都不同程度地散发有害气体。此外，有些有害气体通过供风系统等空气交换方式从室外大气环境进入室内。室内空气污染物大致可以划分为挥发性有机物、颗粒物、无机污染物、生物性污染物、放射性污染物等。

3.1.1　室内空气中主要污染物的种类及浓度

　　挥发性有机污染物分为四类[7-11]：极易挥发性有机物（Very Volatile Organic Compounds，VVOCs）、挥发性有机物（VOCs）、半挥发性有机物（Semivolatile Organic Compounds，SVOCs）和与颗粒物或颗粒有机物有关的有机物（Particulate Organic Matter，POM）。而在对室内有机污染物的检测方面基本上以VOCs代表有机物的污染状况。表3-1总结了国内外文献中报道的室内环境中常见的VOCs及其浓度范围。

　　半挥发性有机物（SVOCs）通常是指在常温下饱和蒸气压在$10^{-9} \sim 10$Pa或常压下饱和

混合比（体积比）在 $0.01 \times 10^{-12} \sim 100 \times 10^{-6}$ 的有机化合物，如多环芳烃、磷脂、多氯联苯等，这些有机物大多是相对分子质量在 170 以上的化合物[7]。

表 3-1 室内空气中常见的 VOCs 浓度范围[16]

VOCs 种类		浓度范围/$(\mu g/m^3)$	VOCs 种类		浓度范围/$(\mu g/m^3)$
脂肪烃	环己烷	5～230	卤代烃	三氯氟甲烷	1～230
	甲基环戊烷	0.1～139		二氯甲烷	20～5000
	己烷	100～269		氯仿	10～50
	庚烷	50～500		四氯化碳	200～1100
	辛烷	50～550		1,1,1-三氯乙烷	10～8300
	壬烷	10～400		三氯乙烯	1～50
	癸烷	10～1100		四氯乙烯	1～617
	十一烷	5～950		氯苯	1～500
	十二烷	10～220		1,4-二氯苯	1～250
	2-甲基戊烷	10～200	醇	甲醇	0～280
	2-甲基己烷	5～278		乙醇	0～15
芳香烃	苯	10～500		2-丙醇	0～10
	甲苯	50～2300	醛	甲醛	20～1500
	乙苯	5～380		乙醛	10～500
	正丙基苯	1～6		己醛	1～10
	1,2,4-三甲基苯	10～400	酮	2-丙酮	5～50
	联苯	0.1～5		2-丁酮	10～600
	间/对-二甲苯	25～300	酯	乙酸乙酯	1～240
萜烃	α-蒎烯	1～605		正醋酸丁酯	2～12
	莱烯	20～50			

总悬浮颗粒物（TSP）能长时间悬浮于空气中，由粒径 $0.05 \sim 100 \mu m$ 的颗粒物组成，其中空气动力学当量直径小于 $10\mu m$ 的颗粒（PM_{10}）又称为可吸入颗粒物。文献报道[7]室内空气中 PM_{10} 的浓度范围为 $21 \sim 617\mu g/m^3$，$PM_{2.5}$（粒径小于 $2.5\mu m$ 的颗粒）的浓度范围为 $4.4 \sim 138\mu g/m^3$，超微颗粒（$d < 1\mu m$）的数密度范围为 $900 \sim 41900$ 个/cm^3。PM_{10} 能够进入人体的上下呼吸道，更细小的颗粒（$PM_{2.5}$ 和 $PM_{0.1}$）可以深入肺部发生沉积，甚至通过肺泡进入血液循环。同时，细颗粒物上很可能富集重金属、酸性氧化物、有机污染物（如多环芳烃、农药等），也可能是细菌和真菌的载体，对人体危害极大。

室内空气中存在的各种挥发性有机物可以通过感官和机体化学应激的方式被人感知。对于无腐蚀性的 VOCs，其刺激阈值［相当于大部分 VOCs 的限制阈值（Threshold Limit Value，TLV）］至少比嗅觉阈值高 1～4 个数量级。当 VOCs 的浓度高于其刺激阈值时，可能引发眼睛和上呼吸道的感官刺激（如眼鼻喉刺激、黏膜和皮肤干燥、非特异性过敏以及头疼、疲乏及精神集中问题等其他一般性的健康症状）；当 VOCs 的浓度远低于其刺激阈值却高于其相应的嗅觉阈值时，仍会有刺激感存在，这种刺激感大多来自于嗅觉干扰，还可能伴有对毒性的担忧，可能是生理因素（自下而上过程）和心理因素（自上而下过程）共同作用的结果[18-20]。

醛类物质由于其特殊的化学结构，通常具有低嗅觉阈值，例如不饱和或环氧化的 C_{10} 醛类因含有碳碳双键和环氧基团，其嗅觉阈值很低，癸醛的嗅阈在 $1000 \sim 3000 ng/m^3$，而 2-癸烯醛则大约在 $4000 ng/m^3$。很多醛类及酸类物质，特别是碳链较短的化合物，具有很高的反应活性并且容易引起感官刺激。因此针对具有反应活性及嗅觉阈值较低的典型醛类物质提出更高效的净化措施，可以显著提高室内空气质量，满足人们实际生活与工作环境中对环境质量的要求。

3.1.2 室内挥发性有机物的来源

室内 VOCs 主要来自室内污染源，如表 3-2 所示。以醛类物质为例，很多研究表明，室内醛类物质的浓度通常是室外的 2～13 倍[11-13]，这说明其主要来源在室内。在非工业室内环境（建筑物、汽车、机舱）中因使用建筑材料、硬木、胶合板、复合地板、黏合剂、涂料、溶剂、家用清洁产品和无通风口的燃料燃烧设备等都会导致 VOCs 的产生，其中醛类物质还可以通过室内不饱和挥发性有机物与臭氧反应生成。吸烟也是室内 VOCs 的重要来源之一。

表 3-2　室内空气中常见 VOCs 常见污染源

类　　别	污染源示例
建筑材料与家具	木质板材、涂料、涂料溶剂、木材防腐剂、地毯等
家居和办公用品	干燥剂、胶水、织物、化妆品、防蛀剂、空气清新剂、干洗的衣物、计算机、复印机等
日常生活	做饭、吸烟、人自身的新陈代谢等

（1）建筑材料和产品

居室装饰材料及家具制品如涂料、胶合板、刨花板、泡沫填料等能够释放大量挥发性有机化合物。我国科研工作者在对装修三年以内的居室的空气监测中检出 VOCs 共计 256 种，这些化合物大致可分为 9 大类，即芳香烃、饱和脂肪烃、不饱和脂肪烃、环烷烃、萜烯类、脂肪醇类、醛酮类、脂肪酸类、酯类和卤代烃类。其中装修 3 个月内的居室各项指标污染最为严重，总挥发性有机化合物（TVOC）超标率高达 100%，装修 1 年后的办公室中 TVOC 超标率为 54%，而未装修或装修时间在 3 年以上的居室和办公室内苯系物和 TVOC 的浓度均低于标准水平，说明室内空气中 VOCs 污染主要来自于装修材料的释放，而且 VOCs 的浓度随着装修时间的延长逐渐呈下降趋势。研究发现，经过装修的家庭室内空气中，检出率最高的是苯、甲苯、二甲苯等苯系物和乙酸乙酯、乙酸丁酯等低分子酯类以及环己酮、戊醛、丁醛等低分子醛酮类和蒎烯类。

（2）室内家居及办公用品

日常生活中人们用到的家居产品如洗涤剂、消毒剂、空气清新剂以及办公使用打印机、传真机、电脑等物品都会向室内空气中散发不同种类的 VOCs。Singer BC 等人检测到由于使用室内清洁产品而释放的 1,4-二氯苯、萜醇、萜碳氧化合物等，并研究发现该类物质很容易与臭氧进一步反应生成其他二次污染物。WolkoffP 等人的研究表明，图文传真机、电脑终端机及打印机等办公用品会释放出三氯乙烯、四氯乙烯、苯、乙苯等 VOCs，引发人体眼、鼻刺激等多种不适反应[18]。

（3）人类活动

人是室内环境中的主体，人的体味中包括多种 VOCs，现已检测出的物质包括醇、酮、醛、酯、醚、碳水化合物以及其他物质，甚至人的呼吸也会释放 VOCs。研究结果表明[21]，人体在新陈代谢过程中，会产生约 500 多种化学物质，经呼吸道排出的有 149 种。人体通过皮肤汗腺排出的体内废物多达 171 种，例如尿素、氨等。此外，人体皮肤脱落的细胞大约占空气尘埃的 90%。若浓度过高，将形成室内生物污染，影响人体健康，甚至诱发多种疾病。同时人的活动，如清洁、烹饪、化妆等，都可能直接或间接造成室内空气中 VOCs 浓度临时大幅增加。

此外，烟草烟气（Environmental Tobacco Smoke，ETS）也是与人类活动相关的室内空气污染物的主要来源。ETS 中主要含有乙醛、1,3-丁二烯、苯乙烯、2-硝基丙烷、甲苯等多种挥发性有机物。RichardJ 等研究了烟草烟气中的挥发性有机物与臭氧之间的反应，将烟草烟气中含量较多、化学结构具有代表性的 18 种化合物分为相对惰性、臭氧浓度较高时可与其发生反应以及较易与臭氧反应的一次产物。发现在臭氧浓度较高 [$<1.4\times10^{-6}$（体积比）] 时，含有不饱和碳碳键的化合物大幅减少，而相应的醛类物质浓度增加，其中有些醛类较其前体更具刺激性。其反应原理与其他室内来源的不饱和碳碳键与臭氧反应的原理类似。

3.1.3　室内挥发性有机物间的反应与二次释放

2000 年健康建筑会议（Healthy Building Conference 2000）上提出了一次和二次释放的概念。一次释放指新产品通过物理过程释放其中存在的化合物。二次释放指产品中或室内环境中存在的化学物质通过反应产生新的化合物。对常规建材进行化学和感觉的联合测试显示，尽管检测到的 VOCs 在两周内减少或消失（降到检测限以下），但是此后将进入一个几乎稳定的平台期并持续数月，这是由于许多材料通过二次释放继续放出 VOCs，而且这种二次释放对室内环境质量的影响可能更为持久，因此室内材料的二次释放近年来引起了关注。一次释放与二次释放的关系及其对室内空气质量的影响如图 3-1 所示，已有研究表明[22]，上述室内相关反应的产物对室内空气质量有负面影响，对人体健康也有不利因素。

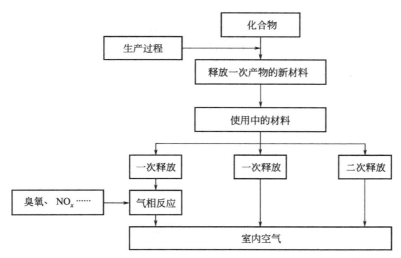

图 3-1　室内使用材料中化学成分的初级和次级散发

E. Uhde 和 T. Salthammer 将室内材料、家具等可能发生的化学反应归纳为以下几种。

（1）活性气体（如臭氧）引发二次散发

室内许多反应都直接或间接地与臭氧有关[23-27]。在室内装修材料释放的活泼化学物质中，不饱和有机物（如萜类、倍半萜类、不饱和脂肪酸等）是其重要组成部分。臭氧能够与这些物质反应产生活泼的中间体如羟基自由基和其他含氧有机物，并进一步与初始释放的化学物质反应形成多种次级产物[23-26]。特别是一些基于亚麻油或其他易降解物质的材料中含有的不饱和酸（油酸、亚油酸、亚麻酸等脂肪酸是木材、油布和含有醇醛树脂或天然树脂的家具涂层中的常见成分）与氧气、臭氧反应被氧化为醛类。实地研究表明，一部分由室内装修材料产生的气态污染物在室内的浓度与臭氧浓度成正比。主要反应过程如下：

$$O_3 + NO \longrightarrow NO_2 + O_2$$
$$O_3 + NO_2 \longrightarrow NO_3 \cdot + O_2$$
$$NO_3 \cdot + \text{R-H} \longrightarrow HNO_3 + R$$
$$HO \cdot + \text{R-H} \longrightarrow H_2O + R \cdot$$
$$O_3 + R_1R_2C \longrightarrow CR_3R_4 + [\text{臭氧化合物}]^*$$
$$[\text{臭氧化合物}]^* \longrightarrow R_3C(O)R_4 + [R_1R_2COO]^*$$

臭氧与室内材料发生氧化反应会增加醛类物质的释放。最初对该方面的研究集中在臭氧与地毯反应的二次排放[25]。研究表明臭氧浓度（$30\sim50$）$\times 10^{-9}$（体积比）范围，臭氧与地毯发生表面反应生成甲醛、乙醛等二次释放物，同时周围空气中 $C_5\sim C_{13}$ 的醛类物质浓度也有明显增大。研究表明[26]，臭氧与室内环境表面相互作用主要导致甲醛、乙醛、苯甲醛以及 $C_5\sim C_{10}$ 正醛类的二次释放，木质产品产生的羰基化合物大部分为 $C_5\sim C_9$，产量在 $20\sim100\text{mg/m}^2$。这些产物在臭氧化后仍然存在，且其中有些物质（如壬醛）可持续数月或更久。

此外，装修中使用的软木、木制墙板、定向碎料板以及环保涂料等会释放出萜烯类物质（如 α-蒎烯等）。萜烯类与臭氧或羟基自由基有较高的反应活性，主要反应机理是—C≡C—进行亲电加成，分解成羰基化合物和过氧有机自由基，并进一步分解或重组。

（2）不饱和脂肪酸和纤维素的降解

漆制品中通常含有饱和或者不饱和的脂肪酸（如亚油酸、亚麻酸、油酸等）。炭化木、内衬软木复合材料中大多含有纤维素类。不饱和的脂肪酸以及纤维素在受热或加压条件下很容易降解，按图 3-2 所示的反应式同时释放出醛类物质。

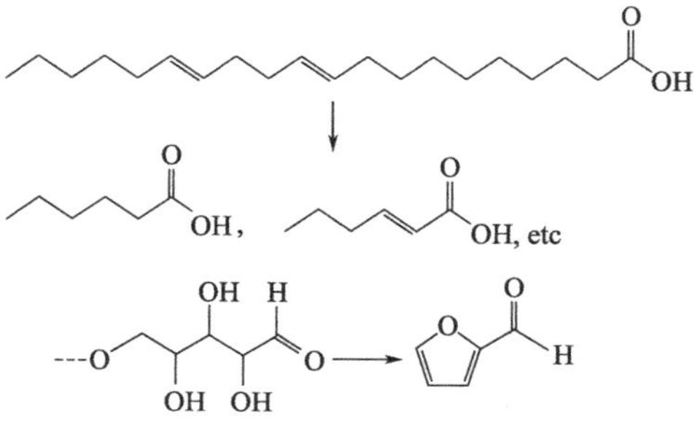

图 3-2　醛类物质的来源

（3）光引发二次散发

目前很多建材表面涂料的干燥都使用紫外光固化方法。这种方法是在特殊配方的树脂中加入光引发剂（或光敏剂）经过吸收紫外线光固化设备中的高温紫外光后，产生活性自由基或离子基，从而引发聚合、交联等反应，使树脂（UV 涂料，油墨，黏合剂等）在数秒内由液态转化为固态。

但是，涂层表面通常会残留光引发剂，该物质是含有羰基的化合物，它主要可以通过 Norrish Ⅰ型反应（α-裂分）、Norrish Ⅱ型反应以及电子转移发生光解，形成二次挥发性室内空气污染物。由于 Norrish Ⅰ型反应（图 3-3）是主要的断裂方式，因此甲醛和烷基取代苯甲醛是该过程的主要产物。

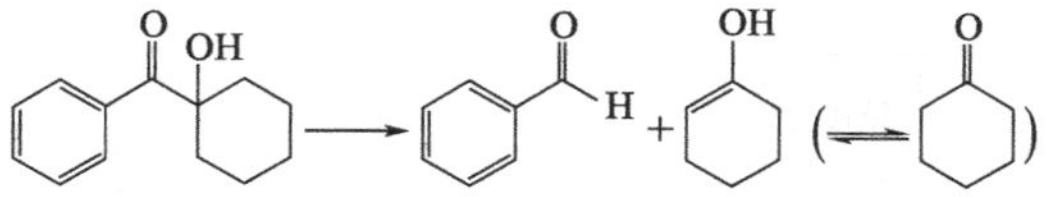

图 3-3　Norrish Ⅰ 型反应

（4）酯类、有机磷酸酯类、酰脲的水解

酯类水解与环境温度、材料的 pH 以及湿度都有关。室内软 PVC 材料制品（如地板革、洗浴拉帘等）会逐渐因酯类（如邻苯二甲酸酯、己二酸酯等）水解而释放二次产物，2-乙基-1-己醇是一种常见的二次产物（来自 DEHP 水解）。特别是粘在未干透混凝土板上的 PVC 地板材料，由于材料适合的湿度以及混凝土较高的 pH 值，材料中邻苯二甲酸酯类增塑剂和己二酸酯类特别容易发生酯水解反应，如图 3-4 所示。此外，n-丁醇也是黏合剂等材料中酯类水解的常见二次产物之一。

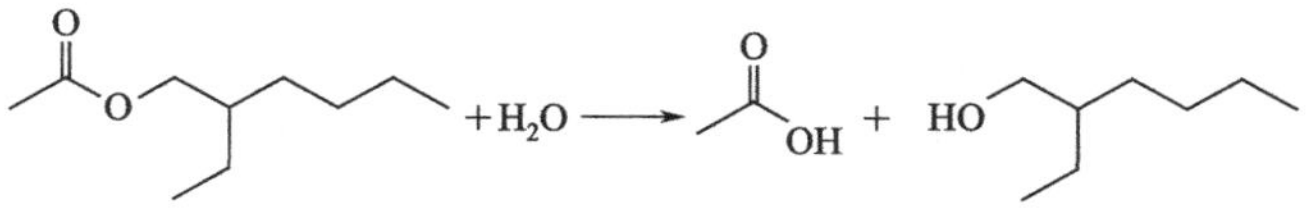

图 3-4　酯水解反应

硬泡沫、泡沫板中经常含有含磷的有机阻燃剂（如 TCPP、TDCPP 等），这些卤化的有机磷酸酯水解会释放出二次产物 1,3-二氯化-2 丙醇（致癌物），如图 3-5 所示，以及 1-氯化-2-丙醇、2-氯化-1-丙醇等。

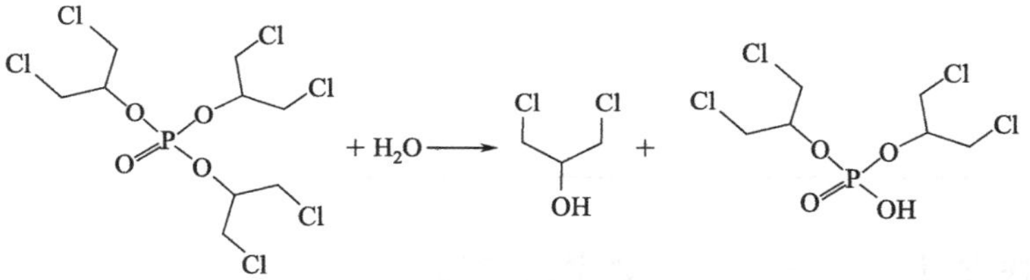

图 3-5　有机磷酸酯水解反应

高密度纤维板等木制家居建材生产中经常会使用脲醛树脂胶，这种脲醛树脂的防水性很差，潮湿条件下其中的 N—O 水解，最终导致甲醛散发。尤其是在脲醛树脂黏合的刨花板上使用水基地板黏合剂，会导致高浓度、长时间的甲醛散发。脲醛树脂水解的最初两步反应过程如图 3-6 所示。

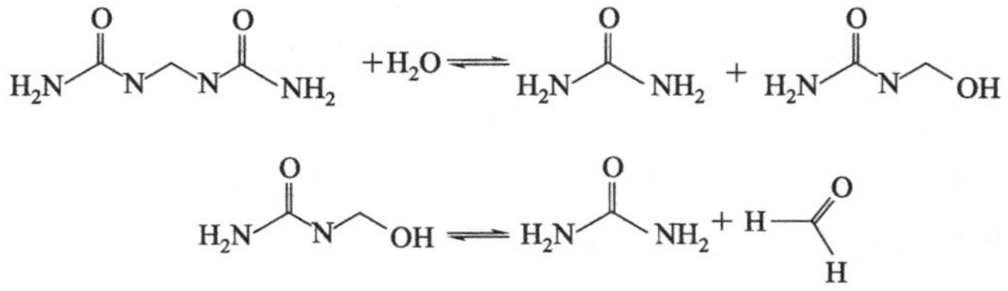

图 3-6　脲醛树脂水解反应

此外，还有由于多种材料混合固定而导致的复杂反应也可产生二次室内空气污染物。目前常见的建材污染源及其产生的一次、二次室内空气污染物如表 3-3 所示。

表 3-3　主要装修污染源及其产生的室内空气污染物

可能的污染源	一次释放 VOCs	二次释放稳定产物
天然橡胶黏合剂	异戊二烯 萜类	甲醛 甲基丙烯醛 甲基乙烯基甲酮
针叶树材 木质地面材料 （柏、雪松和银杉板等）	异戊二烯 柠檬烯 α-蒎烯 其他萜类和倍半萜类	甲醛 蒎酮醛 蒎酸、蒎酮酸 甲基丙烯醛 甲基乙烯基酮 次生有机气溶胶（SOAs） 超微粒子
紫外光固化涂料	聚丙烯酰胺（PHMP） 1-羟基-环己基苯酮	苯甲醛 丙酮 联苯甲酰 环己醇
地毯 地毯衬垫	4-苯基环己烯 4-乙烯基环己烯 2-乙基己基丙烯酸酯 不饱和脂肪酸和酯类	甲醛 乙醛 苯甲醛 己醛 壬醛 2-壬烯醛
乳胶漆	残留单体	甲醛
漆布 亚麻涂料 抛光漆	亚油酸 亚麻酸	己醛 壬醛 2-庚烯醛 2-壬烯醛 2-癸烯醛 1-戊烯-3-酮丙醛 n-二丁酸

3.1.4　室内挥发性有机物对人体健康的危害

在室内空气污染物中，醛类物质由于对人体健康有非常大的潜在影响而引起人们特殊关注。醛类对人体有各种刺激作用，如对眼、鼻黏膜、咽喉以及颈、头和面部皮肤的刺激，从而引起头昏、失眠、皮肤过敏、炎症反应以及神经衰弱等亚临床症状，严重的甚至导致各种疾病，包括呼吸、消化、神经、心血管系统疾病等。在装修过的居室中，记忆减退、皮肤刺激过敏、鼻刺激、眼刺激、咽刺激、睡眠不好、头痛、头昏等症状，都有不同程度的发生。

甲醛通常是室内空气中含量最多的醛类，它与很多过敏性病症有密切关系并且具有致癌性，因此甲醛是人们在室内空气污染物中研究最多的醛类物质。甲醛对人体危害的研究表明，它对皮肤和黏膜有强烈的刺激作用，能引起视力和视网膜的选择性损害。长期接触低浓度甲醛会引起慢性呼吸道疾病，并可引起过敏反应，还可能出现记忆力减退、嗜睡等神经衰弱症状。室内空气甲醛含量大于 $0.1mg/m^3$ 就会对呼吸系统产生危害。高浓度甲醛对神经系统及肝脏都有毒害，常表现为人的嗅觉、肝肺功能、免疫功能异常等。1995 年国际癌症研究机构（IRAC）将甲醛确定为对人体（鼻咽部）可能的致癌物（Group2A），2005 年美国健康和公共卫生局发布的致癌物质报告中，将甲醛列入第一类致癌物质，现已证明甲醛能引起人的鼻咽癌、鼻腔癌、鼻窦癌，还可以引发白血病。甲醛的性质见表 3-4。

表 3-4 甲醛的理化性质

性 质	甲 醛
IUPAC 名称	Methanal
别名	Formol, methyl aldehyde, methylene oxide
CASNO.	50-00-0
SMILES	C=O
分子式	CH_2O
相对分子质量	30.03
外观	无色气体
密度/(g/cm³)	0.001
熔点/℃	-117
沸点/℃	-19.3
闪点/℃	-53
水溶性	极易溶
稳定性	不稳定，易与多种物质反应
危险标志（Hazardous Sign）	有毒，易燃，可致癌
NFPA 分类	健康 3；易燃性 2；反应性 2

此外，丙烯醛也被列为刺激性和致癌性物质。在过去几十年里，由于室内外空气污染物的共同影响，儿童哮喘病和过敏症的发病率都有所增加。作为室内空气污染的主要物种，醛类与这些疾病的发生有非常密切的关系。苯也是室内空气污染中对人体危害很大的物质。苯是一种有毒的致癌物质，主要作用于造血组织和神经系统。甲苯、二甲苯虽然毒性较苯低，但高浓度时长期吸入可致人肾、肝和脑细胞坏死和退行性病变，主要对中枢神经系统造成损害。萜烯、异戊二烯与臭氧反应产生的一些过氧乙酰基硝酸盐对眼睛有强烈刺激性，臭氧与萜类等反应产生的氢化过氧化物被认为是烈性接触性过敏源，而二级气溶胶等超微粒子对人体健康的影响还有待进一步研究。多种由装修材料释放的 VOCs 相互混合反应后整体暴露，对人体健康的危害更严重。

3.1.5 室内挥发性有机物污染控制研究现状

（1）制定室内空气质量相关的标准

室内空气质量协会（IAQA）对装饰装修材料释放的部分室内空气污染物限值作了规定。澳大利亚、美国等国家分别对室内环境空气质量进行了立法，加拿大、英国、新加坡等国家也制定了相关的指导原则和管理要求。部分国家对室内空气的主要污染物甲醛以及总挥发性有机化合物（TVOCs）规定了标准指导值，如表 3-5 所示。

参照国内外有关标准，我国制定了《室内空气质量标准》（GB/T 18883—2002）和《民用建筑工程室内环境污染控制规范》（GB 50325—2001），并已于 2002 年开始实施。该套标准对室内装饰装修材料中甲醛、TVOCs、苯、甲苯、苯乙烯等有害物质的限量值都作了明确规定。

表 3-5 部分国家室内空气中甲醛和总挥发性有机化合物（TVOCs）标准指导值

分类	澳大利亚	加拿大	美国	日本	新加坡	瑞典
甲醛/(μg/m³)	120	120	486	120	12	130
TVOCs/(μg/m³)	500	5000	5000	300	360	—

（2）源头控制

从理论上讲，用无污染或低污染的装修材料取代高污染材料以避免或减少室内空气污染物的产生是最理想的控制办法。近 20 年来发达国家对绿色建材的研究与开发速度加快，制订有机挥发物散发量的试验方法，规定绿色建材的性能标准，对建材产品推行低散发量环境标志认证。丹麦为了促进绿色建材发展，推出了健康建材（HBM）标准，并与瑞典等北欧国家于 1989 年实施了统一的北欧环境标志，制订了建筑材料有机化合物室内空气浓度指导值。德国在 1977 年发布了"蓝天使"环境标志，这是一种无毒无味、对人体无害的水性建筑涂料。日本近年来采用新型无污染并能净化空气、隔声隔热防水的硅藻土建材，能分解异味抑制微生物繁殖并改善空气质量的生物精密陶瓷黏合剂以及能产生"活性氧"分解有害物质、除臭灭菌的光催化剂涂料等[27-30]。

此外，还可采用室内通风换气、合理使用空调以及空气净化和综合污染治理等措施来控制装修对室内空气的污染。

（3）室内挥发性有机物净化技术

目前针对室内空气挥发性有机物的处理技术主要有：吸收法、生物过滤法、吸附法（包括物理吸附和化学吸附）、臭氧氧化法、光催化氧化法及等离子体法。

生物法净化有机废气的研究开始较早，国外已利用此项技术处理低浓度、高流量的臭味、氨氮化合物以及挥发性有机气体等，尤其是针对苯、甲苯、乙苯及苯乙烯的处理已经成为当前研究的一个热点。而国内是从 20 世纪 90 年代开始利用生物技术处理挥发性有机污染化合物。利用生物膜分离技术分离醇、醛、酮和苯、甲苯、乙苯、二甲苯以及苯乙烯等简单的芳香族化合物，效果非常明显。

物理吸附法是利用多孔性固体吸附剂处理气体混合物，使其中一种或多种组分吸附在固体表面上，从而达到分离的目的。该方法能够吸附大多数气态污染物，但是需要定期更换多孔吸附材料，一般只适用于臭味物质浓度较低、废气量较小的情况，而且稳定性差，容易脱附。化学吸附法是将物理吸附材料表面浸泡活性化学物质及分子筛，吸附过程同时发生相应的化学反应，催化分解中和有害气体。这种方法吸附稳定不易脱附，改性活性炭可以对室内不同特性有害物质选择性吸附净化，但是它存在吸附剂寿命短的问题，吸附剂不能再生。

臭氧氧化可以有效进行除臭、消毒和降解有机物，但臭氧自身也是一种污染物，具有特异性臭味，尤其当臭氧浓度较高时 $[>1 \times 10^{-6}$（体积比）] 容易引起咳嗽等不适感觉，更高浓度的臭氧给人体健康带来的危害更加严重。

非平衡态等离子体技术利用气体放电产生的具有高度反应活性的电子、原子、分子和自由基与污染物分子反应使其分解成无污染或污染小的分子。该技术不仅可以对气、液、固各相中的化学、生物及放射性污染物进行破坏分解，而且对低浓度和高浓度的有机污染物均有较好的分解效果。

此外，对室内空气污染的防治还有遮盖法、相消法、掩蔽法、冷凝法、高温燃烧法和湿式除气法（吸收法）等方法被尝试。

3.2 光催化技术在室内空气净化中的应用

3.2.1 真空紫外气相光催化分解有机物

真空紫外光催化（VUV）降解技术具有反应速率高、催化剂不易失活等优点，是一种新型的室内空气净化技术。目前已就真空紫外光催化过程中气相污染物种类、光催化剂的失活情况以及反应条件等开展了相应研究，以探索真空紫外光催化反应的机理、反应动力学及应用[31,32]。

关于 VUV 联合 O_3 降解有机物的机理可参看本书 1.1.4。

影响真空紫外光催化降解气相污染物的因素包括气体流量、污染物浓度、水蒸气浓度、紫外光强及催化剂等。

当流量增大时，气体污染物在反应器中停留时间减少；而流量减小，也会影响气相污染物与催化剂之间的传质过程，所以流量对于气相中有机污染物的降解有很大的影响。从真空紫外光催化降解气相有机污染物的原理可以看出，水蒸气的浓度对 TiO_2 催化剂有一定的影响，但目前的文献报道说法不一。在没有水蒸气的情况下，有些物质的光催化降解将难于进行（例如甲苯、甲醛），无法彻底矿化为 CO_2。TiO_2 催化剂表面有丰富的羟基，可通过氢键吸附水分子，或通过 OH-π 电子络合物吸附芳香类物质。水蒸气浓度增加，真空紫外分解水分子，生成更多的羟基自由基，从而将有利于污染物的降解。但催化剂表面水蒸气浓度过高则会导致反应速率下降，因为水分子会占据表面反应物的活性位点[33-35]。研究表明真空紫外臭氧产量与其波长有关系，所以真空紫外的波长对于气相中污染物的降解也将有一定的影响。另外污染物的浓度以及紫外光的光强对于真空紫外光催化处理气相污染物都会有一定的影响。

3.2.2 真空紫外光催化实验系统

真空紫外光催化实验系统如图 3-7 所示，由配气系统、光催化反应器及采样分析系统三部分组成。

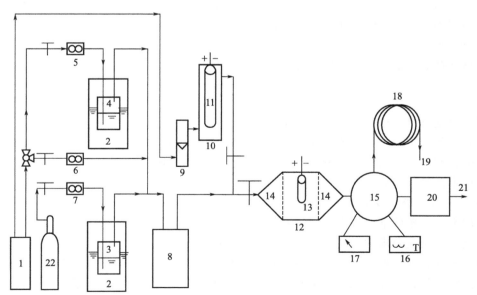

图 3-7 真空紫外光催化实验系统示意图

1—低噪声空气泵；2—恒温循环器；3—加药瓶；4—加湿瓶；5—质量流量计（0～60mL/min）；

6,7—质量流量计（0～2L/min）；8—气体混合瓶；9—转子流量计；10—臭氧发生器；

11—真空紫外灯（10W）；12—光催化降解反应器；13—真空紫外灯（3W）；14—催化剂；

15—采样瓶；16—温湿度计；17—臭氧测量仪；18—臭氧洗涤器；19—采样口；

20—尾气吸收瓶；21—放空；22—高压气瓶

（1）配气系统

配气系统的作用是产生具有一定流量、湿度和有机物浓度的气流，并要求其流量、湿度和污染物浓度在一定范围内可调。

污染物气体（甲醛）采用动态配气法。由于混合气路中有机物浓度较低，因此采用高压气瓶单独以一定流量 F_0 将气体通过加药瓶（内装一定浓度的甲醛溶液，置于恒温循环器中），以质量流量计控制流量（控制范围 $0\sim60$mL/min）为有机物配气，使有机气路压力高于水和空气，保证有机物浓度稳定。采用空气稳流泵对空气进行净化（活性炭）和除湿（硅胶），一级稳流口（最大流量 5L/min，最大稳定流量 2L/min）流出的气流由分流阀分成两路，通过加湿瓶（内装去离子水）的一路流量为 F_w，不通过加湿瓶的一路流量为 F_d，两路分别由阀门和质量流量计（控制范围 $0\sim2$L/min）控制流量，将两路气体混合后，通过调节两路气体的流量比，得到具有一定湿度的气体；再将该气体与通过加药瓶的气体混合，得到一定流量、一定湿度、具有一定浓度甲醛的混合气体。甲醛的浓度可通过调节 F_0、F_d 和 F_w 的流量比例以及恒温循环器的内部温度进行调节。空气泵二级稳流口流出的气体通过转子流量计进入臭氧发生器。

臭氧发生器本体为中空不锈钢圆柱，总长 45cm，直径 7.5cm，内置波长 185nm 的真空紫外光低压汞灯产生臭氧。气流沿反应器向上流动，从顶端流出。

所配制的挥发性有机物在气相中的浓度可以根据以下方法初步估算。假定加药瓶中气液两相分配在一定温度下达到平衡，利用液体的饱和蒸汽压可通过下列公式计算该温度时的饱和蒸汽浓度。

$$d_t = \frac{P_t M}{RT} \times 10^9$$

式中，d_t 为饱和蒸汽浓度，mg/m^3；P_t 为在温度 t℃时的饱和蒸汽压，atm❶；M 为化合物的摩尔质量，g/mol；T 为绝对温度，$T = t + 273.15$，K；R 为气体常数，82.05 mL·atm/(K·mol)。

根据气路的流量，所配气体中有机物的浓度可由下式计算。

$$c = \frac{d_t F_0}{F_0 + F_d + F_w}$$

需要改变有机物浓度时，可同时调节流量比和恒温循环器的温度，以达到进口浓度的要求。实际实验当中，由于气流流经加药瓶的停留时间很短，并不能够达到理想的平衡状态，往往实际实验中产生的有机物浓度低于计算值。甲醛的实际浓度通过紫外分光光度计测定，并根据标准曲线法计算得到。

（2）光催化降解反应器

为研究不同条件下甲醛真空紫外光催化，反应器必须满足以下条件：①反应器密封性能良好，能达到反应要求的密闭性；②反应器对污染物的吸附小，污染物进入反应器后能迅速达到吸附平衡并混合均匀；③反应器本身没有或仅有微弱的有机物释放；④保证反应物、催化剂、真空紫外光及臭氧能充分接触；⑤必须操作简单，更换催化剂和紫外灯方便；⑥紫外光能辐射到所有催化剂的表面。

图 3-8 为光降解反应器三视图。考虑到反应器中进行反应的甲醛为具有强吸附性的挥发性有机物，反应器材料采用吸附性差、稳定性好的不锈钢管 1Cr18Ni9Ti。

---

❶ 1atm＝1.01×10^5Pa，下同。

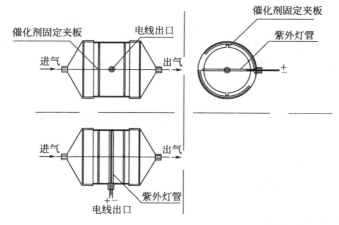

图 3-8 光降解反应器三视图

真空紫外光催化反应器主体为不锈钢圆柱，主体部分长 9cm，总长 16cm，内径 10cm，有效体积 0.968L。反应器主体内部攻有螺纹，配有一对可旋动的固定片，用固定膜式 TiO_2 催化剂；两端口有外螺纹，与密封盖对应，密封良好，耐压，拆卸与安装方便。气流从反应器一端进入，另一端流出。主体部分留有两个接线口，连接紫外灯电源，接线口处用聚四氟乙烯材料密封，其实物图为图 3-9。

有机物发生的气路中采用 ϕ3mm 聚四氟乙烯管连接，在气流交汇处两种管径的管子转接一次；其余气路采用 ϕ6mm 聚四氟乙烯管连接，两通、三通数个，连接处的螺母为 ϕ6mm，用聚四氟乙烯软带密封，反应器的流量为各流量计读数的加和。反应器为室温，不进行温度控制。

反应器中所用的紫外灯共有两种：进行真空紫外光催化实验所用真空紫外灯主波长 254nm，

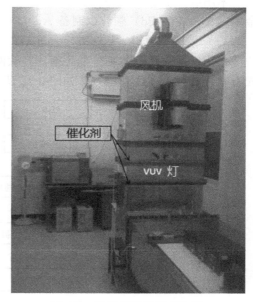

图 3-9 光降解反应器实物图

并发射少量 185nm 紫外线，功率 3W，总光强 $3.2W/cm^2$，185nm 紫外线约占总光强的 5%，通过 185nm 紫外线分解空气中的 O_2 形成 O_3。普通光催化实验所用紫外灯波长 254nm，功率 3W，总光强 $3.1W/cm^2$。

（3）采样系统

气相甲醛采样系统主要包括大气采样器、气泡吸收管和臭氧洗涤器。

用一个内装 5mL 吸收液的大型气泡吸收管、采样管入口接强化光催化反应器的采样瓶，出口接大气采样器，以 1.0L/min 流量，采气 2min，采气体积共 2L。

由于打开紫外灯时会产生臭氧，臭氧会氧化酚试剂，形成暗褐色的化合物，干扰酚试剂对甲醛的吸收。并且该暗褐色化合物在波长 630nm 处也有吸收，因此臭氧对甲醛测定的干扰非常大。当气相中臭氧与甲醛共存时，采样时需要先去除臭氧，然后才可用酚试剂吸收。

臭氧洗涤器的制作方法参考《Waters SEP-PAK DNPH-SILICA Cartridge 使用手册》

的附录 C，制作方法为：将一根 1m 长、内径 0.46cm 的铜管弯成螺旋管；按照 1g KI 溶解于 0.7mL 去离子水的比例配制 KI 饱和溶液（25℃），将该饱和溶液用去离子水 1∶1 稀释，稀释后的溶液灌满铜螺旋管，浸泡 5～10min；将铜管中的溶液倒出，通入 N_2 彻底干燥。根据该手册的实验结果，此装置在流量 2L/min、臭氧浓度 700×10^{-9}（体积比）的情况下可使用 80h。

（4）分析方法

实验需要测定和分析的主要内容包括：光催化反应前后甲醛的气相浓度、臭氧浓度以及对应的温湿度。根据《公共场所空气中甲醛测定方法》（GB/T 18204.26），对甲醛采样分析方法采用酚试剂分光光度法。臭氧的浓度采用在线臭氧分析仪测定，温湿度采用温湿度计测定，Pd 元素含量采用 ICP-AES 等离子体发射光谱仪测定。

3.2.3　催化剂的制备和表征

采用改性溶胶-凝胶法制备 TiO_2 光催化剂，采用低温吸附法在 TiO_2 薄膜上负载纳米贵金属（Au、Pt、Pd）颗粒以制备 Au（Pt、Pd）/TiO_2 复合薄膜。

（1）催化剂载体

采用钛网作为载体制备催化剂。将钛网制成 10cm×10cm 的方片，在负载催化剂之前首先对载体进行处理，处理方法如图 3-10 所示。

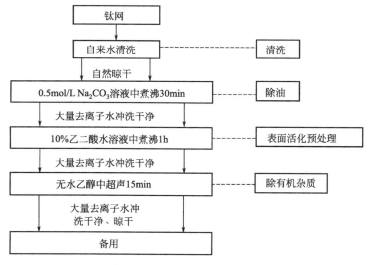

图 3-10　催化剂载体处理流程

（2）TiO_2/Ti 的制备

首先利用溶胶-凝胶法静置 12h 制备 TiO_2 溶胶，将 36.25g 草酸（分析纯）加入到溶胶-凝胶中。用以上方法制备的溶胶静置 12h 以上，即可用作制备 TiO_2 光催化剂涂覆液。

将上述处理好的钛网载体置入 TiO_2 溶胶中，采用浸渍提拉法制备，自然晾干后在马弗炉中高温焙烧。为了得到光催化反应所需的负载量，同时为了减少基底材料对 TiO_2 晶形的影响，通常要经过多次涂覆与焙烧循环过程。焙烧的目的是为了去除凝胶薄膜中的有机物，实现催化剂固定和晶化。经过多次涂覆和焙烧过程，即可形成具有一定负载量的 TiO_2 催化剂。催化剂的制备过程如图 3-11 所示，四次涂覆焙烧中，前三次在 450℃下焙烧 1.5h，第四次在 500℃下焙烧 1.5h。

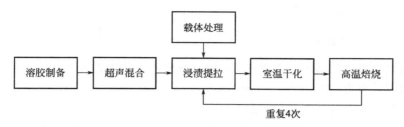

图 3-11 催化剂的制备方法

（3）Au 溶胶及 Au-TiO$_2$/Ti 光催化剂的制备

Au 溶胶及 Au-TiO$_2$/Ti 光催化剂的制备请参看本书图 2-34。

（4）含 Mn 光催化剂的制备

① MnO$_x$/TiO$_2$ 薄膜的制备 将制备好的 TiO$_2$/Ti 网及 Pd/TiO$_2$/Ti 网置于 36％的醋酸锰溶液中，浸渍提拉，待其自然干燥后再于空气中 350℃焙烧 1h 即可得到 MnO$_x$/TiO$_2$ 和 MnO$_x$/Pd/TiO$_2$ 薄膜。

② Mn 离子掺杂 TiO$_2$ 薄膜的制备 将一定量的 Mn(CH$_3$COO)$_2$·4H$_2$O 溶于 10mL 水中，制成一定浓度的醋酸锰溶液，将该溶液慢慢滴加到已制备好的 TiO$_2$ 溶胶中，滴加完后继续搅拌 0.5h，然后于暗处静置 24h，即可得到掺杂 Mn 离子的二氧化钛溶胶。按此方法配制 Mn 的质量分数分别为 0.1％、0.4％、0.8％和 2.0％的 Mn/TiO$_2$ 溶胶，再将处理好的 Ti 网按照前文所述方法涂覆焙烧，即可得到不同 Mn 离子掺杂量的 TiO$_2$ 薄膜，分别记做 Mn$_x$/TiO$_2$（x＝0.1，0.4，0.8，2.0）。

③ 纳米 MnO$_2$/Pd/TiO$_2$ 薄膜的制备 将 0.8×10^{-3} mol 硫酸锰与 0.8×10^{-3} mol 过硫酸铵混合溶解于 20mL 高纯水中，磁力搅拌 30min 后转入内衬聚四氟乙烯的高压反应釜中，将反应釜置于 120℃烘箱中反应 48h，自然冷却至室温，过滤得到黑色沉淀，用高纯水反复洗净，搅拌制成悬浊液，再将制备好的 Pd/TiO$_2$ 网浸入上述悬浊液中，浸渍提拉，自然干燥后即可得到纳米 MnO$_2$/Pd/TiO$_2$ 薄膜。

3.2.4 真空紫外光催化降解实验

（1）实验内容

① 不同催化剂［纳米 Au、(Pd、Pt)/TiO$_2$/Ti 及含 Mn 光催化剂］的真空紫外光催化、臭氧/紫外光催化及暗态臭氧催化氧化降解甲醛实验。

② 不同湿度下 Pd/TiO$_2$/Ti 催化剂真空紫外光催化降解甲醛和臭氧分解实验。

③ 不同负载量的 Pd/TiO$_2$/Ti 催化剂真空紫外光催化降解甲醛和臭氧分解实验。

（2）光催化效果

有机物的光催化去除率和去除速率按照下式计算。

$$\eta = \frac{C_{in} - C_{out}}{C_{in}} \times 100\%$$

$$R = \frac{Q \times (C_{in} - C_{out})}{V}$$

式中，η 为去除率，％；R 为去除速率，mg/(m^3·min)；Q 为气体流量，m^3/min；V 为反应器体积，m^3；C_{in}、C_{out} 分别为反应前、后达稳定状态时，反应器出口有机物的浓度，mg/m^3。

臭氧分解率计算公式如下。

$$臭氧分解率(\%)=\frac{臭氧初始浓度-反应后臭氧浓度}{臭氧初始浓度}\times100\%$$

实验中有机物发生气路的输入流量 F_0 和恒温循环器的设置温度 T_c 均需加以考查。甲醛初始浓度范围设置为 $(0.55\pm0.08)mg/m^3$。

实验中催化剂有效直径为8cm，紫外灯单侧催化剂厚度约0.1cm。气体流量1.8L/min，气流表观速率为 $0.04L/(cm^2 \cdot min)$，空速为 $2.15\times10^4h^{-1}$，气体与单侧催化剂接触时间为0.17s，气体在反应器中停留时间为32.3s。

根据《公共场所空气中甲醛测定方法》（GB/T 18204.26）对甲醛采样分析，用在线臭氧分析仪测定臭氧，用温湿度计测定温湿度。

3.3　TiO_2 薄膜 VUV 催化降解甲醛和副产物臭氧的控制

真空紫外光催化过程中，催化剂表面有 UV 激发的光催化反应过程，因此，提高光催化剂的活性，就可以提高有机污染物光催化氧化和副产物臭氧的光催化还原效率，并有利于副产物臭氧于真空紫外光催化系统内部的原位去除。研究中采用 sol-gel 法制备的 TiO_2 薄膜为催化剂主体，经低温静电自组装于 TiO_2 薄膜表面修饰纳米贵金属粒子（Au、Pt 和 Pd），制备的贵金属修饰的 TiO_2 薄膜应用于真空紫外光催化体系中，研究真空紫外光催化性能、贵金属的价态变化和副产物臭氧分解机理。

3.3.1　动态真空紫外光催化实验系统组成

动态真空紫外光催化系统见图 3-12，与真空紫外光催化实验系统组成基本相同。包括配气系统、光催化反应器及采样分析三部分，各操作参数值根据实验结果调整。

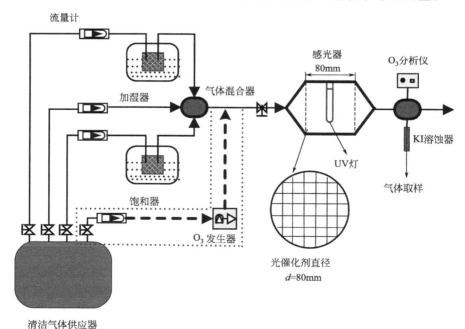

图 3-12　动态真空紫外气相光催化实验系统

3.3.2　VUV 催化、UV$_{254nm}$＋O$_3$ 催化及 UV$_{254nm}$催化比较

（1）35h 连续 VUV 催化降解甲醛和副产物臭氧的控制

图 3-13 是 35h 连续真空紫外光催化降解甲醛和副产物臭氧浓度变化曲线图，其甲醛和臭氧的出口浓度、去除率和反应速率各参数见表 3-6。由图 3-13 和表 3-6 可知，真空紫外光体系中，即使没有光催化剂存在，真空紫外光降解（VUV photolysis）甲醛速率也较高，甲醛浓度从约 430×10^{-9}（体积比）降到稳定的 122×10^{-9}（体积比）。如前所述，185nm 真空紫外光可分解空气中的氧分子和水分子，生成羟基自由基、原子氧 ［O（^{1}D）］ 和 O（^{3}P）］及臭氧（O$_3$）等活性氧物种，这些活性氧物种具有很强的氧化能力，在气相中通过均相反应，将气相甲醛氧化。但是，由图 3-13（b）可见，体系中若无光催化剂存在，副产物臭氧的浓度达到约 22.4mg/m^3，远高于室内环境中臭氧浓度（约 0.1mg/m^3），若直接排放入室内环境中，会引起严重的二次污染。

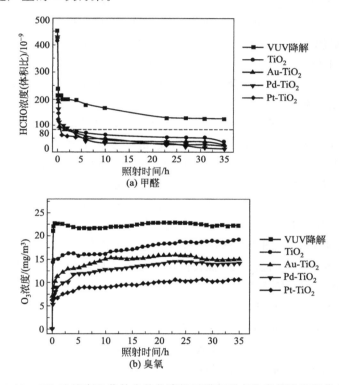

图 3-13　35h 连续真空紫外光催化降解甲醛和副产物臭氧浓度变化曲线

表 3-6　35h 连续 VUV 催化、O$_3$＋UV$_{254nm}$ 催化及 UV$_{254nm}$ 催化过程
中甲醛与臭氧的出口浓度、去除率和反应速率

光催化种类	光催化剂	甲醛			臭氧	
		出口浓度(体积比)/10^{-9}	去除率/%	反应速率/[mg/(m^3·min)]	出口浓度/(mg/m^3)	去除率/%
VUV 催化	无	122.4	72.9	1.16	22.4	0
	TiO$_2$	36.1	91.4	1.34	19.2	14.3
	Pd/TiO$_2$	20.1	95.3	1.43	14.2	36.6
	Pt/TiO$_2$	9.5	97.7	1.47	10.7	52.2
	Au/TiO$_2$	27.6	93.6	1.41	15.1	32.6

光催化种类	光催化剂	甲醛			臭氧	
		出口浓度(体积比)/10^{-9}	去除率/%	反应速率/[mg/(m³·min)]	出口浓度/(mg/m³)	去除率/%
O₃+UV₂₅₄ₙₘ催化	TiO₂	178.8	57.4	0.85	13.8	37.8
	Pd/TiO₂	150.1	65.7	0.96	9.3	58.1
	Pt/TiO₂	125.1	68.6	1.01	6.2	72.1
	Au/TiO₂	130.6	68.8	1.02	10.8	51.4
UV₂₅₄ₙₘ催化	TiO₂	263.4	37.8	0.57		
	Pd-TiO₂	251.3	37.6	0.56		
	Pt/TiO₂	218.1	45.2	0.63		
	Au/TiO₂	190.6	56.9	0.89		

当体系中出现 TiO_2 或纳米 Au（Pt、Pd）修饰的 TiO_2 光催化剂时，甲醛可通过气相VUV降解和催化剂表面的异相光催化氧化分解[36]，甲醛的降解反应速率可由1.16 mg/(m³·min)提高到1.4mg/(m³·min)以上，出口的甲醛浓度从约 $430×10^{-9}$（体积比）降到（$10～45$）$×10^{-9}$（体积比）。所以，若真空紫外光体系中出现光催化剂，可大幅提高有机物甲醛的降解速率。然而，在真空紫外光催化过程中，纳米 Au（Pt、Pd）修饰的 TiO_2 光催化剂与纯 TiO_2 相比，甲醛的降解反应速率提高不明显，可能原因是真空紫外光催化去除甲醛的贡献中，均相的VUV降解所占比例很高，而均相的VUV降解与光催化剂无关。

真空紫外光催化过程中，副产物臭氧的去除率从14.3%（TiO_2）提高到32%～52%（贵金属修饰的 TiO_2），提高了1.3～2.6倍，特别的是，当纳米Pt负载于 TiO_2 表面后，副产物臭氧的出口浓度从22.4mg/m³降到10.7mg/m³；另外，当 TiO_2 表面以纳米贵金属修饰后，出口臭氧浓度可保持长时间的稳定，但是，对于 TiO_2 光催化剂来说，臭氧浓度会逐渐上升。结果表明，副产物臭氧可以在真空紫外光催化体系内部被原位分解，贵金属修饰 TiO_2 光催化剂可提高 O_3 的去除率，并减轻催化剂对臭氧的失活。可见，在真空紫外光催化过程中，贵金属修饰 TiO_2 催化剂可同时实现分解VOCs和副产物臭氧的目的。

（2）与35h连续 UV₂₅₄ₙₘ+O₃ 催化和 UV₂₅₄ₙₘ 催化比较

图3-14为35h连续 UV₂₅₄ₙₘ+O₃ 催化降解甲醛和去除臭氧浓度变化曲线，其甲醛和臭氧的出口浓度、去除率和反应速率见表3-6。投加的臭氧量与2个3W的VUV灯产生的 O_3 量相近，臭氧的初始浓度为22.5mg/m³。由图3-14和表3-6可知，经35h连续 UV₂₅₄ₙₘ+O₃ 催化降解甲醛后，出口甲醛浓度达到（$125～178$）$×10^{-9}$（体积比），远高于VUV催化中出口甲醛浓度（$10～45$）$×10^{-9}$（体积比），而且，从表3-6可见，VUV催化中甲醛降解反应速率高于 UV₂₅₄ₙₘ+O₃ 催化的甲醛反应速率，可见，真空紫外光催化过程中，甲醛的VUV降解所占比例很高。从图3-14可知，UV₂₅₄ₙₘ+O₃ 催化中，TiO_2 表面修饰贵金属纳米粒子，可以适当提高甲醛的降解效率。

另外，UV₂₅₄ₙₘ+O₃ 催化过程中，当反应时间超过25h以后，不管是何种光催化剂，出口甲醛浓度都不断上升，而VUV催化过程中出口甲醛浓度还在不断下降。可见，在UV₂₅₄ₙₘ+O₃ 催化过程中，因反应速率较慢，甲醛降解中间产物和甲醛本身在光催化剂上不断累积，导致反应速率下降，催化剂出活失活现象。而在VUV催化过程中，无催化剂失活的发生，VUV催化产生的强氧化性物种，可加快VOCs分解，减小催化剂上中间产物的累积[1,2]。另外，从臭氧的去除可见，TiO_2 表面修饰贵金属纳米粒子后，臭氧的出口浓度从13.8mg/m³下降到6.2～10.8mg/m³，修饰的纳米Pt对净化臭氧的效果最明显。从图3-14(b)和图3-13(b)可知，纳米Pt、Pd和Au三种贵金属粒子中，臭氧的催化净化能力从

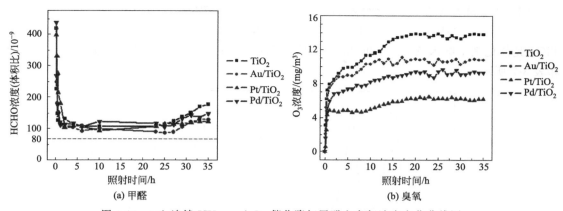

图 3-14　35h 连续 $UV_{254nm}+O_3$ 催化降解甲醛和臭氧浓度变化曲线图

高到低的顺序为 Pt＞Pd＞Au，纳米 Pt 对提高臭氧净化的效果最明显。

图 3-15 是 35h 连续 UV_{254nm} 催化降解甲醛的结果，其甲醛的出口浓度、去除率和反应速率见表 3-6。从图 3-15 和表 3-6 可见，动态光催化系统中，若以 UV_{254nm} 灯取代 VUV 灯，经 35h 连续光催化后，出口甲醛浓度会上升到（190～264）×10^{-9}（体积比），远高于 VUV 催化下甲醛浓度（10～45）×10^{-9}（体积比），而且随着动态光催化反应的进行，到约 23h 后，出口甲醛浓度开始回升，说明此时，光催化剂出现失活，失活情况与 $UV_{254nm}+O_3$ 催化相似，只是失活得更快些。有趣的是，当金属态 Pt 和 Au 修饰 TiO_2 后，甲醛的反应速率高于纯 TiO_2 催化剂，但若是氧化钯修饰 TiO_2 后，甲醛的反应速率就低于纯 TiO_2 催化剂。气相光催化反应也表明，金属态的 Pt 和 Au 修饰后可提高 VOCs 的光催化氧化速率，但氧化钯修饰会抑制 TiO_2 的活性。若出现氧化钯，Pd/TiO_2 的光催化活性就会降低。液相与气相光催化实验均表明，金属态的 Pd 会促进光生载流子分离，提高光催化活性，而 PdO 会成为光生载流子的复合中心。

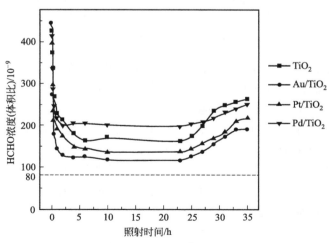

图 3-15　35h 连续 UV_{254nm} 催化降解甲醛浓度变化曲线

UV_{254nm} 催化净化甲醛时，若甲醛浓度降低到典型的室内浓度 [＜300×10^{-9}（体积比）] 时，污染物在薄膜型光催化剂表面的扩散阻力会变得很大，进而大幅降低甲醛的氧化速率[6]。所以，直至今日，动态、高效光催化净化低浓度甲醛仍然是一个很大的挑战[6-8]。所以真空紫外光催化虽然可实现动态、高效光催化净化低浓度甲醛，但会形成一定浓度的副产物臭氧，因此若能将副产物臭氧大幅去除，则真空紫外光催化技术在室内空气净化中会有重要的应用价值。

（3）35h 连续光催化前后纳米 Au、Pt 和 Pd 价态的变化

经 35h 连续 UV_{254nm} 催化、$UV_{254nm} + O_3$ 催化及 VUV 催化后，对比了贵金属修饰的 TiO_2 光催化剂中纳米 Au、Pt 和 Pd 在光催化反应前后的价态，结果分别如图 3-16～图 3-18 和表 3-7 所示。

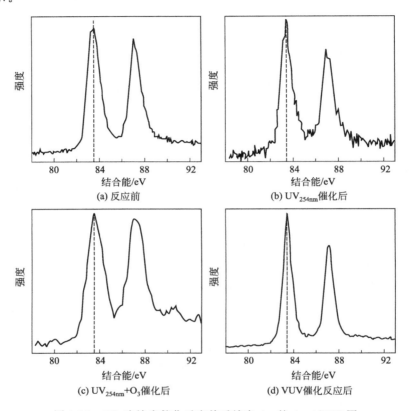

图 3-16　35h 连续光催化反应前后纳米 Au 的 Au 4fXPS 图

由图 3-16 和表 3-7 可见，经 35h 连续 UV_{254nm} 催化、$UV_{254nm} + O_3$ 催化及 VUV 催化后，Au $4f_{7/2}$ 的结合能在 83.4～83.5eV，与反应前的 Au $4f_{7/2}$ 的结合能 83.5eV 几乎相同，都小于体相金属态 Au 的 Au $4f_{7/2}$ 结合能（84.0eV）[9]，向负偏移了近 0.5eV，表明 TiO_2 薄膜上负载的纳米 Au 为小尺寸的金属态 Au。纳米 Au 的结合能向负偏移，是由于纳米 Au 尺寸减小及表面荷有负电荷所致，因为 Au 与 TiO_2 的功函数分别为 5.27eV 和 4.1eV[10,11]，两者的功函数相差较大，电子可自发地从 TiO_2 表面转移到纳米 Au 上，使 Au 粒子带负电。随着纳米 Au 的尺寸减小，表面 Au 原子的配位数降低，这种电荷转移会变得更为明显[12]。以上分析表明，即使在 VUV 催化的强氧化性环境中，纳米 Au 仍保留其金属态，具有很好的稳定性。

由图 3-17 和表 3-7 可见，反应前 Pt/TiO_2 中的 Pt $4f_{7/2}$ 可分为两个峰，结合能分别为 71.2eV 和 72.4eV，文献中 Pt $4f_{7/2}$ 结合能 70.7～71.2eV 归结为金属态 Pt[13,14]，Pt $4f_{7/2}$ 结合能 72.2～72.8eV 归结为氧化铂 PtO[15]，可见，Pt/TiO_2 中主要为金属态 Pt（占 81.7%），其余为少量的 PtO。经 35h 连续 UV_{254nm} 催化，纳米 Pt 的 $4f_{7/2}$ 结合能没有太大变化，说明反应后仍然主要是金属态的 Pt，光催化反应并没有氧化金属态 Pt 或 PtO。但是，经过 35h 连续 $UV_{254nm} + O_3$ 催化反应后，Pt $4f_{7/2}$ 结合能向正偏移到 72.3eV 和 74.2eV 两个峰，文献中[15]将 Pt $4f_{7/2}$ 结合能 74.3～74.4eV 归结为 PtO_2（Pt^{4+}），可见，此时，Pt/

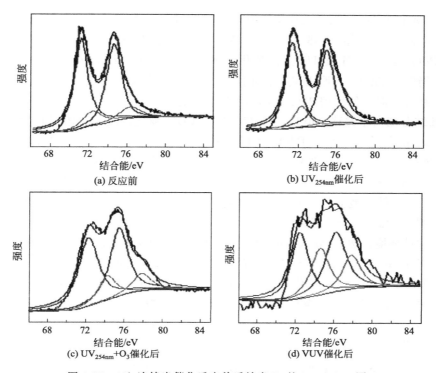

图 3-17　35h 连续光催化反应前后纳米 Pt 的 Pt 4f XPS 图

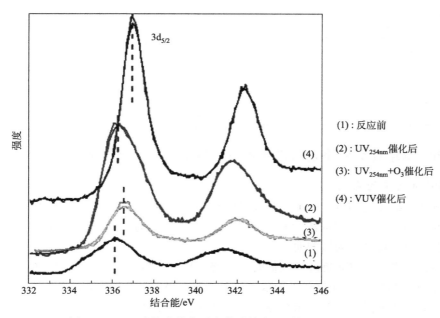

图 3-18　35h 连续光催化反应前后纳米 Pd 的 Pd 3d XPS 图

TiO_2 中出现了 PtO 和 PtO_2，已没有金属态 Pt 了，但主要还是以 PtO 形成存在，表明 $UV_{254nm}+O_3$ 催化反应中，金属态 Pt 和 PtO 被氧化成高价态的 PtO 和 PtO_2。经过 35h 连续 VUV 催化反应后，情况与 $UV_{254nm}+O_3$ 催化反应相似，Pt/TiO_2 中 PtO 的比例下降到 57.4％，而 PtO_2 的含量却上升到 42.6％，表明与 $UV_{254nm}+O_3$ 催化相比，因 VUV 催化体系中含有大量的羟基自由基，体系的氧化性更强，更多的 Pt 被氧化成 PtO_2。

由图 3-18 和表 3-7 可见，反应前 Pd/TiO$_2$ 中 Pd 3d$_{5/2}$ 的结合能为 336.1eV，接近于氧化钯 PdO 的 3d$_{5/2}$ 结合能（336.2～336.4eV）[16,17]，说明静电自组装制备的 Pd/TiO$_2$ 中，负载的是 PdO。经 35h 连续 UV$_{254nm}$ 催化，纳米 Pd 的 3d$_{5/2}$ 结合能没有太大变化，位于 336.2eV，仍然为 PdO，表明 UV$_{254nm}$ 催化并没有氧化纳米 Pd。经 UV$_{254nm}$＋O$_3$ 催化后，Pd 的 3d$_{5/2}$ 结合能向正偏移到 336.6eV，但主要还是 PdO，只是 PdO 表面有可能被轻度氧化了，导致结合能向正偏移。但是，经 35h 连续 VUV 催化反应后，Pd 3d$_{5/2}$ 结合能偏移到 337.1eV，此结合能接近于 PdO$_x$（1＜x＜2，下同）的 3d$_{5/2}$ 结合能（337.3～337.6eV）[18-20]，若考虑到纳米 Pd 的量子尺寸效应对结合能的影响[21]，因为负载的纳米 Pd 尺寸只有约 4nm，相对大颗粒 PdO$_x$，小尺寸的 PdO$_x$ 结合能会向低值偏移。另外，对于 PdO$_x$ 的 Pd 3d$_{5/2}$ 结合能而言，其值高低还与 PdO$_x$ 中 PdO 与 PdO$_2$ 的比例有关，若 PdO$_2$ 的比例低，则 Pd 3d$_{5/2}$ 结合能就会低些。因此可以说经 35h 连续 VUV 催化反应后，由于体系中存在强氧化性环境，纳米 Pd 从 PdO 氧化成了 PdO$_x$，即变成 PdO 和 PdO$_2$ 复合钯氧化物。

另外，从表 3-7 还可见，三种贵金属的相对原子含量变化有相同的规律，即经 35h 连续 UV$_{254nm}$ 催化、UV$_{254nm}$＋O$_3$ 催化后，贵金属相对原子含量会降低，可能与催化剂表面累积了更多的中间产物有关，表面有机物含量的上升，会使纳米 Au、Pt 和 Pd 的相对原子含量下降。但是经 35h 连续 VUV 催化后，贵金属相对原子含量会有所提高，说明此时，催化剂表面累积的中间产物较少。

表 3-7　35h 连续光催化反应前后纳米 Au、Pt 和 Pd 的相对原子含量及结合能

处置方式	相对原子含量/%			结合能/eV		
	Au 4f	Pt 4f	Pd 3d	Au 4f$_{7/2}$	Pt 4f$_{7/2}$	Pd 3d$_{5/2}$
反应前	4.37	4.52	2.50	83.5	71.2(81.7%),72.4(18.3%)	336.1
35h UV$_{254nm}$	1.32	2.04	1.68	83.4	71.1(79.9%),72.1(20.1%)	336.2
35h UV$_{254nm}$＋O$_3$	1.37	2.18	2.14	83.5	72.3(76.9%),74.2(23.1%)	336.6
35h VUV	3.79	3.96	2.28	83.4	72.4(57.4%),74.5(42.6%)	337.1

3.3.3　Pd/TiO$_2$ 真空紫外光催化降解甲醛与副产物臭氧控制

（1）Pd 负载量的影响

控制静电自组装时间（5～120min），得到不同 Pd 负载量的 Pd/TiO$_2$ 光催化剂。以开 VUV 灯 4h 后的甲醛和臭氧的浓度来计算转化率，图 3-19 为 Pd 负载量对真空紫外光催化降解甲醛和去除副产物臭氧的影响曲线。

由图 3-19 可知，当 Pd 负载量较低时，甲醛和臭氧的转化率均随着 Pd 负载量的增加而上升，而且 O$_3$ 的转化对 Pd 负载量的依赖更为明显，然而，Pd 负载量超过 0.35μg/cm^2 时，甲醛的转化率快速下降，表明过量的纳米 Pd 对甲醛的光催化分解不利。但是，直到 Pd 负载量增加到 0.45μg/cm^2 时，副产物 O$_3$ 的转化率达到最大值（73.6%），与纯 TiO$_2$ 相比，O$_3$ 的转化率提高到近 3.3 倍，虽然，负载的纳米 Pd 可以增强 O$_3$ 的分解，但过量的 Pd 也对 O$_3$ 分解不利，可能原因是过量 Pd 纳米粒子覆盖了 Pd/TiO$_2$ 表面的催化活性位，另外，遮光作用也增强，减少了 TiO$_2$ 半导体接受 UV 辐射的量。因此最佳的 Pd 负载量为 0.3～0.4μg/cm^2，对甲醛和臭氧的真空紫外光催化转化率都有明显提高，特别是对副产物 O$_3$ 的去除更为明显。

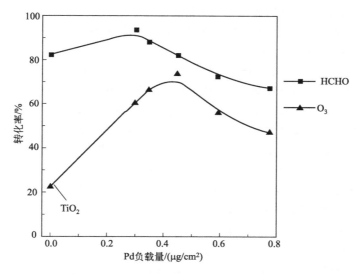

图 3-19　Pd 负载量对真空紫外光催化降解甲醛和副产物臭氧的影响

（2）体系相对湿度的影响

当 RH＞60％时，臭氧洗涤器的 KI 层会变湿，采样中会增强对甲醛的吸收，由于实验中出口甲醛浓度（体积比）只有 10^{-9} 数量级，KI 层对甲醛的吸收会严重影响甲醛测量的正确度，因此，考察相对湿度的影响时，研究的相对湿度控制在范围 10％～60％。图 3-20 是相对湿度对真空紫外光催化降解甲醛和去除副产物臭氧的影响，由图可知，当 RH 较低时，随着 RH 增加，甲醛转化率会不断上升，而 Pd/TiO$_2$ 比纯 TiO$_2$ 拥有更高的甲醛转化率。RH 在 40％～60％时，对于 Pd/TiO$_2$ 甲醛转化率还会提高，但是对于纯 TiO$_2$ 来说，甲醛转化率会保持稳定的水平。提高空气的相对湿度，经 VUV 分解气相羟基自由基会增加[1-3]。另外，光催化剂表面会吸附更多的水分子和羟基基团，UV 的辐照下空穴会氧化生成吸附态的羟基自由基，增加吸附态的羟基自由基[23]，因此，当相对湿度较低时，适当提高体系的相对湿度，会强化甲醛的氧化。但是，若相对湿度太高，UV$_{254nm}$ 催化降解 VOCs 的速率会降低，因为水分子和 VOCs 会在催化剂表面竞争吸附位[2,24]。因提高相对湿度对气相氧化

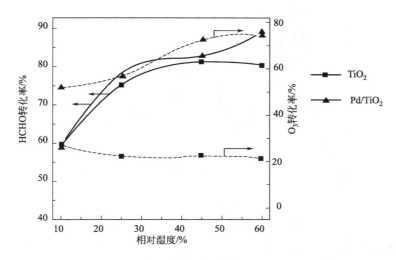

图 3-20　相对湿度（RH）对真空紫外光催化降解甲醛和去除副产物臭氧的影响

与催化剂上的异相氧化有相反的作用，当 RH 上升到 45%～60% 时，TiO_2 上的甲醛的转化率达到稳定。在其他的真空紫外光催化氧化 VOCs 研究中，也发现较高的相对湿度下，TiO_2 上 VOCs 的转化率达到稳定[3,24]。

随着 RH 增加，TiO_2 上副产物臭氧的转化率稍有下降，但 Pd/TiO_2 上 O_3 的转化率不断上升，当 RH 为 60% 时，O_3 转化率增加到 3.5 倍，从图 3-20 可知，在 RH 为 10%～60% 之间时，纳米 Pd 修饰 TiO_2 薄膜可提高真空紫外光催化降解甲醛和副产物臭氧的性能。RH 为 60% 时，可以获得最高的 O_3 和甲醛转化率，体现出 Pd/TiO_2 具有较强的抗湿性能，这里的可能原因是负载的纳米 Pd 增强了 Pd/TiO_2 的疏水性，导致水分子在 Pd/TiO_2 上吸附量下降。MnO_2 浸渍 Pd 后，表面疏水性增强，提高了对 O_3 的抗湿能力[25]。Pd/Al_2O_3 于高湿下提高了分解 O_3 的活性，也与负载 Pd 后减弱对水分子的吸附有关[26]。

（3）真空紫外光下形成 PdO_x 的机理

经 35h 真空紫外光催化实验后，TiO_2 表面的 PdO 氧化成 PdO_x，为了说明 PdO 氧化成 PdO_x 的机理，用 H_2 于 350℃ 下还原 6h，制备金属 Pd 负载的 $Pd^{(0)}/SiO_2$ 和 $Pd^{(0)}/TiO_2$，并将 $Pd^{(0)}/SiO_2$ 与 $Pd^{(0)}/TiO_2$ 置于 35h 真空紫外光催化体系中，反应后 Pd 3d 的 XPS 图如图 3-21 所示。

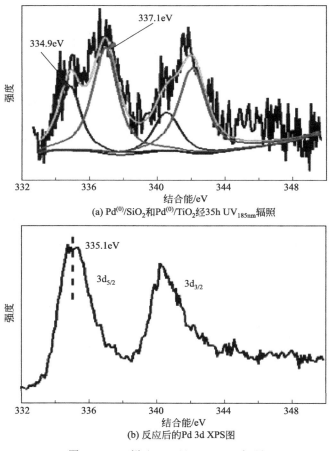

(a) $Pd^{(0)}/SiO_2$ 和 $Pd^{(0)}/TiO_2$ 经 35h UV_{185nm} 辐照

(b) 反应后的 Pd 3d XPS图

图 3-21　$Pd^{(0)}/SiO_2$ 经 35hVUV 辐照

Pd/SiO_2 和 Pd/TiO_2 于 H_2 中在 350℃ 下还原 6h 后，负载的 Pd 被还原成金属态 Pd[21,22]。$Pd^{(0)}/TiO_2$ 经 35h UV_{254nm} 催化后，其 Pd $3d_{5/2}$ 峰位于 335.1eV，与金属态 Pd 的

Pd $3d_{5/2}$结合能（334.8～335.2eV）接近[21]，TiO_2表面的纳米 Pd 仍然为金属态 Pd，结合 PdO/TiO_2 经 35h UV_{254nm}催化后的 Pd $3d_{5/2}$峰可以发现，在 UV_{254nm}催化过程，TiO_2表面的金属态 Pd 和 PdO 均无氧化过程出现。

当 $Pd^{(0)}/SiO_2$ 应用于 35h 的 VUV 催化反应体系中，由图 3-21 可知，Pd/SiO_2 的宽化 Pd $3d_{5/2}$ 可拟合成 2 个峰，即 334.9eV 的金属 Pd 和 337.1eV 的 PdO_x，说明在真空紫外光催化的强氧化体系中，SiO_2 上金属态 Pd 被氧化成了 PdO_x。由于在光催化体系中，SiO_2 是惰性载体，SiO_2 表面没有光生空穴 h^+ 及由空穴产生的羟基自由基，因此，SiO_2 上金属态 Pd 氧化成 PdO_x 肯定有其他途径。事实上，真空紫外光催化体系中，因气相中存在大量的羟基自由基（HO·），纳米 Pd 粒子上会吸附 HO·，而 HO· 是一种强氧化剂，Pd 粒子上吸附 HO· 和气相中的 HO· 可按下列反应式将 SiO_2 上的金属态 Pd 氧化成 PdO_x。

$$Pd^{(0)} + 2HO· \longrightarrow Pd^{2+} + 2OH^-$$
$$Pd^{2+} + 2HO· \longrightarrow Pd^{4+} + 2OH^-$$
$$TiO_2 + h\nu \longrightarrow h^+ + e$$
$$OH^-_{(ads)} + h^+ \longrightarrow HO_{(ads)}·$$
$$H_2O_{(ads)} + h^+ \longrightarrow HO_{(ads)}· + H^+$$

因 UV_{254nm}催化过程中，TiO_2 上的金属态 Pd 和 PdO 均没被氧化，可见产生的 HO· 不能氧化 TiO_2 上的纳米 Pd，所以，对于 Pd/TiO_2 的真空紫外光催化反应中，PdO_x 的生成机理应该与 Pd/SiO_2 上生成 PdO_x 相似，即 Pd/TiO_2 吸附的 HO· 和气相中的 HO· 将 PdO 氧化成 PdO_x。

由于生成的 PdO_2 的电子亲和力远大于 PdO，PdO_2 更易捕获光生电子而被还原为 PdO，因为真空紫外光催化体系中，PdO 的氧化只是发生在表层，因此，生成的 PdO_2 最有可能位于纳米 Pd 的最外层。无水 PdO_2 是一种不稳定的化合物，但是，当其负载于 Al_2O_3[27]和氧化锡[28]上时，无水 PdO_2 能够稳定存在。所以，生成的少量 PdO_2 有基体 TiO_2 的限制，是可以稳定存在的。真空紫外光催化体系中，随着 PdO 的氧化和 PdO_2 的还原同时进行，TiO_2 表面可以形成稳定的 Pd 复合氧化物 PdO_x。

（4）真空紫外光催化中钯氧化物的作用及臭氧分解途径

根据 PdO_x 的形成机理及 O_3 在 Pd/TiO_2 上的强化分解行为，可以认为 PdO_x 能促进电荷分离及 O_3 分解力，如图 3-22 所示。原位形成的 PdO_2 是光生电子捕获中心，一旦光生电子被强亲电性的 PdO_2 捕获，光生载流子会被分离，使 TiO_2 表面产生更多的羟基自由

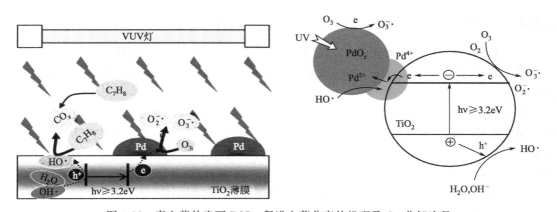

图 3-22　真空紫外光下 PdO_x 促进电荷分离的机理及 O_3 分解途径

基，增强 TiO_2 表面光催化氧化甲醛的速率。另外，PdO 可被吸附的 HO· 和气相中 HO· 氧化成 PdO_2。所以，在真空紫外光辐照下，PdO 与 PdO_2 之间会达到动态平衡，形成一种稳定的复合氧化物 PdO_x，同时也促进空穴与电子对的分离。

UV 辐照下半导体材料上光催化分解气相 O_3 已有研究[31]，气相 ESR 测试已证实，UV 辐照下的气相 O_3 与 TiO_2 界面处会形成臭氧负离子自由基（O_3^-·）、表面负氧自由基（O^-·）和过氧化氢自由基（HO_2·）[32,33]，所以，Pd/TiO_2 中裸露的 TiO_2 表面上 O_3 的光催化分解历程为[32,34,35]：TiO_2 表面吸附态 O_3 捕获光生电子还原成 O_3^-·，不稳定的 O_3^-· 快速分解成 O_2 和 O^-·，吸附的水分子被 O_3^-· 或 O^-· 氧化生成 HO·，因 HO· 的活性很强，吸附的 O_3 也会与 HO· 反应而被分解，另外，吸附的原分子也会捕获光生电子生成 O_2^-·，进而与 O_3 反应生成 HO· 和 O_3^-·。

$$O_3 + e \longrightarrow O_3^- \cdot$$
$$O_3^- \cdot \xrightarrow{h\nu} O_2 + O \cdot^-$$
$$O^- \cdot + H_2O \longrightarrow OH^- + HO \cdot$$
$$O \cdot_3^- + H_2O \longrightarrow OH^- + HO \cdot + O_2$$
$$HO \cdot + O_3 \longrightarrow O_2 + HO_2 \cdot$$
$$O_2 + e \longrightarrow O_2^- \cdot$$
$$O_2^- \cdot + O_3 \longrightarrow HO \cdot + O_3^- \cdot$$

如前所述，VUV 辐照下 O_3 在 Pd/TiO_2 上的转化率是 TiO_2 上的 3 倍以上，但是，必须考虑到 Pd/TiO_2 上因纳米 Pd 粒子的覆盖，裸露的 TiO_2 表面大幅减少，即光催化还原分解 O_3 量会减少，这会抵消因 PdO_x 促进载流子分离，提高裸露 TiO_2 上 O_3 分解的效率。另外，暗态下 O_3 在 Pd/TiO_2 上的分解率＜5%，表明 Pd/TiO_2 暗态下的热催化分解是可以忽略不计的。所以，除了 O_3 在裸露 TiO_2 上光催化还原分解以外，O_3 在纳米 Pd 上应该有一种有别于热催化分解的途径。

PdO_x 上后续的自由基反应与 UV 辐照的 TiO_2 上一样，特别是吸附的 HO· 会强化 O_3 分解，因真空紫外光体系中，PdO_x 上会吸附大量 HO·，因此，这些吸附的 HO· 也会强化 PdO_x 上 O_3 的分解，说明 RH 提高会增强 O_3 的分解，这与 O_3 转化率随着 RH 的增加而提高相一致。所以，TiO_2 上负载的纳米 PdO_x 在真空紫外光催化过程中，不仅促进光生载流子的分离，而且为副产物臭氧提供了另外一条高效分解的途径。

3.3.4　Pd/TiO_2 复合薄膜对甲醛和臭氧的同步去除

（1）Pd/TiO_2 真空紫外光催化与臭氧/紫外光催化降解甲醛的比较

图 3-23 是 Pd/TiO_2 在 O_3 [初始浓度（15.5 ± 1.0）mg/m^3]/UV 和 VUV 下降解甲醛的去除率-时间曲线。

在 35h 内两种方法对甲醛的最大去除率分别为 75.4% 和 97.8%。在 O_3/UV 条件下，催化剂反应 20h 之后逐渐失活，主要是由于降解产物及中间产物在催化剂表面活性中心竞争吸附导致了催化剂的失活。而 VUV 条件下的降解率远高于紫外光催化，并且催化剂在 35h 内性能稳定，没有失活。

（2）Pd/TiO_2 真空紫外光催化降解甲醛及臭氧

图 3-24 比较了在 VUV 条件下 Ti 网、TiO_2 和 Pd/TiO_2 对甲醛的降解效果及尾气中的

臭氧去除率。在 35h 内 Pd/TiO₂/VUV 对甲醛的去除率为 97.8%，比单独未负载 Pd 的 TiO₂/VUV 提高了 6.5 个百分点，说明在真空紫外光下 TiO₂ 表面负载的纳米 PdO 颗粒也能够促进电子和空穴的分离，提高光催化效率。同时 Pd/TiO₂ 对 VUV 系统产生的臭氧去除率达到 36.0%，比 TiO₂ 提高了近 20 个百分点。

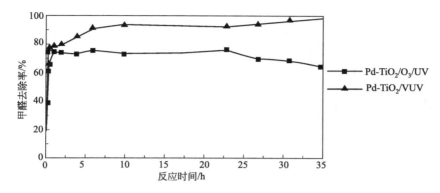

图 3-23　Pd/TiO₂ 在 O₃/UV 和 VUV 下去除甲醛的比较

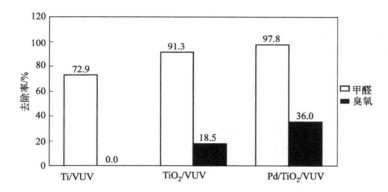

图 3-24　Ti、TiO₂ 及 Pd/TiO₂ 在 VUV 条件下对甲醛和臭氧的去除

图 3-25(a) 为反应前和 VUV 下反应 35h 后 Pd/TiO₂ 的 Pd 3d 谱。反应前 Pd $3d_{5/2}$ 的结合能为 336.1eV，Pd $3d_{3/2}$ 的结合能为 341.1eV，说明 Pd/TiO₂ 在制备过程中已经被空气中的氧气氧化成 PdO（$3d_{5/2}$ 为 336.1eV；$3d_{3/2}$ 为 341.2eV），这与 Pd/TiO₂ 的 XRD 结果一致。反应后 Pd $3d_{5/2}$、$3d_{3/2}$ 结合能均有所增大，分别为 336.9eV 和 342.4eV，但比 PdO₂（$3d_{5/2}$ 为 337.9eV；$3d_{3/2}$ 为 343.2eV）的结合能小，表明 PdO 在反应后被进一步氧化为 PdO_x。图 3-25(b) 为 Pd/TiO₂ 在 VUV 下反应 35h 前后 O1s 分峰后的 XPS 谱。反应前，位于 530.1eV 的主峰来自 Ti—O 键，531.4eV 的 O1s 可能来自薄膜表面松散结合的 OH（531.5eV）。527.3eV 处的 O1s 峰来自 PdO。反应后，530.1eV 处峰由于 TiO₂ 表面晶格发生了重构而显著增加，531.3eV 的 O1s 峰也有所增强，是因为反应后催化剂表面存在更多 OH。反应后 O1s 峰在 532.0～537.0eV 区间出现严重拖尾，主要是由于有含氧官能团的反应产物或中间产物，如—COOH（534.3～535.4eV）在催化剂表面吸附或吸附 H₂O 及 O₂（536.0～536.5eV）。图 3-25(c) 为 Pd/TiO₂ 反应前后的 C1s 分峰 XPS 谱。反应前 282.0eV 及 284.8eV 处的 C1s 峰均来自于 TiO₂ 制备及贵金属负载过程中的前驱物，反应后在 288.6eV（—COO）出现的较小 C1s 峰则来自于在催化剂表面吸附的甲醛分解产物如甲酸。

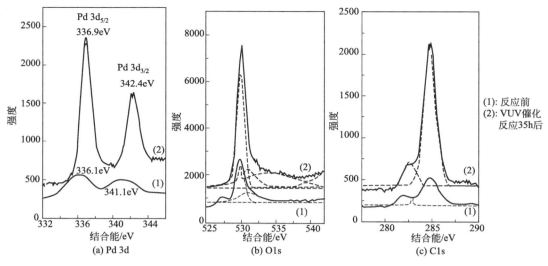

图 3-25　Pd/TiO$_2$ 反应前和 VUV 反应 35h 后的 XPS 谱

(1): 反应前
(2): VUV 催化反应35h后

综合分析，在光催化反应初期，光生电子 e_{CB} 从 TiO$_2$ 导带转移到 Pd^{2+} 或 PdO 颗粒上，将其还原为 Pd^0，同时 Pd^{2+} 还能够被反应过程中产生的 HO· 和 O$_{2ads}^-$· 氧化为 Pd^{4+}。随着光催化反应的进行，TiO$_2$ 表面的 Pd^{4+} 可以作为电子捕获中心与 e_{CB} 重新生成 Pd^{2+}。当光生电子转移到 Pd^{4+} 后，电子和空穴实现完全分离，因此在 TiO$_2$ 表面负载 Pd 后能够提高光催化降解有机物的效率。具体反应过程如下：

$$Pd^{2+} + 2e_{CB} \longrightarrow Pd^0$$
$$Pd^{2+} + 2HO_{ads}· \longrightarrow Pd^{4+} + 2OH^-$$
$$3Pd^{2+} + 2O_{2ads}^-· + 4H_2O \longrightarrow 3Pd^{4+} + 8OH^-$$
$$2e_{CB} + Pd^{4+} \longrightarrow Pd^{2+}$$

同时，TiO$_2$ 表面负载的纳米 PdO 也是吸附 O$_3$ 的活性位，能够促使 O$_3$ 在其上吸附并形成负氧离子 O$_2^-$ 进而降解。吸附在纳米 PdO 颗粒上的 O$_3$ 还可以与捕获的光生电子发生氧化还原反应，因此 TiO$_2$ 表面负载纳米 Pd 后，在提高有机物的光催化降解率的同时还能显著去除真空紫外光催化过程中产生的 O$_3$。

（3）湿度对真空紫外光催化降解甲醛及臭氧的影响

在真空紫外光催化体系中污染物可以通过以下多种途径降解：一是真空紫外光直接降解；二是真空紫外光分解空气中的水产生羟基自由基氧化降解污染物；三是真空紫外光分解氧气产生原子氧，原子氧与空气中的水反应产生羟基自由基，有机污染物被羟基自由基氧化而降解。从光催化降解反应的基本原理可知，气相中污染物、氧气分子和水分子对真空紫外光的吸收存在竞争。氧气在 185nm 的吸收大约为 $0.1cm^{-1}·atm^{-1}$，据此估算，标准大气压下 1cm 空气对 185nm 真空紫外线的吸收大约为 2%。虽然空气中水分子的浓度远远低于氧气分子，但水分子对 185nm 真空紫外光的吸收系数较氧气要大得多（大约为 $0.5\sim1.5cm^{-1}·atm^{-1}$），相对湿度 20%～60% 时 1cm 水蒸气对 185nm 真空紫外线的吸收在 0.4%～1.4%，可与氧气竞争吸收真空紫外光。同时，水分子也会与氧气竞争真空紫外光激发产生的氧原子而影响羟基自由基和臭氧的生成，因此相对湿度对真空紫外光催化降解甲醛及分解臭氧有很大影响。

图 3-26 显示了相对湿度对 Ti、TiO$_2$、Pd/TiO$_2$ 在 VUV 下降解甲醛的影响。对于真空

紫外光降解（Ti 网）和 TiO_2 真空紫外光催化过程，甲醛的去除率随相对湿度的增大而增大，但相对湿度超过 50％以后，随相对湿度增大，甲醛去除率略有下降。对 Pd/TiO_2 真空紫外光催化过程，甲醛的去除率随相对湿度的增大一直增大，在实验范围内（相对湿度10％～60％）并未出现下降。这是因为在相对湿度较低时，水分子被光解产生羟基自由基的速率较低，不利于有机物的去除。随着相对湿度增加、水分子参与反应后，羟基自由基产生的途径增加，同时催化剂表面吸附少量水，可以促进有机物和氧气的吸附，消耗光生电子，因此适当增大相对湿度可以提高甲醛的降解率。相对湿度继续增大时，水分子与甲醛或臭氧竞争吸收真空紫外光，同时过量的水分子会影响有机物在催化剂表面的吸附，导致甲醛去除率有所降低。但对于 Pd/TiO_2，水分子的存在能够促进 Pd^{2+} 转化为 Pd^{4+}，从而促进光生电子的转移，因此相对湿度增大到 60％时，甲醛的降解率也继续增大。

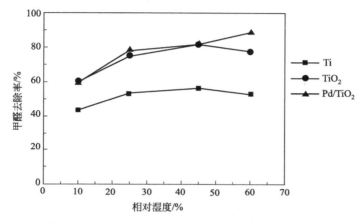

图 3-26　相对湿度对 Ti、TiO_2、Pd/TiO_2 在 VUV 下降解甲醛的影响

　　图 3-27 显示了相对湿度对 TiO_2、Pd/TiO_2 在 VUV 下去除臭氧的影响。对 TiO_2 真空紫外光催化过程，臭氧去除率随相对湿度的增大略有下降。一方面，随着相对湿度的增大，水分子与氧气竞争吸收真空紫外光，导致 VUV 系统产生的臭氧量相应减小；另一方面，过量的水分子会在 TiO_2 表面与臭氧竞争吸附，影响臭氧的分解。由于臭氧的产生和分解是一个动态平衡过程，因此整体上来看，相对湿度对 TiO_2 真空紫外光催化去除臭氧没有显著影

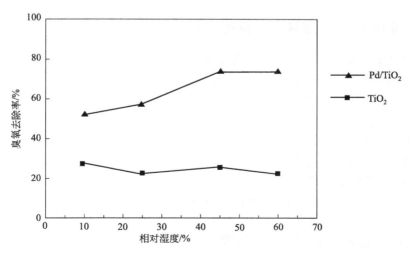

图 3-27　相对湿度对 TiO_2、Pd/TiO_2 在 VUV 下去除臭氧的影响

响。对 Pd/TiO_2 真空紫外光催化过程，水分子的存在促进了 Pd^{2+} 与臭氧分解产生 O_2^- 的反应，因此相对湿度适当增大，可以使臭氧的去除率提高。但是，过量的水分子也会影响臭氧在催化剂表面吸附形成 O_2^-，因此相对湿度增大到 50% 以后，臭氧的去除率不再增大。

（4）Pd 负载量对真空紫外光催化降解甲醛及臭氧的影响

实验研究表明 TiO_2 表面 Pd 的负载量对 Pd/TiO_2 真空紫外光催化降解甲醛及去除臭氧有影响，如图 3-28 所示。

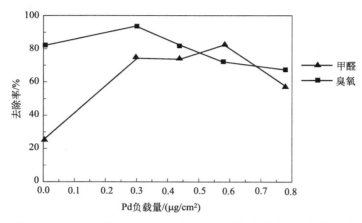

图 3-28　Pd 负载量对 Pd/TiO_2 在 VUV 下去除甲醛和臭氧的影响

TiO_2 表面负载少量 Pd，可以提高甲醛的去除率，但随 Pd 负载量增大，甲醛的去除率逐渐降低。这主要是由于 Pd 颗粒过多会导致 TiO_2 表面被覆盖，光生电子和空穴产量降低，同时 TiO_2 表面活性位点减少，有机物难以吸附所致。臭氧的去除率随 Pd 负载量的增大先增加后降低，这是因为 TiO_2 表面 Pd 增多时，有更多的 Pd^{2+} 可通过转化为 Pd^{4+} 将 O_3 还原，但当 Pd 负载量继续增加导致 TiO_2 表面被过多覆盖时，TiO_2 被 VUV 激发产生的 e 减少，Pd^{4+} 难以还原到 Pd^{2+} 继续与 O_3 反应，因此臭氧去除率有所下降。由此可见，TiO_2 表面 Pd 的负载量在 $0.30 \sim 0.40 \mu g/cm^2$ 之间应存在一个最佳值，在保持甲醛高降解率的同时，也使臭氧去除率接近最大。

3.3.5　Mn 负载 TiO_2 薄膜对甲醛和臭氧的同步去除

（1）不同 Mn 负载 TiO_2 催化剂真空紫外光催化降解甲醛及臭氧的比较

图 3-29 比较了 Ti、TiO_2 及不同 Mn 离子掺杂量的 TiO_2 薄膜在 VUV 下反应 2h 对甲醛和臭氧的去除情况。从实验结果分析，制备的 Mn 离子掺杂 TiO_2 薄膜在 VUV 下降解甲醛和去除臭氧并不是同步的增长过程。与 TiO_2 相比，掺杂少量 Mn 离子时（Mn：$TiO_2 \leqslant$ 0.8），可以在一定程度上提高甲醛的去除率，这是因为掺杂的 Mn 可以使半导体内部受激产生的载流子增多，同时 Mn 离子替代 Ti^{4+} 以非常灵活的方式与分子氧结合并使其活化，从而提高了 TiO_2 上光生电子和空穴的氧化还原效率，提高了有机物的去除率。但因此时 Mn 离子掺杂量较少，对臭氧的去除与 TiO_2 相比提高并不明显，分别提高了 4.7 个百分点、0.7 个百分点及 11.6 个百分点。当 Mn 离子掺杂量较大时（Mn：$TiO_2 = 2.0$），会影响 TiO_2 本身受 VUV 激发产生光生载流子的数量，导致此时甲醛的去除率比 TiO_2 略有降低，但臭氧的去除率有明显提高，达 72.8%。

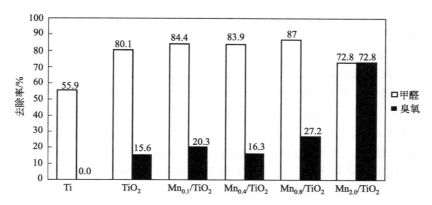

图 3-29 Ti、TiO₂ 及 Mnₓ/TiO₂ 在 VUV 条件下对甲醛和臭氧的去除

图 3-30 和图 3-31 比较了在 VUV 条件下使用 TiO₂、Pd/TiO₂ 及不同含 Mn 催化剂（MnOₓ/TiO₂、MnOₓ/Pd/TiO₂ 及纳米 MnO₂/Pd/TiO₂）对甲醛的降解效果，图 3-32 为根据实验结果计算所得的甲醛和臭氧去除率。TiO₂ 表面负载 MnOₓ 后，对甲醛的降解率没有显著影响，但臭氧去除率有明显提高，从 18.5％提高到 64.0％。在 Pd/TiO₂ 表面负载

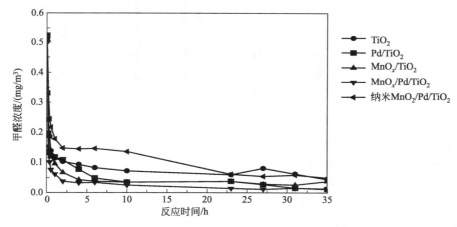

图 3-30 VUV 下不同含 Mn 催化剂的甲醛浓度-时间曲线

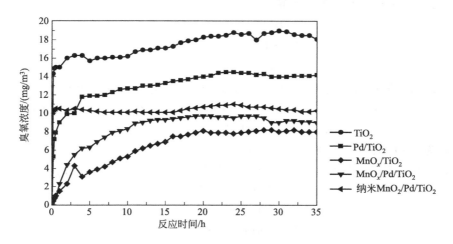

图 3-31 VUV 下不同含 Mn/TiO₂ 催化剂的臭氧浓度-时间曲线

MnO_x 和纳米 MnO_2 后，对甲醛仍保持很高的降解率，分别为 97.4% 和 90.4%，但与 Pd/ TiO_2 相比略有下降，这是因为 MnO_x 和纳米 MnO_2 覆盖部分的 Pd/TiO_2 所致。同时由于 Mn 组分的存在，臭氧去除率从 36.0% 分别提高到 59.5% 和 53.6%。从图 3-30 看到，纳米 MnO_2/Pd/TiO_2 在反应的前 20h 内对甲醛的去除率并不高，这可能是因为反应受到纳米 MnO_2、纳米 Pd 颗粒与 TiO_2 之间传质的影响，因此达到稳态的时间比 TiO_2 真空紫外光催化要长。从图 3-31 和图 3-32 可以看到，纳米 MnO_2/Pd/TiO_2 对臭氧的去除在反应的 35h 里十分稳定，而 MnO_x/TiO_2 和 MnO_x/Pd/TiO_2 在反应的前 20h 中对臭氧的去除能力逐渐下降，20h 后趋于稳定。这可能是因为由醋酸锰焙烧制备的 MnO_x 和水热法制备的纳米 MnO_2 中，锰氧化物的晶相不同。经 VUV 照射 20h 后，MnO_x 与纳米 MnO_2 的晶相逐渐变得相似，因此对臭氧的去除逐渐稳定。

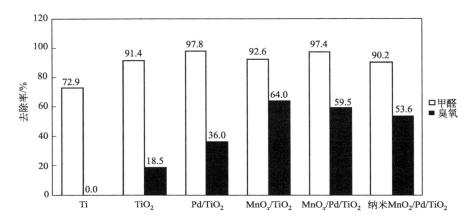

图 3-32　不同含 Mn 催化剂在 VUV 条件下对甲醛和臭氧的去除

（2）Pd/TiO_2 和含 Mn 催化剂暗态反应

很多研究表明锰氧化物对臭氧有显著去除作用，文献中也有很多关于不同晶型的锰氧化物暗态催化氧化气相有机物的报道。Lahousse 等发现 γ-MnO_2 对苯、乙酸乙酯和正己烷的热催化降解有很高的效率，但水蒸气的存在对催化剂的寿命有很大影响。Kanaparthi 等发现珊瑚状纳米 α-Mn_2O_3 对甲烷的热催化氧化有较高的活性和稳定性。

O_3 在锰氧化物催化剂表面的分解过程如下：

$$O_3 + * \longrightarrow O_2 + O^*$$
$$O^* + O_3 \longrightarrow O_2 + O_2^*$$
$$O_2^* \longrightarrow O_2 + *$$

其中 * 表示锰氧化物催化剂表面的臭氧吸附位。O_2^* 是氧化有机物的活性物种，能够与有机物反应产生自由基中间体 R·，R·再进一步被 O_2 氧化分解为 CO_2 或 CO。

$$R \cdot + O_2 \longrightarrow RO_2 \cdot \longrightarrow CO_2, CO$$

当基底为 TiO_2 时，有机物先吸附在 TiO_2 表面的活性位点上，再转移到锰氧化物表面的吸附位，之后被臭氧在锰氧化物表面分解产生的 O^* 氧化分解，具体过程如下：

$$R + O \Longleftrightarrow RO$$
$$RO + * \Longleftrightarrow R^* + O$$
$$R^* + nO^* \longrightarrow 产物$$

图 3-33 比较了在暗态通入臭氧条件下 Ti 网、TiO_2、Pd/TiO_2、MnO_x/TiO_2、MnO_x/

Pd/TiO₂ 及纳米 MnO₂/Pd/TiO₂ 催化剂反应 7h 对甲醛的降解效果。从图中可见，TiO₂ 表面负载纳米 Pd 后，暗态下对甲醛的去除率略有提高，继续负载纳米 MnO₂ 后，对甲醛的暗态去除率提高到 26.5%，但 MnOₓ/Pd/TiO₂ 对甲醛的去除率与 TiO₂ 相比没有明显变化。这一方面是因为采用浸渍法负载的 MnOₓ 组分大面积覆盖了 TiO₂，这一点在图中也有直观表述；另一方面也可能因为 MnOₓ 与纳米 Pd 颗粒在形貌和尺寸上存在很大差异，限制了暗态下反应物在二者之间的传递和转移。当 TiO₂ 表面负载纳米 Pd 时，Pd 颗粒影响了吸附在 TiO₂ 表面的活性位点上的有机物转移到锰氧化物表面与臭氧分解产生的 O* 反应，因此 MnOₓ/Pd/TiO₂ 对甲醛的去除率较低。几种含 Mn 催化剂中，MnOₓ/TiO₂ 对甲醛的暗态去除率高达 92.2%，且在臭氧初始浓度相同［均为（25.5±1.0）mg/m³］时，只有 MnOₓ/TiO₂ 使臭氧浓度显著降低，这说明当臭氧浓度远高于有机物浓度时，单独锰氧化物组分暗态下对低浓度有机物有显著的去除效果。

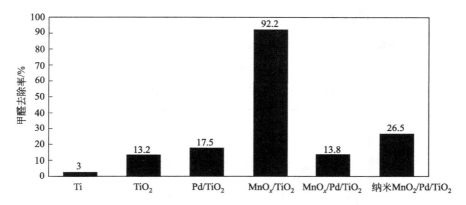

图 3-33　不同含 Mn/TiO₂ 催化剂暗态下臭氧氧化降解甲醛的比较

图 3-34 显示了 TiO₂、Pd/TiO₂、MnOₓ/TiO₂、MnOₓ/Pd/TiO₂ 及纳米 MnO₂/Pd/TiO₂ 催化剂对初始浓度相同的臭氧在暗态无甲醛条件下的去除情况。TiO₂ 与 Pd/TiO₂、MnOₓ/TiO₂ 与 MnOₓ/Pd/TiO₂ 对臭氧的去除情况非常相近，说明在催化剂上负载纳米 Pd，对暗态下臭氧的去除没有明显作用。纳米 MnO₂/Pd/TiO₂ 对臭氧暗态去除也没有明显效果，而 MnOₓ/TiO₂ 与 MnOₓ/Pd/TiO₂ 对臭氧的暗态分解有显著效果，但在反应的 7h 内催化剂逐渐失活，这与反应气体中的水蒸气含量有关［相对湿度（45±5）%］。

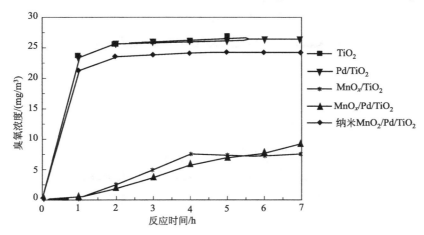

图 3-34　暗态下（无甲醛）不同含 Mn/TiO₂ 催化剂的臭氧浓度-时间曲线

图 3-35 比较了 MnO_x/TiO_2 在 VUV 和暗态下对臭氧的长时间去除情况。在反应的 35h 内，暗态下 MnO_x/TiO_2 对臭氧的去除率不断降低，催化剂失活明显。而在 VUV 照射下，MnO_x/TiO_2 对臭氧的去除明显好于暗态，同时催化剂性能在反应 20h 后逐渐达到稳定，说明真空紫外光不仅能提高催化剂降解臭氧的效率，同时能抑制锰氧化物在水蒸气存在时的失活。

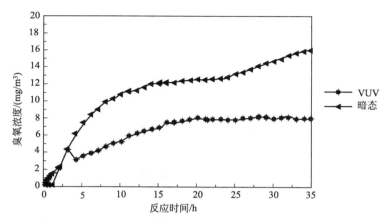

图 3-35 MnO_x/TiO_2 在 VUV 和暗态下臭氧浓度-时间曲线

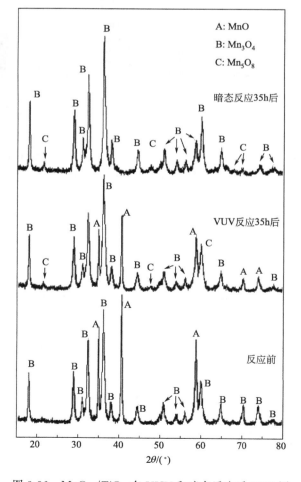

图 3-36 MnO_x/TiO_2 在 VUV 和暗态反应后 XRD 图

图 3-36 显示了 MnO_x/TiO_2 在反应前、VUV 及暗态反应 35h 后的晶相变化。制备的 MnO_x/TiO_2 中，MnO_x 主要以 Mn_3O_4 形态存在，同时还有少量 MnO。VUV 反应 35h 后，由于臭氧氧化作用，除 Mn_3O_4 外，催化剂表面出现很少量的 Mn_5O_8，但 MnO 仍同时存在。暗态下反应 35h 后，MnO 完全被氧化，催化剂表面只有 Mn_3O_4 和 Mn_5O_8，因此逐渐对臭氧失去活性。纳米 $MnO_2/Pd/TiO_2$ 由于本身 Mn 价态已经高于 Mn_5O_8，因此暗态下对臭氧分解没有活性。

O_3 在锰氧化物表面的催化分解过程是电子从 Mn 转移到 O_3，Mn 再被产生的负氧离子还原的过程，如下所示：

$$O_3 + Mn^{n+} \longrightarrow O^{2-} + Mn^{(n+2)+} + O_2$$
$$O_3 + O^{2-} + Mn^{(n+2)+} \longrightarrow O_2^{2-} + Mn^{(n+2)+} + O_2$$
$$O_2^{2-} + Mn^{(n+2)+} \longrightarrow Mn^{n+} + O_2$$

水蒸气的存在可能会加速 Mn 的氧化或者抑制 Mn 的还原，从而改变锰氧化物的结构，导致催化剂失活。当催化剂受到真空紫外光照射时，一方面加速了水分子的光解，另一方面加速了电子在 Mn 及 TiO_2 之间的转移，因此能够抑制催化剂失活，提高臭氧分解效率。

3.4 臭氧/TiO_2 光催化降解甲苯研究

3.4.1 实验装置、方法与步骤

气相臭氧/光催化氧化实验系统由配气系统、臭氧发生装置、臭氧/光催化反应器和气态污染物检测分析系统四部分组成，如图 3-37 所示。各组成结构与真空紫外光催化实验系统类同。

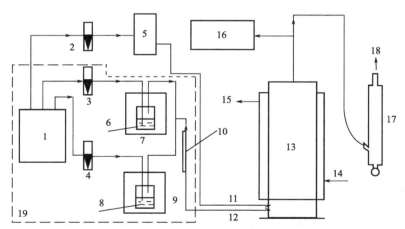

图 3-37　动态气相臭氧/光催化实验装置示意图

1—GA-10 空气稳流装置；2、3、4—转子流量计；5—臭氧发生装置；6—气体加湿瓶；
7—恒温槽；8—挥发性有机物发生瓶（内装甲苯）；9—恒温槽；10—混合管；
11—含臭氧气流；12—含甲苯气流；13—臭氧/光催化反应器；14、15—冷却水；
16—气相色谱 FID 检测仪；17—皂膜流量计；18—放空管；19—配气系统

研究所用臭氧由臭氧发生器产生，其产量用碘量滴定法标定，每隔一段时间标定一次。

臭氧/光催化反应器如图 3-38 所示。反应器设有两套光源配套装置。反应器入口和出口

气体中甲苯的浓度以及湿度由气相色谱仪、湿度计测量。

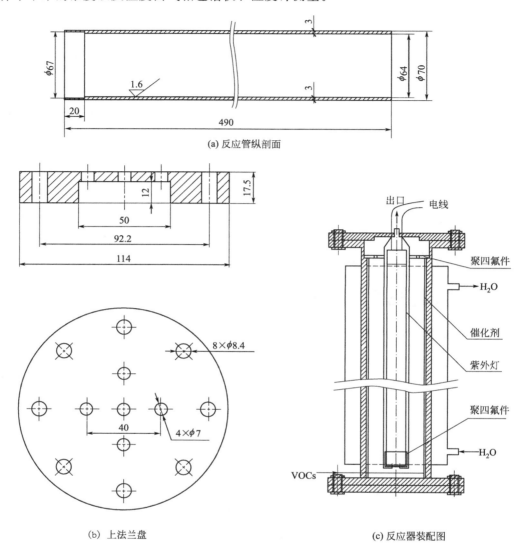

图 3-38 臭氧/光催化反应器（单位：mm）

3.4.2 催化剂制备方法

采用改性的溶胶-凝胶法制备炭黑改性二氧化钛光催化剂。溶胶配比见表 3-8，制备步骤如图 3-39 所示，主要包括溶胶制备、超声混合、铝箔浸渍、干燥和热处理五个步骤，然后按此步骤重复 6 次。

表 3-8 涂覆液中各组分的配比

涂覆液组分	添加量	涂覆液组分	添加量
炭黑	0.4112g	乙酰丙酮	52.5mL
正丙醇	1225mL	水	70mL
钛酸四丁酯	175mL		

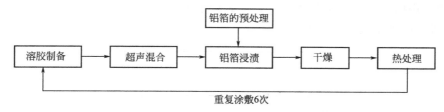

图 3-39 TiO₂ 光催化剂制备方法示意图

图 3-39 TiO_2 光催化剂制备方法示意图

3.4.3 实验内容及步骤

根据研究目的，进行以下的实验研究：

① 不同初始浓度甲苯的光催化、臭氧/紫外及臭氧/光催化降解；

② 不同流量下甲苯的光催化、臭氧/紫外及臭氧/光催化降解；

③ 不同湿度下甲苯的光催化、臭氧/紫外及臭氧/光催化降解；

④ 不同光源下甲苯的光催化、臭氧/紫外及臭氧/光催化降解；

⑤ 不锈钢网状催化剂对甲苯的光催化及臭氧/光催化降解的影响。

3.4.4 结果与讨论

3.4.4.1 甲苯的光降解及臭氧氧化

在紫外光的作用下，很多有机物可以直接降解为其他物质，尤其在 254nm 的杀菌灯条件下，光降解现象更为明显。前期的研究表明，甲苯在 254nm 杀菌灯照射下有显著的光降解，并且光降解率随着流量的增加呈指数下降。在相对干燥（RH<5%）条件下，初始浓度为 115mg/m³ 的甲苯在流量为 0.1L/min（停留时间 7.65min）时，光降解率高达 79%；而当流量为 0.4L/min（停留时间 1.9min）时降低为 17%。

图 3-40 为初始浓度为 19mg/m³ 左右的甲苯在杀菌灯（254nm）和黑光灯（365nm）辐射下的直接光降解实验结果。由图可见，由于停留时间（0.48min）和相对紫外辐射强度的降低，甲苯在 254nm 和 365nm 下的直接光降解率都很低：254nm 低压汞灯约 5%，365nm 黑光灯约 2%，因此可以忽略光催化和臭氧/光催化降解中光降解的影响。

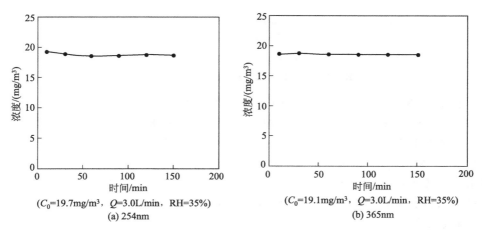

$(C_0=19.7\text{mg/m}^3，Q=3.0\text{L/min}，RH=35\%)$
(a) 254nm

$(C_0=19.1\text{mg/m}^3，Q=3.0\text{L/min}，RH=35\%)$
(b) 365nm

图 3-40 甲苯的光降解实验

臭氧作为一种强氧化剂，可以氧化分解许多类挥发性有机污染物。图 3-41 为臭氧对甲苯的降解率。由图可见，在实验条件下，臭氧对甲苯的降解率很低（约5%），同样可以忽略臭氧/光催化降解中臭氧氧化的影响。

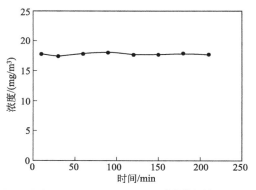

（C_0=18.7mg/m³，Q=3.0L/min，RH=35%，臭氧投加量＝47.2mg/m³）

图 3-41　甲苯的臭氧氧化实验

3.4.4.2　初始浓度对甲苯降解的影响

考虑到室内空气中挥发性有机物浓度通常都很低，因此根据现有配气和检测条件，考察了在流量为3.0L/min、RH为35%的实验条件下，不同进口浓度的甲苯的臭氧/紫外、光催化和臭氧/光催化降解情况，如图3-42和图3-43所示。

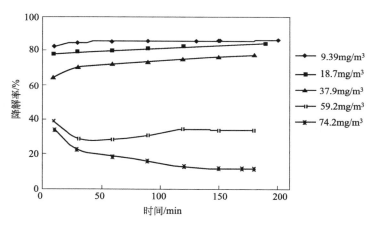

（Q＝3.0L/min，RH＝35%）

图 3-42　不同初始浓度下甲苯的光催化降解

图3-42是在不同进口浓度下甲苯的光催化降解曲线。由图可见，当甲苯浓度在9～38mg/m³范围变化时，光催化降解率随浓度缓慢下降（从85%～76%）。而当浓度进一步增加时，降解率迅速下降，浓度为59.2mg/m³时降解率为33.7%，浓度为74.2mg/m³时降解率仅为11.6%。并且这两个浓度下都出现了催化剂的失活现象，即降解率在反应一段时间后出现降低然后逐渐稳定。分析其原因，可能是随着甲苯浓度的升高，导致催化剂表面活性点被甲苯和某些中间产物（如苯甲醛或苯甲酸等）部分或完全覆盖，使催化剂出现失活现象，降解率降低。

而对于甲苯的臭氧/紫外和臭氧/光催化降解，在实验条件下，降解率能够很快达到稳定，并且不再随时间而变化。对臭氧/光催化不会出现催化剂的失活现象，这说明臭氧/光催

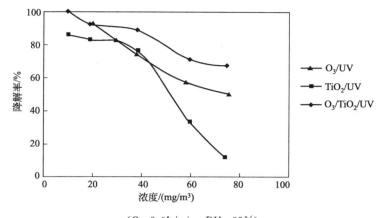

$(Q=3.0L/min，RH=35\%)$

图 3-43　甲苯 O_3/UV、TiO_2/UV 和 $O_3/TiO_2/UV$ 降解率随浓度变化曲线

联合应用技术确实能促进有机物（甲苯）的降解，避免催化剂的失活。

图 3-43 是甲苯的 O_3/UV、TiO_2/UV 和 $O_3/TiO_2/UV$ 降解率随浓度变化曲线。由图可见，当进口甲苯浓度在 $20\sim76mg/m^3$ 范围变化时，其臭氧/紫外降解率随浓度的增加持续下降（从 $93\%\sim50\%$），并且下降速率基本保持不变。臭氧/光催化降解率同样随浓度的增加而降低，且始终高于同浓度下臭氧/紫外和光催化的降解率。并且在较低的浓度下（<$19mg/m^3$），光催化和臭氧/紫外对总降解率的影响相差不大；而当浓度在 $19\sim38mg/m^3$ 范围内时，光催化的影响占主导地位；当浓度进一步升高时，出现催化剂的失活，此时臭氧/紫外的影响占主导地位。

3.4.4.3　流量对甲苯降解的影响

在衡量空气净化器的优劣时，单位时间内的处理能力是一个重要指标，因此气体的流量是光催化空气净化器应用的一个重要指标。一般来说，随着空气流量的增加，空气净化器的工作负荷增加，使得其净化效率降低。Alberici 等人的研究表明，不同的流量对光催化降解的影响主要有两个方面：其一为停留时间，停留时间越长，降解越完全，降解效率越高，降解副产物产生的可能性越小；其二为对反应控制因素的影响，在一定的流量范围内，污染物的反应速率随着流量的增加而增加，传质速率是整个反应的控速步骤，当流量达到一定值后，流量继续增加，表面反应速率成为控速步骤，同时由于催化剂表面的反应中间产物未能及时去除，此时可能出现最初反应物的降解速率反而降低的现象。

图 3-44 和图 3-45 是在不同流量范围内甲苯的臭氧/紫外、光催化和臭氧/光催化降解实验结果。由图 3-44 可见，在 $1.0\sim5.0L/min$ 流量范围内，浓度为 $18\sim20mg/m^3$ 的甲苯在光催化、臭氧/紫外时的降解率随流量的增加而有显著降低，而在臭氧/光催化时的降解率则随流量的增大而缓慢下降，始终保持在 87% 以上。由图 3-45 可见，在 $6.0\sim12.0L/min$ 流量范围内，浓度为 $3.8\sim4.6mg/m^3$ 的甲苯在臭氧/光催化时的降解率随流量增大而显著下降，从 $6.0L/min$ 的 78% 下降到 $12.0L/min$ 的 45.6%；而在光催化时则变化不大，但降解率较低，在 $33\%\sim23\%$ 之间。

从图 3-44 可以看到，臭氧/紫外对甲苯的去除率随流量变化的影响最大。流量小于 $3.0L/min$ 时，臭氧/紫外的降解率最高；而流量大于 $4.0L/min$ 时，臭氧/紫外的降解率变得最低，甚至低于光催化。臭氧/紫外随流量变动较大的原因，主要是因为随着流量的增大，

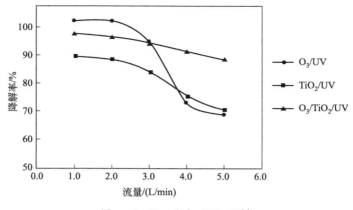

$(C_0 = 18 \sim 20\text{mg/m}^3,\ \text{RH} = 35\%)$

图 3-44　低流量范围内甲苯降解率随流量变化曲线

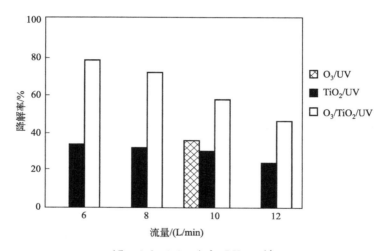

$(C_0 = 3.8 \sim 4.6\text{mg/m}^3,\ \text{RH} = 35\%)$

图 3-45　较高流量范围内甲苯降解率随流量变化

不仅导致气体停留时间变短，而且由于总的臭氧投加量没有增加，气相中臭氧的浓度随流量增大而降低，由于这两方面的影响，其对甲苯的降解率随流量变化最大。此外，光催化在大流量下，由于生成的中间产物不能得到及时分解而覆盖在光催化剂表面，导致催化剂对最初反应物降解率降低。相比之下，在大流量的条件下，臭氧/光催化的降解率优于臭氧/紫外和光催化，有更好的稳定性。

至于在低流量时，臭氧/紫外的效果好于臭氧/光催化，这可以由如下几点进行定性解释。

① 光催化过程中加入的臭氧有两个主要作用，一是促发臭氧/紫外过程，二是在光催化过程中代替氧气作为电子受体（简称臭氧强化的光催化）。

② 由于臭氧/紫外的初始反应是个光化学反应，在紫外光足够时，其反应速率取决于臭氧浓度，因此当流量较小即臭氧浓度较高时，其初始反应速率较高，高于光催化或臭氧强化的光催化过程；而当流量增大即臭氧浓度变小时，其初始反应速率大大降低，低于臭氧强化的光催化或光催化。

③ 紫外灯发出的紫外光穿过含臭氧的空气辐射到催化剂表面，穿过含臭氧空气时发生臭氧/紫外过程，辐射到催化剂表面的紫外光被催化剂吸收而发生光催化过程（结合臭氧发

生臭氧强化光催化），其综合作用是臭氧/紫外＋臭氧强化光催化；如果没有催化剂，则辐射到反应器壁的紫外光被反射再进行臭氧/紫外过程，其综合作用臭氧/紫外＋臭氧/紫外。这样流量小、臭氧浓度高时，甲苯的臭氧/紫外降解率自然高于臭氧/光催化；而当流量变大、臭氧浓度小时，甲苯的臭氧/紫外降解率自然低于臭氧/光催化。所以随着流量的增大，臭氧/光催化与臭氧/紫外间的差别会进一步扩大。

　　需要说明的是，由于实验条件的限制，1.0～5.0L/min 流量范围内的气体由空气稳流装置产生（其最大供气量小于 6.0L/min），并用皂沫流量计测定流量；而 6.0～12.0L/min 流量范围内的气体由高压空气瓶供给，其流量值直接从玻璃转子流量计读取。此外流量范围在 6.0～12.0L/min 的实验采用的光催化剂载体与流量范围在 1.0～5.0L/min 实验的有区别，虽然同为铝片，但焙烧后从外观看有区别。可能由于上述原因，对比图 3-44 和图 3-45，可以看到 6.0～12.0L/min 流量范围内臭氧/光催化的降解率有些异常。这一点在图 3-46 中显得更清楚，同样浓度的甲苯，当流量从

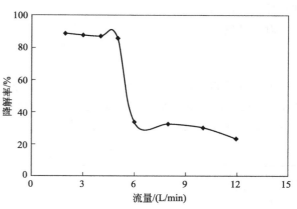

图 3-46　甲苯光催化降解率随流量的变化曲线
（$C_0 = 3.8 \sim 4.6 \mathrm{mg/m^3}$，RH＝35％）

5.0L/min 增大到 6.0L/min 时，光催化降解率从 86.2％突然剧降到 33.6％。这一现象除了可能由催化剂和流量计量不同引起外，从臭氧供给和消耗量等（见表 3-9）来看似乎不是臭氧供给不足造成，需要进一步研究。

表 3-9　不同流量下甲苯的臭氧/光催化降解臭氧消耗的比较

甲苯浓度 /(mg/m³)	流量 /(L/min)	进口臭氧浓度 /(mg/m³)	出口臭氧浓度 /(mg/m³)	臭氧消耗率 /%	光催化降解率 /%	臭氧/光催化降解率 /%	单位 VOC 臭氧消耗系数 O₃/VOC /(mg/mg)
18～20	1.0	141.69	3.19	97.8	88.03	95.7	7.43
	2.0	70.84	2.40	96.6	87.06	94.6	3.55
	3.0	47.23	1.61	96.6	83.15	92.5	2.64
	4.0	35.42	1.18	96.7	74.7	89.6	1.96
	5.0	28.33	0.86	97.0	70.0	87.1	1.59
3.9～4.6	6.0	23.61	0.74	96.9	33.62	78.0	6.40
	8.0	17.71	0.62	96.5	32.19	70.8	5.47
	10.0	14.16	0.30	97.9	30.01	56.9	5.38
	12.0	11.81	0.18	98.5	23.29	45.6	6.46

注：单位 VOC 臭氧消耗系数＝$\dfrac{\text{臭氧入口浓度} \times \text{臭氧消耗率}}{\text{甲苯入口浓度} \times \text{甲苯降解率}}$。

3.4.4.4　浓度和流量影响的反应动力学分析

　　（1）光反应器内流动状态的分析

　　光反应器内气体的流动状态对降解过程有重要的作用，尤其是对有机物从气相到催化剂表面的传质有较大影响。不同流量下，反应器内气体的流动状态可通过雷诺数判断。环管状反应器中气流的雷诺数可按下式计算：

$$\mathrm{Re} = \frac{du\rho}{\mu}$$

式中，d 为当量直径，m；ρ 为气体的密度，kg/m^3，因为污染气体浓度为 10^{-6} 量级，因此按空气计，取 $\rho = 1.293kg/m^3$；μ 为气体的黏度，$Pa \cdot s$，按空气计，$\mu = 1.73 \times 10^{-5}$ $Pa \cdot s$；u 为气体流速，m/s。

$$u = \frac{Q}{\pi R^2 - \pi r^2}$$

式中，Q 为气体流量，m^3/s；R 为外管内径，$R = 32mm = 0.032m$；r 为内管（即紫外灯）外径，$r = 10mm = 0.01m$。

对于环管状反应器，其当量直径为：

$$d = \frac{4(\pi R^2 - \pi r^2)}{2\pi R + 2\pi r} = 2(R - r)$$

据此计算得到反应器中不同流量下的雷诺数见表 3-10。由表可见，反应器中气体流量从 $1.0 \sim 12.0L/min$ 变化时，雷诺数从 18.88 增加到 226.56，增加量虽然比较大，但是都远远低于临界雷诺数 2100，处于层流状态。

表 3-10　反应器中不同流量下的雷诺数

流量/(L/min)	1.0	2.0	3.0	4.0	5.0	6.0	8.0	10.0	12.0
Re	18.88	37.76	56.64	75.52	94.40	113.28	151.04	188.80	226.56

（2）一级反应和零级反应动力学方程

由于在实验条件下，反应器内气体为层流，因此可以认为光催化反应器是理想的推流式反应器（或活塞流反应器）。

① 当反应为一级反应时，其动力学关系应满足以下方程：

$$-\ln \frac{C}{C_0} = Kt$$

式中，C 为出口浓度，mg/m^3；C_0 为进口浓度，mg/m^3；K 为反应速率常数，s^{-1}；t 为停留时间，s。

可以根据 $\ln(C/C_0)$ 对 t 作图来判断反应为一级反应。

② 当反应过程为零级反应时，其动力学关系应满足以下方程：

$$C_0 - C = Kt$$

可以根据 $(C_0 - C)$ 对 t 作图来判断反应为零级反应。

（3）流量对反应动力学的影响

不同流量对应不同的停留时间，停留时间与流量之间的关系可以用下式来表示：

$$t = 60V/Q$$

式中，t 为停留时间，s；V 为反应器体积，1.44L；Q 为流量，L/min。

由此可得出停留时间和流量之间的关系如表 3-11 所示。

表 3-11　停留时间 t 和流量 Q 的关系

流量/(L/min)	1.0	2.0	3.0	4.0	5.0	6.0	8.0	10.0	12.0
停留时间/s	86.4	43.2	28.8	21.6	17.3	14.4	10.8	8.6	7.2

甲苯的臭氧/紫外、光催化和臭氧/光催化降解过程中，$\ln(C/C_0)$ 和 $(C_0 - C)$ 与停留时间 t 的关系如图 3-47 所示。不同条件下各种方法的反应动力学拟合关系见表 3-12。

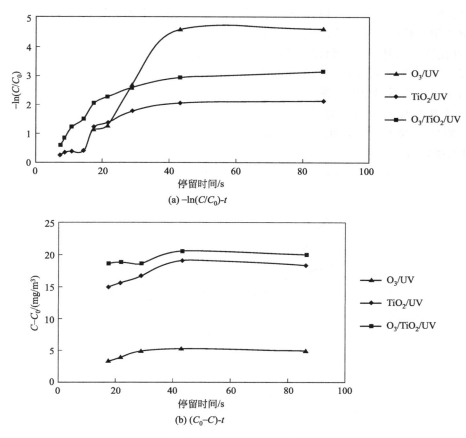

(a) $-\ln(C/C_0)$-t

(b) (C_0-C)-t

图 3-47　甲苯降解的动力学分析（从停留时间分析）

（$C_0=18\sim20mg/m^3$，$RH=35\%$）

表 3-12　各反应在不同条件下的反应动力学拟合

条件	流量范围/(L/min)	停留时间/s	关系式	R^2	反应级数
O_3/UV $18\sim20mg/m^3$	$2\sim4$	$21\sim43$	$-\ln(C/C_0)=0.1511t-1.8645$	0.992	一级
TiO_2/UV $18\sim20mg/m^3$	$2\sim5$	$17\sim43$	$C_0-C=0.1567t+12.232$	0.9996	零级
O_3/TiO_2/UV $18\sim20mg/m^3$	$2\sim5$	$17\sim43$	$-\ln(C/C_0)=0.0333t+1.533$	0.9652	一级
O_3/TiO_2/UV $3.9\sim4.6mg/m^3$	$6\sim12$	$7\sim14$	$-\ln(C/C_0)=0.1261t-0.2439$	0.9601	一级

　　由图 3-47 可以看出，对于三种方法，当停留时间较大时（$43\sim86s$，此时流量 $1\sim2L/min$），在所研究的浓度范围（$18\sim20mg/m^3$），$\ln(C/C_0)$ 和 (C_0-C) 随停留时间 t 的变化不大，即降解率基本保持不变。

　　在浓度为 $18\sim20mg/m^3$ 并且停留时间较小时（$17\sim43s$，此时流量 $2\sim5L/min$），光催化降解呈零级反应。以前的研究结果表明：在小流量（$0.1\sim0.4L/mim$）条件下，低浓度甲苯的光催化降解遵循一级反应动力学；而当浓度增大和/或流量增大时，不再符合一级反应动力学；当流量继续增大和/或浓度增大时，光催化降解可能符合零级反应，这与实验结果是一致的。

在停留时间较小时（21～43s，此时流量2～5L/min），甲苯的臭氧/紫外降解和臭氧/光催化降解遵循一级反应动力学。当停留时间继续变小时（7～14s，此时流量6～12L/min），臭氧/光催化降解依然遵循一级反应动力学。停留时间分别在21～43s和7～14s范围内时，臭氧/光催化降解的一级反应动力学常数 K 并不相同，这并不违反一级反应动力学，并且这与两者的进口浓度不同也有关系。

（4）浓度对反应动力学的影响

甲苯的臭氧/紫外、光催化和臭氧/光催化降解过程中，$\ln C/C_0$ 和（C_0-C）对进口浓度 C_0 的关系如图3-48所示。

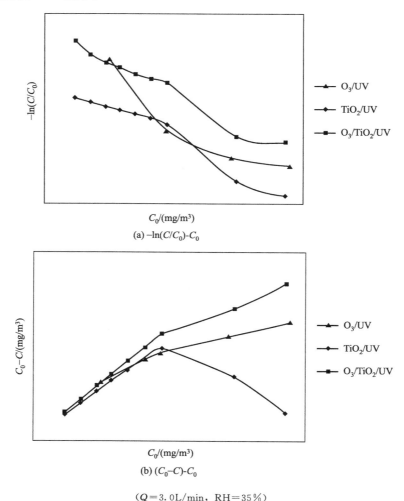

(a) $-\ln(C/C_0)$-C_0

(b) (C_0-C)-C_0

（$Q=3.0$L/min，RH$=35\%$）

图 3-48　甲苯降解的动力学分析（从进口浓度分析）

当进口浓度在9～76mg/m³之间变化时，光催化降解反应中，$-\ln(C/C_0)$ 持续下降，（C_0-C）先上升，到 $C_0=38$mg/m³ 时又开始下降，这是由于催化剂的失活造成的。从浓度上分析，在所研究的流量条件下（3.0L/min），该浓度范围内甲苯的光催化降解既不符合一级反应动力学也不符合零级反应动力学，但是从 $\ln(C/C_0)$-C_0 和 （C_0-C）-C_0 两条曲线的平缓程度上分析，前者比后者相对平缓，更接近于零级反应。

进口浓度在9～76mg/m³范围内时，臭氧/紫外和臭氧/光催化反应的 $-\ln(C/C_0)$ 先随

C_0 的增大而下降，然后趋于稳定，说明在高浓度下（与实验中的浓度相差不是特别大）臭氧/紫外和臭氧/光催化反应有可能遵循一级反应动力学。但是由于臭氧/光催化反应过程比较复杂，受臭氧用量、紫外光强、催化剂等因素的影响，因此动力学关系比较复杂，不容易得出线性关系很好的拟合方程，而只能根据趋势进行定性分析。

3.4.4.5　湿度对甲苯降解的影响

水蒸气对光催化及臭氧/光催化均有重要作用，并且随污染物种类和浓度的不同或促进或阻碍，具有不确定性。中低浓度甲苯在相对湿度 20％～60％范围内臭氧/紫外、光催化和臭氧/光催化降解情况见图 3-49。

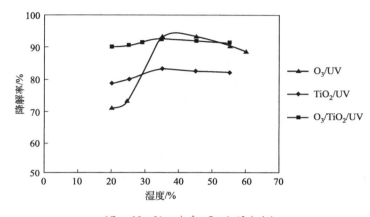

（$C_0=18\sim20\text{mg/m}^3$，$Q=3.0\text{L/min}$）

图 3-49　甲苯降解率随湿度变化曲线

由图 3-49 可以看出，在实验条件下，湿度对甲苯的臭氧/紫外降解影响非常显著。当湿度从 20％增至 40％时，甲苯的降解率从 73％迅速升高至 95％，然后当湿度继续增至 60％时，降解率缓慢下降至 89％。总体来看，对甲苯的臭氧/紫外降解，当湿度在 20％～60％之间变化时，降解率随湿度的增加先上升后下降，即有一最佳湿度；在流量为 3.0L/min、浓度为 19.4mg/m³ 条件下，最佳湿度值为 40％。

湿度对甲苯的光催化降解的影响规律与臭氧/紫外相似，其最佳湿度为 35％，但是影响程度相对较小。当湿度在 20％～60％范围内时，降解率集中在 78％～83％范围内。结合以前的研究结果可知，湿度对甲苯的光催化降解，在小流量、高浓度时影响显著，而在大流量、低浓度时影响较小；但总体规律是光催化降解率先随湿度的增加而升高，达到最佳湿度后，光催化降解率反而下降；对于不同流量、不同浓度，最佳湿度值不同。

甲苯的臭氧/光催化降解率随湿度的变化规律与光催化很相似，只是由于受光催化和臭氧/紫外的同时影响，在最佳湿度附近，降解率随湿度变化很小，基本保持稳定。这表明臭氧/光催化技术适用于大多数湿度条件，可以始终保持很高的降解率。

以上实验结果表明，湿度对甲苯的臭氧/光催化降解的影响是复杂的，可从以下两个角度对上述结果进行解释：①湿度对光催化降解过程的影响；②湿度对臭氧/紫外降解过程的影响。

从光催化降解反应的基本原理可知，水是光催化过程羟基自由基产生所必需的，所以含有一定湿度可以促进光催化降解。有文献报道，催化剂表面吸附少量水，可以促进氧气的吸附，完全干燥的催化剂不易吸附氧气；但是湿度较大时，反而会妨碍氧气的吸附。由于氧气是消耗光生电子所必需的，所以适量的湿度可以促进光催化，过量的湿度会阻碍光催化。同时水分子与有机物在催化剂表面发生竞争吸附。如果水分子浓度太高，就会影响有机物在催化剂表面的吸附，从而影响光催化降解。根据以上两点，可以理解为什么湿度太高，反而会降低有机物的光催化降解速率，甚至出现催化剂的失活现象。最佳湿度的具体值并不确定，一是因为羟基自由基的产生和消耗是一个动态过程，消耗量与有机物的浓度和流量有关；二是因为有机物和水的相对吸附亲和力受各种因素的影响，如温度、有机物种类等。

湿度对甲苯的臭氧/紫外降解影响可以从其氧化机理来分析。O_3 是一种强氧化剂，可直接氧化有机物，可以被 254nm 紫外灯激发和空气中微量的水反应产生羟基自由基，从而降解有机物。臭氧/紫外分解产生羟基自由基以及羟基自由基氧化分解气态烃类化合物的过程如下：

$$O_3 + h\nu \longrightarrow O\cdot + O_2$$
$$O\cdot + H_2O \longrightarrow 2HO\cdot$$
$$RH + OH\cdot \longrightarrow R\cdot + H_2O$$
$$R\cdot + O_2 \longrightarrow RO_2$$
$$RO_2\cdot + RH \longrightarrow ROOH + R\cdot$$

从以上反应机理看，一定的湿度有助于臭氧在紫外光照射下产生羟基自由基，有利于有机物的降解，这可以解释随湿度增大臭氧/紫外降解率提高。但是在高湿度下，其降解效率降低的原因尚不清楚，可能是影响了与污染物的接触，减少了产生的羟基自由基与甲苯的碰撞概率。

3.4.4.6 光催化剂对甲苯降解的影响

在空气净化器设计中，以铝板为基材制备的催化剂在应用时存在不易布置、不易更换等问题，因此考虑采用网状催化剂来解决这些问题。考虑材料性质等综合因素，选用不锈钢网为基材制备催化剂。不同网孔目数的不锈钢网状催化剂对甲苯的光催化及臭氧/光催化降解效果如图 3-50 和图 3-51 所示。

由图 3-50(a) 和图 3-51 可以看出，不锈钢网状催化剂对甲苯的光催化降解率基本上随网孔目数的增加而升高，这是因为随网孔目数增加，催化剂面积增加，在负荷相同的条件下，单位面积上的负荷减小。同样道理，30 目的不锈钢网状催化剂对甲苯的降解率为 60%，而 30 目两层的降解率为 66%。但是不锈钢网状催化剂对甲苯的光催化降解率始终低于同样条件下铝板催化剂的降解率（不锈钢网状催化剂降解率为 60%～70%，80 目为 50%；铝板催化剂的降解率为 83%）。造成这种结果的原因可以从两个方面来分析：一是催化剂面积；二是催化剂载体本身的性质。不锈钢在经过高温处理后，表面被部分氧化，生成了黑色的氧化铁，这种黑色的表面与铝板催化剂灰白色的表面相比，对紫外光的反射减弱，吸收增强，从而降低了紫外光的利用率，使降解率降低。

由图 3-50(b) 和图 3-51 可以看出，随催化剂网孔目数的增加，甲苯的臭氧光催化降解率变化并不显著，基本上保持在 85% 左右。这可能是由于臭氧/紫外的降解作用掩盖了催化剂的差别。

图中降解率最低的为 80 目不锈钢网状催化剂。从催化剂自身材料上分析，估计是 80 目不锈钢网与其他不锈钢网在成分上有一定差别。高温处理后的催化剂，从其塑性、颜色等方面对比，发现 80 目的催化剂性能较脆，可弯折性差，并且颜色带有稍许青色，与其他目数催化剂不同，验证了其成分上的差别。

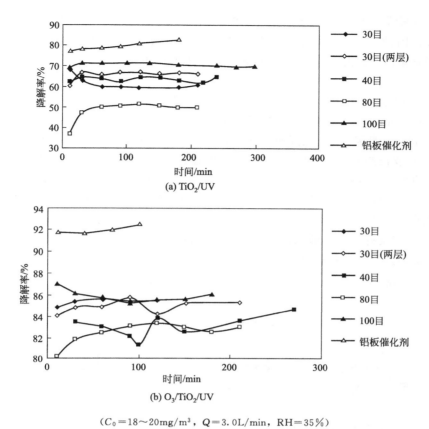

(a) TiO₂/UV

(b) O₃/TiO₂/UV

($C_0=18\sim20\mathrm{mg/m^3}$，$Q=3.0\mathrm{L/min}$，RH$=35\%$)

图 3-50 不同网孔目数的不锈钢网状催化剂对甲苯的降解（一）

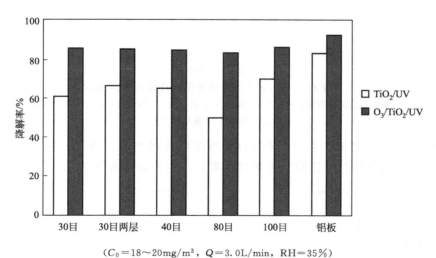

($C_0=18\sim20\mathrm{mg/m^3}$，$Q=3.0\mathrm{L/min}$，RH$=35\%$)

图 3-51 不同网孔目数的不锈钢网状催化剂对甲苯的降解（二）

3.4.4.7 光源对甲苯降解的影响

光催化剂 TiO₂ 的禁带宽度（用 E_g 来表示）为 3.2eV，其吸收阈值为 387nm。因此只有当紫外光的波长小于 387nm 时，才能激发 TiO₂ 光催化剂，发生光催化反应。目前在光催化技术实用化研究中最常用的两种紫外光源是主波长分别为 254nm 的杀菌灯和 365nm 的黑光灯。一般来说，由于254nm的紫外光的能量比365nm的高，使有机物发生直接光降解的可能性大，因此254nm杀菌灯对有机物降解效果比365nm黑光灯的效果好。此外，254nm属于杀菌区，因此可以用来控制室内空气中的微生物污染，但同时对人体也有一定的直接伤害。

图3-52为甲苯在365nm黑光灯下的光催化及臭氧/光催化降解曲线。由图可以看出，当流量为3.0L/min，湿度为35％，浓度在$10\sim60mg/m^3$范围时，365nm下的光催化降解率为11％～35％，臭氧/光催化降解率为35％～65％，都低于254nm下相对应的降解率。由于在365nm波长的紫外光照射下，臭氧/紫外过程的作用非常微弱，臭氧的投入主要是促进光催化，即强化光催化，不过，因为不存在臭氧/紫外作用，臭氧投入对光催化的提高显著高于254nm下的情况。并且，在365nm下，在较低浓度（$10.0mg/m^3$）下即出现了催化剂的失活现象：光催化降解率从最初的45％下降至35％。而在浓度为$37.6mg/m^3$和$58.8mg/m^3$时却没有观察到催化剂的失活，但是降解率很低。最可能的原因是催化剂失活很快，没有检测到失活的数据点，而不是催化剂没有失活。

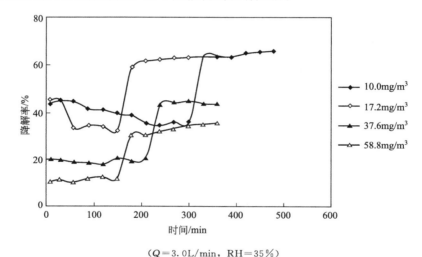

（$Q=3.0L/min$，RH＝35％）

图3-52　甲苯在365nm黑光灯下的光催化及臭氧/光催化降解曲线

注：图中出现的降解率突然升高的点为通入臭氧的时间点，即在此以前为光催化降解率，

此点以后为臭氧/光催化降解率。

图3-53(a)、(b)分别为在较低和较高浓度下甲苯在254nm和365nm下的臭氧/紫外、光催化、臭氧/光催化降解率比较。由图可以看出，在较低浓度下254nm和365nm降解率

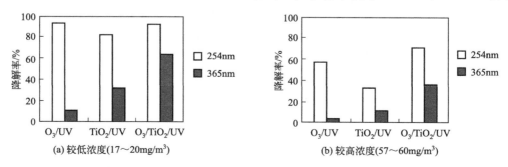

（$Q=3.0L/min$，RH＝35％）

图3-53　甲苯在254nm和365nm下的降解率比较

的差别大于较高浓度下的差别。对于 365nm 黑光灯的降解率，在两种浓度下都有如下关系：臭氧/光催化降解率大于臭氧/紫外降解率与光催化降解率之和（较低浓度下，O_3/UV 为 11%，TiO_2/UV 为 32%，$O_3/TiO_2/UV$ 为 63%；较高浓度下，O_3/UV 为 3%，TiO_2/UV 为 12%，$O_3/TiO_2/UV$ 为 36%），说明在 365nm 下臭氧的作用主要是臭氧作为氧化剂对光催化的强化作用。

3.4.4.8 几种方法对甲苯的降解比较

（1）去除率受各因素的影响比较

由前面的分析可知，影响甲苯的光催化、臭氧/紫外和臭氧/光催化降解率的主要因素包括甲苯浓度、气体流量和湿度。但是三种方法受各因素的影响程度并不相同，即三种方法的条件适应能力不同。

图 3-54 为三种浓度下三种方法对甲苯的降解率比较。由图可以看出，在低浓度下，臭氧/光催化降解率仅稍高于或等于光催化和臭氧/紫外降解率，但是随着浓度的增加，臭氧/光催化降解率越来越明显地高出另外两者，至浓度为 $74 \sim 76 \text{mg/m}^3$ 时，其降解率分别比光催化和臭氧/紫外高 18% 和 56%。这说明与其他两种技术相比，臭氧/光催化技术对污染物浓度变化的适应能力强，可应用的浓度范围广。

图 3-55 为三种流量下三种方法对甲苯的降解率比较。由图可以看出，随着流量的增加，

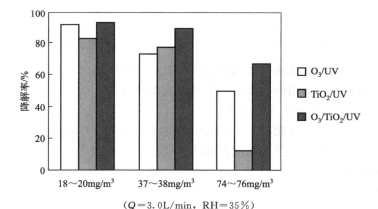

（$Q = 3.0 \text{L/min}$，$RH = 35\%$）

图 3-54　浓度对甲苯的 O_3/UV、TiO_2/UV 和 $O_3/TiO_2/UV$ 降解的影响比较

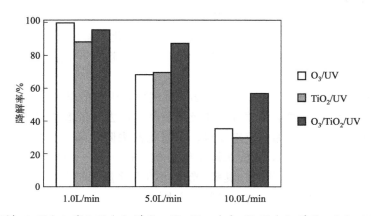

（$RH = 35\%$，1.0L/min 和 5.0L/min 时 $C_0 = 18 \sim 20 \text{mg/m}^3$，$10.0 \text{L/min}$ 时 $C_0 = 3.9 \sim 4.6 \text{mg/m}^3$）

图 3-55　流量对甲苯的 O_3/UV、TiO_2/UV 和 $O_3/TiO_2/UV$ 降解的影响比较

臭氧/光催化对甲苯的降解率与光催化和臭氧/紫外的差距增大，至 10.0L/min 时，其降解率分别高出光催化和臭氧/紫外 27％和 21％。这说明，臭氧/光催化技术对流量变化的适应能力强，可应用于较大范围的流量。

图 3-56 为三种湿度下三种方法对甲苯的降解率比较。由图可以看出，在 20％～55％的湿度范围内，臭氧/光催化降解率基本稳定在 90％左右，而另外两种方法的变化比较大，并且前者的降解率始终高于后两者。这说明，臭氧/光催化技术对湿度变化的适应能力强，可使用于较大的湿度范围。

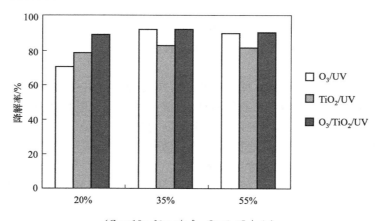

$(C_0＝18～20\text{mg/m}^3，Q＝3.0\text{L/min})$

图 3-56　湿度对甲苯的 O_3/UV、TiO_2/UV 和 $O_3/TiO_2/UV$ 降解的影响比较

综合以上几点，与光催化和臭氧/紫外技术相比，臭氧/光催化技术抗浓度、流量、湿度等因素影响的能力强，可使用的范围广，更具有应用价值。

（2）甲苯去除量随负荷的变化比较

前面从浓度或流量的角度比较了三种技术，这里引入负荷和去除量的概念来进行综合性的比较。负荷是指单位时间内进入反应器的污染物的量，单位为 mg/h，而去除量是指单位时间内、单位催化剂面积上降解的甲苯的量，单位为 $\text{mg}/(\text{m}^2\cdot\text{h})$，它是衡量某一技术方法对污染物去除能力的重要指标。因此在表征空气净化器对污染物的降解能力时，不仅仅要用降解率来考察，更重要的是对去除量进行比较探讨。

负荷和去除量分别按以下公式计算：

$$负荷＝流量×污染物浓度$$
$$去除量＝(流量×污染物浓度×降解率)/催化剂面积（0.088\text{m}^2）$$

甲苯在臭氧/紫外、光催化和臭氧/光催化作用下去除量与负荷之间的关系如图 3-57 所示。

由图 3-57 可以看出，当负荷在 0～15mg/h 范围内，甲苯的臭氧/紫外和臭氧/光催化去除量基本上随负荷的增加而增加。并且，在负荷较小时，去除量增加的速率较快；而当负荷增加到一定程度时，去除量增加的速率变慢。光催化的去除量随负荷的增加先增加后减少，即有一最佳负荷（约为 7mg/h），此时去除量约为 63.7mg/($\text{m}^2\cdot$ h)。臭氧/紫外、光催化和臭氧/光催化相比，在相同的负荷时，臭氧/光催化的去除量大于臭氧/紫外和光催化的去除量，并且随负荷的增加，前者与后两者之间的差距变大。这说明，在较高的负荷下，臭氧/光催化对污染物的降解效果远好于臭氧/紫外和光催化的效果。

图 3-57 中较小的负荷范围内，臭氧/紫外、光催化和臭氧/光催化对甲苯的去除量随负

荷的增加并不呈直线上升，而是出现了几个波动较大的点，尤其对光催化这一点更加明显。这是由于浓度或流量的增大而导致降解率的较大下降而造成的，这说明即使在低负荷情况下（低浓度或低流量时），很高流量或很高浓度均有可能导致处理量的下降；也说明了超出一定的范围，浓度引起的负荷和流量引起的负荷对去除量的影响是不同的。

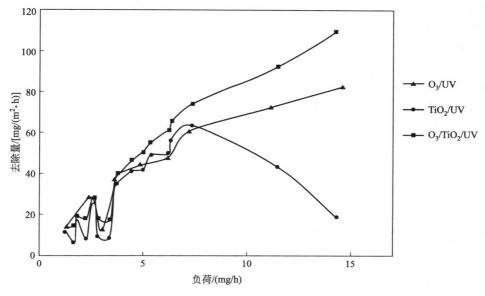

图 3-57　甲苯的去除量与甲苯负荷之间的关系图（RH＝35％）

图 3-58 更清楚地说明了浓度引起的负荷和流量引起的负荷对去除量影响的不同。由图可以看出，在负荷较小时，浓度变化曲线和流量变化曲线基本重合，说明两者对于甲苯的降解具有相同程度的影响；负荷较大时，两条曲线出现分叉，并且流量曲线斜率变小，浓度曲线斜率基本保持不变，说明此时流量的影响大于浓度的影响。由此可见，通过增加流量而使负荷增加时，去除量的增加比较缓慢，甚至有可能出现减小的情况，所以在空气净化器的设计中不宜采用大流量。

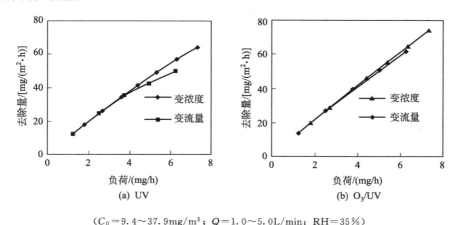

（$C_0＝9.4～37.9mg/m^3$；$Q＝1.0～5.0L/min$；RH＝35％）

图 3-58　浓度和流量分别变化时去除量和负荷之间的关系

（3）尾气中臭氧浓度的比较

甲苯的臭氧/紫外和臭氧/光催化降解中臭氧的利用率及尾气臭氧浓度见表 3-13。由表可以看出，在进口臭氧浓度相同的条件下，对于不同浓度、流量和湿度的甲苯的降解，臭氧/光催化的尾气臭氧浓度都低于臭氧/紫外，即臭氧利用率高于臭氧/紫外。差别最大时，臭氧/光催化的尾气臭氧浓度为 $1.6mg/m^3$，臭氧利用率高达 96.6%；而臭氧/紫外的尾气臭氧浓度为 $20.7mg/m^3$，臭氧利用率只有 56.1%。这说明臭氧/光催化联用技术一方面能促进甲苯的降解，另一方面也能大大提高臭氧的消耗率，显著降低尾气臭氧浓度，减少对人体的危害。所以臭氧/光催化技术集合了臭氧/紫外和光催化两种方法的优势，同时避免了两种方法的缺点，比这两种方法具有更广阔的应用前景。

表 3-13 臭氧/紫外和臭氧/光催化降解甲苯中臭氧消耗的比较

浓度 /(mg/m³)	流量 /(L/min)	湿度 /%	进口臭氧浓度 /(mg/m³)	出口臭氧浓度 /(mg/m³)		臭氧消耗率 /%		甲苯降解率 /%	
				①	②	①	②	①	②
18～20	3.0	35	47.2	4.00	1.61	91.5	96.6	93.0	92.5
74～76				2.82	1.61	94.1	96.6	49.7	67.1
18～20	1.0	35	141.7	12.54	3.19	91.2	97.8	100	95.7
	5.0		28.3	2.06	0.86	92.7	97.0	68.2	87.1
18～20	3.0	20	47.2	5.67	1.48	88.0	96.9	71.2	89.9
		55		4.39	1.65	90.7	96.5	90.1	91.1

① 为 O_3/UV；② 为 $O_3/TiO_2/UV$。

综合以上研究，可以得出以下结论。

① 甲苯的降解率随浓度和流量的增加而降低，并且流量的影响程度大于浓度的影响；动力学分析表明，光催化反应，在低浓度、小流量下为一级反应，高浓度、大流量可能转化为零级反应；在实验条件下，臭氧/紫外和臭氧/光催化为一级反应。

② 湿度对甲苯的降解有较大影响，并且对于三种方法降解率都是随湿度的增加先升高后降低，存在一个最佳湿度值；不锈钢网状催化剂对甲苯具有降解作用，但降解率低于铝板催化剂；甲苯在 254nm 波长紫外光下的光催化、臭氧/光催化降解率均高于 365nm，365nm 波长紫外光下出现催化剂失活现象的浓度小于 254nm 的浓度。

③ 在一定负荷范围内，光催化、臭氧/紫外和臭氧/光催化对甲苯的去除量随负荷的增加而增加，但是大流量下去除量随负荷增加缓慢或下降。

④ 对三种方法的比较表明，臭氧/光催化技术受浓度、流量、湿度和负荷的影响小于另外两种技术，可应用的范围广。

◆ **参考文献** ◆

[1] 吴银彪. 室内空气污染及其控制方法 [J]. 中国环保产业 CEPI, 1998, 10: 24-25.

[2] 戴飞等. 室内空气净化效果 [M]. 过滤与分离, 1999, 3.

[3] 李国文, 樊青娟, 刘强, 等. 挥发性有机废气（VOCs）的污染控制技术 [J]. 西安建筑科技大学学报, 1998, 30 (4): 399-402.

[4] 李坚, 马广大. 电晕法处理易挥发性有机物（VOCs）的实验研究 [M]. 环境工程, 1999, 17 (3): 30-32.

[5] 史黎薇, 韩克勤. 挥发性有机物混合标准气体的配制 [M]. 卫生研究, 1999, 28 (1): 27-29.

[6] 徐东群, 崔九思. 空气中挥发性有机化合物的采样及分析方法进展 [M]. 中国环境监测, 1997, 13 (3): 48-55.

[7] 丁秀琴. 室内挥发性有机污染与健康 [J]. 济宁医学院学报, 1998, 21 (3): 83-84.

[8] Bradford B.. Understanding indoor air quality [M]. USA: CRC Press Inc. 1992.

［9］　Isaac Turiel. Indoor air quality and human health ［M］. Stanford University Press，Stanford，California，1985.

［10］　Molhave L.，Bach B.，and Pederson O.. Human reactions to low concentrations of volatile organic compounds ［M］. Environ. Int. 1986，12，165~167.

［11］　刘尊永，等. 22 种混合有机化合物在不同温度条件下对人体健康的影响 ［J］. 中国预防医学杂志，1997，31，99.

［12］　《室内空气质量标准》（GB/T 18883-2002）.

［13］　梁金生等. 空气净化功能建筑内墙涂料 ［M］. 中国建材 2001，4.

［14］　邱星林，等. 纳米级 TiO₂ 光催化净化大气的环保涂料的研制 ［M］. 装饰装修材料，2001，5.

［15］　日本开发对环境有益的涂料 ［M］. 保温材料与建筑节能，2001，2.

［16］　孙超，等. 居室空气污染与防治 ［M］. 环境与健康，35~36.

［17］　朱九兰. 室内空气净化技术研究 ［C］. 室内空气质量国际研讨会论文集，2001.

［18］　朱家兴. 营造绿色办公空间 提高现代办公质量 ［J］. 中国环保产业，1999，2.

［19］　Peral J.，Ollis D. F.. Heterogeneous photocatalytic oxidation of gas-phase organic for air purification：Acetone，1-Butanol，Butyraldehyde，formaldehyde and m-Xylene Oxidation ［J］. J. Catal.，1992，136：554-565.

［20］　Low G.，McEvoy S.，Matthews R.. Formation of nitrate and ammonium ions in titanium dioxide mediated photocatalyticdegradation of organic compounds containing nitrogen atoms ［J］. Environ. Sci. Technol.，1991，25：460-467.

［21］　尚静，杜尧国，徐自力. TiO₂ 纳米粒子气-固复相光催化氧化 VOCs 作用的研究进展 ［J］. 环境污染治理技术与设备，2000，1（3）：67-76.

［22］　Haag W. R.，Johnson M. D.. Direct photolysis of trichloroethene in air：effect of contaminants，toxicity of products，and hydrothermal treatment of products ［J］. Environ. Sci. Technol. 1996，30：414-421.

［23］　傅嘉媛，冯易君，钟兵. 催化分解臭氧的方法及催化剂性能概述 ［J］. 四川环境，2001，20（1）：35-39.

［24］　B. Dhandapani，S. T. Oyama. Applied Catalysis B-Environmental 11（2）（1997）129-166.

［25］　顾玉林，刘淑文，徐贤伦. 臭氧分解催化剂的制备及性能研究 ［J］. 工业催化. 2002，10（6）：39-42.

［26］　杨庆良，谢家理，许正，谭绍怡，冯易君. 高湿度条件下分解臭氧的锰催化剂 ［J］. 环境工程. 2002，20（5）：65-67.

［27］　Einaga H.，Futamura S.，Ibusuki T.. Heterogeneous photocatalytic oxidation of benzene，toluene，cyclohexene and cyclohexane in humidified air：comparison of decomposition behavior on photoirradiated TiO₂ catalyst ［J］. Appl. Catal. B：Environ. 2002，38（3）：215-225.

［28］　孙振世，陈英旭. 非均相光催化氧化研究进展 ［J］. 环境保护科学，1999，25（6）：8-11.

［29］　陈卫国，等. 光催化降解有机污染物的机理初探 ［J］. 中山大学学报（自然科学版），1997，36（6）：83-87.

［30］　Sun Y. F.，PignatelloI J. J.. Evidence for a surface dual hole-radical mechanism in the TiO₂ photocatalytic oxidation of 2,4-dichlorophenaxyacetic acid ［J］. Environ. Sci. Technol，1995，29（8）：2065-2072.

［31］　Oppenlander T.，Gliese S.. Mineralization of organic micropollutants（homologous alcohols and phenols）in water by vacuum-UV-oxidation（H₂O-VUV）with an incoherent xenon-excimer lamp at 172nm ［J］. Chemosphere，2000，40（1）：15-21.

［32］　Gonzalez M. C.，Hashem T. M.，Jakob L.，et al. Oxidative degradation of nitrogen-containing organic compounds：vaccum-ultraviolet（VUV）photolysis of aqueous solutions of 3-amino 5-mrthylisoxazole Fresenius ［J］. J. Anal. Chem. 1995，351（1）：92-97.

［33］　Maruyama T.，Nishimoto T.. Light Intensity Profile in Heterogeneous photochemical reactor. Chem. Eng. Commun. 1992，117：111-116.

［34］　Raupp G. B.，Nico J. A.，Annangi S.，et al. Two-flux radiation-field model for an annular packed-bed photocatalytic oxidation reactor ［J］. Aiche. J. 1997，43（3）：792-801.

［35］　Tanaka K.，Abe K.，Hisanaga T.. Photocatalytic water treatment on immobilized TiO₂ combined with ozonation ［J］. J. Photochem. Photobiol. A：Chem. 1996，101（1）：85-87.

［36］　Shen Y. S.，Ku Y.. Decomposition of Gas-phase trichloroethene by UV/TiO₂ process in the presence of ozone. Chemosphere，1998，46（1）：101-107.

第4章

光催化材料在饮用水微量污染物净化中的应用

水是生命之本，自然之源，是人类生活和生产不可缺少的重要物质。水质安全对整个人类社会生产和生活都具有重大影响。为了减少饮用水中有害物质带给人们的危害，必须满足日趋严格的水质安全标准，人们已经认识到饮用水的深度处理是非常重要的，尤其是针对水中微量有机物，需要采用高效的深度处理技术来去除[1,2]。光催化技术是一种很有应用前景的高级氧化技术，很多研究表明该技术可用于去除水中的污染物，提高水质的安全性[3]。如何增大羟基自由基的生成量，提高光催化降解速率，将是光催化技术应用的主要研究方向[4]。

4.1 水中微量污染物的光催化净化研究

为了提高饮用水水质的安全性，很多饮用水的深度处理技术得到了广泛的研究和应用，包括高级氧化技术、生物处理技术、臭氧活性炭技术等。紫外光（UV）参与的高级氧化过程包括单独紫外光处理，紫外光与其他氧化剂联合处理和紫外光催化氧化三大类。UV的主要作用是不断引发初级反应，产生离子或分子自由基，导致有机物的氧化和分解。真空紫外光（VUV）光源发出的光不仅包含具有杀菌能力的波长为254nm的紫外光，还包含波长为185nm的真空紫外光。利用真空紫外光具有很强的光降解有机物的能力，有望开发出一种处理效率更高的光催化技术。

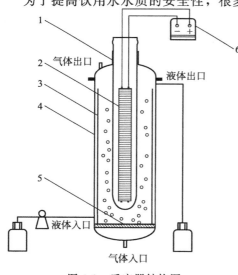

图 4-1　反应器结构图

1—石英套管；2—紫外灯；3—催化剂；
4—反应器；5—布气板；6—电源

4.1.1　实验装置

反应器结构见图 4-1，在不同试验内容中所用反应器的参数如表 4-1 所示。

表 4-1 不同试验内容中所用反应器的参数

试验内容	光源功率[1] /W	石英管表面光强 /(mW/cm²)	反应器尺寸[2]/mm			催化剂大小 /cm×cm
			D	d	H	
1	8	7.0	55	25	330	17×30
2	15	5.0	42	20	300	13×28
3	15	5.0	42	20	300	13×28

① 光源功率中 8W 对应的光源为北京东升光源厂生产的低压汞灯，15W 对应的光源为广东华星电光源厂制造，主波长均为 254nm。

② 反应器尺寸中的 D 表示整个反应器外壳的内直径，d 表示石英管的外直径，H 为反应器总高。

TiO₂ 催化剂的制备方法采用改进的溶胶-凝胶法，以钛板为基材，具体制备见第 2 章中的相关介绍。

水中微量酚类物质用液相色谱法，UV 检测器，流动相为 1%醋酸溶液：纯甲醇＝50：50，流速为 1mL/min，UV 检测器的波长根据各酚类物质在紫外可见分光光度计中的最大吸收波长而定。

烷烃、烯烃和一些芳香族有机物的分析方法采用吹扫捕集-毛细管柱气相色谱法，各操作参数根据实验确定。

4.1.2 结果及讨论

（1）酚类物质的光降解和光催化降解速率

采用半序批式反应模式，以对氯酚，对苯二酚和对硝基酚（初始浓度均为 2mg/L）为研究对象，考察三种酚类物质的降解效果。

图 4-2～图 4-4 分别为对氯酚、对苯二酚和对硝基酚在通空气条件下的光降解和光催化降解曲线。图中 PD（Photo Degradation）表示光降解过程，PCD（Photo-catalytic Degradation）表示光催化降解过程。

由图 4-2～图 4-4 可以看出，无论是光降解还是光催化降解，表观一级降解速率常数大小顺序均是对氯酚＞对苯二酚＞对硝基酚，除了对氯酚的光催化降解速率较光降解有一定的提高外，对苯二酚和对硝基酚的光降解和光催化降解的速率几乎一样，即有机物的降解主要通过光降解过程完成。

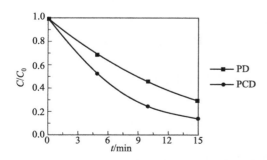

图 4-2 对氯酚的光降解和光催化降解曲线

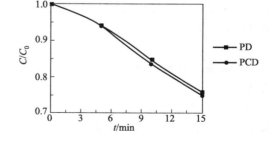

图 4-3 对苯二酚的光降解和光催化降解曲线

对于光降解来说，光化学反应是由物质吸收光子能量，使物质粒子（原子、分子、粒子）由基态激发到能级较高的激发态，随即发生化合物的异构化、化学键的断裂、重排或分子间的反应产生新的物质等化学反应过程。

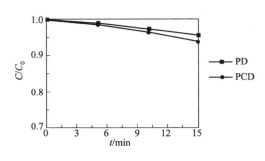

图 4-4　对硝基酚的光降解和光催化降解曲线

由于光降解反应是物质处于激发态时的化学反应，因此可以通过比较最低未占据轨道能（Elumo）来比较光降解的速率，Elumo 越小，分子的激发态越容易达到，因而越容易发生光降解反应。对氯酚、对苯二酚和对硝基酚的 Elumo 值分别为 0.049eV、0.163eV 和 0.675eV，可见各物质的降解大小顺序理论上也应为对氯酚＞对苯二酚＞对硝基酚[5-14]。

另外分子激发态的寿命也是影响光降解速率的主要因素，分子的初始激发态一般是单线态，其寿命较短，单线态经过系间窜跃可以到达三线态，其寿命较长，发生光降解反应的概率较大。其中对氯酚中含有重原子氯，可以提高单线态到三线态的系间窜跃概率，从而提高光降解效率[14]。实验结果也表明对氯酚的光降解速率远比其他两种物质的降解速率高。

对于有机物的光催化降解过程来说，其主要反应机理是羟基自由基的氧化机理。因此其降解速率主要与物质的电负性有关[15,16]。苯酚类化合物的光催化降解历程首先是羟基自由基与苯环的大 π 键结合形成 π-化合物[17-19]，然后羟基自由基在苯环上确定加成位置，此时形成 σ-化合物，然后进一步发生电子转移或缩水反应，形成各种初级自由基，进而发生分解反应。因此苯环上的电负性越负，越容易与亲电子性的羟基自由基反应形成 π-化合物，降解速率也会越快。

对氯酚、对苯二酚和对硝基酚上苯环的电负性分别为 0.238、－0.37 和 0.778，根据其大小顺序，各物质的降解速率大小顺序应为对苯二酚＞对氯酚＞对硝基酚[17]。但实验结果给出的降解速率大小顺序为对氯酚＞对苯二酚＞对硝基酚，其原因可能是对氯酚的降解反应中除了羟基自由基与苯环的加成反应外，羟基自由基直接氧化氯原子的反应也是重要的组成部分，这是因为在苯环上氢氧根是电子给体，而氯原子有较大的电负性，因此 C—Cl 上的电子云密度较大，容易成为羟基自由基的进攻位，因而反应速率较高。

实际上羟基自由基与对氯酚、对苯二酚和对硝基酚的反应速率分别为 7.6×10^{-9} L/(mol·s)、5.2×10^{-9} L/(mol·s) 和 3.8×10^{-9} L/(mol·s)，这一规律与光催化降解速率的试验结果是一致的[19]。

因为有机物的矿化降解和有机物本身的降解不同，前者不仅和该有机物本身的降解有关，还涉及反应中间产物的降解，因此，反应速率较慢，需要较长的时间。在考察有机物本身降解时，反应时间仅为 15min，在考察有机物的矿化反应试验中，反应时间延长到 60min。

对氯酚、对苯二酚和对硝基酚矿化降解的试验结果如表 4-2 所示，由表可以得出以下结论。

① 三种酚光催化降解的矿化速率明显高于光降解的矿化速率，在图 4-3 和图 4-4 中，对苯二酚和对硝基酚几乎没有发生单独光催化降解，说明光催化剂更容易降解它们的光降解中间产物。由此可以推测光降解的中间产物较原物质更容易在催化剂表面发生光催化降解反应，说明光降解过程对光催化降解是有利的。

② 对氯酚本身的降解速率远大于对苯二酚，但两者的矿化速率很接近，说明控制矿化速率的步骤不是有机物的降解，而是中间产物的降解；而对苯二酚的矿化速率稍快于对氯酚，可能有两个方面的原因，其一是对苯二酚是对氯酚降解的中间产物，因此对氯酚的矿化

过程比对苯二酚的矿化过程多了一个步骤；其二是对氯酚降解过程中产生的氯离子是还原性物质，会消耗一定量的羟基自由基，降低了对氯酚的矿化速率。

③ 对硝基酚较对苯二酚和对氯酚的矿化速率明显要低，对光降解的矿化过程，反应60min，TOC 去除率仅为 9.1%，说明对硝基酚是一种难光降解的物质，254nm 的紫外光不足以破坏对硝基酚分子中的结合键。对硝基酚中的硝基是一种钝化基团，它降低了苯环的电负性，能降低亲电反应的速率，因此光催化降解反应的速率也很低，前 20minTOC 去除率仅为 8.1%，但在 20min 后，矿化速率明显提高，60min 时几乎达到其他两种酚去除率的80%，说明与对硝基酚本身的降解相比，其中间产物光催化降解速率明显大得多，对硝基酚自身的降解就是矿化降解的限速步骤。

④ 对于易光降解的对氯酚和对苯二酚，反应60min后，光降解对 TOC 去除率的贡献约占总去除率的 50%，因此，光降解过程在光催化降解过程中是不可忽略的重要组成部分。

表 4-2 三种酚类物质的 TOC 去除率

反应过程	t/min	对氯酚/%	对苯二酚/%	对硝基酚/%
UV 降解	20	5.7	3.1	0
	60	30.4	32.8	9.1
UV 催化降解	20	35.5	37.9	8.1
	60	58.6	59.5	43.9

不同物质的浓度降解和 TOC 降解规律不同，主要原因是降解过程中的中间产物也参与了反应。由于酚类物质的初始浓度较高，因而在液相色谱中就可以检测到一些中间产物。

图 4-5 给出了对氯酚在 UV 光照条件下，光降解和光催化降解的中间产物浓度变化曲线。在光降解过程中，对氯酚溶液颜色会变成明显的棕色。由苯酚溶液的光降解反应过程中，溶液颜色变化及其中间产物的分析可以推测，对氯酚降解产生的中间产物为醌。

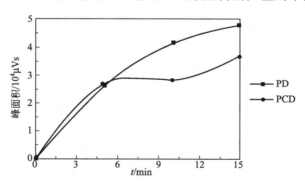

图 4-5 对氯酚降解过程中一种中间产物（醌）的变化

由图 4-5 可见，光催化降解的中间产物浓度较光降解的中间产物浓度明显小，表明对氯酚被光催化降解的同时，产生的中间产物也在被降解。在所考察的反应时间内，光降解过程的中间产物浓度持续上升，说明该阶段中间产物的生成速率大于被降解的速率。

图 4-6 给出了对苯二酚在光降解和光催化降解过程中中间产物的浓度变化曲线，根据其出峰时间可推测为苯三酚，同样可以看到，光催化降解的中间产物浓度较光降解的中间产物浓度明显小，可以认为，光催化降解过程对光降解过程产生的中间产物有较好的去除能力。

对硝基酚的中间产物在液相色谱中没有检测到。

由上述三种酚类物质的光降解和光催化降解结果可见，三种酚类物质在 UV 光源照射

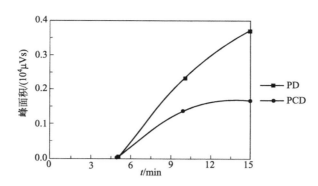

图 4-6　对苯二酚降解过程中中间产物的变化（苯三酚）

下光降解和光催化降解的速率差别较大，光降解过程对有机物光催化降解具有重要的贡献。为了验证这些结论的使用范围，考察有机物分子结构对 UV 催化降解效果的影响，又进行了 20 种酚的光催化降解试验。反应物的初始浓度为 $50\mu mol/L$，采用间歇试验模式，反应过程中不通气。

不同酚类物质的光催化降解结果列于表 4-3 中，由表可见：

① 所有酚类物质的光催化降解速率均比光降解速率高一些，大部分酚的光降解 TOC 去除率在光催化降解过程中占 80% 以上；

② 不同酚类物质的光催化降解速率差别和光降解速率差别都很大；

③ 光催化降解过程中，TOC 去除率随着物质不同差别较小，但在光降解过程中，TOC 的去除率随物质不同差别较大。

从各种酚之间的降解速率差别较大，但在较长时间的矿化反应过程中，TOC 去除率差别较小的试验结果可以看出，酚类物质本身的降解速率要明显高于中间产物的降解速率，后者是酚类物质矿化的控制步骤。

比较不同酚类物质的降解效果，可以得到如下几点规律。

① 取代基对酚降解效果的影响。表 4-3 中 7 种不同对位取代基的酚类物质，其光降解和光催化降解的速率为：对氯酚≥对羟基苯甲酸＞对溴苯酚＞对甲酚≥对苯二酚＞对氨基酚＞对硝基酚；邻位取代的降解顺序为邻甲酚＞邻羟基苯甲酸≥邻硝基酚；间位取代的降解顺序为间甲酚≥间羟基苯甲酸＞间苯二酚。因此，不同取代基对降解效果的影响与取代基所处的位置有关。可以得出的大致结论是含重原子的有机物更容易被光降解。

表 4-3　不同酚类物质的光催化降解效果

有机物	有机物降解/% $t=5min$		TOC 去除率/% $t=80min$	
	PCD	PD	PCD	PD
苯酚	35.82	30.40	48.05	19.93
2,4-二氯酚	18.57	10.76	44.91	15.43
间苯二酚	10.06	7.24	53.70	23.18
对苯二酚	38.60	33.32	61.16	32.41
邻甲酚	36.90	30.67	45.99	23.51
间甲酚	30.97	25.86	42.81	18.88
对甲酚	43.14	38.07	37.96	16.42
邻羟基苯甲酸	10.94	7.43	50.52	12.04
间羟基苯甲酸	25.06	19.28	46.79	17.16
对羟基苯甲酸	80.63	77.58	60.67	35.68

有机物	有机物降解率/% $t=5min$		TOC 去除率/% $t=80min$	
	PCD	PD	PCD	PD
对氯酚	90.79	88.09	68.38	40.40
对氨基酚	24.17	21.19	36.85	11.72
1-萘酚	48.99	38.84	32.03	15.78
2-萘酚	84.22	80.79	37.64	29.61
对硝基酚	8.52	1.20	44.38	4.50
邻硝基酚	6.53	4.72	34.78	2.71
对溴苯酚	73.05	64.77	50.22	28.14
2,4-二羟基氯苯	33.05	26.75	56.99	29.66
2,4,5-三氯酚	28.46	20.86	56.32	30.69
1,2,4-苯三酚	31.97	26.56	58.32	32.74

② 取代基位置对有机物降解效果的影响。苯环上取代基位于不同位置上时对降解速率的影响没有特定的规律，如甲酚中的甲基在不同位置上时影响很小：对甲酚≥邻甲酚≥间甲酚。而羟基苯甲酸的大小顺序为：对羟基苯甲酸＞间羟基苯甲酸＞邻羟基苯甲酸。其他物质的降解顺序有：对苯二酚＞间苯二酚，对硝基酚＞邻硝基酚。由此可见，含对位取代的有机物更容易发生降解反应。

③ 取代基多少对降解效果的影响。酚类物质中，含氯原子多的降解效果较含氯原子少的降解效果好，如 2,4,5-三氯酚的降解效果好于 2,4-二氯酚。含—OH 取代基较多的酚类物质降解效果不一定好，如对苯二酚≥苯酚≥1,2,4-苯三酚＞间苯二酚。

④ 萘酚的降解效果较酚的降解效果好，1-萘酚和 2-萘酚的降解速率均较高。

由以上分析可知，因为各种影响因素相互交织在一起，可得出大致结论：含有重原子、对位取代的有机物较容易发生光降解反应。

比较不同酚类物质的 TOC 去除率可见，与浓度降解规律不同，有机物的光降解矿化速率在光催化降解过程中所占的比例较小，这是因为在光降解过程中积累了一些难以进一步被矿化的中间产物，因此光降解的矿化速率不够高。在光催化降解过程中，光降解的中间产物也能被光催化降解中产生的羟基自由基有效地进一步降解，因此光催化降解的矿化速率较高，而且不同物质的光催化矿化速率差异较小，这是因为光催化降解过程中的主要氧化物质为羟基自由基，而羟基自由基对有机物降解的选择性较小，这一特性对于光催化技术在处理水中微量有机物的应用方面是有利的。

（2）烷烃、烯烃以及芳香族有机物的光降解和光催化降解速率

烷烃、烯烃等有机物的初始浓度为 $1\mu mol/L$，由于烷烃、烯烃以及芳香类化合物具有一定的挥发性，因此反应模式采用间歇试验，反应过程不曝气。光催化降解效果由图 4-7～图 4-9 所示，根据不同有机物的降解速率可得到以下降解规律。

① 由图 4-7 可见，各氯代烷烃的光催化降解速率很接近，并不随着氯原子或者碳原子数目的变化而显著变化。由于实验体系的溶液初始浓度很低，光催化降解的主要机理为羟基自由基的夺氢反应，因此氢原子上的正电荷数越大，越有利于反应进行。从这个角度来看，氯仿的光催化反应效果最好，但是由于在光降解过程中，氯仿的分子体积较小，吸收光子数较少，导致直接光降解较差，因此，总的来说，这些氯代烷烃的光催化降解效果非常接近。

② 由图 4-8 可见，烯烃较烷烃的光催化降解速率有明显提高，并且芳香烯烃较脂肪烯烃的降解速率也有所提高。烯烃的光催化降解主要机理为羟基自由基的加成反应，相对于烷

烃的夺氢反应来说相对容易一些，而且烯烃中含有双键，容易吸收254nm的光子而发生直接光降解反应，因此烯烃较烷烃容易降解。而芳香烯烃的降解中除了上述反应过程外，它还存在一个苯环上的大π键，并且在苯乙烯中，该大π键能与乙烯中的双键产生共轭作用，更容易发生直接光降解反应和羟基自由基的加成反应，因此芳香烯烃的降解效果最好。

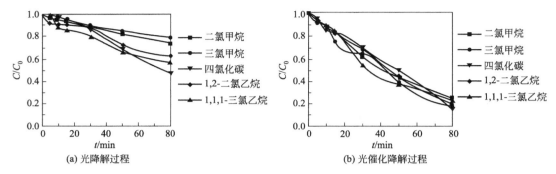

图 4-7　氯代烷烃的降解比较

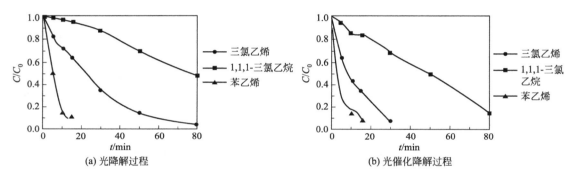

图 4-8　烷烃与烯烃的光催化降解比较

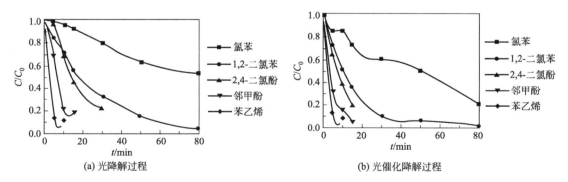

图 4-9　芳香类化合物的光催化降解效果比较

③ 由图 4-9 可见，在芳香族有机物的光催化降解过程中，降解效果的大小顺序为：烯烃取代有机物＞酚类有机物＞苯类有机物。而 1,2-二氯苯的降解效果明显好于氯苯的降解效果，主要原因是，前者的光降解效果较好，对于直接光降解来说，含有重原子（如 Cl 原子）的有机物吸收光子后，容易从单线态经过系间窜越达到较稳定的三线态，而较少地通过物理退激回到基态，从而更容易进行进一步的化学反应。因此含有重原子较多的物质容易发生直接光降解。同时由于较稳定的三线态较基态具有更高的能量，也容易发生光催化反应，所以 1,2-二氯苯较氯苯的降解效果有明显提高。

（3）全氯有机物的光降解和光催化降解速率

四氯化碳是全氯有机物，也是氯消毒过程中产生的重要消毒副产物之一，处理难度更大。四氯化碳的光降解和光催化降解结果如图 4-10 所示，由图可见，光催化降解效果较光降解的效果还要差，经过多次重复试验表明该反常现象不是试验误差引起的，而是物质本身的性质决定的。

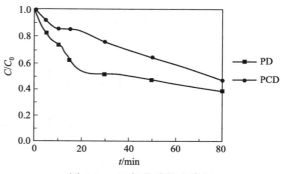

图 4-10　四氯化碳的光降解和光催化降解曲线

通过文献发现，全卤甲烷，包括四氯化碳，三氯一溴甲烷，三氟一溴甲烷等的初始光催化降解机理为还原反应，因此在溶液中加入还原剂可以大大提高它们的降解速率。图 4-11 为四氯化碳与其他含氯有机物混合体系的光降解和光催化降解实验结果。由图可见，尽管四氯化碳单独降解时，其光催化降解效果较光降解差，但是当将其与其他三种物质混合时，光催化降解速率明显高于光降解速率，并且在三氯乙烯存在时提高作用最明显，证实了对于全卤化合物的光催化降解过程来说，反应体系中共存的还原性有机物可以促进它们的降解。

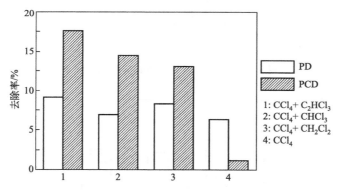

图 4-11　四氯化碳反应 30min 后的去除率

为了考察其他含氯有机物共存时，是否有相同的光催化降解特性，又进行了氯仿，三氯乙烯，二氯甲烷单独和混合体系的光催化降解试验。试验结果如图 4-12～图 4-14 所示。

由图 4-12 可见，无论氯仿单独降解，还是与其他物质混合降解，其光催化降解效果均明显好于光降解效果。对于光降解过程来说，与二氯甲烷混合时提高作用最明显，而对于光催化降解过程来说，二氯甲烷和四氯化碳均能明显提高氯仿的降解效果，这是因为氯仿的光催化降解机理中同时存在氧化作用和还原作用，因此加入二氯甲烷和四氯化碳均能提高氯仿的光催化降解效果。而与三氯乙烯混合时光降解和光催化降解速率常数明显偏小，推测为三氯乙烯的降解过程中产生了氯仿。

由图 4-13 可见，无论三氯乙烯单独降解，还是与其他物质混合降解，其光催化降解效果均好于光降解效果。当三氯乙烯与四氯化碳、氯仿和二氯甲烷混合时均能提高三氯乙烯的降解速率，且所提高的幅度相近。

由图 4-14 可见，无论二氯甲烷单独降解，还是与其他物质混合降解，其光催化降解效果均好于光降解效果。对于光降解过程来说，与三氯乙烯混合时二氯甲烷的降解效果有明显提高，而与其他物质混合，二氯甲烷的光降解和光催化降解速率变化不大。

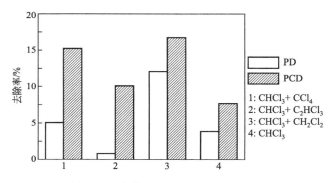

图 4-12　氯仿反应 30min 后的去除率

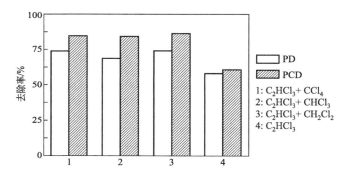

图 4-13　三氯乙烯反应 30min 后的去除率

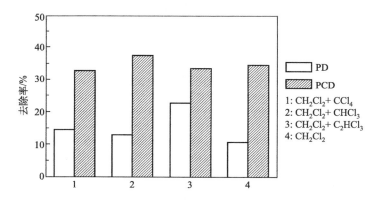

图 4-14　二氯甲烷反应 30min 后的去除率

　　综合图 4-11～图 4-14 可见，一般来说，上述几种氯代有机物共存时，能相互促进光降解和光催化降解速率，尤其以四氯化碳的光催化降解速率提高得最为明显。

　　根据以上试验结论可以认为，光催化降解包含了光催化氧化和光催化还原两个过程，两者的协同作用可以更好地降解有机物，从这个角度来说，在实际微污染水的光催化降解过程中，各物质的降解效果可能比实验室配水的降解效果还要好。

　　① 初始浓度对有机物在 UV 光源辐射下的光降解和光催化降解影响均不明显。无论是浓度降解还是 TOC 去除，光降解的处理效果受溶解氧的影响均很小，而光催化降解效果的大小顺序是氧气≈空气＞氮气。反应时通空气较不通空气时的降解效果好，主要原因是通空

气能够提高溶液中有机物向催化剂表面的传质能力，同时还可以提高溶液整体受辐射的能力。

② 空气流量和溶液循环流量均是影响光催化反应器中传质过程的重要因素，反应器中单位体积溶液的曝气量在 $125\sim166\text{mL}/(\text{min}\cdot\text{L})$ 为宜；溶液循环流量对光催化降解效果的影响规律为：在半序批式反应模式下，溶液的循环流量越大，光催化降解效果越好。但是实际应用中往往采用动态反应模式，可以计算得到溶液的处理流量越小，有机物的去除率越高。

③ 不同有机物的降解结果表明，绝大部分有机物的光降解去除率在光催化降解过程中占有的比例在 80% 以上，而且不同物质的降解速率差别较大，但对于溶液的矿化过程来说，光催化降解矿化速率较光降解矿化速率有明显提高，光催化降解过程对有机物的选择性较小。

④ 对酚类物质来说，含有重原子和对位取代的有机物较容易发生光降解反应。烷烃和烯烃以及芳香族有机物的光催化降解速率中，以苯乙烯降解速率最大，酚类有机物次之。烯烃的光催化降解速率明显高于烷烃，氯代烷烃的光催化降解效果最差，不同氯代烷烃之间的降解效果非常接近。

⑤ 全氯有机物四氯化碳的光降解速率较光催化降解速率要高，几种含氯有机物共存时，能促进光降解和光催化降解速率，尤其以四氯化碳的光催化降解速率提高得最为明显。事实上光催化降解包含了光催化氧化和光催化还原两个过程，两者的协同作用可以更好地降解有机物。

（4）光催化降解双酚 A 的研究

双酚 A 广泛应用于制造环氧树脂、聚酯树脂和聚碳酸酯树脂等，是一种重要的内分泌干扰物。塑料制品在制造与使用过程中，双酚 A 会不可避免地排放入环境水体中，引起水体污染，因此，对双酚 A 开展光催化降解研究具有重要的意义。

通过改变静电自组装时间，于 TiO_2 薄膜上负载了不同负载量的纳米 Au，光催化降解双酚 A 的结果如图 4-15 及表 4-4 所示，光催化降解双酚 A 符合准一级反应动力学规律。

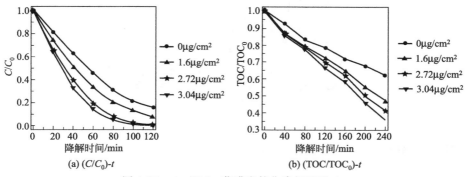

图 4-15　Au/TiO_2 薄膜光催化降解双酚 A

由图 4-15 及表 4-4 可知，双酚 A 和 TOC 的去除率都随着 Au 负载量的增加而加快，但双酚 A 降解过程中会形成 4-vinylphenol（4-乙烯基酚）、p-hydroxyacetophenone（p-羟基苯乙酮）、p-hydroxybenzaldehyde（p-羟基苯甲醛）等中间产物，因此，TOC 的去除率远低于双酚 A 的去除率。纯 TiO_2 薄膜光催化降解双酚 A 的准一级反应动力学常数（k'）为 0.0171min^{-1}，当 Au 负载量达到 $3.04\mu\text{g}/\text{cm}^2$ 时，Au/TiO_2 薄膜的 k' 是纯 TiO_2 薄膜的近 2.5 倍，如果进一步增加纳米 Au 的负载量，则降解双酚 A 的活性又开始下降，这是因为过

表 4-4　Au 负载量对光催化降解双酚 A 的反应速率常数（k'）、120min 时

双酚 A 的去除率及 240min 时 TOC 去除率的影响

Au 负载量/($\mu g/cm^2$)	反应速率常数 k'/min^{-1}	在 120min 时 BPA 的去除率/%	在 240min 时 TOC 的去除率/%
0	0.0171	84.1	37.7
1.6	0.0286	92.2	52.2
2.05	0.0342	94.6	54.3
2.2	0.0372	95.2	56.1
2.72	0.0399	99.1	58.8
3.04	0.0431	99.7	63.8
3.75	0.0398	98.7	56.9

量的纳米 Au 遮光程度增加，降低了 TiO_2 接受 UV 辐射的机会。因负载的纳米 Au 粒具有分布均匀、超细粒度和较高的负载量的特点，使电荷分离效率达到最大化，最大限度地提高了光催化量子效率，Au/TiO_2 薄膜降解双酚 A 的反应速率常数 k' 最高达 $0.0431min^{-1}$，活性远高于文献报道的催化剂。

Au/TiO_2 薄膜降解双酚 A 的稳定性是通过循环光催化降解双酚 A 溶液来实现的，结果如图 4-16 所示，当循环次数达到 10 次时，2h 的双酚 A 去除率仍然接近 100%，表明在 10 次循环测试时，Au/TiO_2 薄膜的光催化活性几乎没有降低。Au/TiO_2 薄膜的活性与其纳米 Au 的负载量关系密切，因此，可以判断在近 20h 的光催化降解实验中，Au/TiO_2 薄膜所负载的纳米 Au 损失应该很少。制备 Au/TiO_2 薄膜的洗氯阶段，已经将表面结合疏松的纳米 Au 洗脱下去，保留下来的纳米 Au 经焙烧去除 PVA，会与 TiO_2 表面形成牢固的结合。

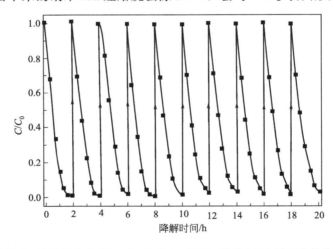

图 4-16　纳米 Au 负载量为 $3.04\mu g/cm^2$ 的 Au/TiO_2 薄膜 10 次循环光催化降解双酚 A

4.2　环管式光催化反应器光催化降解水中氯代有机物

光催化反应器结构性能直接影响光催化效率。反应器液层厚度是影响光催化降解效果的最重要的结构参数，反应器液层厚度对光催化降解效果的影响涉及光源的利用效率、催化剂的面积、催化剂表面的光强、光降解作用在光催化降解过程中所占的比例等。反应器液层厚度越大，溶液受到的光源辐射越多，光降解作用越大；对于环管式光催化反应器，反应器液层厚度越大，催化剂面积越大，但催化剂表面收到光源的辐射强度越小。

反应器中薄膜催化剂的面积是影响光催化效果的另一个重要因素。

4.2.1　环管式反应器的结构参数

4.2.1.1　研究对象及试验内容

三氯乙烯是具有三致效应的挥发性氯代有机物，易被皮肤、黏膜等吸收而对人体造成严重伤害。我国的饮用水标准中三氯乙烯的限制浓度为 $70\mu g/L$，而美国的现行饮用水标准中三氯乙烯的限制浓度仅为 $5\mu g/L$。因此以用去离子水配制一定浓度的三氯乙烯（TCE）溶液为研究对象，具体试验内容如下。

① 间歇试验条件下不同反应器中的三氯乙烯光催化降解效果，初始浓度 $180\mu g/L$。

② 连续试验条件下不同反应器中的三氯乙烯光催化降解效果，溶液流量分别为 $0.15L/min$ 和 $0.25L/min$，初始浓度 $180\mu g/L$。

4.2.1.2　实验装置与方法

反应器所选用的结构参数见表 4-5，光源为 20W 低压汞灯。TCE 的分析方法采用吹扫捕集-气相色谱法，操作参数根据实验结果确定。

表 4-5　反应器结构参数

反应器编号	石英管表面光强 /(mW/cm²)	反应器尺寸/mm			催化剂大小 /cm×cm
		D	d	H	
1#	6.5	65	35	750	20×60
2#	6.0	100	40	750	31×60
3#	6.0	120	40	750	37×60

4.2.1.3　结果与讨论

（1）间歇试验结果分析

由于 TCE 的挥发性较强，因此在进行间歇试验时，一般需要现配溶液，而且反应过程中不能曝气，减少吹脱过程对 TCE 去除率的贡献。

1#、2# 和 3# 反应器中 TCE 光降解与光催化降解的曲线如图 4-17 所示，各反应的初始浓度及半衰期见表 4-6。

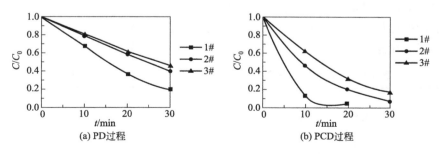

图 4-17　不同反应器中三氯乙烯的降解曲线

从结果可以看出，TCE 易于被主波长为 254nm 的紫外光降解，主要是因为三氯乙烯含有 C—C，能够吸收一定波长的紫外光而发生光降解反应。光催化降解过程中 TCE 的去除率明显高于光降解过程，这是因为光催化降解反应中不仅包含光降解反应，还包括发生在催化剂表面的光催化降解反应，如下式所示。

$$2C_2HCl_3 + 3O_2 + 2H_2O \longrightarrow 4CO_2 + 6HCl$$

表 4-6 各反应器中光降解与光催化降解的初始浓度（C_0）及半衰期（$t_{1/2}$）

反应器编号	1#		2#		3#	
反应工艺	C_0 /(μg/L)	$t_{1/2}$ /min	C_0 /(μg/L)	$t_{1/2}$ /min	C_0 /(μg/L)	$t_{1/2}$ /min
PD	118	16	117	26	113	29
PCD	123	5	118	10	126	13

无论是光降解反应，还是光催化降解反应，均是 1# 反应器中 TCE 的降解最快，2# 反应器次之，3# 反应器最慢。即反应器越小，半衰期越小，反应速率越大。这是因为反应器越小，单位体积溶液中受到的光强越大，因此光降解的速率越高；同时反应器越小，催化剂表面的光强越大，并且单位体积溶液对应的催化剂面积越大，越有利于催化剂表面 TCE 的降解。

采用 PD/PCD 表示光降解在光催化降解过程中所占的百分比；采用光降解和光催化降解的半衰期来计算单独光催化降解的半衰期（$t_{1/2,单独PCD}$）。PD/PCD 和 $t_{1/2,单独PCD}$ 的计算结果如表 4-7 所示。

表 4-7 光降解在光催化降解过程中占有的比例以及单独光催化降解的半衰期

反应器编号	1#	2#	3#
PD/PCD/%	31.3	38.5	44.8
$t_{1/2,单独PCD}$/min	7.3	16.3	23.6

由表可见：①反应器液层越大，光降解过程所占的比例越大，因此，当溶液在 254nm 波长光源的辐射下，采用液层厚度较大的反应器处理效果较好；②反应器液层厚度越小，单独光催化降解的半衰期越小，降解效果越好。

总的来说，在间歇试验中，反应器的液层厚度越小，光催化降解 TCE 的速率越高，单独光催化降解效果也越好；但反应器的液层厚度越大，光降解过程在光催化降解过程中所占的比例越大，有利于易发生光降解物质的光催化反应。

（2）连续试验结果分析

静态反应模式下，不同反应器所对应的溶液处理量不同，为了考察相同处理量条件下不同液层厚度反应器的降解效果，又进行了连续试验。

当溶液的处理量一定时，连续试验与间歇试验的主要区别就是溶液在反应器中的停留时间和流态不同。在连续试验中，各试验参数见表 4-8。试验结果如图 4-18 所示。

表 4-8 TCE 的初始浓度（C_0）及溶液在反应器中的停留时间（t）

反应器编号	0.15L/min			0.25L/min		
	光降解 C_0/(μg/L)	光催化降解 C_0/(μg/L)	t/min	光降解 C_0/(μg/L)	光催化降解 C_0/(μg/L)	t/min
1#	221	226	9.3	239	232	5.6
2#	167	198	26.7	168	194	16.0
3#	194	180	40.0	133	187	24.0

由图 4-18 可以看出：

① 在同一反应器中，无论是光降解还是光催化降解，处理流量越大，TCE 的去除率越低，这是因为处理流量越大，溶液在反应器中的停留时间越短，因此 TCE 的去除率越低。

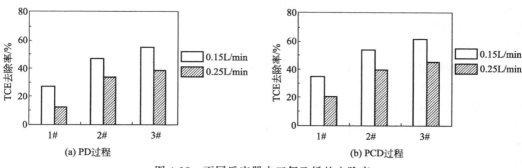

图 4-18 不同反应器中三氯乙烯的去除率

② 处理流量相同时，无论是光降解反应，还是光催化降解反应，反应器越大，TCE 的去除率越高。这是因为反应器越大，溶液的停留时间越大，因此 TCE 的去除率越高。

③ 对比光降解和光催化降解效果可见，处理流量相同时，反应器液层越大，光降解过程所占的比例越大。因此，对于易发生光降解的有机物来说，采用液层厚度较大的反应器处理效果较好。

④ 单独光催化降解 TCE 的去除率同时受溶液的停留时间和溶液的传质能力的影响。在光照条件下，单独光催化降解 TCE 的去除率采用光催化降解的去除率与光降解的去除率之差来表示，计算结果如图 4-19 所示。

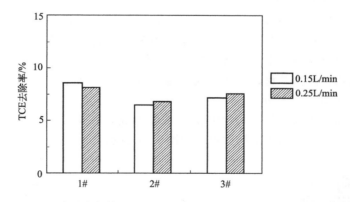

图 4-19 连续试验条件下不同反应器中单独光催化降解 TCE 的去除率

由图 4-19 可以看出：

① 同一反应器中，不同溶液处理流量下，1# 反应器中，较小的处理流量下，单独光催化降解速率较高，溶液在反应器中停留时间较长的优势略大一些，而 2# 和 3# 反应器中，较大的处理流量下，单独光催化降解速率较高，溶液的传质能力较大的优势更明显。这可以从各反应的传质情况看出。各反应器的参数及雷诺数见表 4-9。

表 4-9 各反应器的参数及雷诺数

反应器编号	Re ($Q=0.15$L/min)	Re ($Q=0.25$L/min)	D /mm	A /cm²	R /mm	r /mm
1#	31	51.6	26	20.83	32.5	17.5
2#	22.6	37.6	60	65.97	50	20
3#	19.8	32.9	80	100.53	60	20

② 当溶液的处理流量相同时，1# 反应器中，单独光催化降解 TCE 的去除率最大，3# 反应

器的去除率略大于 2# 反应器。这是因为：当处理流量相同时，对小反应器来说，其优势是催化剂表面受到的光源辐射强度较高，溶液的传质能力较大，但劣势是溶液在反应器中的停留时间较短，而且催化剂的面积较小，因此单独光催化降解效果是以上几个方面共同作用的结果。

根据反应器液层厚度对降解效果影响的试验结果，可得出以下结论：①从处理效率来看，静态反应模式下，1# 反应器的降解效果最好，动态反应模式下，3# 反应器的降解效果最好；②从光降解在光催化降解过程中所占的比例来看，静态和动态的反应模式下，均是反应器越大，光降解所占的比例越大，因此对于易发生光降解的物质来说，建议采用大反应器进行光催化降解；③从单独光催化降解效果来看，1# 反应器中单独光催化降解的作用最高。

4.2.2　反应器中催化剂的布置形式

增加催化剂的面积是提高光催化效果的另一个重要因素。考虑到环管式反应器中薄膜催化剂置于距离光源最远的反应器壁处，催化剂表面的光强较低，因此在催化剂的布置方式方面，首先需要考虑如何减少催化剂与光源之间的距离，从而提高催化剂表面的光辐射强度，提高光催化降解效果；其次，考虑到在反应器中存在一定的散射光，为了充分利用这部分散射光，可以在反应器中增加辐射状催化剂的布置。

4.2.2.1　研究对象和试验内容

考察催化剂的布置形式对降解效果的影响，希望模型化合物本身直接光降解的速率较小，因此选用苯甲酰胺和对硝基酚为研究对象，因为苯甲酰胺和对硝基酚在 254nm 光源的辐射下，直接光降解反应的速率均很低，相对于光催化降解速率来说可以忽略。

网状催化剂采用铝网为基材，采用溶胶-凝胶法制备，布置于反应器中的光源与圆筒状薄膜催化剂之间，如图 4-20 所示。

辐射状催化剂以钛片为基材，采用溶胶-凝胶法制备，在反应器的径向布置 3 片辐射状催化剂，由不锈钢支撑架在两头支撑固定，如图 4-21 所示。

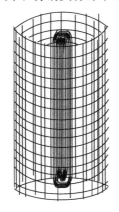

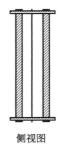

俯视图　　　　侧视图

图 4-20　网状催化剂布置图　　　　图 4-21　辐射状催化剂布置图

4.2.2.2　实验装置与方法

反应器选用 3# 反应器。考察苯甲酰胺的降解效果时，采用的光源为 15W 低压汞灯，石英管表面的光强约为 6.0mW/cm^2。考察对硝基酚的降解效果时，采用的光源为 15W 低压汞灯，石英管表面的光强为 2.4mW/cm^2。

苯甲酰胺和对硝基酚的分析方法均采用高效液相色谱法。

4.2.2.3 试验结果及讨论

（1）网状催化剂的光催化降解效果

所用不同网状催化剂的直径分别为 5cm、7.5cm、10cm，高均为 30cm。采用间歇试验，苯甲酰胺初始浓度为 2mg/L，反应过程通空气，空气流量为 400mL/min。图 4-22 为实验结果。

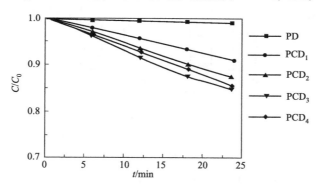

图 4-22 苯甲酰胺的降解效果

PD—光降解；PCD$_1$—圆筒状催化剂光催化降解；PCD$_2$—圆筒状＋直径为 5cm 的网状催化剂光催化降解；

PCD$_3$—圆筒状＋直径为 7.5cm 的网状催化剂光催化降解；PCD$_4$—圆筒状＋直径为 10cm 的网状催化剂光催化降解

由图可见，在光催化降解过程中，加入网状催化剂均能明显提高光催化降解效果，其光催化降解效果比单独圆筒状光催化降解效果提高了约一倍。

相对来说，直径为 7.5cm 的网状催化剂对光催化降解效果的提高作用最大，分析原因可能是，网状催化剂置于反应器中不同位置时，催化剂的面积以及催化剂表面所接受的光辐射强度不同，直径为 5cm 的网状催化剂表面所受的光强最大，但催化剂面积最小，因此降解效果不如直径为 7.5cm 的网状催化剂；而直径为 10cm 的网状催化剂面积最大，但催化剂表面受到的光辐射强度最小，同时还可能对反应器壁处的圆筒状催化剂有遮挡作用，因此降解效果也较差。

（2）辐射状催化剂的光催化降解效果

由于苯甲酰胺的光催化降解效果较小，因此以对硝基酚为研究对象，考察辐射状催化剂对光催化降解效果的提高作用。

采用间歇试验，对硝基酚初始浓度为 2.8mg/L，空气流量为 150mL/min 和 800mL/min，试验结果如图 4-23 所示。

由图 4-23 可见：对硝基酚本身的光降解速率较小，单独圆筒状催化剂和辐射状催化剂均可以在一定程度上降解对硝基酚，而且圆筒状催化剂的降解效果（约 20%）较辐射状催化剂的降解效果（约 8%）好，但是圆筒状和辐射状催化剂同时存在时，对硝基酚的降解效果与单独圆筒状催化剂的降解效果很接近，分析其原因可能是辐射状催化剂对圆筒状催化剂有挡光作用，总的降解效果甚至低于两者相加的结果。

辐射状催化剂对光催化降解效果基本没有提高作用，这一结论与进行该研究的初衷不一致。实际反应器中是一个复杂的气液混合体系，虽然国外一些学者对光反应器中的辐射进行了系统的分析和研究[20-24]，但在实际应用中由于缺乏很多的参数，很难进行精密的理论计算。实验结果表明：即使在气液两相流的混合体系中，光源的散射作用引起的其他方向的光子强度也是可以忽略不计的。光源的散射作用很弱，几乎所有的光子均沿着反应器的径向发射出来。

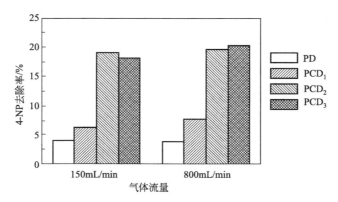

图 4-23 对硝基酚（4-NP）的降解效果

PD—光降解；PCD₁—辐射状催化剂光催化降解；PCD₂—圆筒状催化剂光催化降解；

PCD₃—圆筒状＋辐射状催化剂光催化降解

同时，由于反应器中辐射状催化剂的放置位置不能完全处于径向，所以尽管单独辐射状催化剂有光催化降解效果，但是，辐射状催化剂对圆筒状催化剂有一定的遮挡作用，因此辐射状催化剂和圆筒状催化剂同时存在时，总的降解效果与单独圆筒状催化剂的降解效果相当。

4.2.3 VUV 光源辐射下微量有机物的光催化降解

真空紫外光（VUV）光源发出的光不仅包含具有杀菌能力的波长为 254nm 的紫外光，还包含波长为 185nm 的真空紫外光。利用真空紫外光具有很强的光降解有机物的能力，有望开发出一种处理效率更高的光催化技术。以下用 VUVPD（Vacuum Ultraviolet Photo Degradation）表示 VUV 光源辐射下的光降解过程，VUVPCD（Vacuum Ultraviolet Photo Catalytic Degradation）表示 VUV 光源辐射下的光降解和光催化降解的联合过程。

4.2.3.1 研究对象和试验内容

研究对象包括对氯苯甲酸、对氯酚、对苯二酚和对硝基酚，选择这些研究对象的目的是为了与本章 4.1 的研究内容作对比，从而比较 UV 光源和 VUV 光源的光催化降解特性。具体试验内容如下。

① 以对氯苯甲酸为研究对象，考察反应体系中初始浓度、溶解氧浓度以及传质过程对降解效果的影响。

② 考察三种酚类物质（对氯酚、对苯二酚和对硝基酚）在 VUV 光源辐射下的光催化降解效果。

4.2.3.2 实验装置与方法

实验装置及方法与本章 4.1 的基本类同，不再复述。

4.2.3.3 试验结果及讨论

（1）初始浓度对降解效果的影响

以对氯苯甲酸为研究对象，采用半序批式反应模式，初始浓度 450μg/L，总溶液体积

1.5L，空气流量 200mL/min，溶液循环流量 1L/min。

　　图 4-24 为对氯苯甲酸在通空气条件下的光降解和光催化降解曲线，可以看出，对氯苯甲酸在 VUV 光源照射下，本身就能发生强烈的光降解反应，加入催化剂后，对其降解的提高作用很小。

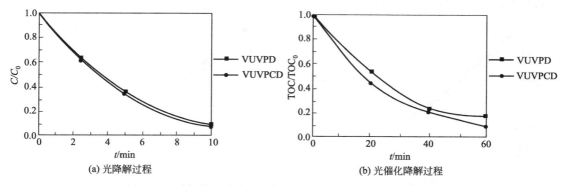

(a) 光降解过程　　　　　　　　　(b) 光催化降解过程

图 4-24　对氯苯甲酸在通空气时的光降解和光催化降解曲线

　　VUV 催化过程中，VUV 降解作用在浓度去除率中占了 100%（$t=10$min），而在 TOC 的去除率中占了 95%（$t=60$min）。

　　由于 VUV 降解在 VUV 催化降解过程中占有绝对主导作用，因此只考察对氯苯甲酸的 VUV 降解速率受初始浓度的影响，结果如图 4-25 所示。对氯苯甲酸的初始光降解速率随着初始浓度增加先迅速上升后变平缓。说明反应过程不是简单的零级反应过程，也不是单纯的一级反应过程。

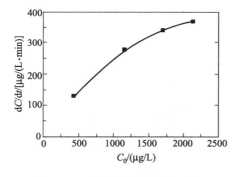

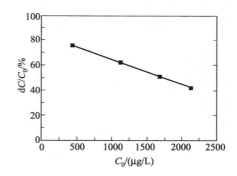

图 4-25　对氯苯甲酸光降解速率　　　　　图 4-26　去除率与初始浓度的关系图
　　　　与初始浓度的关系

　　反应时间为 2.5min 时，对氯苯甲酸的去除率随着初始浓度变化而变化的曲线如图 4-26 所示，可见，随着初始浓度增加对氯苯甲酸的去除率减小，这是因为有机物浓度较高时，一定数量波长为 185nm 的光子光解水所产生的羟基自由基很快被对氯苯甲酸消耗，羟基自由基的稳态浓度较低，对氯苯甲酸的降解速率减小；反之，当有机物浓度较低时，溶液中的羟基自由基的稳态浓度较高，对氯苯甲酸的降解速率增大。根据该结论可以推测，随着 VUV 降解过程的进行，水中微量有机物的去除率会上升，说明 VUV 降解技术适用于水中微量有机物的降解。

　　（2）溶解氧对光催化降解效果的影响

　　以对氯苯甲酸为研究对象，考察其自身降解时溶解氧的影响。采用半序批式反应模式，

初始浓度 $450\mu g/L$，总溶液体积 1.5L，不同气体的流量 200mL/min，溶液循环流量 1L/min。考察反应体系中溶液的 TOC 值变化时，采用静态实验：初始浓度 4mg/L，总溶液体积 0.6L，不同气体的流量仍为 200mL/min。

图 4-27 为反应器中通氮气、空气和氧气几种条件下对氯苯甲酸的降解效果，可见，通不同气体导致的溶解氧不同对光降解和光催化降解的影响很小。

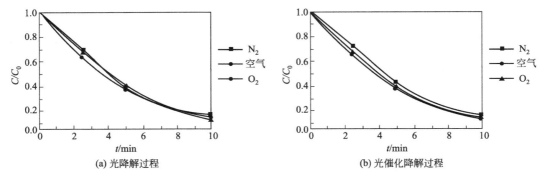

(a) 光降解过程 　　　　　　　　(b) 光催化降解过程

图 4-27 　对氯苯甲酸的降解效果

由以上试验结果可见，VUV 光源的光降解和光催化降解过程受溶解氧的影响很小，分析原因可能为：①对氯苯甲酸很快就能与 VUV 光源分解水产生的羟基自由基反应（$k_{HO\cdot}=4.4\times$ $109M^{-1}\cdot s^{-1}$）；②对氯苯甲酸的降解过程是分子吸收光子后，分子中最弱的化合键 C—Cl 键断裂，C—Cl 键的键能为 70kcal/mol，小于 C—H 键的键能（85.6kcal/mol），以及 C—O 键的键能（75kcal/mol），因此 VUV 光源的光降解过程与溶液中溶解氧的多少无关。

VUV 光源辐射条件下，为了考察反应过程中间产物的降解情况，又进行了溶液的矿化降解试验，结果如图 4-28 所示。

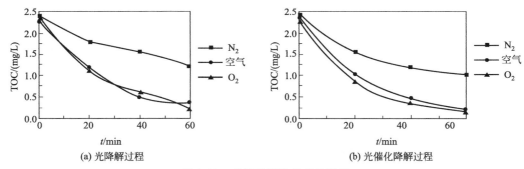

(a) 光降解过程 　　　　　　　　(b) 光催化降解过程

图 4-28 　对氯苯甲酸的矿化降解

由图 4-28 可见，对氯苯甲酸光降解和光催化降解过程中 TOC 的去除规律与其浓度降解规律不同。通不同气体导致的溶解氧不同对对氯苯甲酸光降解和光催化降解矿化速率的大小顺序均是空气≈氧气＞氮气。对氯苯甲酸 VUV 降解的矿化过程受溶解氧的影响很大。这是因为对氯苯甲酸的光降解过程中，一些中间产物不能直接通过吸收光子而发生降解，必须利用 VUV 与水反应过程产生的羟基自由基来降解，因此反应速率受溶解氧浓度的影响较大。

比较图 4-28(a) 和 （b）可见，光催化剂在对氯苯甲酸的矿化过程中有一定的作用。

（3）传质过程对光催化降解效果的影响

为了考察传质过程对处理效果的影响，进行了反应体系中通空气和不通空气对降解效果的影响，结果如图 4-29 所示。

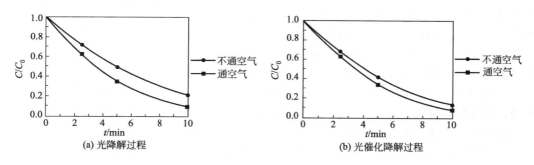

(a) 光降解过程 (b) 光催化降解过程

图 4-29 通空气对对氯苯甲酸降解效果的影响

由图 4-29 可见，在 VUV 光源光降解过程中，通空气较不通空气时的降解效果提高了约 15 个百分点，分析其原因是水溶液对波长为 185nm 光子的吸收很强烈，在 25℃ 时，水对 185nm 波长紫外光的吸光度为 $1.8cm^{-1[24]}$，因此穿透 5mm 的水层厚度时，光强只剩原来的 10%，实验中水层厚度为 15mm，因此只有不足 0.2% 的 VUV 光源能到达反应器壁，故远离光源处的溶液降解速率很慢，向反应体系中通气，可以使溶液混合均匀，从而更好地得到光源的辐射。

比较图 4-29(a) 和（b）可见，通空气和不通空气相比，对氯苯甲酸 VUV 降解效果的提高作用更大；反应过程中不通空气时，对氯苯甲酸光催化降解效果好于光降解过程，因此 VUV 催化降解工艺在特定的反应体系中还是有优势的，能够弥补由于传质不好引起的 VUV 降解工艺效率低的缺点。

（4）三种酚类物质的光催化降解

在通空气的条件下，以三种酚类物质为研究对象，考察不同物质在 VUV 光源辐射下的降解效果。考察三种酚类物质自身的降解时，采用半序批式反应模式，总溶液体积 3.0L，初始浓度 2mg/L，循环流量为 1200mL/min，空气流量为 300mL/min。考察三种酚类物质的矿化反应时采用静态反应，初始浓度为 2mg/L，空气流量为 300mL/min。

表 4-10 列出了三种酚类物质的去除率，由表中数据可见，三种酚光降解（VUVPD）和光催化降解（VUVPCD）去除率的顺序均是对氯酚＞对苯二酚≈对硝基酚，且光降解在光催化降解过程中占有主导作用。

表 4-10 三种酚类物质的去除率

反应工艺	t/min	对氯酚/%	对苯二酚/%	对硝基酚/%
VUVPD	5	51.7	29.6	32.5
	10	82.3	53.2	56.6
VUVPCD	5	55.2	32.2	34.4
	10	84.6	59.7	59.1

因为有机物的矿化降解和有机物本身的降解不同，前者不仅和该有机物本身的降解有关，还涉及反应中间产物的降解，因此，需要较长的时间进行 TOC 的去除。在考察有机物本身降解时，反应时间仅为 15min，在考察有机物的矿化反应试验中，反应时间延长到 60min。

表 4-11 列出了三种酚类物质的 TOC 去除率，由表中数据可见：

① 对于对苯二酚和对氯酚的矿化过程来说，与浓度降解不同的是，光催化过程的 TOC

去除率较光降解过程有明显的提高，尤其在反应初始阶段，光催化过程对 TOC 去除的作用较明显；而对硝基酚光降解和光催化降解过程的矿化速率几乎相等。由此可见，VUV 降解对 TOC 的去除率在总的光催化降解过程中占有很大的比例，三种酚的比例分别为 95%，91% 和 100%。不同物质间 TOC 去除率的差异很小，说明 VUV 光源作用下，光降解过程在光催化降解过程中占主导作用。

② 在 VUV 光源辐射下，三种酚光降解的 TOC 去除率顺序为对氯酚＞对苯二酚＞对硝基酚，而光催化降解过程 TOC 去除率顺序为对苯二酚＞对氯酚＞对硝基酚。

③ VUV 降解和光催化降解过程对有机物的选择性较小，而且在反应 20min 时，溶液的 TOC 去除率就接近了 50%，因此该工艺是一种高效且具有广泛应用前景的高级氧化工艺。

表 4-11　三种酚类物质的 TOC 去除率

反应工艺	t/min	对氯酚/%	对苯二酚/%	对硝基酚/%
VUVPD	20	51.9	48.9	46.1
	60	89.4	87	81.4
VUVPCD	20	60.7	66.2	45.1
	60	94	96	80.9

三种物质的浓度降解和 TOC 降解规律不同，其主要原因是降解过程中的中间产物也参与了反应。图 4-30 给出了对氯酚在 VUV 光源辐射下产生的两种中间产物的变化曲线，（a）图中的中间产物为醌，与 UV 光源辐射下产生的中间产物相同，（b）图中的中间产物根据其在液相色谱中的出峰位置，可推测为苯二酚。由图可见：

① 在所考察的反应时间内中间产物的浓度先上升后下降或者变得平缓，表明反应初期，中间产物的产生速率大于降解速率，因此有一个积累的过程，而反应一段时间后，中间产物的产生速率变慢，因此其浓度逐渐下降或者变得平缓；

② 光催化降解过程中的中间产物明显比光降解过程中的中间产物浓度小，表明对中间产物来说，光催化降解的速率明显大于光降解速率；

③ 与本章图 4-5 中 UV 光源下对氯酚产生的中间产物相比，UV 光源辐射下只检测出一种中间产物即醌，而且图中醌的浓度也远大于 VUV 光源辐射下产生的醌的浓度，这是因为 VUV 光源辐射条件下比 UV 光源辐射条件下，中间产物的降解速率要高得多。

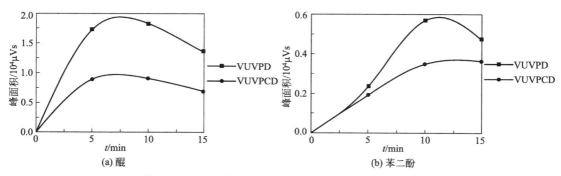

图 4-30　对氯酚降解过程中两种中间产物的浓度变化

图 4-31 给出了对苯二酚在 VUV 光源辐射下产生的一种中间产物，与 UV 光源辐射下的中间产物一样，可推测为苯三酚，其浓度变化规律与对氯酚的中间产物的浓度变化规律相同，即光催化降解过程中的中间产物明显比光降解过程中的中间产物浓度小，并且在所考察的反应时间内中间产物的浓度先上升后下降或者变得平缓。

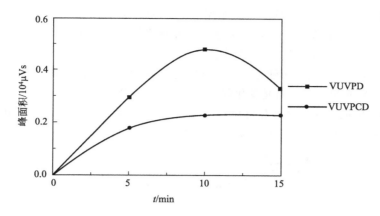

图 4-31　对苯二酚降解过程中中间产物的浓度变化

由图 4-30 和图 4-31 可以看出，在 VUV 降解过程的初始阶段，中间产物浓度不断上升，当原物质几乎降解完全时（以对氯酚为例，反应约 10min，对氯酚的降解率为 85%），中间产物浓度才开始逐渐下降，说明在 VUV 降解过程中，对氯酚和对苯二酚比相应的中间产物更容易发生光降解反应。

对硝基酚的中间产物在液相色谱中没有检测到。

从试验结果可见，VUV 催化降解速率与 VUV 降解速率很接近，但在光催化降解过程中检测到的中间产物浓度比光降解过程中的明显低，说明在光催化剂表面中间产物得到了有效的降解，因此 VUV 催化降解工艺好于 VUV 降解工艺。

（5）UV 光源与 VUV 光源的光催化降解特性比较

由实验结果可见，不同有机物在 VUV 光源辐射下光降解和光催化降解规律与有机物在 UV 光源辐射下的降解规律相差较大。

① 光源　实验中使用的 UV 光源和 VUV 光源均为 8W 低压汞灯，两种光源的发光部分是完全相同的，UV 光源只是滤去了 VUV 光源中波长为 185nm 的光，因此，可以忽略 VUV 光源中 UV 部分（254nm）的辐射强度与 UV 光源中的辐射强度的差别。为了比较两种光源的降解效果，首先需要确定两种波长紫外光的辐射强度。

光源的辐射功率可以通过物理方法和化学方法测定。物理方法采用光敏探头，十分方便，但是需要进行相对频繁和困难的基于化学方法的控制校准。而化学方法[24]则利用那些在某一波长下量子效率已经清楚的光化学反应，不需特殊仪器并可给出可重复的结果。虽然化学方法测得的光辐射功率更精确，但其测定步骤太繁杂。

采用 UV-B 紫外辐照计，测量所采用低压汞灯的光强。测得 UV 光源表面的辐射强度 I 为 $7.0\,\mathrm{mW/cm^2}$。根据辐射强度与光子密度 n 的关系式，可求得光密度为 $1.485\times10^{-4}\,\mathrm{mol/(m^2 \cdot s)}$。

$$I = nN_0 \times \frac{hc}{\lambda}$$

式中，h 为普兰克常数，$6.626\times10^{-34}\,\mathrm{J \cdot s}$；$c$ 为光子速度，$3\times10^8\,\mathrm{m/s}$；$N_0$ 为阿佛加德罗常数，6.022×10^{23}；λ 为辐射光的波长，m；n 为光子密度，$\mathrm{mol/(m^2 \cdot s)}$。

VUV 光源中，已知 185nm 波长光的辐射功率仅为 254nm 波长光的辐射功率的 5%～7%，则相应的 185nm 辐射的光密度约为 $3.6\times10^{-5}\,\mathrm{mol/(m^2 \cdot s)}$，由此可见，波长为 185nm 的光子数仅为 254nm 光子数的 24%。

② 降解速率　从两种光源下对氯苯甲酸和三种酚类物质的光催化降解规律结果可以看出，有机物在 VUV 光源下的光降解速率与光催化降解速率接近，均较 UV 光源的光催化降解速率有很大的提高，而 UV 催化降解速率又较 UV 降解速率有一定的提高。

图 4-32 为对氯苯甲酸在两种光源辐射下的光降解和光催化降解曲线。由图 4-32 可见，对氯苯甲酸在 VUV 光源辐射下的光催化降解速率远高于 UV 光源辐射下的光催化降解速率。以反应时间 10min 时的去除率来计算可得，在 VUV 光源辐射下光催化降解去除率是 UV 光源下光降解去除率的 4.5 倍（90%/20%），是 UV 光催化降解去除率的 3.0 倍（90%/30%）。

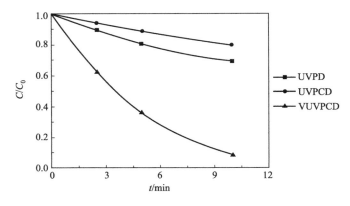

图 4-32　对氯苯甲酸的降解曲线

表 4-12 中列出了三种酚类物质在两种光源下的去除率，由表可以看出：对氯酚在 VUV 光源辐射下光催化降解去除率是 UV 光源下光降解去除率的 1.5 倍，是 UV 催化降解去除率的 1.1 倍；而对苯二酚和对硝基酚在 VUV 光源辐射下光催化降解去除率是 UV 光源下光降解去除率的 3.9 倍和 21.9 倍，是 UV 催化降解去除率的 3.6 倍和 16.9 倍。

表 4-12　两种光源下三种酚的降解速率比较（$t=10$min）

反应工艺	对氯酚/%	对苯二酚/%	对硝基酚/%
UVPD	54.7	15.5	2.7
UVPCD	75.6	16.6	3.5
VUVPCD	84.6	59.7	59.1

表 4-13 中列出了三种酚类物质在两种光源下的 TOC 去除率，可以看出，对氯酚在 VUV 光源辐射下光催化降解 TOC 去除率是 UV 光源下光降解 TOC 去除率的 3.1 倍，是 UV 催化降解 TOC 去除率的 1.6 倍；而对苯二酚和对硝基酚在 VUV 光源辐射下光降解 TOC 去除率是 UV 光源下光降解 TOC 去除率的 2.9 倍和 8.9 倍，是 UV 催化降解 TOC 去除率的 1.6 倍和 1.8 倍[20,21]。

表 4-13　两种光源下三种酚的 TOC 去除率比较（$t=60$min）

反应工艺	对氯酚/%	对苯二酚/%	对硝基酚/%
UVPD	30.4	32.8	9.1
UVPCD	58.6	59.5	43.9
VUVPCD	94	96	80.9

VUV 光源辐射下，三种酚类物质的 TOC 去除率接近。

通过降解中浓度变化和 TOC 去除率比较可以认为，VUV 光源较 UV 光源对有机物的降解能力更强，而且在 VUV 光源辐射下，有机物的降解速率也相差不大，因此可以认为 VUV 催化工艺是更为有效的工艺。

③ 催化剂的作用　对比 UV 和 VUV 作光源时催化剂所起的作用可见：在 UV 光源作用下，对氯酚的光催化降解去除率是光降解去除率的 1.4 倍，对苯二酚和对硝基酚的光降解和光催化降解去除率接近，而在 VUV 光源辐射下，三种物质的光降解和光催化降解速率均相差不大。由此可见，在两种光源辐射下，光降解过程在光催化降解过程中均起到了重要作用，尤其在 VUV 光源中更明显。

从 TOC 的去除规律可见，催化剂在两种光源下均起到了提高 TOC 去除率的作用，尤其在反应的初始阶段，提高作用很明显。在 VUV 光源辐射下，光降解的 TOC 去除率占光催化降解过程的 90% 以上。

④ 光催化反应器结构的影响

a. 从处理效率来看，静态反应模式下，1# 反应器的降解效果最好；动态反应模式下，3# 反应器的降解效果最好。

b. 从光降解在光催化降解过程中所占的比例来看，静态和动态的反应模式下，均是反应器越大，光降解所占的比例越大，因此对于易发生光降解的物质来说，采用大反应器进行光催化降解较为适宜。

c. 从单独光催化降解效果来看，1# 反应器中单独光催化降解的作用最高。

d. 向反应体系中加入网状催化剂，可以在一定程度上提高有机物的光催化降解效果，而辐射状催化剂和圆筒状催化剂同时存在时，总的降解效果与单独圆筒状催化剂的降解效果相当，因此，不适合向反应器中加入辐射状催化剂来提高光催化降解效果。

4.3　光催化法处理水中全氟辛酸研究

以全氟辛酸（PFOA）为代表的全氟羧酸化合物（Perfluorinated carboxylic acids, PFCAs）的分布及危害引起了全球性的关注。由此，PFOA 成为当今最令人关注的一类新兴的环境污染物，其危害性得到了国际上多数环保组织的认同，如何采取相应的措施降低此类全氟化合物对环境和人类的危害成为当下亟待解决的问题，2006 年美国环保署（USEPA）发起了一项全球行动，8 家世界著名公司 Arkema、Asahi、Ciba、Clariant、Daikin、DuPont、3M/Dyneon 和 Solvay Solexis 积极响应，共同承诺到 2010 年将 PFOA 的排放及其在产品中的含量减少 95%，到 2015 年将其完全消除[25]。但是此类全氟有机化合物具有环境持久性和生物富集性，如何安全高效地降解这类物质成为当今学术研究的热点和难点。目前降解 PFOA 和 PFOS（全氟辛烷磺酸）的研究报道主要来自日本的 Hori 小组和美国的 Hoffmamn 小组，而中国在这方面的研究刚刚起步。

4.3.1　全氟辛酸的毒性

美国环保署（EPA）的科学顾问委员会就 PFOA 的危害发表了一份报告，报告中说 PFOA 致癌风险比原先估计的大，应当列为疑似人类致癌物[26]，PFOA 导致特定器官癌症的可能性应当被评估。实验室动物试验表明，PFOA 可能与乳腺癌、睾丸癌、胰和肝肿瘤有关。报告认为，除了癌症外，PFOA 造成的其他健康危害也应该被评估，尤其是该化合物对神经系统和免疫系统可能会造成影响。

详细来说，PFOA 存在的生理毒性可能有以下几种。

（1）PFOA 的肝脏毒性

PFOA 对动物肝脏的损害比较明确。对雄性大鼠腹腔注射一次 PFOA（100mg/kg），3d 后检测出肝脏肿大、十二肽辅酶氧化酶活性增强、血清胆固醇浓度下降，说明了肝脏过氧化物酶体增生。通过研究一些暴露 PFOA 的实验动物还发现，PFOA 能够影响脂肪酸或其配体结合肝脏脂肪酸结合蛋白的能力，以此影响脂肪酸的代谢。

此外，PFOA 有中等程度的肝致癌毒性，其危害主要表现为：①引发肝癌；②抑制脂肪酸结合脂肪酸结合蛋白，对肝脏造成损害；③引起肝氧化应激性增强，诱使肝癌的发生；④引起肝过氧化物酶体增生，激活受体的高度表达，此受体过度表达可能诱发肝癌；⑤导致肝细胞凋亡，诱导线粒体调节途径和反应性氧类的参与；⑥影响肝亚家族的表达；⑦抑制肝细胞间通信，可能会诱发肝癌。

（2）PFOA 的甲状腺毒性

据报道，PFOA 会造成猴子的甲状腺激素分泌减少、甲状腺功能受损。当甲状腺功能异常时，表现出易于疲劳、精神焦虑、头发脱落等症状。通过研究母体接触 PFOA 的幼鼠发现，幼鼠会出现大脑发育迟缓、睾丸异常、听说能力受损和学习能力下降等症状，以此推断 PFOA 对甲状腺有一定毒性损伤[27]。

（3）PFOA 的心血管毒性

研究者采用全细胞膜片钳技术检测接触 PFOA 的豚鼠，研究 PFOA 对豚鼠心室肌细胞动作电位通道电流的影响，研究发现 PFOA 能够降低豚鼠心肌细胞的自律性，减小峰电位，缩短动作电位时间，由此推断，PFOA 可能转换钙通道改变膜表面电位，使得钙离子内流速度变快，从而造成钙浓度超标，破坏心肌功能，对其造成损害[27]。

（4）PFOA 的胚胎发育和生殖毒性

实验研究表明，通过口服或呼吸道吸入 PFOA 的大鼠容易出现早期流产，其胎鼠的体重较轻，易于死亡，胎鼠出生后会出现呼吸困难、青春期的性发育异常和生长发育缓慢。3M 公司的研究发现，使幼鼠接触 PFOA 后，幼鼠一般刚断乳时就死亡，但成年以后死亡率恢复正常；成年后幼鼠会出现睾丸、附睾和精囊腺增大，前列腺萎缩的现象[28]。青年大鼠对 PFOA 特别敏感。研究表明 PFOA 不仅有雄性生殖毒性，能诱发睾丸癌，也具有雌性生殖毒性，引发雌鼠的乳腺癌和卵巢癌。

（5）PFOA 的致癌性

目前对于 PFOA 的致癌性还没有明确的结论。一些研究者认为，PFOA 能够降低多器官中的谷胱甘肽过氧化物酶活性并诱导过氧化物酶[28]，造成机体内自由基的产生和去除失衡，因此造成脏器的氧化性损伤，损害遗传物质，从而引发癌症。

（6）免疫毒性

在免疫毒性方面，Yang 等研究发现 PFOA 能够降低小鼠血清中 IgG 和 IgM 水平，降低 T 细胞和 B 细胞免疫功能，诱导免疫抑制，使胸腺细胞和脾细胞数目各自减少 90% 和 50% 之多，导致小鼠胸腺以及脾脏萎缩[27,28]。

4.3.2 片状 In_2O_3 纳米结构光催化降解 PFOA 的性能

利用在不同条件下合成的 In_2O_3 样品 E270、E500、E500-G 对 PFOA 进行了光催化降解，其结果见图 4-33。

从图 4-33 可以看出在 30min 之内，E270 能够完全降解 PFOA，E500 完全降解 PFOA

则需要 60min，而 E500-G 在 120min 内对 PFOA 的降解率为 82.3%。从降解 PFOA 速率的数据可以看出，E270 对 PFOA 的光催化分解性能要明显好于 E500。也就是说，270℃ 热处理 In(OH)$_3$ 得到具有微孔-介孔结构的 In$_2$O$_3$ 纳米片的光催化性能优于 500℃ 下得到的光滑纳米片。光催化降解性能与材料的结晶度、比表面积、孔结构等有关。

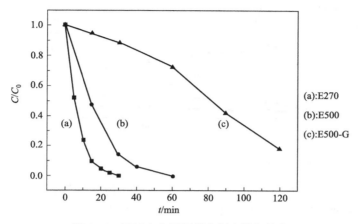

图 4-33　PFOA 在不同催化剂上降解效率

与 E500 相比，E270 具有高的比表面积（前者为 14.8m^2/g，后者为 156.9m^2/g），这意味着 E270 表面具有更多的活性位从而具有高的吸附能力，因而有利于提高材料的光催化性能。同时，E270 具有微孔-介孔结构，这有利于促进反应物在催化剂上吸附和脱附，从而有利于加快光催化反应的进行。E500 具有高的结晶度，这有利于减少光生电子-空穴的复合，可以提高光催化性能。但是，E270 独特的微孔-介孔结构和高的比表面积使之具有更高的光催化性能。

石墨烯对 In$_2$O$_3$ 纳米片 E500 的包覆，影响其对 PFOA 的光催化分解效率。第 2 章的相关研究表明，PFOA 在 In$_2$O$_3$ 表面的降解是通过半导体 In$_2$O$_3$ 的光生空穴直接氧化 PFOA 分解的，也就是说是 In$_2$O$_3$ 的光生空穴直接夺取 PFOA 上的电子而引发反应。在 E500-G 中石墨烯在 In$_2$O$_3$ 纳米片表面的覆盖，虽然可以加速 In$_2$O$_3$ 光生电子-空穴的分离效率，但是却阻挡了 PFOA 在 In$_2$O$_3$ 上的直接吸附，从而降低了光生空穴对 PFOA 的氧化，使降解效率降低。

以上对比试验也进一步说明，PFOA 是通过空穴直接氧化引发的反应，增加 In$_2$O$_3$ 纳米片裸露的表面有利于提高材料的光催化性能。

光催化降解 PFOA 的中间产物利用 UPLC-MS 检测。图 4-34 为在 E270 上降解 PFOA 生成的不同中间产物的变化情况。从图中可以看出，利用 UPLC-MS 可以检测到全氟庚酸（C$_6$F$_{13}$COOH，PFHpA），全氟己酸（C$_5$F$_{11}$COOH，PFHxA）、全氟戊酸（C$_4$F$_9$COOH，PFPeA）、全氟丁酸（C$_3$F$_7$COOH，PFBA）、全氟丙酸（C$_2$F$_5$COOH，PFPA，97%）和三氟乙酸等不同碳链长度的全氟羧酸化合物。随着时间的延长中间产物 PFHpA 的生成量先呈现增加的趋势，在 30min 时达到最高然后下降。其他中间产物的生成量则随着时间的延长呈现增加的趋势。中间产物的生产说明了 PFOA 降解反应是经历了一个逐步脱去 CF$_2$ 的过程。

4.3.3　束状氧化镓对 PFOA 的光催化降解及其机理

氧化镓（Ga$_2$O$_3$）是重要的宽带隙材料，也是具有较好导电性的 n 型半导体材料，基于

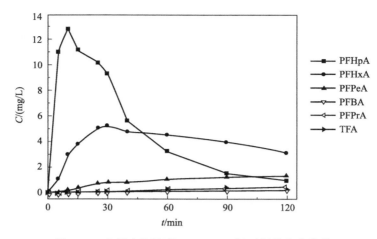

图 4-34　中间产物浓度（PFCAs）随时间的变化曲线

这一特性，Ga_2O_3 材料已被广泛应用于电子器件、气体传感器等领域。当前，很多研究者正致力于 Ga_2O_3 纳米结构的制备及其光、电、磁、表面等特性的研究，并在此基础上，研制功能优良的纳米器件。相较于在化学传感器、发光特性等方面的研究，氧化镓在光化学反应方面的研究并不突出。

（1）催化剂降解纯水中 PFOA 效果及动力学分析

图 4-35 为 UV 下，纯水中 PFOA 在束状 Ga_2O_3、商品 Ga_2O_3、商品 TiO_2（P25）和没有光催化剂条件下的降解情况。纯水中 PFOA 浓度为 $500\mu g/L$，pH 值约为 4.8。由图 4-35 可见，未投加光催化剂时，在 UV 照射 3h 后，约有 3.2% 的 PFOA 被分解，降解速率极低，基本可以忽略；在 TiO_2 的催化下，3h 后 PFOA 降解率约 24%；在商品 Ga_2O_3 催化下，3h 后 PFOA 降解率为 38%，而使用束状 Ga_2O_3 做催化剂时，PFOA 降解速率大大提高，反应 40min 后 PFOA 降解到检测限以下。

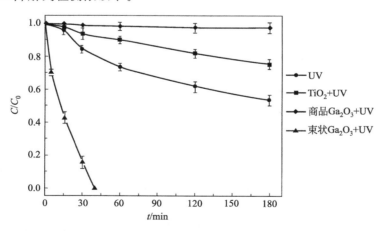

图 4-35　UV 下不同条件纯水中 PFOA 的降解曲线

纯水中微量 PFOA 在不同催化剂条件下的降解基本遵循一级反应动力学，反应动力学参数见表 4-14。从表 4-14 可知，以束状 Ga_2O_3、商品 Ga_2O_3、TiO_2 为催化剂时 PFOA 的光催化降解半衰期分别为 8.6min、138.6min 和 378min。束状 Ga_2O_3 的反应速率常数分别是商品 Ga_2O_3 的 16 倍、TiO_2 的 44 倍。

表 4-14　UV 下纯水中 PFOA 降解的反应动力学常数和半衰期

参　数	束状 Ga_2O_3 + UV/纯水	商品 Ga_2O_3 + UV/纯水	TiO_2 + UV/纯水
k/h^{-1}	4.85	0.30	0.11
R^2	0.940	0.992	0.957
$t_{1/2}/min$	8.7	138.6	378

束状 Ga_2O_3 降解纯水中的 PFOA 的能耗为 80.7kJ/μmol。而目前文献报道的水中微量 PFOA 降解的方法中，超声降解最短的半衰期为 15min（初始 PFOA 浓度为 200nmol/L）和 39min（初始 PFOA 浓度为 20μmol/L）。相应的能量消耗分别为 1300kJ/μmol 和 67kJ/μmol。PFOA 降解的能耗与其浓度有关，浓度越低，单位质量 PFOA 去除的能耗越高。与文献对比，UV 下束状 Ga_2O_3 降解水中微量的 PFOA 的能耗较低。

（2）中间产物和反应机理分析

PFOA 降解反应中的主要中间产物是 $C_2 \sim C_7$ 的短链全氟羧酸和氟离子，其中，短链全氟羧酸由 UPLC/MS/MS 进行定量，氟离子由离子色谱进行定量。图 4-36 是 PFOA 和 $C_2 \sim C_7$ 短链全氟羧酸的色谱图，图 4-37 为降解过程中这些中间产物的浓度变化情况。

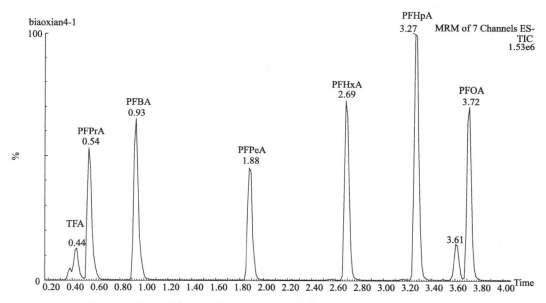

图 4-36　UPLC/MS/MS 分析中 PFOA 和 $C_2 \sim C_7$ 短链全氟羧酸的色谱图

这些结果表明：PFOA 的光催化分解经历了一个逐步脱去 CF_2 单元的过程。PFOA 和 PFCAs 的分解过程的示意图在图 4-38 中给出。图中 $F(CF_2)_n COOH$ 代表 PFOA 及其主要的短链中间产物。

Dillert 等已经报道了 TiO_2 光催化分解全氟羧酸化合物（PFCAs）的分解机理[29,30]。他们认为 PFCAs 的分解首先是通过类似 Kolb 脱羧的反应引发，从而形成全氟烷基自由基。这一步包括：首先电子从全氟羧基阴离子到光催化剂的价带上光生空穴的传递；接着，端部的羧基断裂并且全氟烷基自由基（C_nF_{2n+1}）·和 CO_2 相应生成。全氟烷基自由基与氧反应形成过氧自由基，并进一步转化成减少了一个 CF_2 单元的全氟羧酸化合物并生成 2 个 F^-。

具体到束状 Ga_2O_3 光催化降解 PFOA 的过程中，PFOA 首先转化成中间产物 PFHpA（$C_6F_{13}COOH$），PFHpA 在生成的同时降解为 PFHxA（$C_5F_{11}COOH$）。由于碳链越短，脱

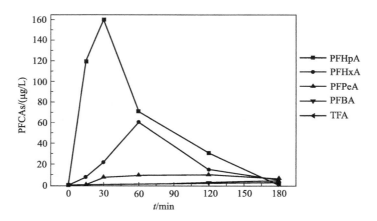

图 4-37　UV 和束状 Ga_2O_3 作用下纯水中 PFOA 降解产物随反应时间的变化

CF_2 基团越难，降解越慢，所以 $0\sim30min$ PFOA 降解生成 PFHpA 的速率大于 PFHpA 降解成 PFHxA 的速率，导致 PFHpA 浓度不断积累，30min 后 PFOA 基本降解完成，PFHpA 的降解速率大于其生成速率，其浓度在不断减小，如图 4-37 所示，PFHpA 的浓度变化经历了先增加后减小的趋势，这符合连串反应的规律。

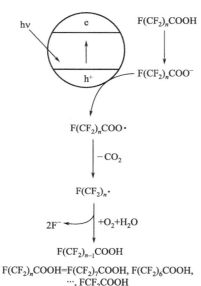

图 4-38　Ga_2O_3 分解全氟
羧酸化合物的示意图

同理，其他短链全氟羧酸化合物的降解也应该是一个先增大后减小的过程，只是随着连串反应的进行，生成的大量不同碳链长度的全氟羧酸化合物首先要在催化剂表面发生吸附然后再进行光催化反应，从而减慢了短链中间产物的反应速度，同时碳链越短，反应速度越慢，因此其他短链全氟羧酸化合物在 3h 内浓度表现为缓慢上升，尚未达到峰值。但随着降解时间的不断增大，短链全氟羧酸化合物最终会被降解。

图 4-39 给出了氟离子随反应时间的变化。在 PFOA 降解的同时，氟离子浓度随反应时间的增加而不断增加，在束状 Ga_2O_3 作用下，3h 后 PFOA 的脱氟率达到 61%，即 61% 的有机氟转化为无机氟离子。相较而言，二氧化钛和商品氧化剂降解 PFOA 的脱氟率较低，3h 后的脱氟率仅为 5.4% 和 10.7%，这是由于 PFOA 和其中间产物降解不完全所致。

水溶液中的氟主要来自于四个方面：未反应的 PFOA、短链羧酸产物中的氟、生成的氟离子和吸附在催化剂表面的氟元素，其中，前三个方面中的氟含量均可直接检测到，而催化剂表面吸附的氟含量无法测到，经计算，束状 Ga_2O_3 光催化降解纯水中 PFOA，3h 后溶液中的含氟总量为 74%，未平衡的氟可能吸附在催化剂表面或生成少量含氟气相产物。

4.3.4　In_2O_3 纳米颗粒与石墨烯复合产物（NP-G）光催化降解 PFOA 的性能

石墨烯对 In_2O_3 纳米颗粒的修饰，影响其对 PFOA 的光催化分解效率。利用制备的

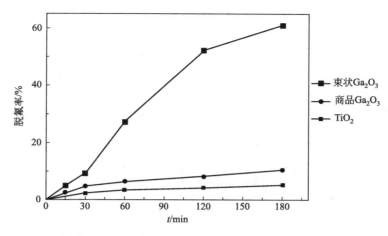

图 4-39　UV 下束状 Ga_2O_3、商品 Ga_2O_3、TiO_2 催化降解纯水中 PFOA 的脱氟率

In_2O_3 NP、NP-G、TiO_2（P25）等催化剂对 PFOA 进行光催化降解（P25 用作对比），实验结果如图 4-40 所示。

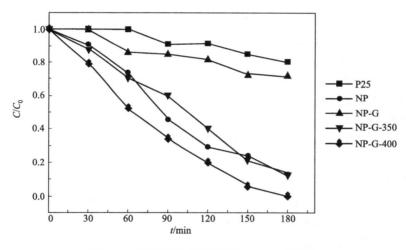

图 4-40　不同样品光催化降解 PFOA 的性能

从图 4-40 可以看出，在 180min 之内，In_2O_3 NP、NP-G、P25 的降解百分比分别为 87.6%，28.5%，20.5%。从图 4-41 可以看出，In_2O_3 NP、NP-G、P25 的脱氟率分别为 29.74%，12.86%，10.52%。从降解速率和脱氟率的数据可以看出，In_2O_3 NP 对 PFOA 的光催化分解性能要好于 NP-G 和 P25。也就是说，石墨烯修饰后没经过热处理，不能促进 In_2O_3 纳米颗粒的光催化降解性能。在光催化中，PFOA 是通过 In_2O_3 表面的空穴氧化降解。由于石墨烯阻隔，在紫外光照射下，In_2O_3 纳米颗粒激发产生的空穴不能夺取 PFOA 的电子而进行降解反应。

热处理温度影响石墨烯在 In_2O_3 纳米颗粒表面的覆盖程度，因而可能影响 NP-G 光催化降解 PFOA 的性能。为了考察热处理温度对 PFOA 降解的影响，进行了 NP-G-350 和 NP-G-400 光催化降解 PFOA 的实验，并与 NP 和 NP-G 的降解性能进行对比。从图 4-40 所示，在 180min 内 NP-G-350 光催化降解 PFOA 的百分比为 81.1%；从图 4-41 可以看出，180min 内 NP-G-350 的脱氟率为 37.69%。NP-G-350 光催化分解 PFOA 的百分比与 In_2O_3

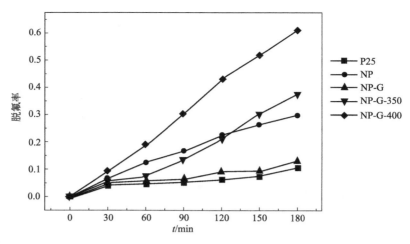

图 4-41　不同样品光催化降解 PFOA 的脱氟率

纳米颗粒相差不大，而脱氟率有所提高。当热处理温度增加到 400℃ 时，在 180min 内产物 NP-G-400 完全分解 PFOA（图 4-40），脱氟率为 61%。因此提高热处理温度有利于改善 NP-G 的降解性能。这可能是因为 In_2O_3 纳米颗粒表面上部分修饰的石墨烯有利于光生空穴-电子的分离，从而提高了光催化性能。同时，热处理减少了石墨烯在 In_2O_3 纳米颗粒表面的覆盖度，增加了 PFOA 与 In_2O_3 纳米颗粒表面直接接触的机会，有利于光生空穴直接从 PFOA 得到电子。这两方面的协同作用导致了在 400℃ 热处理的 NP-G 中，石墨烯在 In_2O_3 纳米颗粒表面的部分存在有利于促进其光催化性能。

　　光催化降解 PFOA 的中间产物利用 UPLC-MS 检测。图 4-42 为在不同 In_2O_3 光催化剂 NP、NP-G、NP-G-350、NP-G-400 上降解 PFOA 生成的中间产物的变化情况。从图 4-42 可以看出，利用 UPLC-MS 可以检测到全氟庚酸（PFHpA）和全氟己酸（PFHxA）的生成。当利用光催化剂 NP、NP-G 和 NP-G-350 时，随着时间的延长中间产物 PFHpA 的生成量呈现增加的趋势；而对于光催化剂 NP-G-400，PFHpA 的生成量在 120min 时达到最高，然后下降。对于所有的光催化剂，中间产物 PFHxA 的生成量随着时间的延长呈现增加的趋势。因此，光催化剂的活性影响中间产物的生成。

4.3.5　针状氧化镓对 PFOA 的光催化降解

（1）UV/VUV 下纯水中 PFOA 的光催化降解

　　图 4-43 为 UV 下，纯水中 PFOA 在针状 Ga_2O_3、商品 Ga_2O_3、TiO_2（P25）和没有光催化剂条件下的降解情况。纯水中 PFOA 浓度为 $500\mu g/L$ 时，pH 值约为 4.8。由图 4-43 可见，未投加光催化剂时，在 UV 照射 3h 后，约有 3.2% 的 PFOA 被分解；在 TiO_2 的催化下，3h 降解率约 24%；在商品 Ga_2O_3 催化下，3h 后 PFOA 降解率达到 38%，而使用针状 Ga_2O_3 时，PFOA 降解速率大大提高，反应 1h 后 PFOA 降解到检测限以下。

　　纯水中微量 PFOA 在不同催化剂条件下的降解基本遵循一级反应动力学，反应动力学参数见表 4-15。从表 4-15 可知，以针状 Ga_2O_3、商品 Ga_2O_3、TiO_2 为催化剂时 PFOA 的光催化降解半衰期分别为 18.2min、137.3min 和 308.1min。针状 Ga_2O_3 的反应速率常数分别是商品 Ga_2O_3 的 8 倍、TiO_2 的 21 倍。

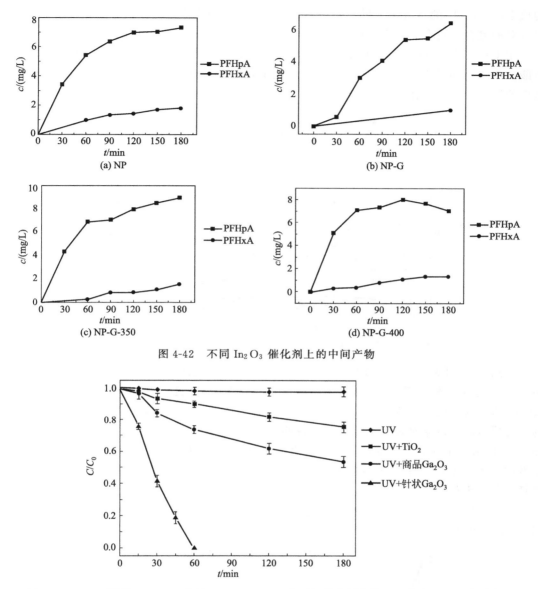

图 4-42　不同 In_2O_3 催化剂上的中间产物

图 4-43　UV 下针状 Ga_2O_3、商品 Ga_2O_3、TiO_2 和不加催化剂条件下纯水中 PFOA 的降解

表 4-15　UV 下纯水中 PFOA 降解的反应动力学常数和半衰期

参　数	针状 Ga_2O_3 UV/纯水	商品 Ga_2O_3 UV/纯水	TiO_2 UV/纯水
k/h^{-1}	2.28	0.30	0.11
R^2	0.940	0.992	0.957
$t_{1/2}/min$	18.2	137.3	308.1

Ga_2O_3 对 PFOA 的高活性可归因为 Ga_2O_3 与 PFOA 的特异结合方式，有利于光生空穴与 PFOA 直接反应。同时，针状 Ga_2O_3 具有较大的比表面积和纳米孔结构。大的比表面积能够提供更多的吸附和反应活性位，因而比商品 Ga_2O_3 具有更好的光催化性能。针状 Ga_2O_3 降解 PFOA 的速率略低于束状 Ga_2O_3，可能原因是束状 Ga_2O_3 拥有更高的比表面积（针状 Ga_2O_3 为 $25.95m^2/g$，束状 Ga_2O_3 为 $36.14m^2/g$，商品 Ga_2O_3 为 $11.50m^2/g$），且

构成束状 Ga_2O_3 的具有纳米尺寸的超薄纳米片可以缩短光生载流子的扩散距离并减少电子-空穴对的复合，更有利于 PFOA 光催化。

用 UPLC-MS/MS 检测到 PFOA 降解时的主要中间产物为含 2~7 个碳原子的短链全氟羧酸。图 4-44 是在针状 Ga_2O_3 光催化剂作用下，PFOA 降解过程中这些短链全氟羧酸产物浓度随反应时间的变化。

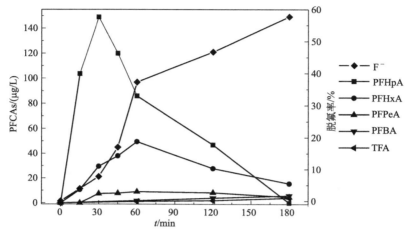

图 4-44　UV 和针状 Ga_2O_3 作用下纯水中 PFOA 降解产物浓度随反应时间的变化

由图 4-44 可见，反应开始时，全氟庚酸（PFHpA）浓度增长最快，反应 30min 即达到最大值，之后逐渐降低。在反应 30~60min 间，随着 PFHpA 浓度快速降低，全氟己酸（PFHxA）的浓度快速增长，60min 达到最大值后降低，其他的短链羧酸产物的浓度在 3h 内均随反应时间的增加而逐渐增加。这说明 PFOA 的降解是按照逐级去除 CF_2 单元进行的。图 4-44 也给出了氟离子随反应时间的变化，在 PFOA 降解的同时，氟离子浓度随反应时间的增加而不断增加，在针状 Ga_2O_3 作用下，3h 后 PFOA 的脱氟率达到 58%，即 58% 的有机氟转化为无机氟离子。

185nmVUV 下，分别以针状 Ga_2O_3、商品 Ga_2O_3、TiO_2 为催化剂降解纯水中的PFOA，结果如图 4-45 所示。

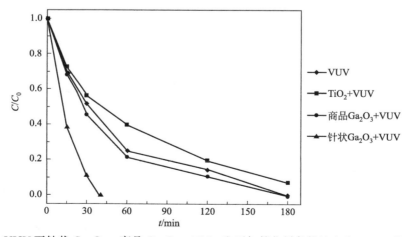

图 4-45　VUV 下针状 Ga_2O_3、商品 Ga_2O_3、TiO_2 和不加催化剂条件纯水中 PFOA 的降解曲线

在不加催化剂的条件下，500μg/L 的 PFOA 在 3h 内降解到检测限以下，说明 VUV 能显

著地光解 PFOA。当商品 Ga_2O_3 和 VUV 结合时，PFOA 的降解速率和 VUV 单独降解相比并没有明显提高；当 VUV 和 TiO_2 结合时，PFOA 的降解率反而低于 VUV 直接光解，3h 后 PFOA 降解率为 92%。这说明 VUV 下，TiO_2 对 PFOA 的降解没有促进效果，反而降低了 PFOA 降解的速率，这主要是因为悬浮的 TiO_2 吸收和散射了部分 VUV，减少了溶液对 VUV 的吸收，而 TiO_2 对 PFOA 的光催化作用又不显著所致。而当以针状 Ga_2O_3 为催化剂时，PFOA 在 40min 内降解到检测限以下，反应速率快于同等条件 UV 下 PFOA 的降解，原因是 VUV 具有直接光解 PFOA 的能力，VUV 和针状 Ga_2O_3 结合能更加高效地降解 PFOA。

VUV 下，纯水中微量 PFOA 在不同催化剂条件下的降解基本遵循一级反应动力学，反应动力学参数见表 4-16。VUV 和针状 Ga_2O_3 结合降解纯水中 PFOA 时，在 40min 内降解到检测限以下，半衰期为 10.3min，速率常数为 $4.03h^{-1}$，速率常数是 UV 下（$2.28h^{-1}$）的 1.77 倍，是 VUV 单独降解的 4.2 倍，是 VUV 下商品 Ga_2O_3 降解 PFOA 的 3.5 倍。

表 4-16　VUV 下纯水中 PFOA 降解的反应动力学常数和半衰期

参　　数	针状 Ga_2O_3 VUV/纯水	商品 Ga_2O_3 VUV/纯水	TiO_2 VUV/纯水	VUV/纯水
k/h^{-1}	4.03	1.14	0.83	0.96
R^2	0.970	0.973	0.993	0.980
$t_{1/2}/min$	10.27	36.5	50.1	43.3

VUV 下针状 Ga_2O_3 降解纯水中的 PFOA 的能耗为 $94.6kJ/\mu mol$。在 3h 后的脱氟率达到 64%，相较 UV 下的脱氟率（58%）也有一定幅度的提升。

（2）UV/VUV 下废水中 PFOA 的光催化降解

为了解针状 Ga_2O_3 对实际废水中 PFOA 的降解效果，以城市污水处理厂生物处理后的出水为原水配制 $500\mu g/L$ 的 PFOA 反应溶液，原水的 TOC 浓度为 18.9mg/L。为和纯水中 PFOA 的降解比较，pH 亦调节至 4.8，图 4-46 显示了 UV/VUV 下针状 Ga_2O_3 对废水中 PFOA 的光催化降解效果。

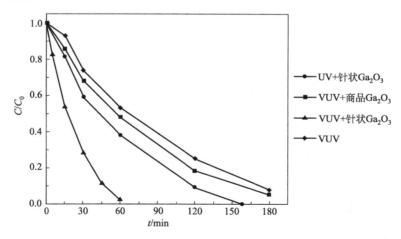

图 4-46　UV/VUV 下 Ga_2O_3 降解废水中 PFOA 的降解曲线

在 UV 下，针状 Ga_2O_3 光催化降解废水中 PFOA，160min 后才能降解到检测限以下，远远长于降解纯水中 PFOA 的时间（60min），导致废水中 PFOA 降解变慢的原因是废水中其他有机物吸附在催化剂的表面，占据了催化剂的活性位点使得催化活性降低。由于废水中有机物的影响，VUV 直接光解 PFOA 的速率也有所降低，3h 后废水中 PFOA 的降解率为

92%。当 VUV 和商品 Ga_2O_3 结合时，3h 后的降解率仅提高到 95%。而当 VUV 和针状 Ga_2O_3 结合时，60min 后废水中的 PFOA 降解到检测限以下，较单独 VUV 降解和 VUV 与商品 Ga_2O_3 结合催化降解有显著提高，其原因是 VUV 不仅能部分光解 PFOA，还能有效分解吸附在催化剂表面的有机物，使针状 Ga_2O_3 恢复其降解 PFOA 的高活性。

UV/VUV 下 Ga_2O_3 对废水中 PFOA 的光催化降解遵循一级反应动力学规律，反应动力学参数见表 4-17。由表可知，VUV 和针状 Ga_2O_3 结合降解废水中微量 PFOA 一级反应速率常数为 $3.51h^{-1}$，是 UV 和针状 Ga_2O_3 结合速率的 2.9 倍，是 VUV 和商品 Ga_2O_3 结合速率的 3.5 倍，虽然略低于束状 Ga_2O_3 的降解速率，但远高于文献报道的降解速率。Li 等以氧化铟和臭氧结合 UV 光催化降解废水中的 PFOA（初始浓度：TOC 为 18.9mg/L，PFOA 为 30mg/L），4h 才能达到 80% 降解，Giri 等以 VUV 降解废水中的 PFOA（初始浓度：NPOC 为 3.5mg/L，PFOA 为 2.43μmol/L），3h 降解率仅 34%。此外，针状 Ga_2O_3 与 VUV 结合去除废水中微量 PFOA 的能耗为 108.6kJ/μmol，远低于现有文献的报道，如 Cheng 等以超声法降解废水中的 PFOA（初始浓度：TOC 为 20mg/L，PFOA 为 100μg/L），反应速率常数为 $1.26h^{-1}$，能耗为 4099kJ/μmol。

表 4-17　UV/VUV 下 Ga_2O_3 降解废水中 PFOA 的反应动力学常数和半衰期

参　　数	针状 Ga_2O_3 + VUV/废水	针状 Ga_2O_3 + UV/废水	商品 Ga_2O_3 + VUV/废水	VUV/废水
k/h^{-1}	3.51	1.19	0.99	0.84
R^2	0.970	0.987	0.986	0.981
$t_{1/2}/min$	11.8	34.9	42.0	49.5

图 4-47 给出了 UV/VUV 下，Ga_2O_3 降解废水中 PFOA 的脱氟率，UV 和针状 Ga_2O_3 结合作用下，3h 后 PFOA 的脱氟率仅为 32%，而 VUV 和针状 Ga_2O_3 结合作用下，3h 后 PFOA 的脱氟率上升到 58%，可能由于部分氟离子吸附到催化剂表面，VUV 和商品 Ga_2O_3 结合的脱氟率并未高于 VUV 单独降解的脱氟率，二者都为 35%。

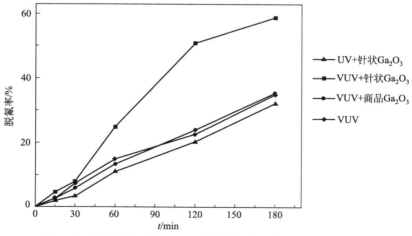

图 4-47　UV/VUV 下 Ga_2O_3 催化降解废水中 PFOA 的脱氟率

4.3.6　影响光催化降解纯水中 PFOA 的反应因素的研究

（1）初始浓度的影响

在溶液 pH 约为 4.3 的条件下，以 UV 为光源，以束状 Ga_2O_3 为催化剂光催化降解纯水中的 PFOA，PFOA 初始浓度对其光催化降解效率的影响如图 4-48 所示。由该图可以看出，浓度为 500μg/L 的 PFOA 能在 35min 内降解到检测限以下，10mg/L 的 PFOA 能在 45min 内降解到检测限以下，30mg/L 的 PFOA 则需要 60min 才能降解到检测限以下，由此可知，束状 Ga_2O_3 光催化降解 PFOA 的效率随 PFOA 初始浓度的增大而减小。这是因为在催化剂用量一定的条件下，束状 Ga_2O_3 表面吸附有机物的浓度是一定的，所以增大 PFOA 的浓度反而降低了束状 Ga_2O_3 的光催化降解效率。

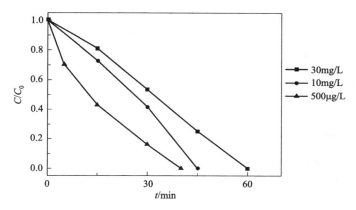

图 4-48　UV 下束状 Ga_2O_3 降解纯水中不同浓度的 PFOA 的降解曲线

（2）溶液 pH 的影响

反应溶液的 pH 值对催化剂在溶液中的颗粒聚集、价带和导带的带边位置、表面电荷有较大影响，非均相反应体系中固液界面（即双电层）的性质也是随着溶液 pH 值的变化而变化的，此外，有机物在催化剂表面的吸附也和反应溶液的 pH 值有一定关系。因此，PFOA 的光催化降解也会明显受到 pH 值的影响。

图 4-49 为强酸性（pH=2）、中酸性（pH=4.3）、弱碱性（pH=7.8）和碱性（pH=9）条件下 Ga_2O_3 降解纯水中 PFOA 的效果。由图可见，PFOA 的降解速率在酸性条件下明显快于在碱性条件下，pH=2＞pH=4.3＞pH=7.8＞pH=9，这归因于在酸性条件下 PFOA 更易于吸附在 Ga_2O_3 表面。PFOA 的 pKa 约为 0.5，所以在 pH 为 2～7 的环境中，PFOA 几乎全部电离成 H^+ 和 $PFOA^-$。而 $β\text{-}Ga_2O_3$ 的等电点约为 pH9，当溶液 pH＜9 时，$β\text{-}Ga_2O_3$ 表面带正电荷；当溶液 pH＞9 时，$β\text{-}Ga_2O_3$ 表面带负电荷。而在静电作用力下，表面电荷呈现电负性状态越强的 $β\text{-}Ga_2O_3$ 就越容易吸附 $PFOA^-$，即较小 pH 的溶液更能促进光催化降解反应的进行，所以在这种条件下，增大溶液的 pH 会抑制 $β\text{-}Ga_2O_3$ 光催化降解 PFOA 的效率。

（3）紫外光波长的影响

使用波长 185nm 的 VUV 为光源，分别以束状 Ga_2O_3、商品 Ga_2O_3、TiO_2 为催化剂降解纯水中的 PFOA，结果如图 4-50 所示。在不加催化剂的条件下，500μg/L 的 PFOA 在 3h 内降解到检测限以下，说明 VUV 能以一定速率光解 PFOA。当商品 Ga_2O_3 和 VUV 结合时，PFOA 的降解速率与 VUV 单独降解相比并没有明显的提高；当 VUV 和 TiO_2 结合时，PFOA 的降解率反而低于 VUV 直接光解，3h 后 PFOA 降解率为 92%。这说明 VUV 下，TiO_2 对 PFOA 降解没有促进效果，反而降低了 PFOA 降解的速率，这主要是因为悬浮的 TiO_2 吸收和散射了部分 VUV，减少了溶液对 VUV 的吸收，而 TiO_2 对 PFOA 的光催化作用又不显著所致。而当以束状 Ga_2O_3 为催化剂时，PFOA 在 35min 内降解到检测限以下，

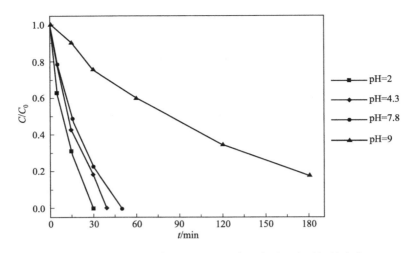

图 4-49　不同 pH 值条件下 PFOA 降解率随反应时间的变化

半衰期为 7.9min，速率常数为 $5.2h^{-1}$，速率常数是 UV 下的 1.1 倍，这表明 VUV 和束状 Ga_2O_3 结合能更加高效地降解 PFOA。

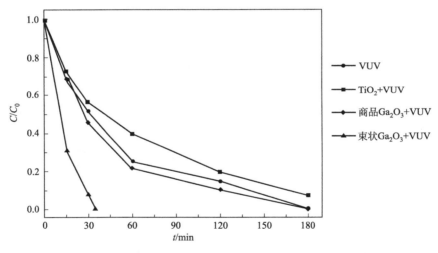

图 4-50　VUV 下束状 Ga_2O_3、商品 Ga_2O_3、TiO_2
和不加催化剂条件下纯水中 PFOA 的降解曲线

图 4-51 是在 VUV 下，束状 Ga_2O_3 光催化降解纯水中 PFOA，产生短链全氟羧酸产物浓度随反应时间的变化。由图可见，反应开始时，PFHpA 在反应 15min 达到一个最大值，较 UV 下快（30min 达到最大值），之后逐渐降低。在 0～30min，PFHxA 快速增长，30min 达到最大值后降低，不同于 UV 下其他短链羧酸含量单调增加，VUV 下，其他的短链羧酸产物在 3h 内先是含量增加，到达最大值后降低，在 3h 后降解到检测限以下，此结果从侧面说明 VUV 催化降解 PFOA 及其他短链全氟羧酸更加高效。而 VUV 下，束状 Ga_2O_3 降解 PFOA 在 3h 后的脱氟率达到 68%，相较 UV 光下降解纯水 PFOA 中的脱氟率（61%）也有一定幅度的提升。

（4）催化剂降解 PFOA 重复性分析

以束状 Ga_2O_3 为催化剂，VUV 催化降解废水中 PFOA（pH＝4.3），反应时间为

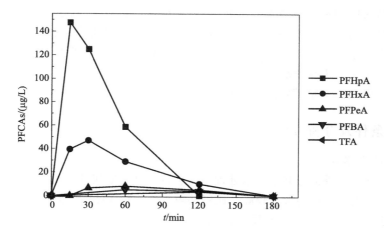

图 4-51　束状 Ga_2O_3＋VUV 催化降解纯水中 PFOA 中间产物
浓度随反应时间的变化曲线图

40min，分别在 5min、15min、30min、60min 取样。60min 后关闭紫外灯，向光催化反应器中加入一定量的 PFOA 溶液，使反应器中 PFOA 浓度仍为 $500\mu g/L$，控制投加的 PFOA 的浓度和体积，使溶液中束状 Ga_2O_3 仍为 $0.5g/L$，然后进行第二轮反应，开始投加的催化剂一共进行三轮反应。测得三轮反应过程中 PFOA 的浓度变化如图 4-52 所示。

　　由图 4-52 可知，三轮反应中，60min 内 PFOA 都基本被降解，第二、第三轮降解速率略慢于第一轮，但考虑到此反应是在一个封闭反应器中，反应中间产物可能在反应过程中会不断累积并占据 PFOA 的吸附催化位点，由此可能会降低催化剂的催化活性。综上所述，束状 Ga_2O_3 在 VUV 下降解废水中的 PFOA 重复性较好，催化剂可以重复使用。

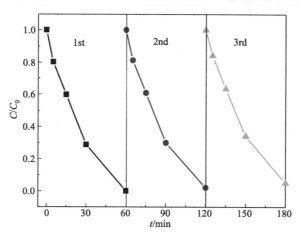

图 4-52　光催化重复实验结果

4.4　臭氧光催化-活性炭净化地下水源水的研究

　　溶解性天然有机物（DNOM）是河流、湖泊、水库水、地下水等饮用水源中有机碳的主要来源，水中的溶解性天然有机物会影响色度，影响饮用水的口感，在加氯消毒过程中还会生成三卤甲烷（THMs）、卤代乙酸（HAAs）等消毒副产物，在供水管网中促进细菌的生长，鉴于其给水质和水处理带来的不利影响，应尽可能去除。而现有的传统水处理工艺对溶解性天然有机物的去除效率一般仅为 20%～30%，目前广泛应用的臭氧工艺与溶解性天然有机物的反应速率也较低，对溶解性总有机碳（DOC）的去除非常有限。

利用自制的 1～2t/d 的净水装置，开展臭氧光催化-活性炭（$O_3/TiO_2/UV$-GAC）净水装置的现场试验研究，考察其对地下水中天然有机物的降解效果。

4.4.1　试验条件及分析方法

（1）试验进水水质

现场试验在河北省香河县某小型水处理站内进行。试验期间进水水质见表 4-18。从表 4-18 可知，试验进水中天然有机物含量较高，比紫外吸收值（SUVA）为 3.7～6.0L/(mg·m)。根据文献[31,32]报道，高分子量的腐殖质是这类水中的主要天然有机物。进水的色度较高，而铁锰含量并不高，因此色度主要是腐殖质类天然有机物造成的。

表 4-18　试验期间进水水质

水质项目	范　围	水质项目	范　围
UV_{254nm}	0.08～0.18cm^{-1}	色度	15～20
COD_{Mn}	2.18～3.02mg/L	重碳酸盐（以 $CaCO_3$ 计）	283～365mg/L
TOC	2.25～4.05mg/L	铁	0.08～0.11mg/L
BDOC/DOC	0.04～0.08	锰	0.02～0.03mg/L
浊度	0.71～1.05NTU		

（2）试验装置

试验装置采用 $O_3/TiO_2/UV$-GAC 工艺，流程如图 4-53 所示，试验结果与 O_3-GAC 工艺作对比。图 4-54 为现场实物图。

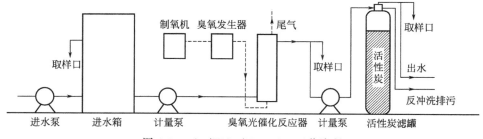

图 4-53　$O_3/TiO_2/UV$-GAC 工艺流程

（3）分析方法

相对分子质量分布采用超滤膜法测定，同时还可以测得各相对分子质量区间有机物的比紫外吸收值（SUVA）；可生物降解有机碳（BDOC）按相关的标准测定。三卤甲烷生成潜力（THMFP）的测定方法为：按 Cl_2∶DOC＝5∶1 的比例在水样中投加 NaClO，然后用磷酸缓冲溶液调节 pH 至 7，在 25℃下反应 5d，在反应终点时保持游离氯为 3～5mg/L，反应结束时，投加过量 $Na_2S_2O_3$ 消除余氯，用吹扫捕集-气相色谱法测定三卤甲烷（THMs）生成量。

4.4.2　$O_3/TiO_2/UV$ 和单独 O_3 氧化去除有机物效果比较

在臭氧投加量为 10mg/L 条件下，$O_3/TiO_2/UV$ 工艺和单独 O_3 工艺对比试验的结果如图 4-55 所示。

(a) O₃/TiO₂/UV-GAC试验装置   (b) O₃-GAC试验装置

图 4-54 现场实物图

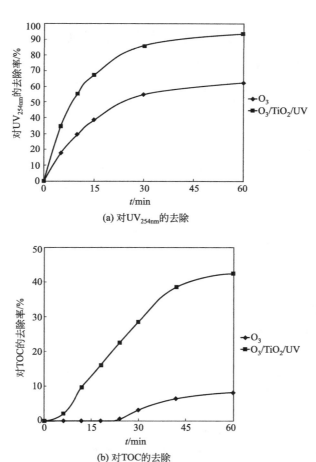

(a) 对UV₂₅₄ₙₘ的去除

(b) 对TOC的去除

图 4-55   O₃/TiO₂/UV 和单独 O₃ 氧化的比较

由图 4-55(a) 可以看出，O₃ 工艺对 UV₂₅₄ₙₘ 有较好的去除效果，这主要是因为 UV₂₅₄ₙₘ 代表一类含有芳香环结构或共轭双键结构的有机物，而 O₃ 氧化可以使有机物的 C═C双键断裂，对苯环有破坏力，使有机物的芳香性降低或消失[32]。O₃/TiO₂/UV 工艺

对 UV_{254nm} 的去除更有效，在反应时间为 10min 时，去除率就达到了 55.1%，O_3 氧化达到同样的效果则需要 3 倍的反应时间；在反应时间为 30min 时的去除率达到了 85.9%。但当停留时间从 30min 提高到 60min，两种方法的去除率都没有太大提高。

由图 4-55（b）可见，反应时间小于 20min 时，O_3 工艺对 TOC 几乎没有去除效果，反应时间为 60min 时 TOC 的去除率也只有 8.2%。可见，试验原水中含有的有机物很难被臭氧矿化而完全去除。$O_3/TiO_2/UV$ 相对于 O_3 工艺则有较好的 TOC 去除效果，在停留时间为 10min 时，对 TOC 的去除率为 10.1%；停留时间为 60min，去除率可以达到 42.5%。这表明 $O_3/TiO_2/UV$ 工艺比单独 O_3 工艺具有更好的有机物矿化效果。这是因为臭氧的氧化作用具有选择性，臭氧直接氧化有机物的过程中容易生成醛、酮、酮酸和羧酸等小分子的中间产物，这些产物进一步与臭氧直接反应的速率常数很小[33-36]，而 $O_3/TiO_2/UV$ 是一种高级氧化技术，在反应过程中可以产生大量非选择性的高氧化性自由基——羟基自由基，具有高化学稳定性而很难被矿化的有机物与羟基自由基的反应速率要比其与臭氧的反应速率高 n 个数量级。

4.4.3　$O_3/TiO_2/UV$-GAC 工艺去除地下水中天然有机物（NOM）

（1）臭氧投加量对出水水质的影响

在处理水量为 60L/h，氧化反应时间为 10min，GAC 的空床接触时间（EBCT）为 40min 的条件下，考察臭氧投加量对出水水质的影响，每个不同臭氧投加量下都稳定运行 10d 左右。

臭氧投加量对 $O_3/TiO_2/UV$ 单元和 $O_3/TiO_2/UV$-GAC 工艺出水水质的影响如图 4-56 所示。由图可见，对于 $O_3/TiO_2/UV$ 单元，不投加臭氧时的单独光催化对 UV_{254nm} 吸收值的削减效果低于 20%，对 TOC 几乎没有去除效果；当向反应器中投加臭氧后，UV_{254nm} 的去除率显著提高，投加 10mg/L 臭氧时，UV_{254nm} 的去除率提高到了 56.1%，当臭氧投加量大于 20mg/L 时，进一步增加臭氧投加量对 UV_{254nm} 去除效果的提高趋缓；增加臭氧投加量也能逐步提高 TOC 的去除效率，但效果并不理想，投加 10mg/L 臭氧时，TOC 的去除率只有 10.2%，即使臭氧投加量达到 30mg/L，TOC 的去除率也不到 20%。

此外，从图 4-56 中还可以看到，对于 $O_3/TiO_2/UV$-GAC 工艺出水，随着臭氧投加量的增加，UV_{254nm} 的去除率也逐渐增加，从未投加臭氧时 71.5% 的去除率提高到了投加 30mg/L 臭氧时的 86.1%，由于单独 GAC 工艺对 UV_{254nm} 的去除率已经很高，因此增加趋势比较缓慢。而随着臭氧投加量的增加，$O_3/TiO_2/UV$-GAC 对 TOC 的去除没有明显提高，即使投加 30mg/L 臭氧时，$O_3/TiO_2/UV$ 单元直接去除的 TOC 达到了 17.9%，$O_3/TiO_2/UV$-GAC 对 TOC 的去除率增加也没超过 3%。这说明，随着臭氧投加量的增加，GAC 单元对 TOC 的去除率降低了。

$O_3/TiO_2/UV$-GAC 工艺中 GAC 单元对 $O_3/TiO_2/UV$ 单元出水 TOC 的去除率随臭氧投加量的变化如图 4-57 所示，随着臭氧投加量由 0 增加到 30mg/L，后续的 GAC 单元对 $O_3/TiO_2/UV$ 单元出水 TOC 的去除率由 54.6% 下降到了 48.7%。这说明单纯从吸附角度看，在活性炭吸附前增加臭氧光催化，并不能有效地改善或增强活性炭单元的净化效果。换句话说，臭氧光催化-活性炭吸附并不是一个好的组合。

图 4-58 为臭氧投加量对出水可生物降解性（BDOC/DOC）的影响。原水的可生化性很差，BDOC/DOC 小于 0.07，不投加臭氧时的单独光催化对提高原水的可生化性作用不大；当向反

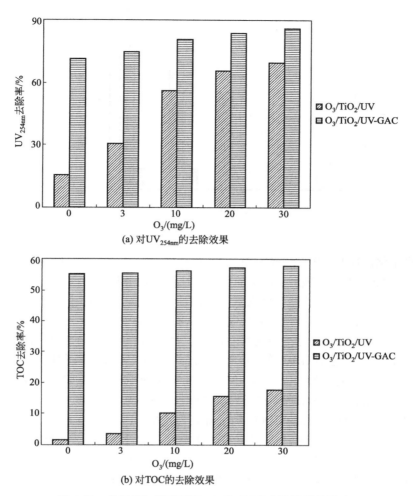

(a) 对UV$_{254nm}$的去除效果

(b) 对TOC的去除效果

图 4-56　臭氧投加量对 UV$_{254nm}$ 和 TOC 去除效果的影响

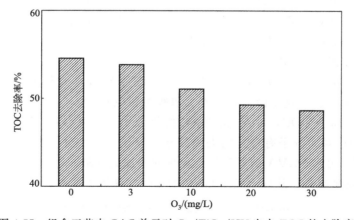

图 4-57　组合工艺中 GAC 单元对 O$_3$/TiO$_2$/UV 出水 TOC 的去除率

应器中投加臭氧后，氧化反应器出水可生化性明显提高，BDOC/DOC 几乎随着臭氧投加量的增加呈线性增长，投加 10mg/L 臭氧时，BDOC/DOC 提高到 0.23，臭氧投加量达到 30mg/L 时，BDOC/DOC 进一步提高到 0.34。但总体来看，氧化出水可生化性的提高并不显著。

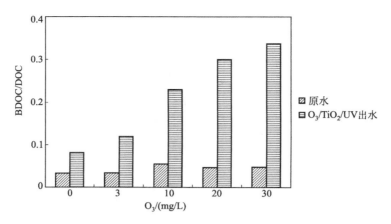

图 4-58　臭氧投加量对出水 BDOC/DOC 的影响

原水的可生化性很差，因此单独 GAC 工艺对有机物的去除是依靠活性炭的物理-化学吸附作用。经过 $O_3/TiO_2/UV$ 处理后，出水的可生化性得到很大程度的改善，$O_3/TiO_2/UV$-GAC 工艺中的 GAC 单元有了发展为生物活性炭的可能性。不过，一方面由于活性炭单元采用的是与大气隔离的压力式碳罐，不能接触到大气，微生物不能自动生长；另一方面臭氧光催化单元处理后的水中含有臭氧，把原水中可能存在的微生物全部消除，在试验期间也没有特意接种。所以与 $O_3/TiO_2/UV$ 相连的 GAC 单元并未如设想的那样发展为生物活性炭。扫描电镜确实也没有观察到活性炭表面有成熟的生物膜，而且在 GAC 单元去除的 TOC 中，BDOC 只占很少的比例。在臭氧投加量为 10mg/L 时，$O_3/TiO_2/UV$ 出水中 BDOC 增长到 0.64mg/L；经过后续的 GAC 单元后，有 0.47mg/L 的 BDOC 被去除，出水中 BDOC 仍然有 0.17mg/L；GAC 单元去除的 TOC 为 1.50mg/L，其中 BDOC 只占 1/3 左右，并且被去除的 BDOC 很可能只是被活性炭吸附了，而并没有被微生物降解。因此 $O_3/TiO_2/UV$-GAC 工艺中的 GAC 单元始终是以吸附作用去除有机物的，生物降解对有机物的去除作用可以忽略。

从图 4-58 可以看出，GAC 单元对 $O_3/TiO_2/UV$ 单元出水 TOC 的去除率随着臭氧投加量的增加反而降低，其原因可能是，随着臭氧投加量的增加，$O_3/TiO_2/UV$ 单元氧化有机物的产物发生了变化，未被 $O_3/TiO_2/UV$ 单元矿化的有机物可生化性得到提高，但其可吸附性变差了，这些氧化产物在 GAC 单元没能被生物降解又不能被有效吸附，因此不容易被 GAC 去除。

表 4-19 列出了经 $O_3/TiO_2/UV$-GAC 工艺处理后出水 SUVA 值的变化。从表中可以看出，原水的 SUVA 很高，经 $O_3/TiO_2/UV$ 单元处理后 SUVA 降低了，且随着臭氧投加量的增加 SUVA 下降很快。这是因为，随着臭氧投加量的增加，$O_3/TiO_2/UV$ 单元 UV_{254nm} 的去除率增长显著高于 TOC，UV_{254nm}/TOC 的值减小。经过 GAC 后 SUVA 又有所降低，这可能是因为 GAC 对大分子有机物的去除高于小分子，而小分子的 SUVA 相对较低。另外，$O_3/TiO_2/UV$ 出水 SUVA 随着臭氧投加量的增加而下降，可以推断其氧化产物中小分子有机物的比例越来越高，从而不利于 GAC 的吸附，导致了表 4-19 中的情况。

表 4-19　臭氧投加量对比紫外吸收值的影响　　　　　单位：L/(mg·m)

O_3 投加量/(mg/L)	0	3	10	20	30
原水 SUVA	5.20	5.12	4.88	5.13	5.09
$O_3/TiO_2/UV$ 出水 SUVA	4.56	3.82	2.52	2.16	1.89
$O_3/TiO_2/UV$-GAC 出水 SUVA	3.34	2.86	2.18	1.89	1.68

（2）氧化反应时间对出水水质的影响

除了臭氧投加量之外，反应时间是影响臭氧光催化处理效果的另一重要参数。在臭氧投加量为 10mg/L 的条件下，氧化反应时间对出水水质的影响见图 4-59 和图 4-60。

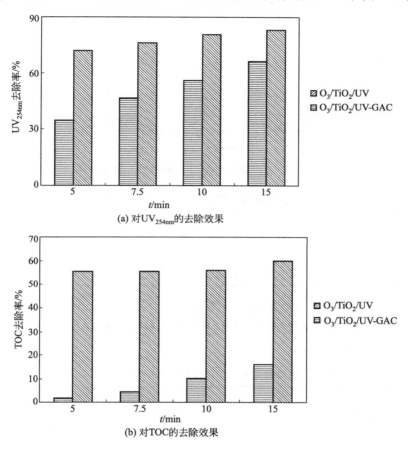

图 4-59　氧化反应时间对 UV_{254nm} 和 TOC 去除的影响

图 4-59（a）显示，随着氧化反应时间的延长，$O_3/TiO_2/UV$ 单元 UV_{254nm} 的去除率有明显增长；$O_3/TiO_2/UV$-GAC 工艺 UV_{254nm} 的去除率增长不大，这是因为 GAC 单元本身对 UV_{254nm} 有很大的去除能力，在氧化反应时间为 5min 时，整个工艺对 UV_{254nm} 的去除就已经达到了 71.8%。

图 4-59（b）显示，随着氧化反应时间的延长，$O_3/TiO_2/UV$ 单元 TOC 的去除率逐渐增加，但增长缓慢，反应时间延长到 15min，TOC 的去除率也只有 16.1%；$O_3/TiO_2/UV$-GAC 工艺 TOC 的去除率随反应时间的延长没有明显变化。这说明，随着氧化反应时间的延长，GAC 单元对 $O_3/TiO_2/UV$ 单元出水 TOC 的去除率降低了。

图 4-60 显示，$O_3/TiO_2/UV$ 单元出水 BDOC/DOC 随着氧化反应时间的延长几乎呈线性增长，反应时间由 5min 延长到 15min，BDOC/DOC 由 0.14 提高到 0.31。

表 4-20 列出了 $O_3/TiO_2/UV$-GAC 工艺处理后 SUVA 值的变化。随氧化反应时间的延长，$O_3/TiO_2/UV$ 出水 SUVA 明显降低，经过 GAC 单元后，SUVA 又略有降低。

（3）对三卤甲烷生成潜力（THMFP）的削减效果

天然有机物是氯消毒副产物的前驱体，因此去除天然有机物的一个重要目的是降低消毒

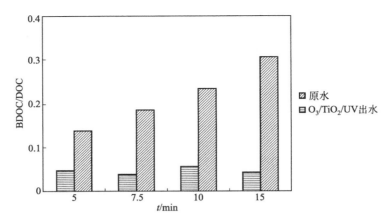

图 4-60　氧化反应时间对 BDOC/DOC 的影响

表 4-20　氧化反应时间对比紫外吸收值的影响　　　单位：L/(mg·m)

氧化反应时间/min	5	7.5	10	15
原水 SUVA	5.10	5.01	4.88	5.09
$O_3/TiO_2/UV$ 出水 SUVA	3.45	2.87	2.52	2.06
$O_3/TiO_2/UV$-GAC 出水 SUVA	3.22	2.71	2.18	2.02

副产物的生成潜力。表 4-21 为处理前后消毒副产物的生成潜力，所采用的 $O_3/TiO_2/UV$-GAC 工艺条件为：氧化反应时间为 10min，臭氧投加量为 10mg/L，处理水量为 60L/h，单独活性炭吸附的 EBCT 为 40min。

表 4-21　处理前后水样的三卤甲烷生成潜力（THMFP）

水样	SUVA /[L/(mg·m)]	THMFP/(μg/L)					
		$CHCl_3$	$CHBrCl_2$	$CHBr_2Cl$	$CHBr_3$	THMs	μgTHMs/mgC
原水	4.88	250.0	95.8	19.9	0	365.7	116.1
单独 GAC	3.39	48.8	71.2	47.7	8.8	176.5	110.8
$O_3/TiO_2/UV$	2.52	117.2	85.0	41.0	0	243.2	85.8
$O_3/TiO_2/UV$-GAC	2.18	18.8	43.7	42.1	11.6	116.2	83.8

　　由表 4-21 可见，原水的 THMFP 非常高，以三氯甲烷生成潜力（$CHCl_3$FP）为主。由于原水中含有 Br^-，因此有溴代消毒副产物生成，这是因为当向含溴的水中加氯时，HClO 把溴离子氧化成了 HBrO，HBrO 易与前体物作用而生成一系列含溴的卤化物。

　　经过 $O_3/TiO_2/UV$ 处理后，$CHCl_3$FP 降低得最为显著，达到 53.1%；虽然二溴一氯甲烷生成潜力有所上升，但总的 THMFP 还是降低了 33.5%，这说明 $O_3/TiO_2/UV$ 能有效地降低 THMFP。单独活性炭吸附对 THMFP 也有较好的削减效果，达到 50% 左右，原因是腐殖质是 THMs 的前体物，而经过 GAC 后，DOC 降低了 50% 多，THMFP 被活性炭有效吸附而去除。

　　虽然与 $O_3/TiO_2/UV$ 相连的 GAC 吸附对 TOC 的去除率要明显低于单独 GAC 吸附，但对 THMFP 的去除效果则相近。因此，虽然 $O_3/TiO_2/UV$-GAC 工艺对 TOC 的去除效果并不比单独 GAC 好很多，但是具有更高的 THMFP 去除率，达到 68.2%，显示出一定的优越性。

此外，从表 4-21 中还可以看出，SUVA 与单位 DOC 的 THMFP 存在一定的正相关。原水不但 THMFP 高，而且单位 DOC 的 THMFP 很高；经过 $O_3/TiO_2/UV$ 处理后，虽然 TOC 没有降低多少，但 SUVA 明显降低，单位 DOC 的 THMFP 降低了 26.1%。

（4）$O_3/TiO_2/UV$ 对有机物相对分子质量分布的影响

$O_3/TiO_2/UV$ 处理前后水中天然有机物相对分子质量分布情况见表 4-22。由表可见，经过 $O_3/TiO_2/UV$ 处理后，相对分子质量在 5～10k、10～30k 及 30k 以上的有机物的浓度和所占比例都减少了，而相对分子质量在 1～5k 和 1k 以下的有机物都增加了，这说明臭氧光催化总体上把大分子有机物转化为小分子有机物，这可能是其生化性提高的主要原因。

表 4-22 $O_3/TiO_2/UV$ 处理前后水中有机物相对分子质量分布情况

相对分子质量范围	DOC 浓度/(mg·L)		DOC 占总量的百分比/%		SUVA/[L/(mg·m)]	
	原水	$O_3/TiO_2/UV$	原水	$O_3/TiO_2/UV$	原水	$O_3/TiO_2/UV$
<1k	0.791	0.915	25.9	33.4	2.98	2.08
1～5k	0.051	0.316	1.7	11.6	4.83	2.84
5～10k	0.553	0.473	18.1	17.3	5.51	3.17
10～30k	1.495	0.997	49.0	36.5	6.33	3.60
>30k	0.163	0.032	5.3	1.2	10.43	9.09
总计	3.053	2.733	100	100	4.88	2.52

此外，经过氧化处理后，不但出水的 SUVA 大大降低，而且处理前后同一相对分子质量范围的 NOM 的 SUVA 值有很大的差别，处理后 NOM 的 SUVA 值远远小于未处理的 NOM，这就很容易理解经过臭氧光催化处理后，UV_{254nm} 吸收值有显著降低的原因，同时也说明 $O_3/TiO_2/UV$ 处理生成的小分子有机物与原来的小分子有机物结构上有很大的差别。这有可能是因为氧化过程将大分子有机物氧化成小分子，而氧化成的小分子与原水中相同相对分子质量的有机物结构不同，也有可能氧化过程并没有改变特定相对分子质量范围有机物内的相对分子质量，可是却改变了它们的结构。总的来说，$O_3/TiO_2/UV$ 大大降低了有机物的 SUVA，因此氧化出水氯消毒副产物的生成潜力大大降低[9]。

（5）$O_3/TiO_2/UV$ 对有机物分子 GAC 吸附性能的影响

表 4-23 列出了 $O_3/TiO_2/UV$ 处理前后活性炭对不同相对分子质量范围有机物的吸附去除率。由表可见，经过臭氧光催化处理后，活性炭对相对分子质量大于 10k 的有机物的吸附去除率大幅度降低，但对 1～10k 之间的有机物吸附去除率显著提高，对于 1k 以下的稍有提高。由于臭氧光催化处理后增加的小相对分子质量有机物要小于被去除的大相对分子质量有机物，所以总体上臭氧光催化处理后有机物在活性炭上的吸附去除率降低，这也说明了为什么臭氧光催化-活性炭联用对 TOC 的去除率并没有显著高于单独活性炭。不过，值得注意的是，臭氧光催化处理生成的小分子有机物在活性炭上的吸附性增强，同时这些物质的生物降解性也较好，如果与臭氧光催化相连的活性炭能发展成为生物活性炭，则可以期望取得更好的 TOC 去除效果。

表 4-23 GAC 对 $O_3/TiO_2/UV$ 处理前后不同相对分子质量范围有机物的去除率　　　单位：%

相对分子质量范围	<1k	1～5k	5～10k	10～30k	>30k
未经 $O_3/TiO_2/UV$ 处理（原水）	50.2	11.8	59.9	63.5	78.5
$O_3/TiO_2/UV$ 处理出水	51.7	39.2	89.6	51.9	31.2

4.5 天然有机物臭氧光催化降解技术研究

臭氧光催化-活性炭净水装置的设计参数是参照臭氧光催化-生物活性炭处理京密引水渠水源水的研究结果而确定的。前期研究表明，增加臭氧投加量或延长氧化反应时间可以提高 TOC 去除率和可生化性。但从实际看，提高的幅度比较有限。另外，现场试验的水质条件与前期研究的水质也不同，一是重碳酸盐浓度较高，达到 6mmol 左右，较高的重碳酸根浓度可能降低光催化的去除效果；二是水中大分子天然有机物占的比例较高，相对分子质量大于 10k 的 NOM 在 TOC 中占 50％以上。所以需要综合地探讨臭氧光催化反应器参数、操作参数及水质条件对臭氧光催化处理效率的影响。

4.5.1 实验室试验条件与分析方法

试验原水取自中试试验现场，水质情况见表 4-24。

表 4-24 试验原水水质

水质项目	数值	水质项目	数值
UV_{254nm}	$0.160cm^{-1}$	铁	0.081mg/L
TOC	3.023mg/L	锰	0.023mg/L
BDOC/DOC	0.05	pH	7.4
重碳酸盐(以 $CaCO_3$ 计)	305mg/L		

不同 HCO_3^- 浓度试验用水的配制：向每 1L 原水中投加 10mmol 的 $Ca(OH)_2$ 以沉淀去除原水中的 HCO_3^-，用 $0.45\mu m$ 玻璃纤维滤膜快速抽滤出上清液，滴加 H_2SO_4 调整水样 pH 至 7.4，再向水样中投加 $NaHCO_3$ 调整 HCO_3^- 浓度，作为不同 HCO_3^- 含量的试验用水。

含有不同相对分子质量 NOM 的水样的配置采用超滤膜截留的方法。

各物质的分析按相关的标准进行。

4.5.2 $O_3/TiO_2/UV$ 氧化 NOM 的影响因素分析

4.5.2.1 水质条件的影响

臭氧光催化的反应速率有可能受到污染物或处理对象本身性质的影响。试验的水质比较特殊，主要表现在地下水中 HCO_3^- 浓度高，NOM 中相对分子质量大于 10k 的大分子有机物占了 50％以上的比例。

（1）HCO_3^- 的影响

文献中报道，HCO_3^- 和 CO_3^{2-} 是 HO· 的清除剂，因此会与水中的 NOM 竞争 HO·。通常地表水、地下水水源水中 HCO_3^- 和 CO_3^{2-} 含量较高，在 $100\sim400mg/L$（以 $CaCO_3$ 计），即 HCO_3^- 和 CO_3^{2-} 为 $2\sim8mmol/L$。试验原水的 HCO_3^- 含量很高，在 6mmol 左右。

为了解 HCO_3^- 浓度对 $O_3/TiO_2/UV$ 降解 NOM 的实际影响，配制不同 HCO_3^- 浓度的水样进行试验。

不同臭氧投加量下，氧化反应时间为 30min 的试验结果见图 4-61。从图 4-61（a）和（b）中可以看出以下两点变化趋势。

① 随着 HCO_3^- 浓度的增加，UV_{254nm} 和 TOC 的去除率都下降，并且 TOC 去除率的下降

比例更大。未投加臭氧时的 TiO_2/UV 氧化，随着 HCO_3^- 的浓度由 0 增加到 7.5mmol/L，UV_{254nm} 的去除率由 90.7% 下降为 72.4%，下降了 18.3%，下降比例为 20.2%；TOC 的去除率呈直线下降，由 33.7% 下降到了 3.2%，下降了 30.5%，下降比例达到 90%，这说明 HCO_3^- 对 TiO_2/UV 去除 TOC 的影响非常大。

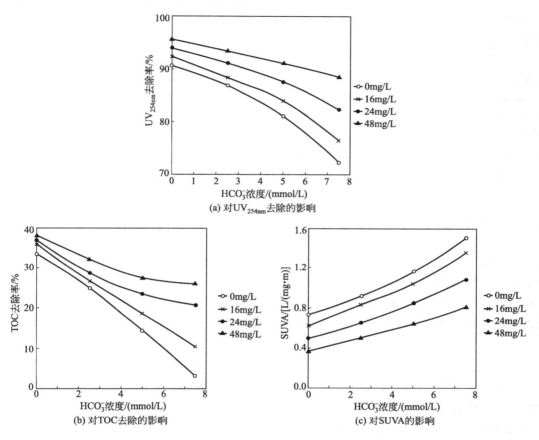

图 4-61 HCO_3^- 浓度对 $O_3/TiO_2/UV$ 氧化 NOM 效果的影响

② 随着臭氧投加量的增大，UV_{254nm} 和 TOC 的去除率随 HCO_3^- 浓度的增加而下降的趋势都减缓了，尤其是 TOC 减缓的趋势更为明显。HCO_3^- 的浓度由 0 增加到 7.5mmol/L，臭氧投加量为 48mg/L 的情况下，UV_{254nm} 的去除率由 95.7% 下降为 88.6%，只下降了 7.1%，低于未投加臭氧时下降的 18.3%；TOC 的去除率由 38.2% 下降到了 26.1%，只下降了 12.1%，低于未投加臭氧时下降的 30.5%。这表明了，当 $O_3/TiO_2/UV$ 氧化反应体系中 HCO_3^- 的浓度较高时，适当加大臭氧投加量可以有效减弱 HCO_3^- 的不利影响。

由图 4-61(c) 可见，随着 HCO_3^- 浓度的增加，氧化出水的 SUVA 增高了，这说明 HCO_3^- 的存在降低了 $O_3/TiO_2/UV$ 破坏有机物的 C=C 双键和苯环的能力，对降低有机物的芳香度不利；随着臭氧投加量的增加，SUVA 明显降低，且随 HCO_3^- 浓度的增加而上升的趋势也略有减缓。

碳酸盐之所以对臭氧光催化降解天然有机物具有如上重要影响，主要原因是水中的 HCO_3^- 和 CO_3^{2-} 会与 HO· 发生如下反应：

$$HO· + CO_3^{2-} \longrightarrow CO_3^- · + OH^- \qquad k = (2.0 \sim 4.2) \times 10^8 L/(mol·s)$$

$$HO \cdot + HCO_3^- \longrightarrow CO_3^- \cdot + H_2O \qquad k = (0.8 \sim 4.9) \times 10^7 \, L/(mol \cdot s)$$

水中的很多芳香族化合物也可以和 $CO_3^- \cdot$ 反应，但反应速率比和 $HO \cdot$ 的反应慢很多。表 4-25 列出了一些典型有机物与 $CO_3^- \cdot$ 及 $HO \cdot$ 反应的速率常数。

表 4-25 有机物与 $CO_3^- \cdot$ 及 $HO \cdot$ 反应的速率常数比较

有机物	$k_{298K,CO_3^-} \cdot / [L/(mol \cdot s)]$	$k_{298K,HO} \cdot / [L/(mol \cdot s)]$
氢醌二甲基醚(hydroquinone dimethyl)	$(3.0 \pm 0.6) \times 10^7$	7.0×10^9
对二甲苯(p-xylene)	$(3.8 \pm 0.9) \times 10^4$	7.0×10^9
甲苯(toluene)	$(6.8 \pm 2.3) \times 10^4$	3.0×10^9
苯(benzene)	$(3.2 \pm 0.7) \times 10^5$	7.6×10^9
氯苯(chlorobenzene)	$(2.7 \pm 0.6) \times 10^5$	4.3×10^9
苯基腈(benzonitrile)	$(1.4 \pm 0.5) \times 10^4$	3.9×10^9
硝基苯(nitrobenzene)	$< 1.3 \times 10^2$	3.9×10^9

从表 4-25 中可以看出，一些典型有机物与 $CO_3^- \cdot$ 反应的速率常数要比与 $HO \cdot$ 反应低 2～7 个数量级。因此，HCO_3^- 的存在会降低 $O_3/TiO_2/UV$ 工艺中 $HO \cdot$ 氧化有机物的能力，所以在图 4-61 中，随着 HCO_3^- 浓度的增加，UV_{254nm} 和 TOC 的去除率都明显下降。

UV_{254nm} 的去除率随 HCO_3^- 浓度增加下降较慢的原因可能是：CO_3^{2-} 的存在抑制了水中臭氧的分解，有利于臭氧直接氧化反应的发生，臭氧的直接氧化反应虽然反应速率比较慢，但具有选择性，易与含有 C＝C 双键或共轭双键结构的有机化合物反应，从而降低 UV_{254nm}。据文献报道，水中的 CO_3^{2-} 能够减少臭氧转化为羟基自由基的链式反应中两种重要的链载体自由基——$HO \cdot$ 和 $O_3^- \cdot$。反应途径如下：

$$CO_3^{2-} + HO \cdot \longrightarrow CO_3^- \cdot + OH^- \qquad k = (1.0 \pm 0.1) \times 10^8 \, L/(mol \cdot s)$$
$$CO_3^- \cdot + O_3^- \cdot \longrightarrow CO_3^{2-} + O_3 \qquad k = (5.5 \pm 0.5) \times 10^7 \, L/(mol \cdot s)$$

随着臭氧投加量的增大，UV_{254nm} 和 TOC 的去除率随 HCO_3^- 浓度的增加而下降的趋势都减缓了的原因是：臭氧投加量的增加，增强了 $O_3/TiO_2/UV$ 体系的氧化能力，无论是臭氧的直接氧化反应还是转化为羟基自由基的间接反应，氧化能力都得到了提高，可以减弱 HCO_3^- 引起的氧化能力的降低。

（2）有机物相对分子质量大小的影响

将原水中不同相对分子质量的 NOM 用超滤膜分离，并把初始浓度都调整到 0.70mg/L，进行静态 $O_3/TiO_2/UV$ 降解，臭氧的投加量为 30mg/h，不同相对分子质量 NOM 的 TOC 去除及 SUVA 的变化见图 4-62。

由图 4-62(a) 可见，在 $O_3/TiO_2/UV$ 氧化过程中，大相对分子质量 NOM 的 TOC 去除速率明显高于小 NOM，相对分子质量越小，越难被矿化。用一级反应方程拟合反应时间 60min 内不同相对分子质量 NOM 的 TOC 去除，相关系数 R^2 均在 0.98 以上，拟合的表观一级反应速率常数见表 4-26。由表 4-26 可以清楚地看到，TOC 去除速率常数随相对分子质量的增加而增大，相对分子质量＞10k 的 NOM 的 TOC 去除速率是相对分子质量为 1～5k 的 2 倍，是相对分子质量＜1k 的 5.75 倍，差别非常大。

由图 4-62(b) 可见，虽然不同相对分子质量 NOM 的初始 SUVA 值不同，但是从图中也能大致看出大相对分子质量的 SUVA 值降低得更快。由于 SUVA 值降低得很快，所以对反应时间 15min 内的数据进行拟合，相关系数 R^2 在 0.93 以上，具体数据见表 4-26，可见相对分子质量越大，SUVA 值下降越快。

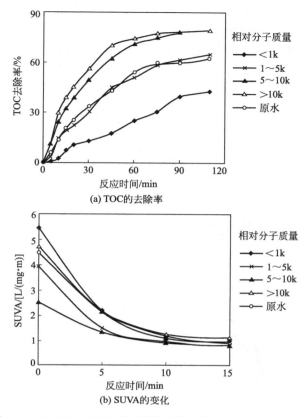

图 4-62　$O_3/TiO_2/UV$ 对不同相对分子质量 NOM 的氧化效果

对比表 4-26 不同相对分子质量范围有机物 TOC 和 UV_{254nm} 降解速率常数的大小，可以发现，不同大小有机物 TOC 降解速率的差别要大于 UV_{254nm} 降解速率的差别。相对分子质量大于 10k 的 TOC 降解速率是相对分子质量小于 1k 的近 6 倍，而相应的 UV_{254nm} 降解速率差别则不足 2 倍。

表 4-26　不同相对分子质量大小 NOM 的表观一级反应速率常数

相对分子质量范围	<1k	1~5k	5~10k	>10k
TOC 去除速率常数/min^{-1}	0.0044	0.0124	0.0217	0.0253
SUVA 降低速率常数/min^{-1}	0.0354	0.0530	0.0538	0.0666

4.5.2.2　反应器操作参数的影响

紫外灯电耗、臭氧投加量和氧化反应时间是 $O_3/TiO_2/UV$ 反应器的 3 个主要设计参数。处理一定的水量，在反应器体积一定的情况下，紫外灯的电耗和氧化反应时间是成正比的，氧化反应时间的长短决定了紫外灯电耗的大小，臭氧投加量和氧化反应时间是 2 个主要的操作参数。

试验结果表明，臭氧投加量和氧化反应时间对 $O_3/TiO_2/UV$ 工艺氧化 NOM 的矿化效果和可生化性的提高都有很大影响。不同臭氧投加量和不同氧化反应时间条件下，$O_3/TiO_2/UV$ 工艺对 NOM 的氧化效果见图 4-63。

图 4-63(a) 表明，在相同臭氧投加量条件下，反应时间越长，TOC 去除率越高。而 TOC 去除率随臭氧投加量的变化则十分有意思，除最低的反应时间 6min 外，呈现 S 形曲

线，存在一个敏感的臭氧投加量（区域）：低于或高于此臭氧投加量，TOC 去除率随臭氧投加量的变化相对较为缓慢。换句话说，$O_3/TiO_2/UV$ 工艺对 NOM 的矿化，氧化反应时间和臭氧投加量都有很大的影响，当反应时间一定时，单靠增加臭氧投加量无法大幅度提高 TOC 去除率，即 TOC 去除率受到臭氧投加量和反应时间的"耦合"影响。

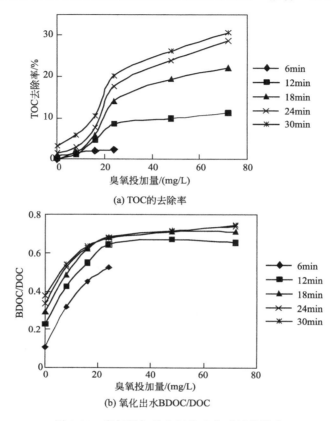

(a) TOC的去除率

(b) 氧化出水BDOC/DOC

图 4-63　臭氧投加量和氧化反应时间的影响

图 4-63（b）氧化出水 BDOC/DOC 随臭氧投加量的变化则表现出不同的特征，在较低臭氧投加量时，BDOC/DOC 值随臭氧投加量增加而显著增加，反应时间对 BDOC/DOC 有一定影响，但没有臭氧投加量那么显著；而当臭氧投加量较高时，BDOC/DOC 不再随臭氧投加量的增加有显著变化，而是达到一个最大值，且不同反应时间的 BDOC/DOC 最大值较为接近。

因此如要有效提高 NOM 的矿化率（TOC 去除率），则需同时增加臭氧投加量和反应时间；而如果以提高 NOM 的可生化性为目的，则可通过增加反应时间或臭氧投加量来实现。

为了进一步分析中试试验中臭氧投加量和氧化反应时间两个操作参数共同作用对 $O_3/TiO_2/UV$ 氧化 NOM 效果的影响，将臭氧投加量和氧化反应时间的乘积作为一个自变量来考察对有机物矿化和可生化性提高的效果。这个自变量中的臭氧投加量大小反映了臭氧发生装置的电耗大小，氧化反应时间的长短反映了紫外灯电耗大小，因此这个自变量实际反映的是 $O_3/TiO_2/UV$ 单元的电耗，即运行成本。

因为现场试验每个操作参数的运行周期较长，所以得到的数据点比较有限，只是比较完整地获得了固定反应时间 10min 而调节臭氧投加量、固定臭氧投加量为 10mg/L 而调节反应时间工况下的数据，见图 4-64。

从图 4-64 中可以看出，TOC 的去除率和 BDOC/DOC 都随着臭氧投加量和氧化反应时间乘积的增大而增大，说明提高 TOC 去除率和有机物可生化性，都需要增加运行成本。另外，改变臭氧投加量导致运行成本的变化和改变反应时间导致运行成本的变化，对 TOC 去除率和 BDOC/DOC 的影响是不同的，从图中可以看到改变反应时间的曲线更陡，说明氧化效果对反应时间的变化更敏感。在现场装置运行中可以通过适当延长反应时间来进一步提高对 NOM 的降解。

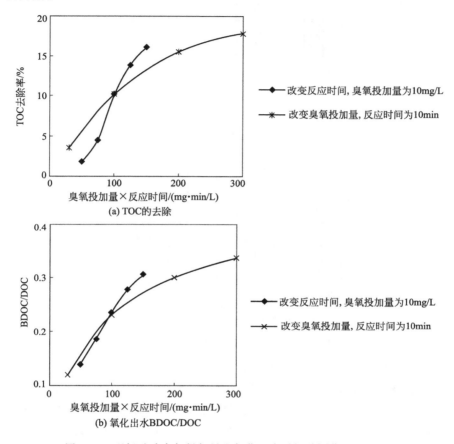

图 4-64　现场试验臭氧投加量和氧化反应时间共同作用的影响

4.5.2.3　反应器体积的影响

处理一定的水量，反应器的体积决定了氧化反应时间长短。

（1）实验室研究

研究中采用的光催化反应器体积为 0.75L，选择另外两个与其等长、不同直径的反应器进行对比试验，体积分别为 2.74L 和 3.80L，处理水量为 4.5L/h，则这 3 个反应器氧化反应时间分别为 10min、36.5min 和 50.6min。采用动态试验法进行试验。试验结果见图 4-65。

从图 4-65 中可以看到，TOC 和 UV_{254nm} 的去除率都随着反应器体积的增大而增加，且随着臭氧投加量的增加，体积大的反应器的 TOC 去除率增加更显著。臭氧投加量为 10mg/L 时，体积为 3.80L 的反应器的 TOC 去除率为 5.6%，比 0.75L 提高了 2.1 个百分点；臭氧投加量 30mg/L 时，体积为 3.80L 的反应器的 TOC 去除率达到了 19.7%，比 0.75L 提高了 11.2

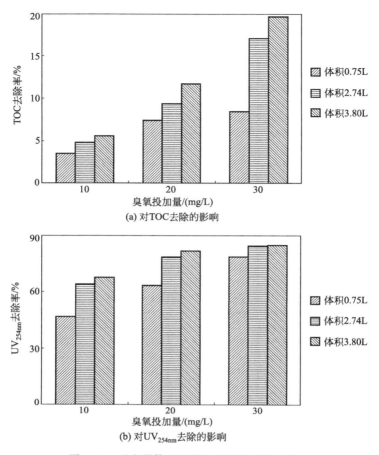

(a) 对TOC去除的影响

(b) 对UV$_{254nm}$去除的影响

图 4-65　反应器体积对臭氧光催化效果的影响

个百分点。这说明适当增大反应器体积，延长反应时间，对提高 TOC 的去除率是有利的。

　　UV$_{254nm}$去除率随反应器体积增加而变化的趋势和 TOC 有所不同，随着臭氧投加量的增加，反应器体积对 UV$_{254nm}$去除率的影响逐渐变小。在臭氧投加量小时，UV$_{254nm}$去除率随反应器体积增大提高较为明显，臭氧投加量 10mg/L 时，体积为 3.80L 的反应器的 UV$_{254nm}$去除率为 67.6%，比 0.75L 提高了 20.9 个百分点；臭氧投加量 30mg/L 时，体积为 3.80L 的反应器的 UV$_{254nm}$去除率为 84.6%，仅比 0.75L 提高 6 个百分点。

　　（2）中试试验结果

　　中试时 O$_3$/TiO$_2$/UV 反应器的有效体积为 11.52L，紫外灯功率 60W，实验室小试反应器的有效体积为 0.75L，紫外灯功率 15W。为了比较这两种反应器氧化 NOM 的效果，将处理 1t 水的紫外灯电耗和臭氧投加量的乘积作为一个自变量。试验结果见图 4-66 和图 4-67。图例中的"中"表示现场 O$_3$/TiO$_2$/UV 反应器，"小"表示实验室小试反应器。

　　图 4-66（a）为处理 1t 水的紫外灯电耗一定（对于一个反应器来说，即氧化反应时间一定），改变臭氧投加量时 TOC 去除率的变化；图 4-66（b）为臭氧投加量一定，紫外灯电耗变化时 TOC 去除率的变化。从图 4-66（a）和（b）中可以看到，两种情况下，在吨水的紫外灯电耗和臭氧投加量乘积一定时，中试反应器的 TOC 去除率远高于小试。这一方面说明对于同一反应器，臭氧投加量、紫外灯电耗对 TOC 的去除作用并不等同，紫外灯和臭氧投加量的匹配方式会有很大影响；另一方面，对于不同反应器，单位反应器体积的紫外灯功率

越小，去除 TOC 的能耗（紫外灯电耗×臭氧投加量）越小。此外，反应器内水流方式（现场试验装置为串联式）可能也有助于提高经济性。

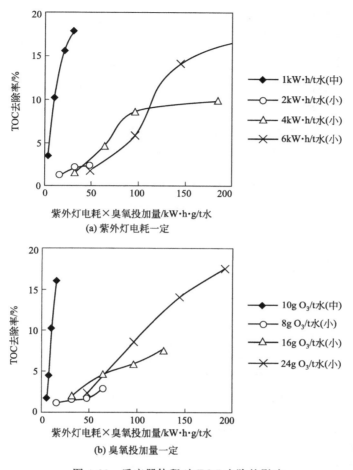

图 4-66 反应器体积对 TOC 去除的影响

图 4-67 为氧化出水 BDOC/DOC 的变化情况，可以发现 BDOC/DOC 和 TOC 去除率的变化情况不同。小试的多条数据曲线能很好地拟合成一条曲线，表明氧化出水可生化性随紫外灯电耗和臭氧投加量的乘积增大而提高的规律很明显，即臭氧投加量和反应时间在提高可生化性方面具有相同的作用，这也符合图 4-64 中反映出的"可通过增加反应时间或臭氧投加量提高出水可生化性"的结论。另外，从图中还可以看到，中试的数据曲线也较好地拟合到了小试的数据曲线中，这表明反应器体积的不同对出水 BDOC/DOC 的影响不大。

从图 4-67 中还可以认识到，中试 $O_3/TiO_2/UV$ 氧化出水 BDOC/DOC 提高并不显著，主要是因为在能耗较低的状况下运行，吨水的紫外灯电耗和臭氧投加量都比较小。臭氧投加量 20mg/L，紫外灯电耗为 1kW·h/t 水时，氧化出水 BDOC/DOC 为 0.301；从图 4-67 中可以预测，若将紫外灯电耗提高 1 倍，达到 2kW·h/t 水时，BDOC/DOC 就可以提高到接近 0.5。

4.5.3 臭氧光催化反应器及工艺设计的指导原则

（1）臭氧光催化反应器设计

单位体积的紫外灯功率（灯的功率/反应器体积，kW/m^3）越小，去除 TOC 的能耗

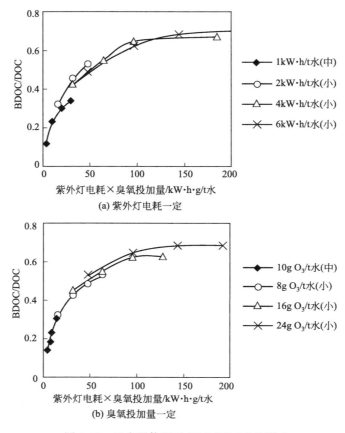

图 4-67　反应器体积对 BDOC/DOC 的影响

（紫外灯电耗×臭氧投加量）越小。因此，在满足紫外光透过的条件下，在反应器设计时应采用大体积小功率，以提高去除 TOC 的经济性。

在相同的单位体积紫外灯功率下，把总反应器体积、紫外灯功率分成几份，并且把几个小的反应器串联而不是并联，更能有效地提高臭氧光催化的效率。

紫外灯电耗和臭氧投加量在提高 BDOC/DOC 方面具有同等作用，BDOC/DOC 随吨水紫外灯电耗与臭氧投加量乘积的增加而增加。从经济性角度考虑，可以通过提高臭氧投加量来达到提高可生化性的目的；如从缩短反应时间考虑，则可通过增加紫外灯功率来达到这一目的。

（2）臭氧光催化工艺

碳酸盐、重碳酸盐显著降低臭氧光催化的效率，可采用投加石灰去除碳酸盐和重碳酸盐，pH 的相应升高也将更有利于臭氧光催化反应的进行。所以为提高臭氧光催化的效率，在臭氧光催化之前宜设石灰沉淀单元，臭氧光催化之后宜设碱中和单元。

臭氧光催化能显著地提高生物可降解性，对于有机物浓度较高的源水，可以在臭氧光催化单元之后接生物活性炭单元，以提高整个工艺的经济性。

◆ 参考文献 ◆

［1］ 张春贵. 微污染水源饮用水处理工艺及其水质研究［D］. 清华大学环境科学与工程系博士学位论文，1994.

[2]　John R. M.. Genotoxic activity of organic chemicals in drinking water [J]. Mutation Research. 1988, 196: 211-245.

[3]　王小毛. 含氮杂环化合物 O_3/UV 降解特性及毒性变化规律 [D]. 博士学位论文，北京，清华大学环境科学与工程系，2004.

[4]　Oppenländer T., Gliese S.. Mineralization of organic micropollutants (homologous alcohols and phenols) in water by vacuum-UV-oxidation (H_2O-VUV) with an incoherent xenon-excimer lamp at 172nm [J]. Chemosphere, 2000, 40: 15-21.

[5]　Richard C., Bosquet F., Pilichowski J. -F.. Photocatalytic transformation of aromatic compounds in aqueous zinc oxide suspensions: effect of substrate concentration on the distribution of products [J]. Journal of Photochemistry and Photobiology A: Chemistry, 1997, 108 (31): 45-49.

[6]　Okamoto K. I., et al., Hetergeneous photocatalytic decomposition of phenol over TiO_2 power [J]. Bull. Chem. Soc. Jpn. , 1985, 58: 2015-2022.

[7]　Lu, Anhuai, Liu, Juan, Zhao, Donggao, et al. Photocatalysis of V-bearing rutile on degradation of halohydrocarbons [N]. Catalysis Today , 2004, 90 (3-4): 337-342.

[8]　Akihiko Aoki, Gyoichi Nogami. Fabrication of antase thin film from peroxo-polytitanic acid by spray pyrolysis [N]. Journal of the Electrochemical Society, 1996, 143 (9): L191-L193.

[9]　Hu Chun, Wang Yizhong, Tang Hongxiao. Destruction of phenol aqueous solution by photocatalysis or direct photolysis [J]. Chemosphere, 2000, 41: 1205-1209.

[10]　Chitose, Norihisa, Ueta, Shinzo, Seino, Satoshi, et al. Radiolysis of aqueous phenol solutions with nanoparticles [A]. 1. Phenol degradation and TOC removal in solutions containing TiO_2 induced by UV, γ-ray and electron beams [C]. Chemosphere Volume: 50, Issue: 8, March, 2003, pp. 1007-1013.

[11]　Sabate J., Anderson MA., Kikkawa Hetal. A Kinetic Study of the Photocatalytic Deradation of 3-Chlorosalicylic Acid over TiO_2 Membrane Supported on glass [J]. J. Catal. 1991, 127: 167-177.

[12]　Katarina S. Wissiak, Boris sket, Margareta Vrtačnik. Heterogeneous photocatalytic decomposition of halosubstituted benzyl alcohols on semiconductor particles in aqueous media [J]. Chemosphere, 2000, 41: 1451-1455.

[13]　Joseph Cunningham, Ghassan Al-Sayyed, Petr. Sedlak, et al. Aerobic and anaerobic TiO_2-photocatalysed purifications of waters containing organic pollutants [J]. Catalysis Today, 1999, 53: 145-158.

[14]　马军. 氯化消毒副产物的形成及对饮用水质的影响 [N]. 中国给水排水，1997, 13 (1): 35-36.

[15]　邹学贤，杨叶梅，朱凤鸣. 饮用水有机污染物的检测及其健康危害的评价 [N]. 昆明医学院学报，1999, 20 (3): 77-82.

[16]　陈崧哲. 二氧化钛光催化膜掺杂改性和失活行为的研究 [R]. 清华大学环境科学与工程系，博士后出站报告，2004. 5.

[17]　韩文亚. 水中微量有机物的光催化降解特性及反应器数值模拟 [D]. 清华大学环境科学与工程系，博士论文，2003.

[18]　M. Hugul, I. Boz, R. Apak. Photocatalytic decomposition of 4-chlorophenol over oxide catalysts [J]. Journal of Hazardous Materials B, 1999, 64: 313-322.

[19]　J. Araňa, E. Tello Rendón, J. M. Doňa Rodr′ýguez, et al. High concentrated phenol and 1, 2-propylene glycol water solutions treatment by photocatalysis Catalyst recovery and re-use [J]. Applied Catalysis B: Environmental, 2001, 30: 1-10.

[20]　白杨，孙彦平，樊彩梅. 苯酚光降解过程分析 [J]. 科技情报开发与经济，1999, 4: 20-20.

[21]　E. Pelizzetti , C. Minero. Role of oxidative and reductive pathways in the photocatalytic degradation of organic compounds [J]. Colloids and Surfaces A: Physicochemical and Engineering Aspects, 1999, 151: 321-327.

[22]　路凯等. 美国现行饮用水标准 [S]. 国外医学卫生学分册，2000 年第 27 卷第 2 期: 104-109.

[23]　Brandi R. J., Alfano O. M., Cassano A. E.. Modeling of radiation absorption in a flat plate phtocatalytic reactor [N]. Chem. Eng. Sci. 1996, 51 (11): 3169-3174.

[24]　Pasquali M., Santarelli F., Porter J. F., et al. Radiative transfer in photocatalytic systems [N]. AIChE Journal, 1996, 42 (2): 532-537.

[25]　UNEP，关于持久性有机污染物的斯德哥尔摩公约审查委员会第一次会议，审议拟列入《公约》附件 A，B 和 C 的化学品: 全氟辛基磺酸盐 [Z]. 关于全氟辛基磺酸盐的提议，2005.

[26]　梁治齐，陈溥. 氟表面活性剂 [M]. 1998, 北京：中国轻工业出版社.

[27]　Prevedouros K., Cousins I. T., Buck R. C.. Korzeniowski S. H. Sources, Fate and Transport of Perfluorocarboxylates

[J]. Environ. Sci. Technol. 2006，40：32-44.

[28] Paul A. G.，Jones K. C.，Sweetman A. J. A First Global Production，Emission，and Environmental Inventory for Perfluorooctane Sulfonate [J]. Environ. Sci. Technol. 2009，43：386-392. .

[29] Li X Y，Zhang P Y，Jin L，et al. Efficient photocatalytic decomposition of perfluorooctanoic acid by indium oxide and its mechanism [N]. Environ Sci Technol，2012，46（10）：5528～5534.

[30] Dillert R.，Bahnemann D.，Hidaka H.. Light-induced degradation of perfluorocarboxylic acids in the presence of titanium dioxide [N]. Chemosphere，2007，67（4）：785～792.

[31] Edzwald J. K.，Tobiason J. E.. Enhanced coagulation：US requirements and a broader view [J]. Water Sci. Technol. 1999，40：63-70.

[32] Servais P.，Billen G.，et al. Determination of biodegradable fraction of dissolved organic matter in waters [J]. Water Res. 1987，21：445-450.

[33] 董秉直等. 黄浦江水源的溶解性有机物分子量分布变化的特点 [N]. 环境科学学报. 2001，21：553-556.

[34] Hoigne J.，Bader H.. Rate constants of reaction of ozone with organic and inorganic compounds in water Ⅰ：Dissociating organic compounds [J]. Water Res. 1983，17：173-183.

[35] Behar D.，Czapski G.，Duchovny. Carbonate Radical in Flash Photolysis and Pulse Radiolysis of aqueous carbonate solutions [N]. J. Phys. Chem. 1970，74：2206-2210.

[36] Hong A.，Zappi M. E.，Chiang H. K.，Hill D.. Modeling kinetics of illuminated and dark advanced oxidation processes [N]. J. Environ. Eng. 1996，122：58-62.

第 5 章

光催化材料在国防军事废水处理中的应用

TiO₂、ZnO 等光催化材料除了在民用环境保护领域有着广泛的应用，在国防军事环境保护领域也具有十分广阔的应用空间。本章将主要介绍光催化材料与轻质碳基材料复合，实现半导体光催化材料的负载化和多功能化，以及不同光催化材料及 VUV 催化技术在国防环境保护领域中的应用[1-3]。

5.1 光催化材料处理偏二甲肼废水研究

目前，液体推进剂在军事和航天领域的应用十分广泛，偏二甲肼是其中很重要的一种燃烧剂。偏二甲肼（Unsymmetrical Dimethylhydrazine，UDMH）是一种易燃、易挥发的无色或黄色透明液体，具有类似于氨的强烈鱼腥味，分子式为（CH₃）₂NNH₂，相对分子质量为 60.11，沸点为 63℃，凝固点为 −57.2℃，密度为 0.7911g/cm³，可与水混溶，具有良好的亲水性，能和汽油、酒精以及其他有机溶剂混合使用。

按国际化学品的毒性分级标准，偏二甲肼属于三级中等毒物，略偏高一些。研究证明，偏二甲肼可以使动物诱变肿瘤。Roger 等人通过对大鼠的胃内给药试验，发现肠癌的死亡率和发病率与给药量有关。YuF Sasaki 和 Ayako Saga 证明偏二甲肼是啮齿类动物结肠致癌物质，具有器官专有基因毒性。Oru-Tamura 证明偏二甲肼是具有诱导肿瘤作用的基因毒性致癌物质。经研究发现偏二甲肼还可对肝脏和肾脏引起不同程度的伤害，致病机理主要是由于偏二甲肼的侵入引起人体内维生素 B₆ 的缺乏造成的。偏二甲肼还能对人的呼吸系统产生不良影响。

偏二甲肼一般是通过皮肤渗透、吸入、吞入三条途径进入人体，引起中毒。偏二甲肼沸点低、挥发快，皮肤吸收的程度很低，它的职业中毒危险性主要来自吸入中毒。

由于偏二甲肼毒性明显，国家规定其在水中最高允许浓度为 0.1mg/L，在空气中最大允许浓度为 0.5mg/L。美国国家科学院和国家研究委员会建议短期接触的限量值为 25℃、100kPa 条件下：50mg/L 为 16min，25mg/L 为 30min，15mg/L 为 60min。

在偏二甲肼的生产、运输、转注、储存、使用等过程中，都可能产生大量的废液、废水，如不经处理而向环境直接排放就可造成环境污染。偏二甲肼对水体的污染主要有两种途径：一是偏二甲肼洞库中储罐和管道的跑、冒、滴、漏，储罐和管道的冲洗，槽罐检修的洗消；二是火箭发射过程中，偏二甲肼和四氧化二氮的燃烧产物通过消防冷却水进入导流槽中，以及试车过程中未燃烧的偏二甲肼随消防水进入导流槽从而产生偏二甲肼废水。

偏二甲肼废水排入环境后，其中不仅含有偏二甲肼，还将在自然界氧化分解作用下产生偏腙、四甲基四氮烯、硝基甲烷、一甲胺、二甲胺、甲醛、氰化物以及亚硝胺（二甲基亚硝胺、二乙基亚硝胺、二丙基亚硝胺、二丁基亚硝胺、亚硝胺呱啶、亚硝基吡咯烷、亚硝基吗啉等），这些产物中有的毒性比偏二甲肼更大，如亚硝胺，氰化物等。

因此，偏二甲肼废水所带来的一系列问题引起人们的极大关注，世界上许多国家都在致力于研究偏二甲肼废水的处理方法。目前，关于偏二甲肼废水的处理已经提出比较多的方法，比如物理法、化学处理法、生物处理法等，但每种方法都存在一些缺陷，致使在投入实际使用的过程中，受到了限制。要快速、经济、彻底地处理偏二甲肼废水，存在一定的难度，目前还没有找到十分合适的方法。表 5-1 为现有各种处理方法的优缺点[4-6]。

表 5-1　常用偏二甲肼废水处理方法的优缺点

处理方法	优点	缺点
自然净化法	有效、经济、适用、简便、节能	处理时间长，过程需消耗大量能量，在污水处理池的液面上方会产生氨气及少量肼类的挥发物
活性炭吸附法	不产生新的有毒物质	原污水中浓度不能大于 100mg/L，活性炭需 200℃ 热空气脱附再生，耗能大，在工程运用上还存在很多缺陷
离子交换法	处理过程中不产生二次污染	离子交换树脂的再生以及再生产物所造成的二次污染问题仍是困扰这一方法得到广泛应用的瓶颈
臭氧氧化法	臭氧氧化能力很强	产生的硝基甲烷、甲醛、二甲基亚硝胺等有毒物质难以除去
TiO₂ 光催化氧化	处理效率高、简单、方便、成本低	TiO₂ 的固载技术还不成熟
压缩空气催化氧化法	处理简单、费用低	处理后，偏二甲肼残余浓度较高，处理过程中还产生甲醛等有毒物质

近年来，多相光催化技术在环保领域获得了广泛的应用。它除了可用于空气、水中有害有机污染物的光催化分解外，还可对一些无机物进行光催化氧化，使其转化成无害或活性很小的无机成分。TiO_2 光催化剂具有安全、无毒、稳定、催化效率高、无二次污染的特点，并且可以无选择地矿化各种有机污染物，越来越受到人们的重视，具有广阔的应用前景。在 TiO_2 的应用方面，已经有了很多的研究成果，而将 TiO_2 应用于偏二甲肼废水的处理，也已经开展了相关的研究工作，取得了不错的效果，不过，目前已经取得的研究成果，主要是针对粉末状的 TiO_2 进行的研究，而粉末状的 TiO_2 在资源回收及光催化剂的再利用上都存在一定的问题，从而影响了这项技术的推广。

活性炭、活性碳纤维、膨胀石墨等轻质碳材料普遍具有微孔含量多、比表面积大及良好的选择吸附性能等优点，因此，除被广泛应用于气体分离、环境保护、纺织、化学、电子、医疗、食品、原子能等行业外，它还是一种良好的载体，可以负载一些小颗粒物质，制成具有固定形状的复合材料，以方便材料的使用，特别是回收利用。

综合考虑上述的三个方面，充分利用轻质碳材料良好的吸附性能及作为载体两个方面的优点，把 TiO_2 光催化剂负载到多孔碳材料基体上，制备成固定形状的复合光催化剂 TiO_2/多孔碳材料，应用于偏二甲肼废水的催化降解处理。一是可以很好地解决 TiO_2 负载难的问题，有利于 TiO_2 光催化剂的回收利用；二是在催化降解处理偏二甲肼模拟废水的过程中，多孔碳材料还可以对模拟废水中偏二甲肼起到吸附作用，增加偏二甲肼的局部浓度，从而提高 TiO_2 对偏二甲肼光催化降解的效率，同时也可以起到对偏二甲肼的吸附去除作用。

5.1.1 偏二甲肼废水处理实验研究

液体推进剂废水的成分比较复杂，除了含有推进剂本身的组分原形外，还含有各种推进剂组分的降解产物。例如偏二甲肼推进剂废水中，除了偏二甲肼本身外，还含有偏腙、甲醛、氰化物和亚硝酸胺类化合物等15种主要成分。

在用光催化剂处理偏二甲肼模拟废水时，除了测定水样中偏二甲肼浓度外，还对废水处理的中间产物中比较具有代表性的、毒性比较大的两种污染物质甲醛和氰根进行了测定，另外，还测定了废水化学需氧量COD值的变化。

（1）实验步骤

① 配制500mg/L的偏二甲肼模拟废水 用减量法准确称量0.5g偏二甲肼于1000mL容量瓶中，用蒸馏水稀释至刻度，摇匀，置于避光处保存备用。正常条件下，该模拟废水能保存一周左右时间。

② 单纯吸附实验 实验中，负载TiO_2所用的载体均为多孔碳材料，对偏二甲肼会有吸附作用，考虑到这一影响，在光催化处理模拟废水之前，取同样质量的碳材料，加入相同体积的偏二甲肼模拟废水，考察各种碳材料对偏二甲肼的吸附能力。

③ 光催化处理 实验中，取同样体积的偏二甲肼模拟废水于小烧杯中，加入不同条件下制备的光催化剂，在紫外光照射下，分别于20min、40min及1h时取样，测定样品中偏二甲肼的浓度，计算偏二甲肼的降解率。实验过程中，采用氨基亚铁氰化钠分光法测定偏二甲肼的含量（0.01～1.0mg/L）；用乙酰丙酮法测定甲醛含量；用吡啶-巴比妥酸光度法测定氰根离子；用重铬酸钾法测定COD。

废水偏二甲肼的降解率通过下式计算：

$$D = \frac{C_0 - C_t}{C_0} \times 100\%$$

式中，C_0为偏二甲肼废水的初始浓度，mol/L；C_t为降解t时间后偏二甲肼废水的浓度，mol/L；D为降解率，%。

（2）处理结果

① 三种多孔碳材料对偏二甲肼的吸附效果 各取2.5g活性炭（AC）、活性炭纤维（ACF）、膨胀石墨（EG）于小烧杯中，加入浓度为500mg/L的偏二甲肼模拟废水25mL，进行碳材料的纯吸附实验。20min、40min及1h后取样，测定样品中偏二甲肼浓度的变化。通过偏二甲肼浓度下降的多少来比较三种碳材料吸附效果。实验结果如图5-1所示。

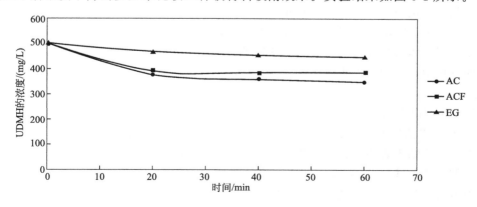

图5-1 三种碳材料对偏二甲肼的吸附效果比较

从图中可以看出，三种碳材料对偏二甲肼都有一定的吸附能力，但不能达到排放标准。膨胀石墨的吸附效果要比活性炭及活性炭纤维的吸附效果差，而且活性炭及活性炭纤维对偏二甲肼的吸附主要是在前 20min 内完成，吸附比较迅速，吸附过程能在较短时间内完成。

② 三种多孔碳材料负载的复合光催化剂处理结果　取同样质量的三种碳材料复合 TiO_2 光催化剂于小烧杯中，加入 $500mg/L$ 的偏二甲肼模拟废水 25mL，在紫外光照射下光催化降解。20min、40min 及 1h 后取样，测定样品中的偏二甲肼浓度，实验结果如图 5-2 所示。

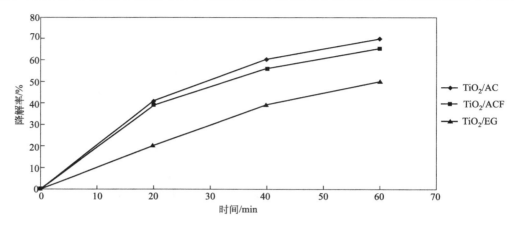

图 5-2　三种催化剂对偏二甲肼废水的降解效果比较

从图中可以看出，三种光催化剂对偏二甲肼模拟废水都有催化降解能力，但相比较而言，以活性炭及活性炭纤维为载体的光催化剂的催化效果要明显好于以膨胀石墨为载体的，两者中又以以活性炭为载体的光催化效果最好。出现这样的结果是因为各碳材料 TiO_2 的负载量不同所造成的。活性炭及活性炭纤维对 TiO_2 的负载量要比膨胀石墨多，而且其颗粒上粒径也要明显小。另一方面膨胀石墨对偏二甲肼的吸附效果要比活性炭及活性炭纤维差，这就造成在光催化降解处理偏二甲肼模拟废水时，与催化剂表面接触的局部偏二甲肼浓度，膨胀石墨的要比另外两种碳材料的低，同时膨胀石墨的颗粒较另外两者要小而且轻，特别是在水溶液中，容易团聚，造成光利用率下降。所以，诸多因素造成了以膨胀石墨为载体的光催化剂对偏二甲肼的处理效果要比另外两者差。

③ 复合光催化剂的重复利用　碳材料上负载 TiO_2 制成的光催化剂可以有效地解决粉末状光催化剂易凝聚、难分离和回收的问题，但其前提是 TiO_2 有一定的负载强度，不易被液体的流动及光催化剂相互间的摩擦所冲刷。

实验中，进行三组对比实验。在每组实验中，将使用过的催化剂用蒸馏水洗净并晾干，然后按照相同的实验步骤多次光催化降解处理偏二甲肼模拟废水，先比较每种光催化剂在各次使用的过程中，对偏二甲肼催化效率的变化，然后再比较相互之间的实验结果。结果如图 5-3 所示。

从图 5-3 可以看出，以活性炭为载体的催化剂每次对偏二甲肼模拟废水的相对降解率都在 70% 左右，以活性炭纤维为载体的催化剂为 65% 左右，以膨胀石墨为载体的催化剂为 50% 左右。实验结果表明三种催化剂对偏二甲肼废水催化能力及催化效果基本不变，这说明：一是催化剂负载的 TiO_2 的量没有发生大的变化，TiO_2 与载体结合的非常牢固，在使用过程中不会轻易脱落；二是 TiO_2 的催化活性没有发生大的变化，1h 后的降解效果，在考虑误差允许的前提下，几乎没有发生变化。因此可以说这三种复合光催化剂均可以重复利用，这为其实际应用提供了一个经济基础。

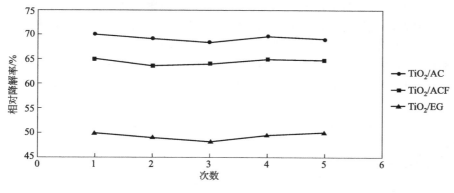

图 5-3　催化剂的重复利用

5.1.2　影响复合光催化剂处理效果因素分析

对下列三组不同处理条件进行对照实验：活性炭（AC）、活性炭负载的 TiO_2（TiO_2/AC）、紫外光＋活性炭负载的 TiO_2（UV＋TiO_2/AC），在相同的条件下分别处理偏二甲肼模拟废水 25mL，浓度 500mg/L。处理过程中，分别于 20min、40min、1h 时取样分析，实验效果如图 5-4 所示。

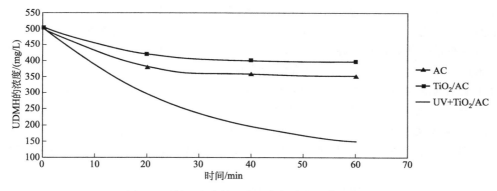

图 5-4　偏二甲肼在几种空白实验中的降解效果

上面两条曲线分别是单纯活性炭及负载了 TiO_2 的活性炭对模拟废水中偏二甲肼的处理效果。从曲线上的数据可以看出，在 1h 内，单纯的活性炭能吸附模拟废水中 30％的偏二甲肼，这一数据要比负载 TiO_2 后的复合光催化剂要好（22％），出现这样的结果，可能是因为活性炭负载了 TiO_2 之后，活性炭本身的部分孔结构被 TiO_2 填充，从而影响了活性炭的吸附效果。下面一条曲线反应的是活性炭负载了 TiO_2 的复合光催化剂对偏二甲肼模拟废水的降解效果，从曲线上的数据可以看出，偏二甲肼的降解率有了很大的提高，在 1h 内能被降解 70％以上，光催化作用效果比较明显。

（1）活化温度对 TiO_2 光催化效率的影响

TiO_2 有锐钛矿型、金红石型、板钛矿型三种晶型，对于加热过程中 TiO_2 的结构转变机制和动力学已开展了广泛的研究，金红石型稳定，即使在高温下也不发生转化和分解，而锐钛矿型和板钛矿型在加热过程中发生不可逆的放热反应，转变为金红石型。一般认为，锐钛矿型 TiO_2 具有较高的活性，但简单地认为纯锐钛矿型 TiO_2 的催化活性要比金红石型的高，也不十分严谨，它们的活性受其晶化过程的一些因素影响。在同等条件下无定形 TiO_2 结晶成型时，金红石型通常会形成大的晶粒以及较差的吸附性能，由此导致金红石型的活性较低；如果在结晶时能保持与锐钛矿型同样的晶粒尺寸及表面性质，金红石型活性也较高。

选取三种 TiO_2/AC 复合光催化剂（质量均为 2.5g），分别在 100℃、200℃、400℃ 下活化，在相同的条件下分别处理偏二甲肼模拟废水 25mL，浓度 500mg/L。实验结果如图 5-5 所示，可以看出 400℃ 活化的催化剂的催化降解能力要明显好于 100℃（未活化）及 200℃的。

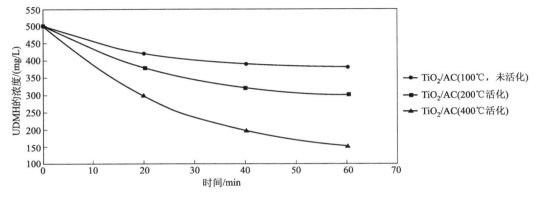

图 5-5 活化温度对光催化效率的影响

在复合光催化剂的制备过程中，通过溶胶-凝胶制得的光催化剂是一种无定型的状态。在一定温度活化之后，催化活性较高的锐钛矿型及金红石型的催化剂逐渐生成。但由于作为载体的活性炭是一种碳材料，在空气氛围下活化，过高的温度会破坏活性炭结构。实验中发现温度超过 400℃时，TiO_2 与基体结合的紧密度及活性炭结构都有一定的影响，从而不利于复合光催化剂的利用，特别是回收利用。因而复合光催化剂以 400℃ 活化为宜。

（2）负载次数对 TiO_2 光催化效率的影响

用溶胶-凝胶法制备 TiO_2 时，经常通过多次负载来提高 TiO_2 的负载量，特别是在制备薄膜状 TiO_2 的研究中，经常用到多次提拉来增加 TiO_2 薄膜的厚度，以此来提高光催化能力。

进行两组对比实验：一次负载和二次负载的 TiO_2/AC 复合光催化剂各取 2.5g，在相同条件下处理偏二甲肼模拟废水 25mL，浓度为 500mg/L，实验结果如图 5-6 所示。

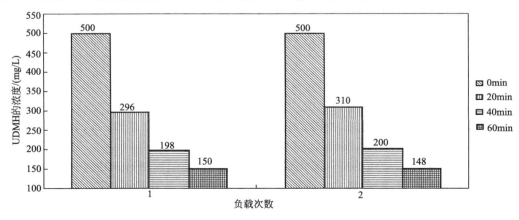

图 5-6 负载次数对光催化效率的影响

从图 5-6 可以看出，一次负载和二次负载的复合光催化剂对偏二甲肼模拟废水的催化降解效果差别很小，负载次数对 TiO_2 光催化效率影响不大，1h 后偏二甲肼的降解率都在 70% 左右。出现这样的结果，主要是因为在一次负载和二次负载的复合光催化剂降解偏二甲肼时，实际上起催化作用的 TiO_2 粒子在数量上没有很大的差别。一次负载时 TiO_2 已基本上占据了活性炭的整个表面，二次负载时只是增加 TiO_2 层的厚度，能够被紫外光照射到的 TiO_2 颗粒在数量上并没有增加，并且 TiO_2 颗粒的团聚占据了活性炭大量的孔道，降低了活性炭的吸附效果，这两方面因素的作用产生了实验所示的结果。

（3）pH 值对 TiO_2 光催化效率的影响

反应液的 pH 值对半导体催化剂粒子在反应液中的颗粒聚集度、价带和导带的带边位置及表面电荷和有机物在半导体表面的吸附等都有较大的影响。研究表明，TiO_2 非均相反应体系中固液界面（即双电层）的性质是随着溶液 pH 值的变化而变化的。因此，电子-空穴对的吸附-解吸过程也会受到 pH 值的明显影响。而且当光解对象不同时，pH 值的变化也会产生不同的影响。

取六组 25mL 浓度为 500mg/L 的偏二甲肼模拟废水，调节其 pH 值分别为 3～8，在相同的条件下进行光催化处理。实验结果如图 5-7 所示。

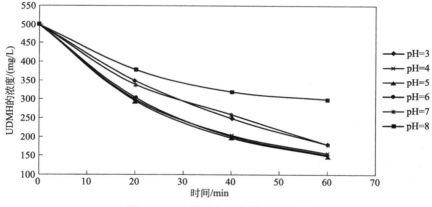

图 5-7　pH 值对光催化效率的影响

从图 5-7 可以看出，当 pH 值在 4～6 内时 TiO_2 的光催化效率差别不大。但当超过这一范围时，pH 值的变化就影响光催化效率。当 pH=3 或者 pH=7 时，偏二甲肼 1h 后的降解率为 64%，而当 pH=8 时，这一数值为 40%，这两个数据都要比 pH=4、5、6 时的要小。

在光催化体系中 HO· 是主要的自由基。下式表示了 HO· 的产生机理：

$$e + O_2 \longrightarrow O_2^- \cdot$$
$$O_2^- \cdot + H^+ \longrightarrow HO_2 \cdot$$
$$2HO_2 \cdot \longrightarrow O_2 + H_2O_2$$
$$H_2O_2 + O_2^- \cdot \longrightarrow HO \cdot + OH^- + O_2$$

很明显，pH 值增大不利于 HO· 的生成。当 pH 值小于 TiO_2 的等电点时，偏二甲肼在 TiO_2 表面的吸附随 pH 值的增大而增大，吸附对光催化降解反应有促进作用，因而在 pH 值为 4～6 时，光催化降解偏二甲肼的效率没有明显的变化，但当 pH 值继续增大，HO· 的产生和偏二甲肼在 TiO_2 表面的吸附都迅速降低，从而光催化降解速率也逐渐降低。

从实验的结果来看，偏二甲肼模拟废水的 pH 值应控制在 5～6 为宜，通常情况下，偏二甲肼废水的 pH 值都在这一范围之内，不需要通过外加条件来改变溶液的 pH 值。

（4）偏二甲肼模拟废水初始浓度的影响

配制浓度分别为 100mg/L、200mg/L、500mg/L、600mg/L、800mg/L、1000mg/L 的六组偏二甲肼模拟废水，均取 25mL，分别用 2.5g TiO₂/AC 复合光催化剂在相同的条件下光催化降解。实验结果如图 5-8 所示。

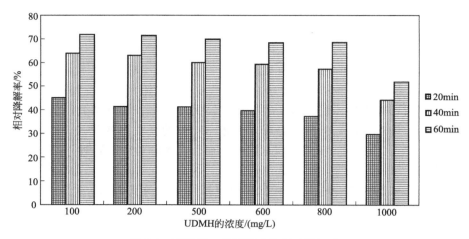

图 5-8　不同偏二甲肼浓度的相对降解率

从图中可以看出，当偏二甲肼的浓度小于 600mg/L 时，偏二甲肼在各个时段内的相对降解率基本保持不变，偏二甲肼的降解量与其浓度成比例关系；当模拟废水中的偏二甲肼浓度大于 800mg/L 时，偏二甲肼的降解率就会随着偏二甲肼浓度的增加而减小。考虑到这一结果，模拟废水的浓度就控制在 800mg/L 以下。

（5）催化剂投加量的影响

进行五组对比实验：TiO₂/AC 复合光催化剂的投加量分别是 1g、1.5g、2.5g、3g、3.5g，偏二甲肼模拟废水的浓度为 500mg/L，模拟废水体积均为 25mL。其余条件相同，实验结果如图 5-9 所示。

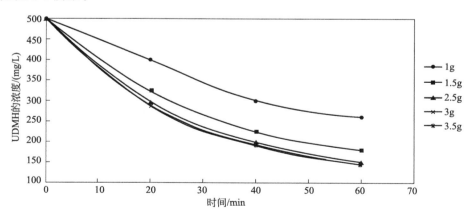

图 5-9　催化剂的投加量对光催化效率的影响

从图 5-9 可看出，在催化剂小于 2.5g 时，随着催化剂投加量的增加，模拟废水中偏二甲肼的浓度变化得很快，而当催化剂的投加量大于 2.5g 时，偏二甲肼浓度虽有一定的变化，但下降的幅度并不十分明显。

当复合光催化剂的投加量增加时，一是增加了复合光催化剂的吸附能力；二是增加了

TiO₂ 量，在紫外光照的条件下，其产生的电子-空穴对也必然相应增加，氧化能力增强，从而加快对偏二甲肼的催化氧化降解。由于复合光催化剂的吸附能力已大为减弱，所以主要是第二个因素起作用。

同时，也可以看到有一个饱和的光催化剂投加量，此值与容器容量有关。当超过饱和投加量时，投加的光催化剂会堆集到一起，影响光催化剂效率。

（6）Ag 掺杂的影响

分别取 2.5g 掺 Ag 及不掺 Ag 的复合光催化剂，偏二甲肼模拟废水体积 25mL，浓度 500mg/L。在相同的条件下光催化降解，实验结果如图 5-10 所示。

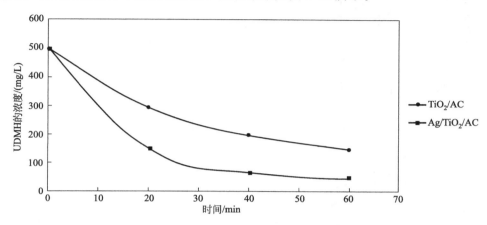

图 5-10　Ag 掺杂对 TiO₂ 光催化效率的影响

图中曲线 TiO₂/AC 表示是未掺杂 Ag 的复合光催化剂的降解结果，曲线 Ag-TiO₂/AC 表示的是掺杂 Ag 后的结果。可以看出当复合光催化剂进行 Ag 掺杂后，偏二甲肼的降解效率有了明显的提高。

由于 Ag^+ 的半径（约 0.126nm）远大 Ti^{4+} 的半径（约 0.068nm），故 Ag^+ 不能进入 TiO₂ 的晶格，但在烧结过程中会逐渐扩散到 TiO₂ 晶粒的表面，经光照和热还原后这些 Ag^+ 可能先形成岛状 Ag^+ 扩散层（厚度约 0.1～1nm）或 Ti—O—Ag 键，然后形成片状金属粒子分散在 TiO₂ 晶粒的表面，尤其是 TiO₂ 晶粒的边界上，这样烧结过程中 TiO₂ 晶粒表面 Ti 和 O 原子的重排受阻。另外，由于部分边界接触点可能被金属 Ag 粒子占据，较小 TiO₂ 晶粒相互间的接触聚集也会受到一定的影响。最终使 TiO₂ 晶粒的粒径减小，TiO₂ 的禁带宽度增大，光催化氧化-还原能力提高；掺杂的 Ag 还提高了电荷向薄膜所吸附物质的转移能力，使薄膜表面参与 TiO₂ 光催化氧化反应的 HO· 的浓度提高，薄膜的光催化氧化反应速率加快。故掺杂适量的 Ag 可以提高 TiO₂ 的光催化活性。

（7）外加氧化剂的影响

分别配制 25mL 浓度均为 500mg/L 的三份偏二甲肼模拟废水，三份中均加入复合光催化剂 2.5g，然后分别加入 0.1mL、0.2mL、0.3mL 的 H_2O_2，在紫外光照的情况下，进行光催化反应。于 20min、40min、1h 时取样，测定样品中偏二甲肼的浓度，另外，同时分析降解后样品的 COD 值，实验结果如图 5-11 所示。

图 5-11(a) 是废水中偏二甲肼浓度的变化曲线，图 5-11(b) 是 COD 值的变化曲线。可以看出，添加 H_2O_2 对 TiO₂ 光催化降解偏二甲肼模拟废水有着比较大的影响，降解速度和相对降解率均随添加 H_2O_2 的增加而增大，但 COD 的相对降解率增加值没有偏二甲肼的

大。这是因为偏二甲肼分子在被 TiO_2 光催化氧化降解的过程中,并不是直接被氧化成 CO_2、H_2O 等无机小分子,而是首先会被氧化成偏腙、四甲基四氮烯等有机大分子,这些大分子均能在 COD 值中体现出来,然后才逐步被氧化成无机小分子。

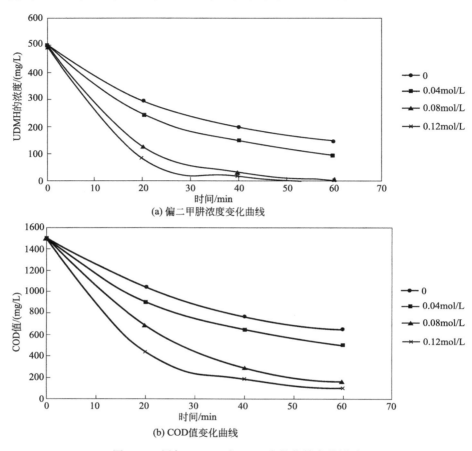

(a) 偏二甲肼浓度变化曲线

(b) COD值变化曲线

图 5-11　添加 H_2O_2 对 TiO_2 光催化效率的影响

　　虽然增加 H_2O_2 的量,有助于提高 TiO_2 的光催化降解效率,但过高的 H_2O_2 浓度,一是会影响偏二甲肼的检测(过量的 H_2O_2 会对氨基亚铁氰化钠产生影响);二是在测定 COD 的过程中,过量的 H_2O_2 也会对 COD 值的测定产生影响。另外,也有文献研究表明,H_2O_2 浓度的增大导致有更多的 $HO\cdot$ 产生和更为有效的降解作用,但 H_2O_2 的用量有一最佳值,过量的 H_2O_2 则降低光催化氧化效率。

　　在 TiO_2 光催化降解污染物的过程中,紫外光激发产生的电子-空穴对起着很重要的作用。根据半导体粒子光催化氧化反应机理,在半导体粒子表面,光激发产生电子和空穴之后,存在着捕获和复合两个相互竞争的过程。对光催化反应来说,光生空穴的捕获并与给体或受体发生作用才是有效的。如果没有适当的电子或空穴捕获剂,分离的电子和空穴可在半导体粒子内部或表面复合并放出热能。如果将有关电子受体或给体(捕获剂)预先吸附在催化剂表面,界面电子传递和被捕获过程就会更有效,更具有竞争力,在不外加氧化剂的情况下,溶液中的溶解氧、水分子及有机物分子等都可以作为电子或空穴的捕获剂。但这些物质数量有限,反应活性也一般,从而影响到 TiO_2 的光催化效率。而如果额外加入 H_2O_2、O_2、过硫酸盐等电子捕获剂,用来捕获光生电子,降低电子和空穴复合的机率,则可以提高光催化效率。

H_2O_2 是电子的良好接受体，在 TiO_2 光催化体系中，它捕获光致电子的能力很强，在捕获电子后，能产生氧化能力很强的 $HO\cdot$，另一方面，在紫外光照射下，H_2O_2 本身也可产生强氧化性的 $HO\cdot$，反应如下：

$$H_2O_2 + e \longrightarrow HO\cdot + OH^-$$

$$H_2O_2 \xrightarrow{h\nu} 2HO\cdot$$

（8）银掺杂与 H_2O_2 共同作用的效果分析

在 $500mg/L$ 偏二甲肼模拟废水 25mL 中投加掺杂银的复合光催化剂 2.5g 和 H_2O_2 使其浓度达到 $0.12mol/L$，实验结果如图 5-12 所示。

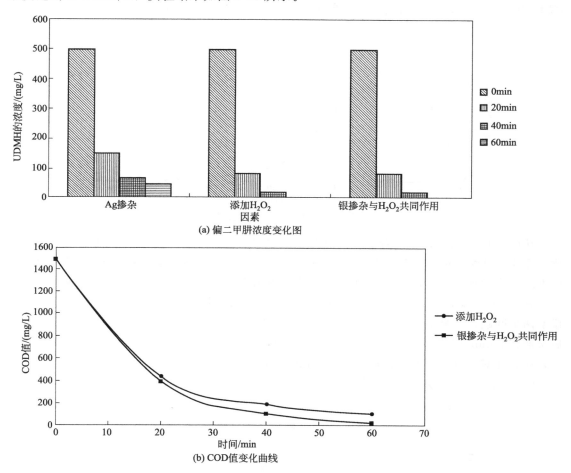

图 5-12　银掺杂与 H_2O_2 共同作用对 TiO_2 光催化效率的影响

从图 5-12 中可看出，就偏二甲肼的浓度变化而言，两者共同作用与 H_2O_2 单独作用的效果差别不大。但在两者的共同作用下，废水的 COD 值在 1h 后可以达到 $20mg/L$，这一数值要比 H_2O_2 单独作用时的 $105mg/L$ 要小得多，这说明两者共同作用所发挥的作用要大得多。出现这样的结果，是由于银离子在整个过程中所起的作用，虽然添加 H_2O_2 后，整个复合光催化剂体系表现出很强的氧化能力，偏二甲肼分子在这个过程中已基本被分解，但在模拟废水中，还存在一些比较难氧化降解的物质，这其中也包括偏二甲肼降解的一些中间产物，单独添加 H_2O_2，还不足以将所有的物质在短时间内完全氧化。当复合光催化剂进行银掺杂后，银离子本身是一种良好的催化剂，它可以使某些反应的活化能降低，使反应能更容易或者更快地进行，所以 COD 的降解效果也就更好。

（9）降解过程中甲醛及氰根离子的变化规律

据研究，偏二甲肼的主要降解中间产物中甲醛、CN⁻ 毒性大、含量高，而且存在时间长。

甲醛带刺激性，易溶于水，存在于许多工业废水中。在偏二甲肼废水中，未处理前甲醛含量较低，随着反应的进行，甲醛作为偏二甲肼光催化氧化降解的一种中间产物，其浓度也会发生变化。

配制 500mg/L 偏二甲肼模拟废水 25mL，投加相应量的掺银的复合光催化剂及 H_2O_2（浓度为 0.12mol/L），然后进行紫外光降解。甲醛变化规律的实验结果如图 5-13 所示。

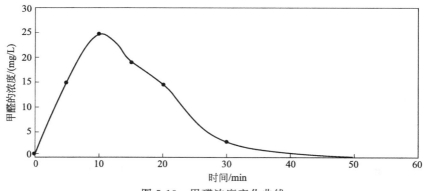

图 5-13　甲醛浓度变化曲线

从图 5-13 中可看出，随着反应的进行，偏二甲肼逐步光解，甲醛的浓度也随之发生变化。反应一开始，甲醛就迅速生成，含量呈直线上升，反应进行到 10min 的时候，溶液中的甲醛浓度就到达峰值，此后，甲醛浓度开始逐渐下降，到 30min 左右时，溶液中甲醛浓度达到 5mg/L 以下，反应进行了 50min 时，溶液中已经难以检测到甲醛的存在。实验结果说明两个问题，一是甲醛是 TiO_2 光催化偏二甲肼的一种中间产物；二是甲醛在其迅速生成后又能在 30min 内降解，说明了整个光催化体系不仅能对废水中的偏二甲肼进行光催化降解，而且能对甲醛等其他化合物进行光催化降解，这也说明了 TiO_2 催化作用的无选择性。

CN⁻ 的变化规律如图 5-14 所示。

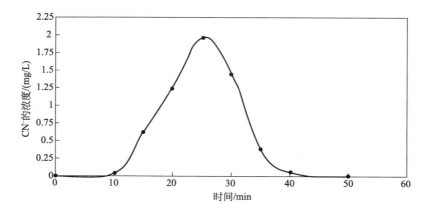

图 5-14　CN⁻ 浓度的变化曲线

从图 5-14 中看，CN⁻ 的变化不像甲醛变化那样，在反应的初始阶段就马上产生并迅速增加，在前 10min 内，溶液中基本上检测不到 CN^- 的存在，而是当反应进行了 10min 后，溶液中的 CN^- 有一个浓度急速上升的过程，在 25min 左右浓度达到最大值 1.98mg/L，然后随着反应的进行，CN^- 又迅速地被氧化，在反应进行到 40min 以后，CN^- 已经很难被检测到。

5.1.3 偏二甲肼降解动力学过程

用 TiO_2 光催化降解有机废水时，其过程是一个自由基反应历程：偏二甲肼先与自由基反应生成活泼的中间体，中间体再逐步被降解为小分子物质。

① UDMH 与 HO· 反应生成活泼中间体 $(CH_3)_2N=N$：

$$(CH_3)_2NNH_2 + HO· \longrightarrow (CH_3)_2NNH + H_2O$$

$$(CH_3)_2NNH + HO· \longrightarrow (CH_3)_2N^+ = N^- + H_2O$$

并在水溶液中存在如下平衡：

$$(CH_3)_2N^+ = N^- + H_2O \longrightarrow (CH_3)_2N^+ = NH + OH^-$$

② 活泼中间体 $(CH_3)_2N=N$ 进一步分解机理如下：

$$2(CH_3)_2N^+ = N^- \longrightarrow (CH_3)_2N^+ = NCH_3 + CN_3N = N^-$$

$$(CH_3)_2N^+ = NCH_3 \longrightarrow (CH_3)_2NN = CH_2 + H^+$$

$$CH_3N = N^- + H^+ \longrightarrow CH_4 + N_2$$

③ 生成的 $(CH_3)_2NH = CH_2$ 发生如下反应：

$$(CH_3)_2NN = CH_2 + HO· \longrightarrow (CH_3)_2NH + CO_2 + H_2O + N_2 + NO_x$$

生成的 $(CH_3)_2NH$ 等最后被降解成小分子物质。

可以把以上的偏二甲肼降解历程简化为：

$$UDMH \underset{k_1'}{\overset{k_1}{\rightleftharpoons}} UDMH^* \overset{k_2}{\rightleftharpoons} P$$

其中，$UDMH^*$ 表示降解中间产物，是一种活泼的中间体；P 为降解产物；k_1、k_1'、k_2 为反应速率。

生成 $UDMH^*$ 及由 $UDMH^*$ 到产物的两个步骤，都是有 HO· 参与的反应，而 $UDMH^*$ 是一种活泼的中间体，其从产生到再生成新物质，是一个很快的过程，也就是这一中间体存在的时间较短，在整个过程中，其浓度可视为不发生变化。因此，在求解偏二甲肼降解动力学方程时，可以采用稳态近似法，此时设 $UDMH^*$ 的浓度保持不变，即 $UDMH^*$ 生成的速率等于被消耗的速率，所以：

$$k_1[UDMH] = k_1'[UDMH^*] + k_2[UDMH^*]$$

$$[UDMH^*] = \frac{k_1}{k_1' + k_2}[UDMH]$$

用产物 P 的生成速率来表示反应速率，有：

$$r = k_2[UDMH^*]$$

从而可得：

$$r = k_2[UDMH^*] = \frac{k_1 k_2}{k_1' + k_2}[UDMH]$$

从上式可看出，偏二甲肼的光催化降解反应是一级反应，反应速率与偏二甲肼的浓度成正比。

选取偏二甲肼模拟废水浓度为 500mg/L，复合光催化剂为 TiO_2/AC，溶液 pH=5 时所得到的实验数据来建立速率方程。实验数值见表 5-2。

表 5-2 反应动力学结果

时间/min	0	10	20	30	40	50	60
UDMH 浓度/(mg/L)	500	380	296	242	198	171	150
$r/[mg/(L \cdot min)]$	—	6.69	5.32	4.48	3.47	2.94	—
$\ln C_{UDMH}$	6.21	5.94	5.69	5.48	5.28	5.14	5.01
$\ln r$	—	1.90	1.67	1.50	1.24	1.08	—

在所述实验条件下，影响偏二甲肼降解过程的因素包括：紫外光照、H_2O、OH^-、溶解氧及偏二甲肼浓度等，其中变化的是偏二甲肼浓度，其余可视为常数，因此可用指数速率模型来确定速率方程，即令

$$r = k C_{UDMH}^n$$

式中，C_{UDMH} 为偏二甲肼的适时浓度。

对表 5-2 中的数据按上式进行回归处理，可以得到 $n = 1.0231$，$k = 0.0157$，为一级反应，符合理论推导。

将偏二甲肼的降解过程近似看作一级反应，则可以求出反应的半衰期 $t_{1/2}$：

$$t_{1/2} = \frac{\ln 2}{k} = 44 (min)$$

5.1.4 Cu/TiO_2-GNP 光催化降解偏二甲肼的研究

采用以水热法为主的两步法制备的 Cu 掺杂纳米 TiO_2-氧化石墨烯纳米颗粒（Cu/TiO_2-GNP）作为光催化剂，光催化降解低浓度偏二甲肼（UDMH）污染物。

（1）Cu/TiO_2-GNP 投加量的影响

表 5-3 及图 5-15 为 Cu/TiO_2-GNP 不同投加量下光催化降解 UDMH 的实验结果。从图中可以看出，投加量从 0.1g/L 变化到 0.5g/L 时，UDMH 2h 降解率呈上升趋势，投加量 0.5g/L 的降解率为上升顶点；投加量从 0.5g/L 变化到 1.0g/L 时，UDMH 2h 降解率呈下降趋势，投加量 1.0g/L 的降解率为下降终点；投加量从 1.0g/L 变化到 2.5g/L，UDMH 2h 降解率一直在缓慢上升。

表 5-3 Cu/TiO_2-GNP 不同投加量的光催化降解结果

投加量/(g/L)	0.10	0.25	0.50	0.75	1.00	1.25	1.50	1.75	2.00	2.50
2h 降解率/%	33.77	37.01	41.17	36.08	32.20	34.66	37.79	39.98	41.01	44.08

图中曲线趋势是因为当 Cu/TiO_2-GNP 投加量较小时，光量子产量较低，导致光催化效率低，降解率低；随着催化剂投加量的增加，光量子产率增高，从而使光催化速率加快，降解率提高；当催化剂投加量从 0.5g/L 变化到 1.0g/L 时，降解率反而呈减小趋势，这可能是因为光催化剂增多会使悬浮颗粒增多导致光散射[7]，影响光吸收，导致光催化效率下降，降解率下降；当催化剂投加量大于 1.0g/L 时，随着催化剂投加量的不断增加，催化剂的吸附作用逐渐增强，在未搅拌的溶液中悬浮颗粒浓度一定，光催化效率变化不大，但吸附增强，因此降解率呈上升趋势。

当催化剂的投加量较少时，光量子的产率较小导致反应速度较慢，催化剂投加过多会引

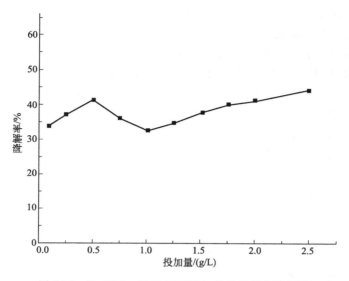

图 5-15　Cu/TiO₂-GNP 不同投加量的光催化降解图

起光散射，影响溶液的透光率，降低光催化效率，同时造成催化剂浪费。根据实验结果，催化剂的最佳投加量为 0.5g/L。

（2）初始 pH 值的影响

选择 Cu/TiO₂-GNP 的投加量为 0.5g/L。不同初始 pH 条件下的实验结果如图 5-16 及表 5-4 所示。

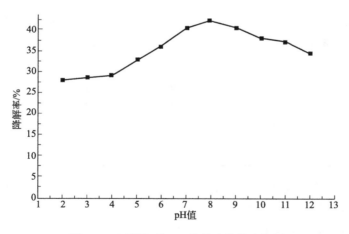

图 5-16　不同初始 pH 值的光催化降解图

从图 5-16 中可以看出，随着 pH 的增大，UDMH 2h 降解率也逐渐增大，在 pH＝8 时，UDMH 2h 降解率达到最大值 80％；在 pH＞9 时，随着 pH 的增大，降解率呈减小趋势。

表 5-4　不同初始 pH 值的光催化降解结果

pH	2	3	4	5	6	7	8	9	10	11	12
2h 降解率/％	27.88	28.65	29.04	32.77	35.94	40.53	42.27	40.34	38.03	37.17	34.25

总体上来看，在碱性环境中 Cu/TiO₂-GNP 的光催化效果比在酸性环境中要好，在 pH＝8 的条件下降解率最大达到 42.27％。pH 主要是影响光催化剂表面的电荷，进而影响

光生电子-空穴对的传输，这可能是因为 UDMH 在酸性条件下是以 $(CH_3)_2NNH_3^+$ 盐的形式存在，酸性溶液中催化剂表面呈正电性，易吸附高价阴离子，催化剂对其吸附性能没有中性溶液好。同样在碱性溶液中催化剂表面呈负电性，而 UDMH 分子周围包围着 OH^-，同样不利于催化剂对 $(CH_3)_2NNH_2$ 的吸附。因此，对于 Cu/TiO$_2$-GNP 催化降解 UDMH 废水最适宜的 pH 值为 8。实验过程中不需人为调节便可达到最适 pH 值。

（3）超重力环境的影响

在 Cu/TiO$_2$-GNP 投加量为 0.5g/L，UDMH 废水的 pH 不人为调节的条件下进行模拟超重力环境下对偏二甲肼光降解实验，结果见图 5-17 及表 5-5。

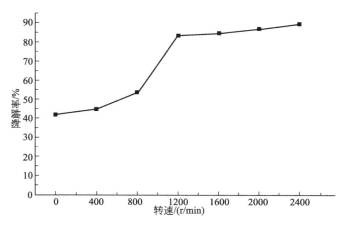

图 5-17　不同转速下光催化降解率效果图

从图 5-17 可以看出，随着磁力搅拌转速的增大，UDMH 2h 降解率逐渐增大，这是因为转速增加，提高了催化剂与 UDMH 的接触界面更新速度，UDMH 的 2h 降解率也逐渐加快。

表 5-5　不同转速下光催化降解率结果表

转速/(r/min)	0	400	800	1200	1600	2000	2400
超重力因子	0	8.92	35.81	80.67	143.23	223.80	322.27
降解率/%	41.69	44.64	53.27	83.49	84.54	86.39	88.70

由表 5-5 可知，当转速超过 800r/min 后，UDMH 的降解速率会出现较大的跃升，当降解体系达到超重力环境时，不同分子的扩散速率、不同相之间的传质速率以及不同相界面之间的更新速率都远远高于普通重力场中的反应，说明在模拟超重力条件下可以极大地促进 Cu/TiO$_2$-GNP 对 UDMH 的光催化降解，2h 降解率可达 80% 以上。根据图 5-17 中曲线可以推断当转速为 1000r/min 时，超重力因子为 55.95，可达到超重力环境，会使得降解率得到极大提高。

选择 Cu/TiO$_2$-GNP 的投加量为 0.5g/L，最适 pH 值为 8，转速为 1000r/min 进行验证实验，并测定降解体系的 COD 值。结果见图 5-18。从图中可以看出，0～30min 时，UDMH 降解率较高，可能是因为在 1000r/min 的转速下，Cu/TiO$_2$-GNP 与 UDMH 分子快速达到吸附平衡，并且光催化速度较快；30min 后，体系处于吸附降解平衡状态，因此降解效率下降，最终降解率达到 82.39%，与转速试验中 1200r/min 的降解率 83.49% 接近，说明转速为 1000r/min 时能达到超重力环境，选择 1000r/min 为最适降解转速。

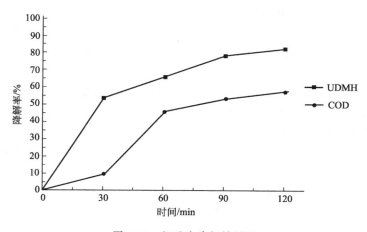

图 5-18　超重力降解效果图

从图中可以看出，0～30min 时，COD 的降解率较小，这可能是因为 0～30min 时，大量降解的 UDMH 被分解成中间产物，但并没有被彻底分解为小分子无机物，与紫外吸收光谱分析降解过程的结论相一致；当 30～60min 时，COD 降解率迅速提升，这可能是因为大量 UDMH 分子在 0～30min 被降解为中间产物后在 30～60min 这些中间产物被彻底降解为无机小分子，使 COD 浓度快速降低。经测 400mg/L 废液的初始 COD 值为 720.00mg/L，降解 2h 时测得 COD 值为 304.92mg/L，最终 COD 的降解率为 57.65%。

（4）多方法联用降解 UDMH 结果

降解条件：转速为 1000r/min、UV-Fenton 试剂添加量为 0.5Q、Cu/TiO$_2$-GNP 添加量为 0.5g/L、pH＝6，UDMH 降解曲线记为 UDMH-1，COD 降解曲线记为 COD-1；以 Cu/TiO$_2$-GNP 与超重力技术结合降解进行对比，UDMH 降解曲线记为 UDMH-2，COD 降解曲线记为 COD-2，降解时间为 1h，每次取样为 20min。降解效果如图 5-19 所示。

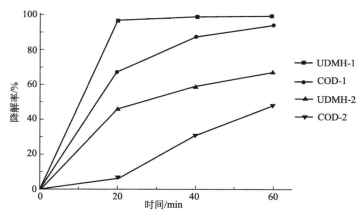

图 5-19　UDMH 与 COD 降解效果图

图 5-19 为两种方法降解 UDMH 与 COD 的效果图。从图中可以看出，多方法耦合联用降解 UDMH 效果明显，20min 时，UDMH 的降解率就达到了 96.67%，这可能是因为 UV-Fenton 与 Cu/TiO$_2$-GNP 在紫外光作用下，使得体系内的 H$_2$O$_2$ 大量转化为羟基自由基，UDMH 被快速分解，20min 后，降解率提升不高，最终 1h UDMH 降解率为 99.79%；对

于 COD 降解，0~20min，COD 降解率较高，达到了 65.43％，这也是因为体系中存在大量羟基自由基，尽管有 UDMH 分子转化为中间产物，但大量羟基自由基的存在使得中间产物被迅速降解，20min 以后，COD 降解速率下降，最终 1h COD 降解率达到 91.67％，为 59.98mg/L。

从图 5-19 中可以看出，光催化法与超重力联用降解效果没有多方法联用降解高效、快速，0~20min 时，UDMH 被迅速降解，20min 后，UDMH 降解速率下降，最终 1h UDMH 降解率为 67.34％；对于 COD 降解，0~20min，COD 降解率较低，是因为 UMDH 降解中间产物形成；20min 后，COD 降解速率升高，最终 1h 的 COD 降解率为 47.96％，为 374.79mg/L。

对比两种方法的研究结果发现，多方法联用可以高效、快速地降解 UDMH 与 COD，并极大地提高降解率，并且理论研究最佳降解条件可以提高 COD 降解率。

5.1.5　臭氧强化 TiO₂ 薄膜光催化降解偏二甲肼研究

光催化氧化和臭氧氧化相结合是近年来高级氧化领域的一个研究热点，两者的结合能显著增加羟基自由基的产生量，对于难降解有机物的降解和矿化是一种有效的方式。

（1）TiO_2 薄膜光催化降解偏二甲肼

对自制的 TiO_2 薄膜催化剂光催化降解偏二甲肼的性能进行测试，并与 UV 降解结果对比。偏二甲肼的初始浓度约为 160mg/L，结果见图 5-20。

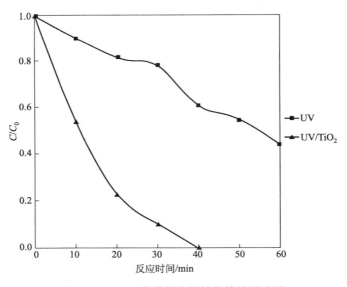

图 5-20　TiO_2 薄膜催化剂催化效果测试图

由图 5-20 可见，UV 光照能够去除偏二甲肼，反应符合零级动力学模型，60min 时去除率约为 56％，UV/TiO₂ 对偏二甲肼有更好的去除效果，反应 40min 时，偏二甲肼即无法检出，反应符合一级动力学模型，$k = 0.0779 min^{-1}$，这说明自制的 TiO_2 薄膜光催化剂具有良好的催化性能。

（2）O_3/UV 和 $O_3/UV/TiO_2$ 对比

在 O_3/UV 工艺中，放置在反应器中心的紫外灯发射的紫外光被溶液中的臭氧、偏二甲肼等物质吸收，发生一系列反应，使污染物得到降解，但是仍会有部分紫外光不能被吸收而透出，这部分紫外光的多少取决于溶液中物质的性质和浓度。在反应器的内壁放置 TiO_2 薄膜催化剂能够吸收从溶液中透射出的紫外光，发生光催化反应，降解有机物，同时，光催化和臭氧能产生协同作用，形成臭氧光催化体系，增强羟基自由基的生成能力。

首先考察了在 O_3/UV 体系中添加 TiO_2 的作用。偏二甲肼初始浓度约为 250mg/L，臭氧投加速率为 21.4mg/(L·min)，结果如图 5-21 所示。O_3/UV 和 $O_3/UV/TiO_2$ 对偏二甲肼的降解速率差别不大（$k_{O_3/UV}=0.220min^{-1}$，$k_{O_3/UV/TiO_2}=0.211min^{-1}$），可见 TiO_2 没有起到预想中的作用，原因可能是因为臭氧的投加量很大，而臭氧对紫外光的吸收又很强〔其摩尔吸光系数达 3300L/(mol·cm)〕，所以紫外光的吸收比较完全，透射到 TiO_2 上的光很少。

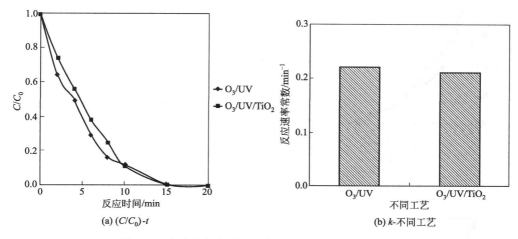

图 5-21　高臭氧投加量时 TiO_2 对 O_3/UV 的增强作用

基于此种可能的原因，把臭氧的投加量降低到 8.1mg/(L·min)，进行 O_3/UV 和 $O_3/UV/TiO_2$ 的对比试验，如图 5-22 所示，结果表明 $O_3/UV/TiO_2$ 的降解速率明显快于 O_3/UV，一级动力学常数提高了 32%。由此可见，TiO_2 薄膜催化剂发挥作用的大小主要与臭氧的投加量有关。臭氧投加量越大，透射到 TiO_2 上的紫外光越少，TiO_2 作用越小，反之，臭氧投加量越小，透射到 TiO_2 上的紫外光越多，TiO_2 发挥的作用越大。

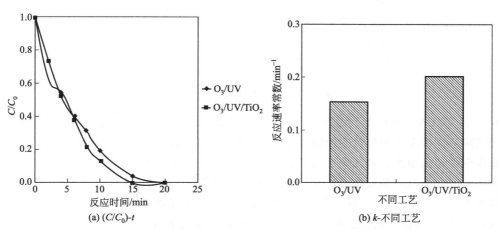

图 5-22　低臭氧投加量时 TiO_2 对 O_3/UV 的增强作用

（3）O_3/VUV 和 O_3/VUV/TiO_2 对比

对于 O_3/VUV 工艺，在臭氧投加速率为 20.7mg/（L·min）和 8.1mg/（L·min）两种条件下 O_3/VUV 和 O_3/VUV/TiO_2 降解偏二甲肼的结果如图 5-23 和图 5-24 所示。在臭氧投加速率为 20.7mg/（L·min）的情况下，O_3/VUV 和 O_3/VUV/TiO_2 对偏二甲肼的降解速率差别不大，O_3/VUV/TiO_2 的一级动力学常数仅比 O_3/VUV 大 4.9％，而在臭氧投加速率为 8.1mg/（L·min）的条件下，O_3/VUV/TiO_2 对偏二甲肼的降解速率明显高于 O_3/VUV，一级动力学常数比 O_3/VUV 提高了 26.5％。结果基本与 O_3/UV 和 O_3/UV/TiO_2 的对比结果保持一致。

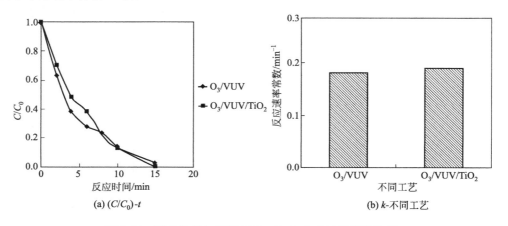

图 5-23　高臭氧投加量时 TiO_2 对 O_3/VUV 的增强作用

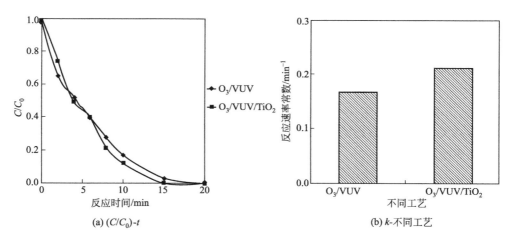

图 5-24　低臭氧投加量时 TiO_2 对 O_3/VUV 的增强作用

对于 O_3/VUV/TiO_2 工艺而言，TiO_2 薄膜催化剂发挥作用的大小主要与臭氧的投加量有关，而实际应用中需要的臭氧的投加量与废水中偏二甲肼的浓度是相关的，实际中偏二甲肼废水的浓度变化范围很大，从几毫克每升到 2000 多毫克每升，一般情况下，污水中偏二甲肼的含量为 50～200mg/L，假设需要的臭氧投加比（臭氧质量/偏二甲肼质量）为 6，反应 40min，则对浓度为 50～200mg/L 的偏二甲肼废水需要的臭氧投加速率为 7.5～30mg/（L·min），在此范围内，TiO_2 薄膜催化剂能发挥较大的作用［臭氧投加速率为 8.1mg/（L·min）时，一级动力学常数提高了 26.5％］。TiO_2 是一种成本较低的催化剂，而且 TiO_2 薄膜催化剂能够连续使用，从成本和处理效果来看，相对于其他几种臭氧紫外技术，O_3/VUV/TiO_2 处理较低浓度的偏二甲肼废水是具有优势的。

5.1.6 O_3/VUV/TiO_2 降解偏二甲肼的影响因素研究

（1）pH 的影响

偏二甲肼初始浓度约为 90mg/L，臭氧投加速率为 21.0mg/(L·min)，不同 pH 对 O_3/VUV/TiO_2 降解偏二甲肼影响的试验结果如图 5-25 所示。同时不同 pH 值条件下中间产物甲醛浓度的变化情况如图 5-26 所示。

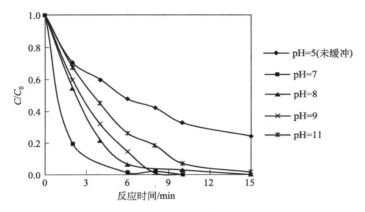

图 5-25　pH 值对 O_3/VUV/TiO_2 降解偏二甲肼的影响

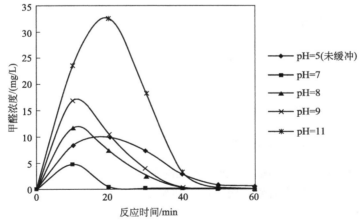

图 5-26　pH 对中间产物甲醛浓度的影响

由图 5-25 可见，不同 pH 下偏二甲肼降解速率的大小次序是：pH7＞pH8＞pH9＞pH11＞pH5，与 O_3/VUV 中的研究结果基本一致。甲醛浓度都经历了一个先增大后降低的过程。值得注意的是在 pH 从 7 增大到 11 时，偏二甲肼的降解速率逐渐变慢，而甲醛在反应中能达到的最大值逐渐增大。在 pH5 的酸性条件下，甲醛能达到的最大浓度高于 pH7 的情况下，原因可能是偏二甲肼在不同 pH 下的反应途径有所不同，产生的甲醛的量有所不同，也有可能是甲醛在不同 pH 下的降解速率有所不同，在中性条件下降解较快。

（2）偏二甲肼初始浓度的影响

在臭氧投加速率 20.3mg/(L·min)，pH 不调节条件下，O_3/VUV/TiO_2 对不同初始

浓度偏二甲肼的降解见图 5-27，从不同初始浓度的一级动力学常数与初始浓度的倒数拟合得图 5-28。

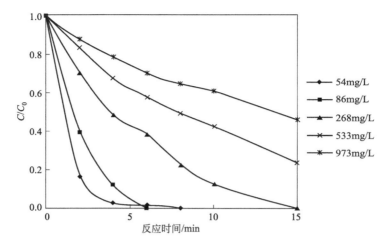

图 5-27　偏二甲肼初始浓度对其降解的影响

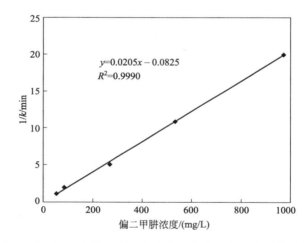

图 5-28　反应速率常数倒数（$1/k$）和偏二甲肼浓度的关系

由图 5-27 和图 5-28 可见，偏二甲肼的表观降解速率常数随偏二甲肼初始浓度的升高而降低。而且，反应速率常数的倒数与偏二甲肼初始浓度成良好的线性关系。

（3）臭氧投加速率的影响

前面研究表明，提高臭氧的投加速率能提高偏二甲肼的降解速率，并且反应速率常数随臭氧投加速率线性增大。

偏二甲肼初始浓度约为 270mg/L，不调 pH，臭氧的投加速率在 5.7～33.7 mg/(L·min) 范围，臭氧投加速率对偏二甲肼降解的影响见图 5-29。由图 5-29 可见，随臭氧投加速率增大，偏二甲肼的降解也显著加快。从图 5-30 所示的表观一级反应速率常数随臭氧投加速率的变化可以看出，表观一级反应速率常数随臭氧投加速率的增大而线性增加。臭氧投加速率的增大促进了臭氧向溶液中扩散，不仅促进了臭氧的直接反应，同时也增大了羟基自由基的产生速度，从而使总的反应速率常数 k 随臭氧投加速率线性增大。

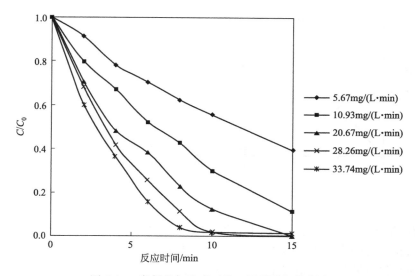

图 5-29 臭氧投加速率对偏二甲肼降解的影响

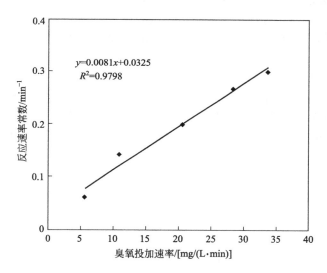

图 5-30 反应速率常数随臭氧投加速率的变化

5.1.7 ZnO 光催化降解偏二甲肼废水研究

5.1.7.1 ZnO 光催化影响因素分析

（1）空白对照实验

在半导体纳米氧化物的光催化降解实验中，纳米氧化物和光照是两个必要的条件。图 5-31 是一组对照实验的光催化降解图，处理对象均为 30mg/L 的偏二甲肼废水。其中 a 是将偏二甲肼废水置于黑暗环境中，无任何处理；b 是在偏二甲肼废水中加入 0.01g 样品 a（花状 ZnO），使其在溶液中的浓度为 0.1g/L，置于黑暗环境中；c 是将偏二甲肼废水放在紫外灯下照射，不加 ZnO；d 是在偏二甲肼废水中加入 0.01g 样品 a，并置于紫外灯下照射。经过 2h 的反应，a 的最终降解率为 0，b 为 1.1%，c 为 2.3%，d 为 27.7%。

由此可以推测，在没有 ZnO 和紫外光的条件下，短时间内（2h 以内）偏二甲肼不会自

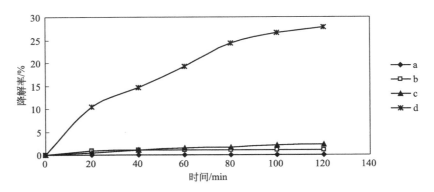

图 5-31　空白对照实验

动分解。在有 ZnO 没有紫外光的情况下，ZnO 不能产生空穴-电子对，但是纳米 ZnO 具有较大的比表面积，有一定的吸附能力，偏二甲肼浓度的微小变化是由于纳米 ZnO 的吸附作用造成的。而在仅有紫外光的情况下，偏二甲肼的浓度也有所降低，说明有少量的偏二甲肼被分解了。空气和废水溶液中的氧在紫外光的照射下生成了臭氧，臭氧具有很强的氧化性，能将偏二甲肼氧化，但是该过程中臭氧的产生量很少，因此对偏二甲肼废水的作用不明显。在紫外光的照射下加入样品 a 后，对偏二甲肼的降解效果非常明显，经过 2h 的光催化降解，降解率能达到 27.7%。

（2）ZnO 的形貌

图 5-32 是利用制备的不同形貌纳米 ZnO 对 30mg/L 的偏二甲肼废水进行降解的效果，ZnO 的用量为 0.1g/L。从图中可以看出，经过 2h 的光催化降解，样品 a 对偏二甲肼的降解率为 27.7%，样品 b 为 38.6%，样品 c 为 46.8%，样品 d 为 40.8%，颗粒状 ZnO 纳米粒子的光催化效果最好。

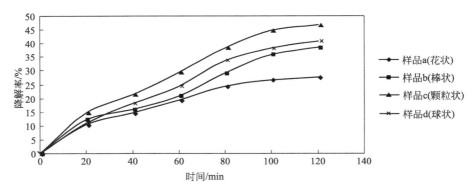

图 5-32　不同形貌 ZnO 的光催化效果

在初始的 20min，由于纳米 ZnO 的吸附作用，偏二甲肼的浓度降低得较快，其中颗粒状 ZnO 的降解速度最快，棒状的其次，花状和球状的较慢。在 20～80min 时间段，纳米粒子的吸附作用达到平衡，光催化作用占主导，降解速率趋于平稳。在 80min 以后，溶液中的偏二甲肼浓度较低，降解速率减慢，在 120min 以后溶液中偏二甲肼的浓度变化很小，光催化作用达到稳定。对于球状 ZnO 纳米粒子，在初始的 20min，其光催化降解效果不如其他形貌的 ZnO 纳米粒子，主要是因为球状纳米 ZnO 的比表面积较小，吸附效果不如颗粒状和棒状 ZnO。20min 后，球状 ZnO 纳米粒子的光催化降解速率比花状和棒状 ZnO 快，可能是由于球状 ZnO 纳米粒子的晶粒尺寸远小于其他形貌 ZnO 纳米粒子，表现出较强的量子尺寸效应。量子尺寸效应使能带变宽，导带和价带的带电性增强，ZnO 的电荷迁移速率更大，有利于光生载流子迁移至粒子表面与有机物反应，增强了氧化还原能力，提高了 ZnO 的光催化效率。球状 ZnO 的光催化效果最终不如颗粒状 ZnO，说明比表面积对光催化性能的影响比较明显。

（3）溶液 pH

由于颗粒状 ZnO 的光催化效果要比其他形貌的 ZnO 好，因此后续的实验均以样品 c 为光催化剂。图 5-33 是利用样品 c 在不同 pH 下光催化降解偏二甲肼废水（30mg/L），ZnO 的用量为 0.1g/L，用 0.01mol/L 的 HCl 和 NaOH 溶液调节偏二甲肼废水的 pH＝4～10。从图中可以看出，在 pH≤8 时，随着 pH 的增大，降解率也逐渐增大；在 pH＞8 时，随着 pH 的增大，降解率呈减小趋势。

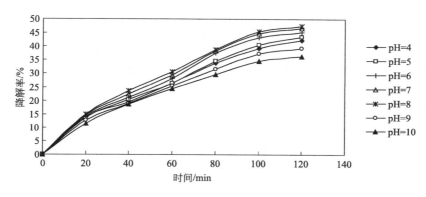

图 5-33　不同 pH 下的光催化效果

总体上来看，在酸性环境中纳米 ZnO 的光催化效果比在碱性环境中要好，在 pH＝8 的条件下降解率能达到 47.6％。pH 的最大作用是影响光催化剂表面的电荷，从而影响电子和空穴的传输，ZnO 的等电点约为 9.3。在弱酸性的环境中，催化剂表面的氢质子和氧负离子能够将羟基自由基吸附到催化剂表面，从而使有机物氧化。但是酸性过强则使 ZnO 表面带有过多的 H^+，抑制空穴的迁移；在弱碱性环境中，OH^- 的存在使 ZnO 表面带负电荷，空穴向 ZnO 表面迁移，与电子受体（OH^-、H_2O 等）反应生成羟基自由基，减小了空穴和电子的复合概率，光催化效率得到提高。光催化反应中最重要的过程就是羟基自由基的产生，OH^- 的增多不利于 HO· 的生成，所以在碱性较强时光催化效果会降低，而且 ZnO 属于两性氧化物，在其表面会形成羟基配合物，影响其光催化性能。

鉴于在 pH＝7 和 pH＝8 时 ZnO 的光催化效率差别不大，为了简化实验步骤，方便操作，在以下实验过程中不利用酸碱溶液调节偏二甲肼废水的 pH 值。

（4）ZnO 浓度

图 5-34 是利用不同浓度（0.05g/L、0.075g/L、0.1g/L、0.2g/L）的样品 c 降解 30mg/L 的偏二甲肼废水。可以看出，随着 ZnO 浓度的增大，降解效果显著提高，但是当浓度为 0.2g/L 时，降解效果却不如浓度为 0.1g/L 时。

ZnO 在光催化过程中是最主要的角色，在紫外光的照射下一定时间内产生的有效空穴-电子对越多，其光催化效果就越好。在一定的浓度范围内，溶液中的 ZnO 越多，受紫外光激发产生的空穴-电子对就越多。在其浓度低于 0.1g/L 的时候，得到的实验结果很明显，经

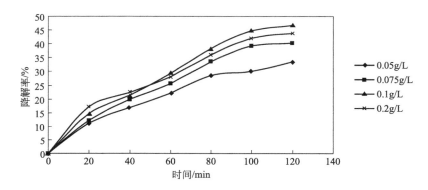

图 5-34　不同浓度 ZnO 的光催化效果

过 2h 的光催化降解，ZnO 浓度 0.05g/L 时降解率为 33.5％，0.075g/L 时为 40.2％，0.1g/L 时为 46.8％，说明 ZnO 浓度的提高有利于光催化反应。当 ZnO 浓度为 0.2g/L 的时候，降解率为 43.7％，比 0.1g/L 时要低。高浓度的 ZnO 反而不利于光催化反应的进行，可能是由于 ZnO 浓度过高，溶液中悬浮的 ZnO 颗粒不利于紫外光的穿透，光催化反应只能在溶液的上层部分进行。

（5）偏二甲肼浓度

图 5-35 是利用样品 c（0.1g/L）对不同浓度（10mg/L、30mg/L、50mg/L）偏二甲肼废水的降解效果。从图中可以看出，当偏二甲肼浓度为 30mg/L 时，光催化降解效果最好。在初始的 60min，浓度为 50mg/L 的偏二甲肼废水的降解速率最快，随着时间的延长，其降解率不如 30mg/L 的偏二甲肼废水。因此最终选择 30mg/L 的偏二甲肼废水作为光催化降解对象。

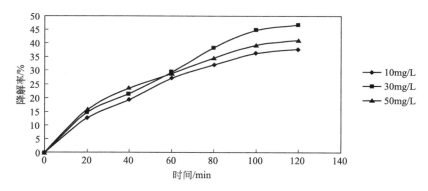

图 5-35　偏二甲肼浓度不同时的光催化效果

5.1.7.2　产物的紫外图谱分析

从前面的光催化实验结果可以看出，颗粒状纳米 ZnO（样品 c）对偏二甲肼的光催化性能是最好的，因此选样品 c 作为催化剂，研究其光催化产物。为了分析降解过程的中间产物，每隔 20min 对实验中的偏二甲肼废水取样，经高速离心沉淀后，取上层清液，用紫外可见分光光度计测试其紫外吸收情况，如图 5-36 所示。

由图 5-36 可知，偏二甲肼废水在 190nm 附近有一个较大的吸收峰，随着光催化降解时间的延长，峰值逐渐减小；而在 230nm 附近有一个较小的吸收峰，在光催化反应之前，该峰不太明显，随着反应的进行，峰值先急剧增大，然后减小。由此可以判断

190nm 附近的吸收峰是偏二甲肼产生的，$(CH_3)_2NNH_2$ 中的 N 含有未共用的电子对，发生 n→σ^* 跃迁产生吸收；而 230nm 附近的吸收峰是光催化降解偏二甲肼过程中产生的中间产物引起的，结合光谱学分析，该峰很可能是 N═N 键的 n→π^* 跃迁引起的，来自偏二甲肼被分解过程中产生的偶氮化合物和四甲基四氮烯。经过 2h 的降解，190nm 附近的吸收峰强度从 0.9620 降低为 0.7518，说明一部分偏二甲肼被分解了。230nm 附近的吸收峰在 ZnO 和紫外光的共同作用下，由初始的 0.1255 逐渐增至 0.3863，最后降低至 0.3490，说明光催化过程中偏二甲肼被分解成其他中间产物，颗粒状纳米 ZnO 对这些中间产物的光催化降解作用不明显。为了彻底地分解偏二甲肼，消除中间产物，需要对颗粒状纳米 ZnO 做一些修饰改性，提高它的量子产率和光催化活性。

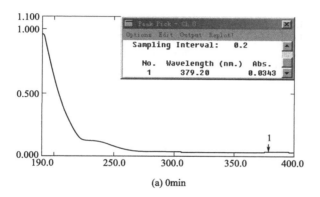

(a) 0min

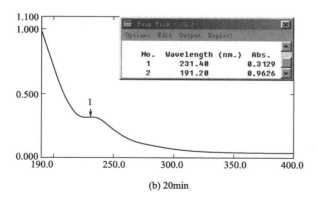

(b) 20min

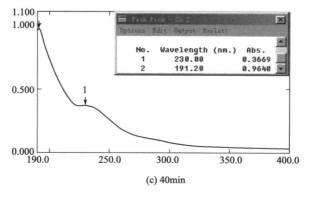

(c) 40min

图 5-36

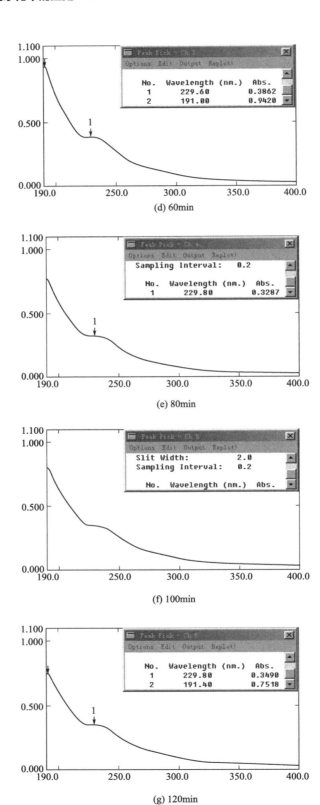

图 5-36　不同时间间隔的催化产物的紫外吸收图

5.1.8　稀土掺杂 ZnO 光催化降解偏二甲肼废水研究

（1）光催化实验

实验步骤与 ZnO 光催化实验步骤相同，掺杂 ZnO 的用量不变，处理的对象仍是 30mg/L 的偏二甲肼废水，不调节废水溶液的 pH 值。实验结果如图 5-37～图 5-39 所示。

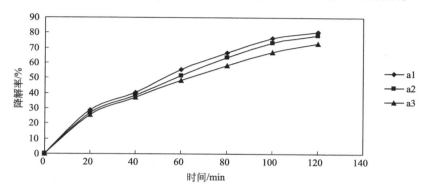

Zn∶La（摩尔比）：a1＝100∶0.5；a2＝100∶1；a3＝100∶2

图 5-37　ZnO/La^{3+} 的光催化效果

图 5-37 是 ZnO/La^{3+} 在紫外光下光催化降解偏二甲肼废水的效果图。随着掺 La^{3+} 量的增加，ZnO/La^{3+} 对偏二甲肼废水的光催化降解性能逐渐减弱，可能与紫外-可见吸收性能有关，从前面的紫外-可见吸收图谱中观察到样品的紫外-可见吸收性能随着掺 La^{3+} 量的增加而减弱，造成空穴-电子的产量降低，影响光催化性能。其中样品 a1 的降解效果最好，经过 2h 的光催化降解，a1、a2、a3 对偏二甲肼废水的降解率分别能达到 80.4％、78.3％、72.8％。与纯 ZnO 的降解过程相似，在刚开始的 20min 降解速率比较快，主要是由于纳米颗粒的吸附作用，吸附性能随着掺 La^{3+} 量的增加而减弱，可能是 La^{3+} 吸附在 ZnO 表面，降低了 ZnO 的吸附性能。

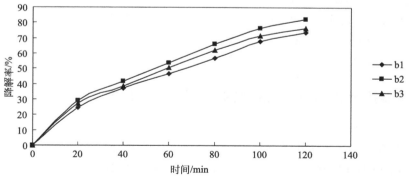

Zn∶Ce（摩尔比）：b1＝100∶0.5；b2＝100∶1；b3＝100∶2

图 5-38　ZnO/Ce^{3+} 的光催化效果

图 5-38 是 ZnO/Ce^{3+} 的光催化效果图。随着掺 Ce^{3+} 量的增加，ZnO/Ce^{3+} 在 2h 后对偏二甲肼废水的光催化降解率由 73.8％增至 82.3％，最后降至 76.4％，样品 b2 的光催化性能最好。结合 ZnO/Ce^{3+} 的紫外-可见吸收图谱可以发现，三种不同掺 Ce^{3+} 量的样品中，b2 的吸收边红移最明显，其次是 b1，b3 稍弱。吸收边红移的一个重要的原因就是晶体的缺陷较多，这样一来，对空穴-电子的捕获能力越强，光催化性能越好。

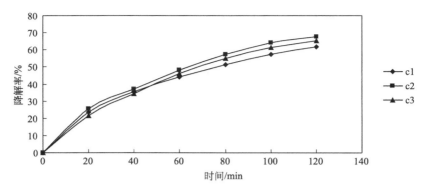

Zn：Y（摩尔比）：c1＝100：0.5；c2＝100：1；c3＝100：2

图 5-39　ZnO/Y^{3+} 的光催化效果

图 5-39 是 ZnO/Y^{3+} 的光催化效果图。c1、c2、c3 在 2h 后对偏二甲肼废水的降解率分别为 61.5%、67.8%、65.2%，ZnO/Y^{3+} 的光催化效果不如 ZnO/La^{3+} 和 ZnO/Ce^{3+}。分析它们的 XRD 和 UV-vis 图谱，发现 ZnO/Y^{3+} 与其他两种样品最大的区别在于晶粒尺寸的大小。ZnO/Y^{3+} 的晶粒尺寸较小造成紫外吸收边蓝移，对紫外光的利用率较低，降低了光催化活性。在光催化实验初始的 20min，不同掺 Y^{3+} 量样品的降解速率：c2＞c1＞c3，表明掺 Y^{3+} 量增加会降低 ZnO 的吸附性能，影响光催化速率。c3 的最终降解率比 c1 大，表明稀土掺杂引起的晶格缺陷对光催化剂的催化性能起着决定性作用。

（2）产物的紫外图谱分析

从前面的光催化实验结果可以看出，样品 b2 对偏二甲肼废水的光催化效果最好，下面选用样品 b2 作为光催化剂，研究其光催化产物。图 5-40 为不同时间间隔的中间产物的紫外光谱图。

从图 5-40 可以看出，产物的紫外吸收光谱图与前面的降解效果比较吻合。经过 2h 的光催化降解，偏二甲肼废水在 190nm 处的吸收峰值由初始的 0.9528 最终降至 0.5322，说明大部分偏二甲肼已经被分解了；在 230nm 附近的吸收峰由初始的 0.0839 增至 0.3794，最终降至 0.1948，效果也比较明显，偶氮化合物和四甲基四氮烯等中间产物在 ZnO/Ce^{3+} 的光催化作用下大部分也被分解了，ZnO/Ce^{3+} 对中间产物的催化降解能力明显比纯 ZnO 增强了很多。说明稀土掺杂能够提高 ZnO 的量子产率，对一些有机小分子的催化能力较强。

5.1.9　贵金属掺杂 ZnO 光催化降解偏二甲肼废水研究

（1）紫外光下光催化实验

图 5-41 是 ZnO/Ag 在紫外光下对偏二甲肼废水的光催化降解效果图，随着掺 Ag 量的增加，对偏二甲肼的光催化性能逐渐减弱。经过 2h 的光催化降解，a1、a2、a3 对偏二甲肼的降解率分别为 92.7%、89.3%、82.7%，与纯 ZnO 相比，a1 的降解率提高了将近一倍。在刚开始的 20min，降解速率较快，a1、a3 比 a2 明显快很多。当反应时间达到 70min 时，a2 的降解率与 a3 差不多，随着反应的继续，a2 的降解率逼近 a1。可以看出，在 40～100min 的时间段，a2 的降解速率最快。说明当 Zn 和 Ag 的摩尔比为 100：1 时，催化效率最高。当掺 Ag 量过多时，形成很多光生电子的陷阱，使各陷阱之间的距离减小，因此电子和空穴越过 Schottky 能垒而结合的概率增大，过量的 Ag 成了电子和空穴的复合中心，影响 ZnO/Ag 的光催化活性。

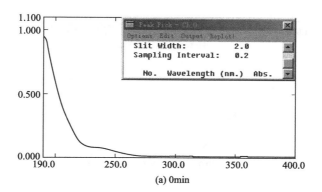

(a) 0min

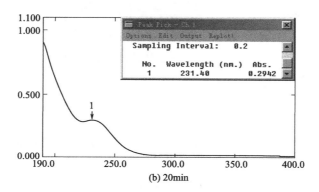

(b) 20min

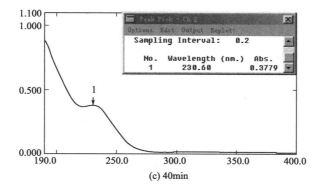

(c) 40min

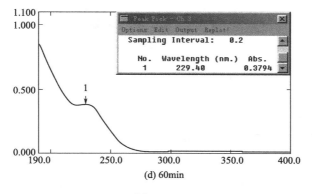

(d) 60min

图 5-40

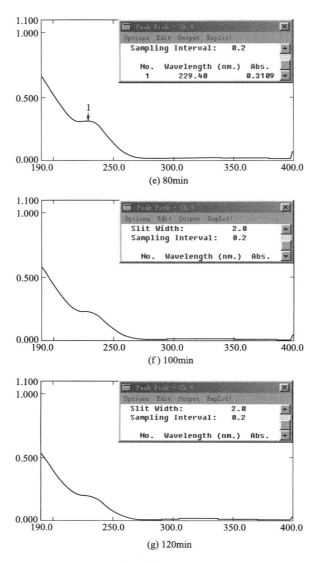

图 5-40　催化产物的紫外吸收图

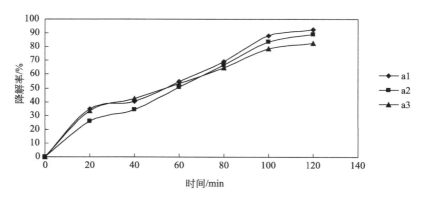

Zn∶Ag（摩尔比）：a1＝100∶0.5；a2＝100∶1；a3＝100∶2

图 5-41　ZnO/Ag 的光催化效果

图 5-42 是 ZnO/Pd 在紫外光下对偏二甲肼废水的光催化降解效果图，随着掺 Pd 量的增加，光催化性能先增强后减弱。b1、b2、b3 在 2h 后对偏二甲肼废水的降解率分别达到72.2％、76.8％、68.4％，b1 的光催化效果在最初的 60min 不如 b3，后来逐渐超过 b3。Pd的最佳掺杂量是 Zn 与 Pd 的摩尔比为 100：1，当掺 Pd 量不足时，不利于 Schottky 能垒的形成，ZnO 中俘获光生电子的陷阱数目不足，电子和空穴不能最大限度的分离；当掺杂量过高时又会使过量的 Pd 成为空穴-电子对的复合中心，削弱陷阱的作用。

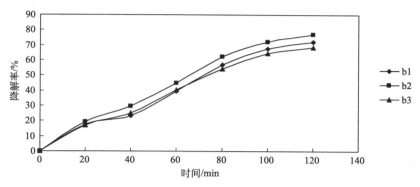

Zn：Pd（摩尔比）：b1＝100：0.5；b2＝100：1；b3＝100：2

图 5-42　ZnO/Pd 的光催化效果

（2）太阳光下光催化实验

太阳光下的光催化实验是选择室外有光照的地方，将加入光催化剂的偏二甲肼废水放置在阳光可以直接照射的地方，其余步骤与紫外光下相同。为了深入研究掺杂样品的光催化过程，在实验中还利用纯 ZnO 在太阳光下光催化偏二甲肼废水做对比。实验当天的天气状况较好，室外的气温为 30.5℃。

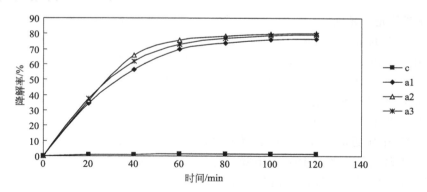

图 5-43　ZnO/Ag 在太阳光下的光催化效果

图 5-43 是 ZnO/Ag 在太阳光下对偏二甲肼废水的光催化降解效果图，其中 c 是颗粒状ZnO 在太阳光下的光催化效果，经过 2h 基本上没有降解。从图中可以看出，ZnO/Ag 在最初的 40min 内降解速率最快，随着反应的持续，降解速率迅速减慢，在 60min 以后光催化反应基本上达到平衡，其中 a2 在 60min 时的降解率能达到 75.7％。经过 2h 的太阳光照射，a1、a2、a3 对偏二甲肼的降解率分别达到 76.5％、80.2％、79.2％，其中 a3 在太阳光下与在紫外光下的降解效果很接近。说明了 ZnO/Ag 的光谱相应范围拓展到可见光波段，在太阳光的照射下能够被激发产生空穴-电子对。当 Zn 和 Ag 的摩尔比为 100：1 时光催化效果最好，此时因 Schottky 能垒形成的光生电子陷阱发挥的效率最高，掺 Ag 量过低或过高都不

利于空穴电子对的产生和分离，降低 ZnO/Ag 的光催化性能。

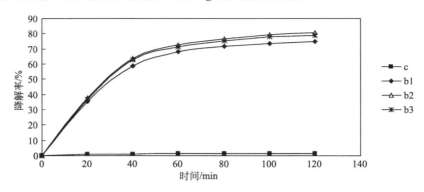

图 5-44　ZnO/Pd 在太阳光下的光催化效果

图 5-44 是 ZnO/Pd 在太阳光下对偏二甲肼废水的光催化降解效果图，与 ZnO/Ag 类似，在最初的 40min 降解速率最快，在 60min 时基本达到平衡，其中 b2 在 60min 时对偏二甲肼的降解率能达到 72.5%。经过 2h 的太阳光照射，b1、b2、b3 对偏二甲肼的降解率分别达到 74.6%、80.5%、78.8%，与紫外光下的降解效果相比，均有明显的提高，与 ZnO/Pd 的紫外-可见吸收光谱一致。这是 ZnO/Pd 与其他所有复合、掺杂 ZnO 材料最大的区别，其中 b3 在太阳光下对偏二甲肼的降解率比在紫外光下提高了 10.4 个百分点。Pd 的最佳掺杂量与 Ag 相同，掺 Pd 量过高或过低都不利于光催化反应。

（3）产物的紫外图谱分析

在不同的光源下，样品 a2（Zn 和 Ag 的摩尔比为 100：1）对偏二甲肼的光催化性能基本上都是最好的（太阳光下与 b2 接近），选 a2 作为光催化剂，研究不同光源下的光催化产物。

① a2 在紫外光下光催化产物的分析　图 5-45 为紫外光下样品 a2 光降解偏二甲肼废水过程中不同时间点的紫外吸收图。在光催化反应之前，偏二甲肼废水在 190nm 附近有明显的吸收峰，在 230nm 附近有一个较弱的吸收峰。经过 20min 的光催化降解，在 190nm 附近的吸收峰有微小的减弱，但是在 230nm 处的吸收峰强度却剧增。经过 2h 的光催化降解，190nm 附近的吸收峰强度由最初的 1.0247 降至最终的 0.7321，与前面的降解率曲线不太相符，可能是因为光催化过程中产生了二甲胺、硝基甲烷等物质，产生 n→σ* 跃迁，增强了光催化产物在 190nm 附近的吸收；230nm 附近的吸收峰强度由最初的 0.0917 经过 20min 升至 0.7152，再逐渐降至最终的 0.1947，下降趋势与前面的降解率曲线相符，说明大部分偶氮化合物和四甲基四氮烯等中间产物最终被降解了。

② a2 在太阳光下光催化产物的分析　图 5-46 为太阳光下 a2 降解偏二甲肼废水过程中不同时间点的紫外吸收图。光催化实验之前测试的结果与紫外光下的一致，由于离心不够彻底的原因，使溶液不够澄清，吸收基线上浮，在 190nm 附近有较强的吸收，由偏二甲肼产生；在 230nm 附近有一个较弱的吸收峰，由偶氮化合物和四甲基四氮烯产生。经过 20min 的光催化降解，190nm 附近的吸收开始减弱，230nm 处的吸收峰却大幅增强，与紫外光下的结果一致。同时在 202.80nm 处还出现了一个较强的吸收峰，推测可能是某些中间产物中含有未共用电子对引起的 n→σ* 跃迁。经过 2h 的光催化降解，190nm 附近的吸收峰强度由最初的 1.0559 降至最终的 0.2933，说明太阳光下 ZnO/Ag 对偏二甲肼废水的光催化降解产物与紫外光下有很大的差异，产生的二甲胺、硝基甲烷等物质相对较少；而 230nm 附近的

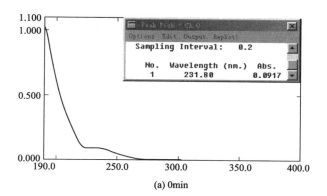

(a) 0min

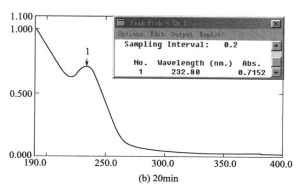

(b) 20min

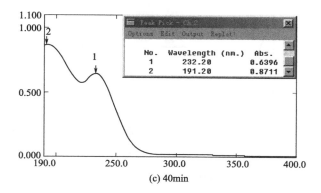

(c) 40min

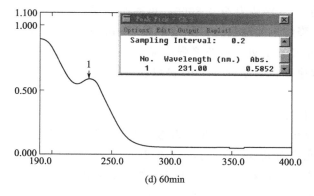

(d) 60min

图 5-45

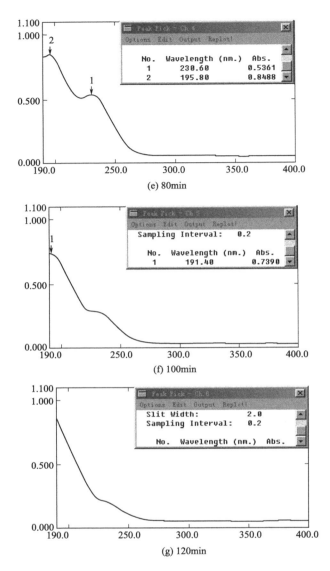

图 5-45　紫外光下催化产物的紫外吸收图

吸收峰强度由初始的 0.2308 先升至 0.8000，再逐渐降至 0.0133，说明偶氮化合物和四甲基四氮烯等中间产物的降解也很彻底。实际上，在 60min 时产物在 190nm 附近的吸收峰强度已经降至 0.3201，而 230nm 处的吸收峰强度降至 0.0552。相比紫外光下的光催化过程，太阳光下的光催化降解速率在初始的 60min 要更快，且对中间产物的分解更彻底，与前面的降解曲线非常吻合。

（4）产物的 COD 分析

为了进一步分析和研究偏二甲肼是否被降解，需要测定废水的 COD。光催化实验与前面的产物紫外光谱分析实验相同，每隔 20min 取 20mL 水样，初始水样的 COD 值为 56.1mg/L。根据测定结果计算出的 COD 去除率如图 5-47 所示，其中曲线 a 是在紫外光下催化产物的 COD 去除率变化曲线，曲线 b 是在太阳光下的 COD 去除率变化曲线。

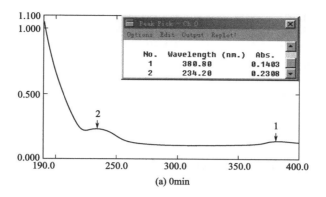

(a) 0min

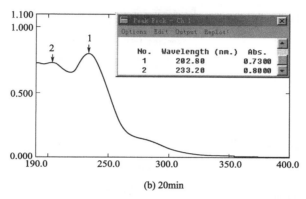

(b) 20min

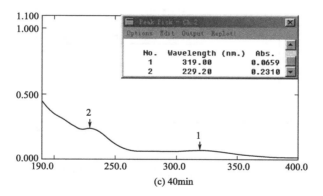

(c) 40min

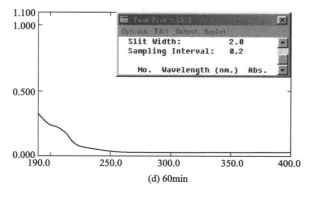

(d) 60min

图 5-46

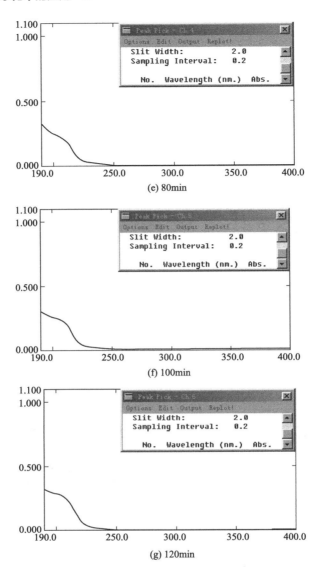

图 5-46　太阳光下催化产物的紫外吸收图

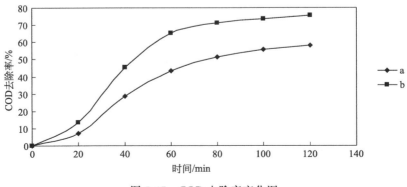

图 5-47　COD 去除率变化图

从图 5-47 中可以看出，经过 120min 的光催化降解，在太阳光下对 COD 的去除率能达到 75.7%，而在紫外光下为 58.2%，两组实验的偏二甲肼废水的 COD 最终值分别为 13.6mg/L 和 23.4mg/L。在光催化过程中，偏二甲肼被分解成甲醛、氰根离子等难以降解的小分子物质，加上偏二甲肼废水浓度比较低，降解速率较慢，造成废水体系中 COD 的去除不够彻底。从实验结果看，ZnO/Ag 在太阳光下能够更彻底地将偏二甲肼分解成小分子物质，比紫外光下降解速度快、效果好，这与紫外图谱得到的结果一致。

从前面的光催化实验结果可以看出，经过贵金属修饰后的 ZnO 纳米颗粒在太阳光下对低浓度偏二甲肼废水的光催化降解效果与它在紫外光下的光催化效果接近，甚至比紫外光下要好。分析其中的原因，可能是因为在紫外光下纳米 ZnO 接收的能量高，空穴-电子对受激发后不稳定，很容易复合回到基态，光量子产率比在太阳光下要低，造成其光催化活性降低。

半导体与金属接触时，载流子在半导体与金属相界面之间的迁移方式会发生改变，使表面层内的电荷重新分布，形成能带弯曲和 Schottky 能垒。图 5-48 是 ZnO/Ag 光催化机理图。ZnO 的功能函数（Φ_s）比 Ag 的功能函数（Φ_m）大，费米能级（E_{fs}）比 Ag 的费米能级（E_{fm}）低。在 ZnO/Ag 异质结构的纳米晶体中，电子从金属 Ag 转移到 ZnO 上，使它们两相达到平衡并形成新的费米能级（E_f），如图 5-48(a) 所示。在紫外光的照射下，ZnO 价带上的电子被激发跃迁到导带上，由于 ZnO 导带的能级高于新的费米能级，光生电子转移到金属 Ag 上，被吸附的 O_2 捕获，形成氧负离子 $O_2^-\cdot$；留在 ZnO 价带上的空穴被 OH^- 捕获，形成羟基自由基 $HO\cdot$。反应如下：

$$ZnO + h\nu \longrightarrow e_{cb} + h_{vb}^+$$

$$Ag \longrightarrow Ag^+ + e$$

$$e + O_2 \longrightarrow O_2^-\cdot \xrightarrow{H^+} HO_2\cdot \longrightarrow O_2 + H_2O_2 \xrightarrow{e} OH^- + HO\cdot$$

$$Ag^+ + e \longrightarrow Ag$$

$$h_{vb}^+ + OH^- \longrightarrow HO\cdot$$

$$HO\cdot + UDMH \longrightarrow CO_2，H_2O \text{ 等降解产物}$$

从上述反应式也可以看出，Ag 在光催化反应中充当着电子陷阱的角色，能够促进 Ag 和 ZnO 晶面间的电荷转移，使光生空穴-电子对有效分离，延长了空穴的寿命，提高了 ZnO 的光催化性能，而 ZnO 充当着空穴-电子源。

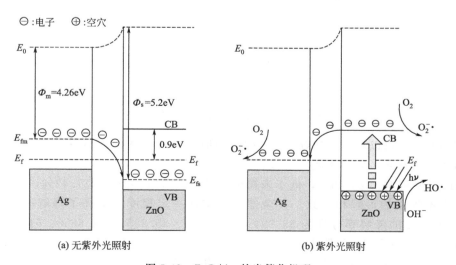

图 5-48　ZnO/Ag 的光催化机理

5.2 硝基氧化剂废水的光催化还原研究

硝基氧化剂主要包括红烟硝酸、四氧化二氮等液体推进剂，由硝酸、氮氧化物等组成，是一类易于挥发的酸，具有强氧化性、腐蚀性和毒性[8]。在硝基氧化剂的生产、储存、运输、使用等过程中会产生大量的废水。这类废水中含有一定浓度的 NO_3^- 和 NO_2^-，对环境可能会造成一定的伤害或者污染[9-11]。

硝基氧化剂废水的治理方法有多种，光催化还原即为其中的一种。

5.2.1 紫外光下光催化反应

利用制备的 M/TiO_2-GO 复合材料在 15W 的紫外灯照射下光催化还原初始浓度为 80mg/L（以氮元素计算）的 NO_3^-，实验结果如图 5-49 所示。

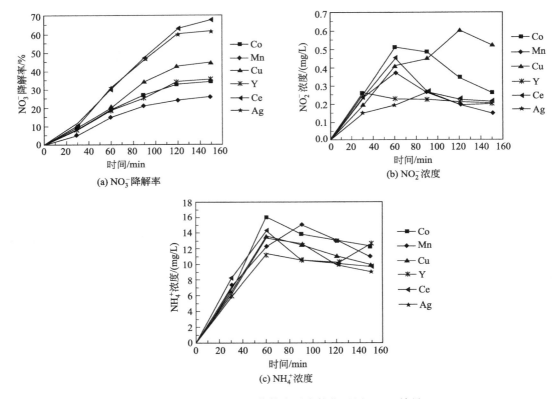

图 5-49　M/TiO_2-GO 紫外光下光催化还原 NO_3^- 效果

由图 5-49(a) 可以看出，随着反应时间的增加，NO_3^- 的降解率越来越高，而且在反应前 30min 所有催化剂的降解率相差不大，差别出现在 30min 以后。在所制备的催化剂中只有掺杂 Mn 的降解率为 25.98%，低于未掺杂前 TiO_2-GO 的降解率 31.42%，这与其 SEM 表征结果中不规则的形貌相一致。其余催化剂均在一定程度上提高了降解率，掺杂 Co、Cu、Y、Ce、Ag 的降解率分别为 33.99%、44.60%、35.32%、67.66%、61.65%。从降解率来看，掺杂 Ce 和 Ag 的催化效果较好，这与紫外-可见漫反射光谱结果分析一致。

图 5-49(b) 为反应过程中 NO_2^- 的浓度变化。从图中可以看出，NO_2^- 浓度均小于 0.6mg/L，浓度很低，不同掺杂催化剂所生成的 NO_2^- 浓度相差不大。从图 5-49(c) 中可以

看出，反应中副产物 NH_4^+ 主要在反应前 60min 生成。

将所得数据代入公式中，得到各催化剂的氮气选择性，如表 5-6 所示。

表 5-6 各催化剂催化效果比较

催化剂	NO_3^- 降解率/%	氮气选择性/%	催化剂	NO_3^- 降解率/%	氮气选择性/%
TiO_2-GO	31.42	49.51	Y/TiO_2-GO	35.32	54.69
Co/TiO_2-GO	33.99	53.84	Ce/TiO_2-GO	67.66	81.72
Mn/TiO_2-GO	25.98	46.67	Ag/TiO_2-GO	61.65	81.24
Cu/TiO_2-GO	44.60	70.85			

掺杂 Co、Mn、Y 的催化剂的氮气选择性强化作用不明显，而掺杂 Cu、Ce、Ag 的催化剂的氮气选择性提高了接近一倍，效果比较明显。综合考虑降解率和氮气选择性，Ce/TiO_2-GO 的催化效果最好。

尽管掺杂后的材料的吸光范围与 TiO_2-GO 相比，都有一定程度的红移，但是红移并不一定能增强催化剂的活性。Ce/TiO_2-GO 和 Ag/TiO_2-GO 红移较大，光催化效果最好，Cu/TiO_2-GO、Co/TiO_2-GO 和 Y/TiO_2-GO 的催化活性稍有提高，而 Mn/TiO_2-GO 却降低了光催化的降解效果，可能是吸光度降低的原因造成的。由此可见，仅仅从吸光范围是否红移来判断光催化活性的改变情况是不全面的，吸光范围与光催化性能并不是简单的正比关系，吸光度的大小也会对催化剂活性产生影响。

5.2.2 太阳光下光催化反应

根据紫外-可见漫反射光谱分析结果，对吸光区域有明显红移的 Ce/TiO_2-GO 和 Ag/TiO_2-GO 两种催化剂进行太阳光下的催化还原实验。按照前述催化还原的实验步骤，利用制备的 Ce/TiO_2-GO 和 Ag/TiO_2-GO 复合材料在太阳光照射下光催化还原初始浓度为 80mg/L（以氮元素计算）的 NO_3^-，实验时的温度为室温，实验结果如图 5-50 所示。

由图 5-50 可以看出，Ce/TiO_2-GO 和 Ag/TiO_2-GO 在太阳光下都对 NO_3^- 有一定的还原作用，降解率分别为 27.83%、30.42%，氮气选择性为 50.46%、57.51%。中间产物的形成规律及变化趋势与紫外光照射下基本相同，特别是 NO_2^- 的浓度也是一个先增加，增加到一定值后又慢慢减少的趋势。虽然降解率与选择性并不是特别理想，但是太阳光下具有一定的催化效果，对今后更好地利用太阳光进行相关实验具有一定的参考价值。

5.2.3 模拟硝基氧化剂废水的强化光催化处理研究

为了进一步提高光催化还原 NO_3^- 的降解率，除了用甲酸作空穴捕获剂外，还可以在溶液中分别添加适量亚硫酸盐、Fe^{2+} 作为空穴捕获剂来增强其光催化还原效果。

（1）溶液中添加亚硫酸钠对光催化反应的影响

在光催化还原硝基氧化剂废水反应的同时添加一定量的亚硫酸钠（$NaSO_3$）溶于反应体系中，使其浓度达到 0.1mol/L，进行紫外光下的光催化实验，结果如图 5-51 所示。

图 5-51(a) 为在相同条件下，只加入亚硫酸钠不加催化剂和二者同时加入的降解率对比。可以看出只加入亚硫酸钠也具有一定的降解效果，可能是亚硫酸钠与 NO_3^- 发生了化学还原反应。图 5-51(b) 为亚硫酸钠强化作用下光催化还原反应过程中各离子浓度变化趋势。可以看出，NH_4^+ 浓度在 60~90min 有一个突跃，可能是由于此时光生电子相对过量，生成氮气后继续还原产生了 NH_4^+。反应 150min 后的 NO_3^- 降解率为 71.83%，经过计算其氮气

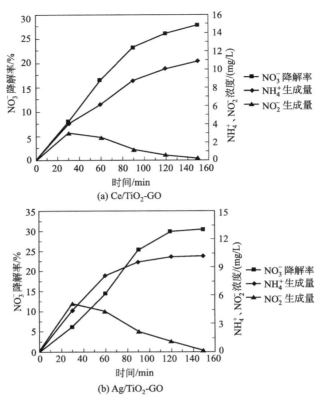

图 5-50 太阳光下光催化还原 NO_3^- 效果

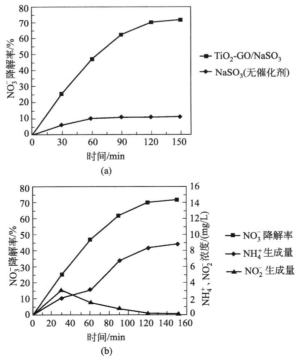

图 5-51 亚硫酸钠强化光催化还原 NO_3^- 效果

选择性为 84.41％，与未添加亚硫酸钠时的 67.66％ 和 81.24％ 相比，均有一定的提高。由此推测，亚硫酸钠强化还原效果的原因一方面是发生了化学还原反应；另一方面 SO_3^{2-} 在 Ce/TiO$_2$-GO 表面的吸附作用较强，可以消耗光生空穴，减少光生电子-空穴的复合，使得更多的电子发生光催化还原反应，进而强化光催化还原反应效果。

（2）**溶液中添加 Fe^{2+} 对光催化反应的影响**

研究表明，将 Fe^{2+} 添加到反应溶液中对光催化耦合除去溶液中的 NO_2^-、NO_3^- 有促进作用。按照前述的实验步骤，同时添加一定量的硫酸亚铁（FeSO$_4$）溶于反应体系中，使其浓度达到 50mg/L，进行紫外光下的光催化实验，结果如图 5-52 所示。

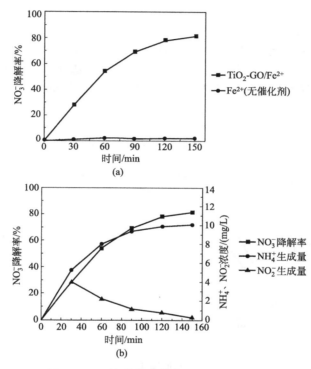

图 5-52 Fe^{2+} 强化光催化还原 NO_3^- 效果

从图 5-52(a) 中可知，添加 Fe^{2+} 的体系反应 150min 后的降解率达到 81.26％，而只加入 Fe^{2+} 不加催化剂的反应几乎没有还原效果。通过对 Ce/TiO$_2$-GO/Fe^{2+} 催化反应的产物含量进行分析［图 5-52(b)］计算，其氮气选择性为 84.07％。可见，Fe^{2+} 的添加对光催化还原反应确实有一定的促进作用，其原因可能是 Fe^{3+}/Fe^{2+} 的能级与 TiO$_2$ 的导带比较接近，使得 Fe^{2+} 成为光生空穴的捕获剂，可以更好地分离载流子，并且抑制电子-空穴对的重新复合，从而提高催化剂的活性。

（3）**超重力强化过程研究**

超重力技术是一项通过高速旋转产生离心力实现超重力，用来强化反应和传质过程的技术[12,13]。它具有设备体积小、传质效率高、通用性强、操作简单等特点，被广泛应用于制备纳米材料、生物化工、环境保护等领域[14]。在超重力环境下，巨大的剪切力可以在极短的时间内，把液体撕裂成微米至纳米级的液膜、液滴，产生快速更新的接触界面，使相间传质速率比传统方法提高几个数量级，实现微观混合和传质过程的极大强化。

利用亚硝酸钠、硝酸钾配制 NO_2^-、NO_3^- 浓度分别为 50mg/L、100mg/L（以氮元素计算）的溶液模拟硝基氧化剂废水，降解实验在转速为 900r/min 的模拟超重力环境下进行强化反应过程，在反应体系中加入一定量的甲酸作为空穴捕获剂，反应过程中用乙酸来调节 pH 值，使其保持在 4～6，反应温度为室温，紫外光下照射 150min 记录其降解情况。

降解率的计算公式为：

$$\alpha = \frac{c_0(NO_3^-) + c_0(NO_2^-) - c(NO_3^-) - c(NO_2^-)}{c_0(NO_3^-) + c_0(NO_2^-)} \times 100\%$$

氮气选择性的计算公式为：

$$\beta = \frac{c_0(NO_3^-) + c_0(NO_2^-) - c(NO_3^-) - c(NO_2^-) - c(NH_4^+)}{c_0(NO_3^-) + c_0(NO_2^-) - c(NO_3^-) - c(NO_2^-)} \times 100\%$$

式中，c_0 和 c 分别为各含氮物质的初始浓度和最终浓度。

实验数据如图 5-53 所示，从图中可以看出降解率与选择性变化趋势一致，反应进行 60min 时降解率和选择性就已经接近最终结果，充分显示了超重力的高效性。反应结束时的降解率为 89.54%、选择性为 82.91%。可见，催化效果比单独的模拟超重力条件、添加 Fe^{2+} 条件下都要好。

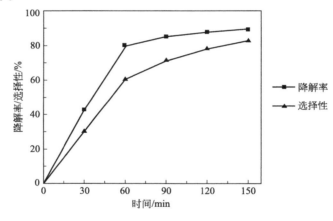

图 5-53　光催化还原废水效果

（4）光催化剂的负载化

高岭土和沸石本身具有一定的吸附性能，将催化剂与其复合不仅可以将光催化剂负载化，还可以将目标污染物吸附于催化剂表面或者邻近位置，从而加快反应速度。

光催化剂负载化的步骤如下。

① 预处理。取一定量的高岭土、沸石分别加入到磷酸溶液中，4h 后取出置于 NaOH 溶液中，搅拌 4h 后用去离子水清洗至中性，真空干燥得到酸碱处理的高岭土和沸石。

② 按照溶胶-凝胶法制备 TiO_2 步骤进行，在后续步骤分别加入适量预处理后的高岭土、沸石，搅拌均匀。

③ 将制得的凝胶放在烘箱中 80℃烘干后，研磨成粉末，置于马弗炉中，在 450℃下焙烧 2.5h，自然冷却即得负载催化剂。

5.2.4　负载化光催化剂还原硝基氧化剂废水实验

在反应体系中加入一定浓度的 Fe^{2+}，模拟超重力反应条件，控制转速为 900r/min。利用制备的 Ce/TiO$_2$-GO/高岭土 和 Ce/TiO$_2$-GO/沸石负载催化剂在 15W 的紫外灯照射下光催化还原硝基氧化剂模拟废水,实验结果如图 5-54 所示。

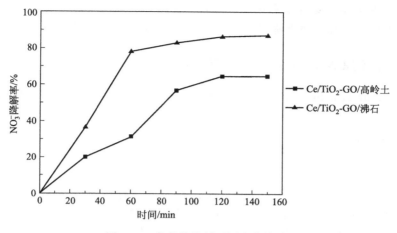

图 5-54 负载催化剂还原废水效果

由前期实验结果分析,氮气选择性与降解率的变化趋势基本一致,所以只对最后选择性进行测定,Ce/TiO$_2$-GO/沸石作催化剂时选择性为 80.48%、Ce/TiO$_2$-GO/高岭土作催化剂时选择性为 68.11%。从图 5-54 中可以看出,Ce/TiO$_2$-GO/沸石的催化效果稍好于 Ce/TiO$_2$-GO/高岭土,反应 150min 后降解率分别为 87.12% 和 64.55%。催化实验结果与表征结果一致,可能是负载过程中高岭土影响了 TiO$_2$ 的成型。Ce/TiO$_2$-GO/沸石的降解率低于负载前的 89.54%,分析其原因可能是负载后催化剂与反应物的接触面积相对变小,从而一定程度上抑制了催化反应。

5.2.5 循环回收利用率

选择催化效果相对较好的 Ce/TiO$_2$-GO/沸石作为催化剂进行重复利用实验,反应体系其他条件保持不变。每次催化反应完成后,采用离心方法分离出催化剂,去离子水清洗 3 次,250℃条件下干燥 4h,再进行下一次实验,所得结果如图 5-55 所示。

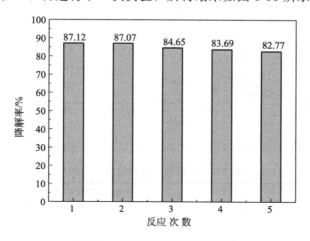

图 5-55 负载催化剂循环使用性

由图 5-55 可知,负载催化剂在第 1 次和第 2 次的还原实验中催化活性基本一样,第 3

次还原实验中催化性能明显降低，第 4 次和第 5 次的实验降解率变化不大，说明催化剂活性趋于稳定。紫外光照射、离心、清洗、干燥等处理过程可能会使负载催化剂表面生成钝化层，导致催化效果降低。第 4 次和第 5 次降解率变化不明显说明钝化层形成后，催化活性相对稳定。5 次催化反应降解率下降仅为 4.35%，重复利用效果良好。

5.2.6 光催化还原 NO_3^- 的反应动力学分析

利用 Langmuir-Hinshelwood（L-H 方程中）动力学方程对紫外光下催化还原 NO_3^- 反应进行拟合。

L-H 动力学方程为：

$$r = -\frac{\mathrm{d}C_t}{\mathrm{d}t} = \frac{kKC_t}{1+KC_t}$$

式中，r 为反应速率，$mg/(L \cdot min)$；C_t 为 t 时刻目标污染物浓度，mg/L；t 为反应时间，min；k 为反应速率常数，$mg/(L \cdot min)$；K 为吸附常数，L/mg。

当目标污染物浓度较低，即 $KC \ll 1$ 时，上式可简化为：

$$r \approx kKC_t = -\frac{\mathrm{d}C_t}{\mathrm{d}t}$$

设目标污染物初始浓度为 C_0，对上式积分得：

$$\ln(C_0/C_t) = kKt + a = k't + a$$

由上式可以看出，$\ln(C_0/C_t)$ 与反应时间呈直线关系，此时反应为一级反应。其中 k' 为表观一级反应速率常数。

根据上述公式，分别绘制 Ce/TiO$_2$-GO、Ce/TiO$_2$-GO、Ce/TiO$_2$-GO/Fe^{2+} 作催化剂时紫外光条件下催化还原 NO_3^- 的 $\ln(C_0/C_t)$ 与反应时间 t 的曲线，如图 5-56 及表 5-7 所示。

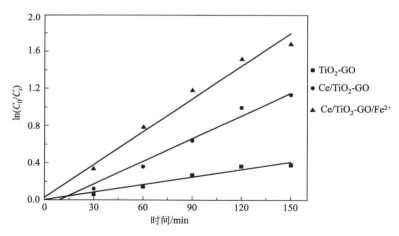

图 5-56　不同催化剂的 $\ln(C_0/C_t)$ 与 t 曲线

表 5-7　不同催化剂的动力学参数

催化剂	k'	相关系数(R^2)	拟合方程
TiO$_2$-GO	0.00278	0.9645	$y = 0.00278x - 0.00640$
Ce/TiO$_2$-GO	0.00814	0.9760	$y = 0.00814x - 0.07071$
Ce/TiO$_2$-GO/Fe^{2+}	0.01176	0.9805	$y = 0.01176x + 0.03248$

由图 5-56 中可以看出，各组数据具有良好的线性关系，证明在该条件下催化还原 NO_3^-

的反应符合准一级动力学方程。由表 5-7 可以看出，随着催化剂的不断改性，表观一级反应速率常数 k' 不断增大。特别是添加 Fe^{2+} 时，k' 提高了一个数量级，说明强化作用明显，与光催化实验结果一致。Ce/TiO_2-GO/Fe^{2+} 作催化剂时，拟合方程的相关系数最大，拟合程度最好。

5.2.7　模拟超重力条件催化还原反应

通过高速磁力搅拌装置的烧杯实验模拟超重力条件，研究不同转速条件下 Ce/TiO_2-GO 催化还原 NO_3^- 的情况。NO_3^- 初始浓度为 $100mg/L$（以氮元素计算），在反应容器中加入一定量的甲酸作为空穴捕获剂，催化剂用量为 $1.0g/L$，反应过程中用乙酸来调节 pH 值，使其保持在 $4\sim6$，反应温度为室温，反应时间为 $150min$。实验结果如图 5-57 所示。

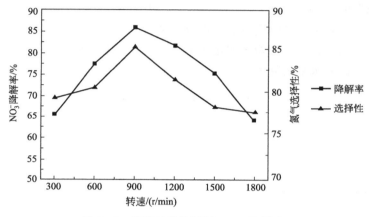

图 5-57　转速对催化还原 NO_3^- 的影响

从图 5-57 中可以看出，降解率和选择性随着转速的增大都呈现先增大后减小的趋势，在转速为 $900r/min$ 时［超重力因子（$\omega^2 r/g$）约为 $45g$］，降解率达到最佳值 85.89%，选择性为 85.12%。究其原因可能是随着转速增大，液滴在离心力剪切作用下被切割成粒径极小的液滴和薄液膜，从而增大了接触面积，湍流加剧，强化了传质效果。但当转速过高时，催化剂与目标污染物接触时间变短，使得催化剂来不及与污染物反应，催化还原过程受到抑制。

在最佳转速 $900r/min$ 条件下，其他反应条件不变，降解率随反应时间的变化情况如图 5-58 所示。降解率在前 $40min$ 即达到最大值，之后降解率基本不变。相比于传统反应 $150min$ 的催化效果，模拟超重力环境具有反应时间短的特点。

5.2.8　反应条件的优化

（1）正交试验设计

根据实验结果，可以确定实验因素为 pH 值、催化剂用量、甲酸浓度和 NO_3^- 初始浓度。pH 值反映了溶液中 H^+ 和 OH^- 的浓度，而这两种离子浓度的大小都会对还原反应产生影响。催化剂用量理论上存在一个最佳值，用量过少，目标污染物与催化剂接触面积小，不能提供足够的反应活性中心；用量太多，悬浮催化剂颗粒有可能遮挡光线，从而降低光的利用率，最终对光催化反应产生影响。甲酸解离出的 $CO_2^-\cdot$、还原性氢能被氧化以消耗光

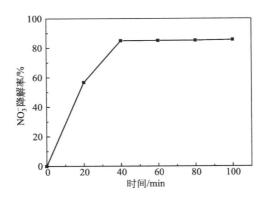

图 5-58　转速为 900r/min 时催化还原效果

生空穴，甲酸浓度的大小可以影响 NH_4^+、NO_2^- 和 NO_3^- 的耦合氧化还原反应，在催化剂表面的吸附可能会与目标污染物竞争活性点位。NO_3^- 初始浓度的高低将对用于发生还原作用的光生电子产生影响，从而影响光催化效率。这四个因素分别记为 A、B、C、D，每个因素选取四个水平，因素水平表见表 5-8。

表 5-8　因素与水平的选取

因素	A	B	C	D
1	2	0.5	25	50
2	5	1.0	50	100
3	8	1.5	75	150
4	11	2.0	100	200

（2）结果与分析

利用正交表 L_{16}（4^4）从 64 组实验中挑选出 16 组进行试验，其正交试验方案及结果见表 5-9。

表 5-9　正交试验方案及结果

序号	A	B	C	D	降解率/%	N_2 选择性/%
1	1(2)	1(0.5)	1(25)	1(50)	59.41	71.09
2	1	2(1.0)	2(50)	2(100)	62.10	74.95
3	1	3(1.5)	3(75)	3(150)	57.06	68.67
4	1	4(2.0)	4(100)	4(200)	51.43	59.71
5	2(5)	1	2	3	62.38	78.97
6	2	2	1	4	67.23	80.12
7	2	3	4	1	65.66	75.92
8	2	4	3	2	64.03	76.11
9	3(8)	1	3	4	31.29	48.37
10	3	2	4	3	28.93	42.10
11	3	3	1	2	29.54	45.18
12	3	4	2	1	27.60	41.23
13	4(11)	1	4	2	20.51	35.88
14	4	2	3	1	21.09	36.03
15	4	3	2	4	17.46	28.06
16	4	4	1	3	16.88	27.94

续表

序号	A	B	C	D	降解率/%	N₂ 选择性/%
降解率/%						
K_1	57.500	43.398	43.265	43.440		
K_2	64.825	44.838	42.385	44.045		
K_3	29.340	42.430	43.368	41.313		
K_4	18.985	39.985	41.633	41.852		
R	45.840	4.853	1.735	2.732		
主次顺序	A>B>D>C					
优水平	A_2	B_2	C_3	D_2		
优组合	$A_2B_2C_3D_2$					
选择性/%						
K_1	68.605	58.578	56.082	56.067		
K_2	77.780	58.300	55.803	58.030		
K_3	44.220	54.457	57.295	54.420		
K_4	31.978	51.248	53.402	54.065		
R	45.802	7.330	3.893	3.965		
主次顺序	A>B>D>C					
优水平	A_2	B_1	C_3	D_2		
优组合	$A_2B_1C_3D_2$					

注：K_1 为水平为 1 的四次实验结果之和的平均值；K_2 为水平为 2 的四次实验结果之和的平均值；K_3 为水平为 3 的四次实验结果之和的平均值；K_4 为水平为 4 的四次实验结果之和的平均值；R 为极差，$R = K_{max} - K_{min}$。

这 4 个因素的趋势分析如下。

① pH 值　pH 值的水平影响趋势如图 5-59(a) 所示。由图可以看出，降解率与氮气选择性随 pH 值的变化趋势基本一致，在酸性范围内，催化效果良好，在 pH=5 时效果最好。pH 增大时，催化效果明显下降，碱性条件下的降解率不足 20%。这主要是因为 OH^- 和 NO_3^- 在催化剂表面存在竞争吸附，OH^- 过多会导致参与反应的 NO_3^- 减少，光催化效率降低。

② 催化剂用量　催化剂用量的水平影响趋势如图 5-59(b) 所示。随催化剂用量的增加，降解率先增加后降低；当催化剂加入量为 1.0g/L 时，降解率最大。这是由于催化反应发生在光催化剂的表面，当光催化剂加入量较少时，不能提供足够的反应活性中心，导致 NO_3^- 降解率较低；但当催化剂加入量过多时，悬浮的催化剂颗粒对紫外光具有一定的遮挡作用，从而降低了光的利用率，影响了光催化还原反应的效果。

③ 甲酸浓度　甲酸浓度的水平影响趋势如图 5-60(a) 所示。从图中可以得到，甲酸浓度为 75mmol/L 时，降解率和选择性同时达到最佳值。甲酸浓度的增加使得溶液中 $HCOO^-$ 增多，相应的在催化剂表面的吸附量增加，有利于消耗光生空穴，进而促进 NO_3^- 的还原。酸性介质中以 TiO_2 为主体的催化剂表面显正价，可以吸附负价离子，因此 NO_3^- 与 $HCOO^-$ 存在吸附竞争，甲酸浓度过低或者过高都会影响催化效果。

④ NO_3^- 初始浓度　NO_3^- 初始浓度的水平影响趋势如图 5-60(b) 所示。随着 NO_3^- 初始浓度的增加，降解率呈现降低趋势，这是由于在空穴捕获剂甲酸的浓度一定时，NO_3^- 浓度增大，吸附在光催化剂表面的 $HCOO^-$ 逐渐减少，已与 $HCOO^-$ 结合的光生空穴被释放，与原来用于还原的光生电子相结合，从而对光催化反应产生拮抗作用，导致光催化效率降低。

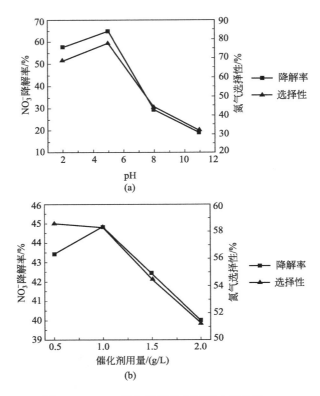

图 5-59 pH、催化剂用量水平影响趋势图

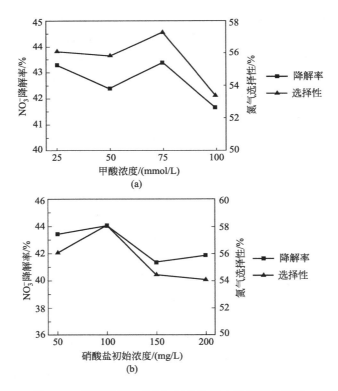

图 5-60 甲酸浓度、NO_3^- 初始浓度水平影响趋势图

通过对这 4 个影响因素参数进行灰色综合关联度计算（表 5-10），可得到 pH 值、催化剂用量、甲酸浓度和 NO_3^- 初始浓度对光催化性能影响的灰色关联度分别为 0.7111、0.7071、0.5037、0.6863。由此可知，pH 值和催化剂用量对其性能影响较大。

表 5-10　灰色综合关联度计算结果

因素	pH	催化剂用量	甲酸浓度	NO_3^- 初始浓度
灰色关联度	0.7111	0.7071	0.5037	0.6863

同时，根据正交试验结果可以计算出各个影响因素对催化效果的影响权重。通过计算表 5-9 中的极差分析其影响力，从计算结果看出，降解率和选择性的权重趋势一致，对催化效果的影响大小关系为 pH 值＞催化剂用量＞NO_3^- 初始浓度＞甲酸浓度，与灰色关联度的计算结果相同。

综合考虑降解率和选择性，根据降解率和选择性的均值，在 4 因素 4 水平的组合中，最优的工艺条件是：pH＝5、催化剂用量为 1.0g/L、甲酸浓度为 75mmol/L、NO_3^- 初始浓度为 100mg/L。

5.3　TiO₂/ACF 复合光催化剂催化降解 TNT 研究

TNT（trinitrotoluene）学名 2,4,6-三硝基甲苯，又名对称三硝基甲苯，是由甲苯经过三段硝化而制成的，其分子式为 $C_7H_5N_3O_6$，相对分子质量为 227.13，结构式为：

$$\begin{array}{c} CH_3 \\ O_2N \underset{\displaystyle NO_2}{\underbrace{}} NO_2 \end{array}$$

TNT 于 1863 年首先由韦尔布兰德（J. Willbrand）制成，爆炸性质到 1891 年才被发现，于 20 世纪初替苦味酸作为军用炸药。

TNT 是一种白色或苋色、无臭的针状结晶，工业品呈黄色，经制片为鳞片状物，有吸湿性，不溶于水，微溶于乙醇，溶于苯、芳烃、丙酮，密度 1.65g/cm³，熔点 80.9℃，爆炸点 290～295℃，爆速 6800m/s。在阳光的作用下色泽变暗，但不影响爆炸。TNT 对撞击、摩擦感度迟钝，枪弹贯穿通常不燃烧也不爆炸。在空气中点燃冒浓烟，但不爆炸，如数量很大（200kg 以上）或在密闭的空间燃烧时，就可能由燃烧转化为爆炸。处理与保管时比较安全，但有毒，属高度危害毒物，能引起亚急性中毒、慢性中毒，给身体造成不可逆的损害。其中毒的临床症状包括头晕、恶心、呕吐、腹痛、神志不清、大小便失禁、瞳孔散大、角膜反射消失，甚至可因呼吸麻痹而死亡。

TNT 的生产工艺比较成熟，反应平稳易于控制，设备简单，不需要真空高压等设备，可以间断也可以持续生产，容易进行自动控制[15,16]。在 TNT 的生产、加工、运输、装卸、堆积和销毁过程会产生大量 TNT 废水，导致严重的环境污染。

TNT 废水主要分为生产废水和拆弹废水。生产废水主要有酸性废水和碱性废水两类。

① 酸性废水　是指煮洗酸性 TNT 的废水，包括亚硫酸钠法精制前煮洗粗制 TNT，或硝酸精制法洗涤精制 TNT 的废水，洗涤废药以及干燥工房的冲洗水也可归入到酸性废水中。

洗涤酸性 TNT 废水是黄色的水溶液，水温 80℃ 以上，俗称黄水，其中带有悬浮的

TNT[17]。酸性废水中硝化物的种类与洗涤的 TNT 有关，如果是洗涤硝酸精制后的 TNT，废水中的硝化物主要是 TNT；洗涤粗制 TNT 的废水中，除了 TNT 和二硝基甲苯外，还有硝基苯甲酸、多硝基甲酚、多硝基苯、多硝基酚、多硝基水杨酸，以及少量的四硝基甲烷和未知物。

② 碱性废水　用亚硫酸钠溶液精制 TNT 以及洗涤 TNT 的红水，以及亚硫酸钠处理后洗涤 TNT 产生的废水为碱性废水，具有 pH 值、有机物浓度、COD_{Cr}、色度等较高，成分特别复杂，有毒，可生化性差等特点。

此外，报废炮弹拆开后，炸药被取出收集起来，但在炮弹弹壳的内壁上总要黏附一些炸药，为彻底清除，采用水蒸气冲洗内壁，再用清水冲洗的工艺，蒸气凝结水和冲洗水汇在一起，便构成了弹药销毁废水。出于国防安全考虑，炮弹的存储与销毁作业点较分散，规模也有所差别，产生的弹药销毁废水水量也不尽相同，不便于集中管理；并且弹药销毁作业一般有季节性，多在夏季完成。资料表明，我军炮弹中炸药的主要成分仍然是 TNT，弹药销毁废水中的主要污染成分也是 TNT，拆弹废水 TNT 浓度约为 60mg/L，COD_{Cr} 约为 120mg/L，pH 为 7.2 左右。

据我国 1979 年粗略统计，排放火炸药废水约 2500×10^4 t，其中 TNT 废水 45×10^4 t，随废水流入环境的芳香硝基化合物约 110t，硝化棉 1200t。目前我国《兵器工业水污染物排放标准　火炸药》排放标准规定见表 5-11。

表 5-11　火炸药工业水污染物排放标准

企业投产时间 \ 类别	排水量 /(m³/t)	污染物最高日均排放浓度						
		色度(稀释倍数)	悬浮物(SS) /(mg/L)	生化需氧量 (BOD₅) /(mg/L)	化学需氧量(COD_Cr) /(mg/L)	梯恩梯 (TNT) /(mg/L)	二硝基甲苯(DNT) /(mg/L)	pH
建成投产在 t 之前	4.0	80	70	60	150	10	3.0	6～9
建成投产在 t 之后	2.5	50	70	30	100	5.0	5.0	

注：t 为 2003 年 7 月 1 日。

火炸药废水的处理一般有物理法、化学法及生物法。物理法主要有吸附法、萃取法、膜分离法、絮凝法、蒸发法、反渗透法、浮选法等；化学法主要有 Fenton 试剂法、臭氧及组合臭氧氧化法、液中放电法、光催化氧化法、等离子法、焚烧法、水解法、铁还原法等；生物法有活性污泥法、白腐菌生化法、厌氧法、生物膜法、细菌好氧法、生物转盘法等[18,19]。

物理处理技术操作简单，反应快速，但是材料成本高，二次污染严重。例如吸附法的效果稳定可靠，但对于吸附了炸药的吸附剂的处理问题尚未完全解决；絮凝法处理效率高，但其工艺流程复杂，且操作费用高，不适宜工业化。

化学处理技术处理速率快，耐受污染浓度高，但能源消耗大，工业化难度大。

生物处理技术操作安全，运行成本低，能实现污染物完全矿化，但也存在微生物耐受污染浓度低，降解速率慢，特效菌种的筛选培养等问题[20]。

TNT 废水的治理方法很多，但将负载改性的 TiO_2 光催化剂以及活性炭纤维负载 TiO_2-Fenton 在紫外光和自然光下对 TNT 废水进行降解研究还鲜有报道。

5.3.1　复合光催化剂降解 TNT 废水的影响因素

TNT 废水的降解实验按以下步骤进行。

① 称取 0.50g 精制纯 TNT，先溶于 3mL 浓硫酸中，缓慢加水溶解后过滤，移入 1000mL 容量瓶中，并用水稀释至标线，并测定其浓度。

② 取同样体积（50mL）的 TNT 模拟废水于小烧杯中，加入不同条件下制备的光催化剂，在不同光源照射下，分别于一定时间取样，测定样品中 TNT 的浓度，计算其中 TNT 的降解率，降解率通过下式计算：

$$D = \frac{C_0 - C_t}{C_0} \times 100\%$$

式中，C_0 为 TNT 废水的初始浓度，mol/L；C_t 为降解 t 时间后 TNT 废液中 TNT 的浓度，mol/L；D 为降解率，%。

TNT 用分光光度法测定。如果废水水质硬度较大，需用乙二胺四乙酸二钠溶液（EDTA）及调节水样 pH 值消除钙镁的干扰。COD 用重铬酸钾法测定。

（1）TiO_2 负载量的影响

配制相同浓度的 TNT 模拟废水 50mL，在室温条件下用六组不同负载率的复合材料对模拟废水进行紫外光催化降解 90min，取样测定 TNT 含量及 COD。实验结果如图 5-61 所示。

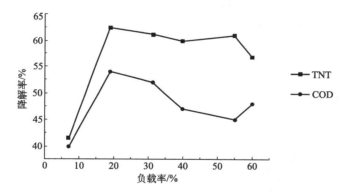

图 5-61　TiO_2 不同负载率的光催化降解 TNT 效率

如图 5-61 所示，随着负载量的增加，TNT 去除率及 COD 去除率并非随之增大，这是因为 TiO_2 负载量过大时，活性炭纤维部分微孔被 TiO_2 微粒堵塞，使得 TNT 分子不易扩散到活性炭纤维内表面，因而阻碍了被活性炭纤维吸附的 TNT 分子向 TiO_2 的迁移。而且 TiO_2 负载量过大时，粒子产生堆积现象使得 TiO_2 的活性位点减少，过多的 TiO_2 对紫外光会产生屏蔽作用，大大影响了光的利用率，从而使光催化效果下降。从图 5-61 中可以看出，当负载量大于 55% 时，虽然 TNT 的降解率有所下降，但 COD 的降解率反而有所上升，推测原因可能是因为负载量过大，粒子堆积团聚现象明显，进而影响到 TiO_2 的光催化效果，紫外光照射下 TNT 分子结构虽然被破坏了，但中间产物矿化率减小，因此体系的 COD 值反而有所上升。但负载量太小又发挥不出 TiO_2 的光催化效能，从图 5-61 中可以看出，最佳负载率为 20% 左右。

（2）TNT 初始浓度的影响

分别配制 100mg/L、200mg/L、300mg/L TNT 模拟废水各 50mL，各加入同质量、同负载率的 TiO_2/ACF 在室温条件下进行紫外光催化降解，每 30min 取样测定体系中 TNT 浓度。实验结果如图 5-62 所示。

从图 5-62 可以看出，不同 TNT 初始浓度对 TiO_2/ACF 光催化降解 TNT 模拟废水有着

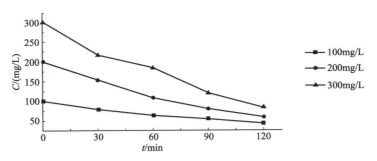

图 5-62　TNT 初始浓度对光催化效率的影响

较显著的影响。TNT 初始浓度 300mg/L 时紫外光催化 2h TNT 去除率可达 73％；TNT 初始浓度为 100mg/L 时紫外光催化降解 2h TNT 去除率为 57％。同时，在降解初期 TNT 降解速率较快，在降解中后期，不同 TNT 初始浓度的光催化降解速率差别不大。这是因为，在降解初期，TNT 的降解主要以活性炭纤维的吸附为主，而 TiO_2 的光催化效能在此过程中发挥的不明显。随着活性炭纤维吸附 TNT 分子的数量增多，在活性炭纤维内部的 TNT 分子浓度随之增大，同时，活性炭纤维的吸附效果逐渐降低，此阶段 TiO_2 的光催化效能逐渐体现出来，随着 TNT 模拟废水中 TNT 浓度的降低，体系中 TNT 的去除速率趋于平稳。

（3）反应温度对光催化效率的影响

配制相同浓度的 TNT 模拟废水 50mL，用同质量、同负载率的 TiO_2/ACF 分别于 20℃、40℃、60℃下进行光催化降解，每 30min 取样测定体系 TNT 浓度值。实验结果如图 5-63所示。

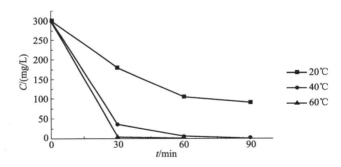

图 5-63　反应温度对光催化效率的影响

可以看出反应温度对光催化降解效率影响显著，其中 40℃为较适宜的反应温度，60℃以上时，温度影响不明显。说明在一定温度范围内升高温度有利于光催化剂表面的氧化还原反应进行，光催化活性升高；温度过高时，催化剂表面的吸附量下降，溶解氧的浓度降低，导致降解效率变化不明显。

（4）添加 H_2O_2 的影响

取相同浓度的 TNT 模拟废水各 50mL，取同质量、同负载量的复合材料，在室温下进行光催化降解，一组添加少量 H_2O_2（约 1mL），一组不添加 H_2O_2，实验结果如图 5-64 所示。可以看出，添加 H_2O_2 对光催化效果的影响不显著，从降解曲线来看，添加 H_2O_2 比未添加 H_2O_2 在前 30min 降解速率要慢，但在随后的反应中，添加后的降解速率要好于未添加的降解速率，但总体来看，添加 H_2O_2 对光催化效果影响不大。

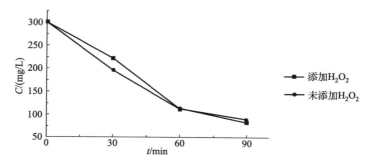

图 5-64　添加 H_2O_2 对光催化效率的影响

（5）光源的影响

分别在紫外光和自然光下对相同反应条件的两组体系进行光催化降解。实验结果如图 5-65所示。可以看出，相同反应条件下紫外光催化降解 TNT 效率要优于自然光催化。自然光催化降解 TNT 模拟废水 2h TNT 去除率为 46%，紫外光催化降解 TNT 模拟废水 2h TNT去除率为 57%，同时可以发现，在降解初期，两者对 TNT 的降解速率差别不大，在降解中后期，紫外光降解效率优于自然光降解。这是因为在降解初期，体系对 TNT 的去除主要以活性炭纤维的吸附为主，此时光源对体系的影响不大，由于自然光中紫外光成分仅有 3%，因此，在中后期 TiO_2 光催化降解 TNT 的阶段，自然光催化降解 TNT 的速率明显放缓，而此时活性炭纤维内部 TNT 浓度下降变化缓慢，活性炭纤维对模拟废水中 TNT 的吸附也明显放缓；而紫外光催化降解体系中，活性炭纤维吸附的 TNT 分子在 TiO_2 的光催化作用下，TNT 分子结构被破坏的速率要大许多，一方面得以快速去除 TNT，另一方面为活性炭纤维的继续吸附提供了更多空间。

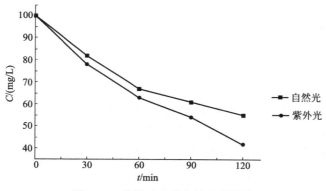

图 5-65　光源对光催化效率的影响

（6）催化剂重复利用次数的影响

将用过的复合催化剂取出，用蒸馏水洗净并烘干，在相同条件下，多次对 TNT 模拟废水进行光催化降解，实验结果如图 5-66 所示。

可以看出，催化剂可以重复利用，每次的降解率变化不大，在使用五次后，同样可达到 65% 以上，说明 TiO_2 与载体结合得非常牢固，在使用过程中不会轻易脱落。

5.3.2　Fenton 试剂对 TiO_2/ACF 光催化降解 TNT 的作用

近来研究表明，用 Fenton 试剂均相光化学高级氧化技术和多相光催化氧化法联合体系

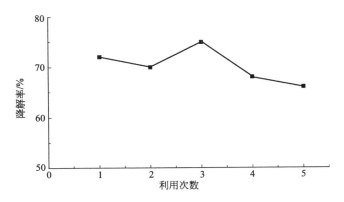

图 5-66　催化剂重复利用对光催化效率的影响

处理废水具有很大优势，可以克服 H_2O_2 利用率低、有机污染物降解不完全、简单的 Fenton 反应必须在 pH<3 的强酸性介质中进行的弊端。

在 UV/Fenton 氧化反应体系中，发生如下反应：

$$H_2O_2 + Fe^{2+} \longrightarrow Fe^{3+} + HO^- + HO\cdot$$

$$H_2O_2 + h\nu \longrightarrow 2HO\cdot$$

此体系中所产生的 HO· 具有很强的氧化能力（氧化还原电位为 2.80V），可使污染物完全矿化或部分分解，对 C—H 或者 C—C 键有机物质的反应速率常数一般都很大，甚至可以接近扩散速率控制的极限。而在此氧化体系中，紫外光和 Fe^{2+} 是催化产生自由基的必要条件。在 TiO_2 光催化体系中，半导体材料受到能量大于其禁带的光照射时，发生电子跃迁，在半导体的表面形成电子-空穴对，可以吸附水分子或 OH^- 产生 HO·。

（1）紫外光条件下光催化效率的分析

配制相同浓度的 TNT 模拟废水 50mL，分别形成以下四种反应体系：UV/Fenton/TiO_2/ACF、UV/Fenton/ACF、UV/Fenton/TiO_2 以及 UV/Fenton，在紫外光条件下进行光催化降解，每 30min 取样测定各体系 TNT 浓度，其中 Fenton 试剂条件为：0.05mL H_2O_2、0.01gFeSO$_4$·7H$_2$O。实验结果如图 5-67 所示。可以看出，在降解前 30min，UV/Fenton/TiO_2/ACF 及 UV/Fenton/ACF 的降解效率明显优于 UV/Fenton/TiO_2 及 UV/Fenton 的降解效率，UV/Fenton/TiO_2 及 UV/Fenton 的降解效率差别不大，这是因为在反应初期，ACF 发挥了其强吸附的特性，而 UV/Fenton/TiO_2 及 UV/Fenton 体系中，Fenton 体系的催化反应占据主导地位，TiO_2 表面的光催化反应处于次要地位，这主要是受

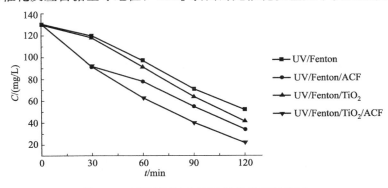

图 5-67　不同条件下 TNT 降解效率对比图

到 TNT 分子从液相中扩散到 TiO$_2$ 表面缓慢的影响。在反应中后期，UV/Fenton/TiO$_2$/ACF 的降解效率明显优于 UV/Fenton/ACF，这是因为 ACF 的强吸附为 TiO$_2$ 的光催化提供了高浓度的反应环境，加快了反应速率，实现了对 TNT 的快速降解，120min 对 TNT 的降解率可达 80% 以上。同时，在反应中后期，UV/Fenton/TiO$_2$ 的降解效率优于 UV/Fenton，这是因为随着反应时间的增加，TiO$_2$ 光催化的特性越来越显著，其降解速率要比 UV/Fenton 快很多。

综上所述，在紫外光条件下，各种光催化剂对 TNT 的降解效率顺序是 UV/Fenton/TiO$_2$/ACF＞UV/Fenton/ACF＞UV/Fenton/TiO$_2$＞UV/Fenton。

（2）自然光条件下光催化效率的分析

配制相同浓度的 TNT 模拟废水 50mL，分别形成以下四种反应体系：UV/Fenton/TiO$_2$/ACF、UV/Fenton/ACF、UV/Fenton/TiO$_2$ 以及 UV/Fenton，在自然光条件下进行光催化降解（六月中旬中午，室外温度 37℃），每 30min 取样测定各体系 TNT 浓度。实验结果如图 5-68 所示。

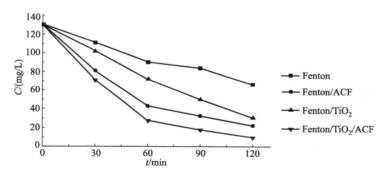

图 5-68　自然光条件下降解效率对比图

可以看出，在反应前一阶段，Fenton/TiO$_2$/ACF 及 Fenton/ACF 的降解效率明显优于 Fenton/TiO$_2$ 及 Fenton 的降解效率，此结论与紫外光条件下相同。在反应中后期，随着 TNT 浓度降低，Fenton/TiO$_2$/ACF 及 Fenton/ACF 的降解速率减小，但 Fenton/TiO$_2$/ACF 的催化效率要优于 Fenton/ACF，这是因为在 Fenton/TiO$_2$/ACF 体系中，TiO$_2$ 的光催化效率随着反应时间的增加显著加强，在将 ACF 吸附的 TNT 矿化的同时为 ACF 的吸附提供了更多的孔隙，在 Fenton/ACF 体系中，随着 TNT 浓度的降低以及 ACF 的吸附饱和，吸附速率明显降低。同紫外光条件相比，Fenton 的降解效率低于 UV/Fenton 体系，而 Fenton/TiO$_2$/ACF 的降解效率要优于 UV/Fenton/TiO$_2$/ACF，这可能是因为在此反应体系中反应温度的影响比光源的影响更显著。

综上所述，在自然光条件下，各催化剂对 TNT 的降解效率的顺序为 Fenton/TiO$_2$/ACF＞Fenton/ACF＞Fenton/TiO$_2$＞Fenton。

5.3.3　改性 TiO$_2$/ACF 光催化降解 TNT 废水

为了改善 TiO$_2$ 的光催化性能，增加其对太阳光的利用率，人们使用多种手段对 TiO$_2$ 进行改性，其中包括贵金属修饰、半导体复合、染料敏化和过渡金属离子掺杂等。过渡金属离子掺杂可在 TiO$_2$ 晶格中引入缺陷位置或改变结晶度，从而影响电子与空穴的复合，某些金属离子的掺入还可以扩展光吸收波长的范围，近年来被广泛研究。目前，用于掺杂纳米

TiO_2 的金属离子研究得较多的有 Fe^{3+}、Cu^{2+}、Zn^{2+}、Ni^{2+}、Ag^+、Cr^{3+}、Co^{2+} 以及稀土元素离子等，但由于光催化反应影响因素较多，光催化剂的制备方法多样以及所采用的降解对象的不同，使得研究的结果相差很大，有的甚至得出了相反的结论，而且对过渡金属离子掺杂改性的机理还未达成共识，有必要对其做进一步研究。

（1）掺杂量对光催化效率的影响

离子掺杂量是影响纳米 TiO_2 光催化性能的一个重要参数。据文献报道，掺杂离子的浓度一般存在一个最佳值，当浓度低于最佳值时，半导体中没有足够的载流子捕获陷阱，光催化活性随着掺杂离子的浓度增加而增大。当超过最佳掺杂量时，随着捕获位间平均距离的缩短，复合速率增加；同时，由于掺杂离子在 TiO_2 中的溶解度有限，较高的掺杂量可导致掺杂离子在催化剂表面的富集，这种不均匀相的生成也可使光催化活性降低。因此离子掺杂量均有一最佳值，使 TiO_2 的光催化性能最高。

取相同浓度的 TNT 模拟废水各 50mL，分别取 0.01%、0.05%、0.1%、0.3% Ag^+、Cu^{2+} 掺杂量的 TiO_2/ACF 各四组，在室温下进行紫外光和自然光催化降解，实验结果如图 5-69 和图 5-70 所示。

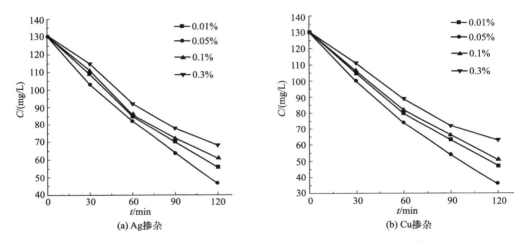

图 5-69　不同掺杂量掺杂 TiO_2/ACF 紫外光催化降解 TNT 曲线图

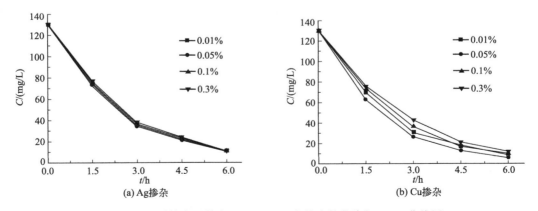

图 5-70　不同掺杂量掺杂 TiO_2/ACF 自然光催化降解 TNT 曲线图

从图中可以看出，Ag^+、Cu^{2+} 掺杂 TiO_2 光催化剂的性能均存在一个最佳掺杂量，其值均为 0.05%；就掺杂的两种金属离子来说，光催化性能对 Cu^{2+} 的掺杂量更为敏感。这可

能是因为 Cu^{2+} 掺杂可作为电子-空穴对的捕获位，同时捕获电子和空穴，降低了电子和空穴的复合率，而 Cu^{2+} 捕获电子和空穴的能力要优于 Ag^+，另外 Cu^{2+} 掺杂样品的光吸收性能由可见光区到紫外光区的阶跃式增长较 Ag^+ 更加明显，存在明显的吸收带边，Cu^{2+} 较 Ag^+ 更能保持 TiO_2 半导体光催化剂的光敏性质。

从图 5-69 中还可以看出，掺杂的 TiO_2 粉体负载于活性炭纤维后，对 TNT 的光催化效率有明显提高：0.05％ $Ag^+/TiO_2/ACF$ 紫外光催化降解 TNT 模拟废水 2h，TNT 去除率可接近 65％，0.05％ $Cu^{2+}/TiO_2/ACF$ 紫外光催化降解 TNT 模拟废水 2h，TNT 去除率可达到 73％，这是因为活性炭纤维虽然自身没有分解 TNT 的能力但它的强吸附为金属离子掺杂的 TiO_2 光催化剂提供了高浓度的反应环境，从而提高了 TiO_2 光催化剂的光催化效率，加快了反应速率，实现了对 TNT 的快速降解。

从图 5-70 中还可以看出，TiO_2/ACF 掺杂不同量的 Ag^+、Cu^{2+} 在自然光下催化降解 TNT 的降解效率差别不大，6h 对 TNT 的光催化降解去除率均大于 90％，这是因为活性炭纤维在降解初期的强吸附能力为 TiO_2 光催化剂的光催化降解提供了一个高浓度的反应环境，Ag^+、Cu^{2+} 的微量掺杂拓宽了 TiO_2 的光催化吸收频带，提高了对自然光的利用率，从而在高浓度的反应环境下 TiO_2 的光催化效能得以显著提高，实现了对 TNT 的完全降解。

由此可见，将改性后的 TiO_2 粉体负载于活性炭纤维之上，协同发挥活性炭纤维的强吸附性和 TiO_2 的光催化性，在紫外光和自然光条件下，对 TNT 的光催化效率均有显著提高，同时，一方面解决了单纯炭材料吸附降解 TNT 废水脱附难的问题，另一方面，也解决了 TiO_2 粉体易流失、不易回收的问题。

（2）改性 TiO_2 负载量对光催化效率的影响

配制相同浓度的 TNT 模拟废水 50mL，在室温条件下用六组不同负载率（掺杂量均为 0.05％的 $Ag^+/TiO_2/ACF$ 及 $Cu^{2+}/TiO_2/ACF$）的复合材料（负载率依次增大）对模拟废水进行紫外光催化降解 120min，取样测定 TNT 含量，实验结果如图 5-71 所示。

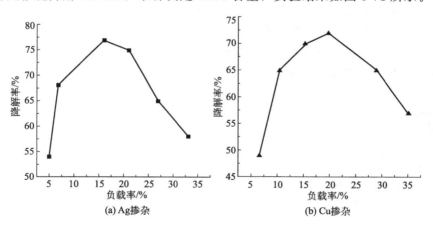

图 5-71　改性 TiO_2 不同负载量对光催化效率的影响

从图中可以看出，Ag^+、Cu^{2+} 改性 TiO_2 不同负载量对光催化效率均有明显影响，且存在最佳负载量，随着负载率的增加，TNT 的降解率反而下降，而且 Cu^{2+} 掺杂的光催化效率要优于 Ag^+ 掺杂的光催化效率。

（3）$Cu^{2+}/TiO_2/ACF$ 光催化降解 TNT 废水紫外图谱分析

配制 100mg/L 浓度的 TNT 模拟废水 50mL，在室温条件下用 0.05％ Ca^{2+} 掺杂、16％

Cu^{2+}/TiO_2 负载率的 $Cu^{2+}/TiO_2/ACF$ 的复合材料对模拟废水进行紫外光催化降解，每 30min 取样进行紫外-可见吸收光谱检测，实验结果如图 5-72 所示。

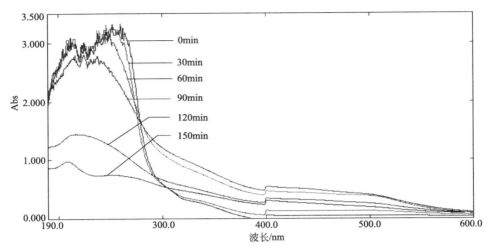

图 5-72　$Cu^{2+}/TiO_2/ACF$ 紫外光条件下降解 TNT 的紫外图谱

从图 5-72 可以看出，未进行光催化降解的 TNT 模拟废水在 B 带有一个多重的吸收峰 ($\lambda_{max}=260.50$nm)，这是 TNT 苯环上的 p→p* 跃迁引起的，在光催化降解过程中，随着苯环的不断破坏，TNT 浓度的降低，在此位置的吸收峰逐渐减弱，同时，由于硝基取代基的存在以及降解过程中苯环被破坏后的中间产物的存在，使得体系紫外图谱发生红移，且吸收峰值减弱，这是因为光催化过程中，TNT 中苯环被破坏后形成的共轭体系化合物中的 p→p* 跃迁带由于能量降低而发生红移，且中间产物被不断地光催化降解，使得体系中可吸收光子浓度降低而产生了减色效应。在光催化降解中后期，TNT 苯环被不断破坏以及中间产物不断被矿化，使得体系中含有双键或共轭双键的中间产物浓度大大降低，紫外吸收减弱，而当体系中 TNT 或中间产物浓度过低时，由于极性溶剂（水）使得体系紫外吸收带产生严重红移，从而无法在近紫外光区检测到。降解过程中 400.50nm 处的吸收，可能是由于系统误差或是光源及仪器自身原因造成，对该光催化体系无影响。

◆ 参考文献 ◆

[1]　国防科工委后勤部. 火箭推进剂监测防护与污染治理 [M]. 长沙：国防科技大学出版社，1993.

[2]　高思秘. 液体推进剂 [M]. 北京：宇航出版社，1989.

[3]　孟晓红，吴婉娥，傅超然. 偏二甲肼污染及治理方法评价 [J]. 云南环境科学，2004，19：165-168.

[4]　Greene B., Johnson HT.. Catalytic decomposition of propellant hydrazines, N-nitrosodime-thylamine and N-Nit-rodimethylamine [J]. Cocoa Beach, FL, United States, 2000：345-352.

[5]　Lunn G., Sansone EB.. Reductive destruction of hydrazine as an approach to hazard control [J]. Environmental Science and Technology, 1983, 17 (4)：240-243.

[6]　王煊军，刘祥萱，王克军，等. 催化还原法处理偏二甲肼废水 [J]. 含能材料，2003，11 (4)：205-207.

[7]　王力. 偏二甲肼污水的好氧生物降解及其动力学研究 [D]. 重庆：重庆大学硕士学位论文，2005.

[8]　丛继信. 航天发射场常规液体推进剂作业危险性评估 [J]. 安全与环境学报，2003，3 (1)：50-54.

[9]　Villar D., Schwartz KJ., Carson TL., et al. Acute poisoning of cattle by fertilizer-contaminated water [J]. Vet Hum Toxicol，2003，45：88-90.

[10]　樊秉安，任向红. 硝基氧化剂废水处理车的研制 [J]. 航天发射技术，2001，1：14-17.

［11］ 许国根，贾瑛. 液体推进剂中氧化剂废水处理方法研究［J］. 环境工程，2001，19（3）：7-9.

［12］ 贾瑛，王煊军，樊秉安. 酸性尿素水溶液处理导弹氧化剂废水中氮氧化物［J］. 安全与环境学报，2002，2（3）：48-50.

［13］ Jiang Guodong，Lin Zhifen，Chen Chao，et al. TiO$_2$ nanoparticles assembled on graphene oxide nanosheets with high photocatalytic activity for removal of pollutants［J］. Carbon，2011，49（8）：2693-2701.

［14］ 何光裕，侯景会，黄静，等. ZnO/氧化石墨烯复合材料的制备及其可见光催化性能［J］. 高校化学工程学报，2013，27（4）：663-668.

［15］ 丁士文，王利勇，张绍岩，等. 纳米 TiO$_2$-ZnO 复合材料的合成、结构与光催化性能［J］. 无机化学学报，2003，19（6）：631-635.

［16］ 耿静漪，朱新生，杜玉扣. TiO$_2$-石墨烯光催化剂：制备及引入石墨烯的方法对光催化性能的影响［J］. 无机化学学报，2012，28（2）：357-361.

［17］ 刘春艳. 纳米光催化及光催化环境净化材料［M］. 北京：化学工业出版社，2008，28-29.

［18］ Zhang Hao，LV Xiaojun，Li Yueming，et al. P25-graphene composite as a high performance photocatalyst［J］. ACS Nano，2010，4（1）：380-386.

［19］ Nguyen PTD，Pham VH，Shin EW，et al. The role of graphene oxide content on the adsorption-enhanced photocatalysis of titanium dioxide/graphemeoxide composites［J］. Chemical Engeering Journal，2011，170（1）：226-232.

［20］ 贾瑛，许国根，王煊军. 轻质碳材料的应用［M］. 北京：国防工业出版社，2013.